气象学与气候学

Qixiangxue yu Qihouxue

(第三版)

周淑贞　主编
周淑贞　张如一　张　超　编

高等教育出版社·北京

内容提要

本书是在《气象学与气候学》第二版基础上修订而成的,是本科地理学专业的专业基础课教材。全书共8章,内容包括大气热学、大气水分、大气运动、天气系统、气候形成、气候带和气候类型、气候变化及人类影响等内容。三版中在气候系统,大气环流,海-气作用及青藏高原对气候的影响,人类活动对气候的影响,城市气候等方面作了不少新的补充。

可作高校地理、气象专业教材,亦可供水文、农林、环境等专业师生、有关科技人员和中学地理教师参考。

图书在版编目(CIP)数据

气象学与气候学/周淑贞主编. —3版. —北京:高等教育出版社,2011.5(2019.8重印)
ISBN 978-7-04-006016-4

Ⅰ.①气… Ⅱ.①周… Ⅲ.①气象学-高等学校-教材 ②气候学-高等学校-教材 Ⅳ.①P4

中国版本图书馆CIP数据核字(2011)第074963号

出版发行	高等教育出版社	网 址	http://www.hep.edu.cn	
社 址	北京市西城区德外大街4号		http://www.hep.com.cn	
邮政编码	100120	网上订购	http://www.landraco.com	
印 刷	北京印刷集团有限责任公司		http://www.landraco.com.cn	
开 本	787×1092 1/16			
印 张	17	版 次	1979年10月第1版	
			1997年7月第3版	
字 数	410 000	印 次	2019年8月第34次印刷	
购书热线	010-58581118	定 价	28.90元	
咨询电话	400-810-0598			

本书如有缺页、倒页、脱页等质量问题,请到所购图书销售部门联系调换
版权所有 侵权必究
物 料 号 6016-00

三 版 前 言

本书第一版于1979年问世,1985年出第二版,曾经10余次印刷,在全国数十余所高校已使用了18年。在此期间曾分别在上海、广州、长春、兰州、昆明和重庆等地进行过多次教材评介和分析会议,并结合教材内容进行了不同地区的气候调查。广大师生在教学实践过程中,对本书作了肯定。该教材先后获得国家教委的奖励[1],近又由台湾明文书局将第二版改印繁体字本发行,供台湾有关大学和科研单位应用。

近年来我国教学改革和国内外对气象学与气候学的研究均取得显著的进展,为了适应当前教改形势的需要,反映本门学科的最新成就,有必要在总结过去教学经验的基础上,对原书内容进行精简、修改和更新。

根据1994年11月5日至7日在上海召开的教材会议上的决定:第三版教材的第一章和第六、七、八等章由周淑贞教授编写,第二、三两章由张超教授编写,第四、五两章由张如一教授编写,全书仍由周淑贞教授主编。

在修订过程中,我们力求保持原教材的优点,并针对课程设置的目的要求和在教学计划中本门课程教学时数减少的现实,进一步精选和更新内容,缩短篇幅,加强基础,突出重点。整个教材仍安排了气象、天气、气候及实习四个方面的内容,重点放在气候上。前五章有关气象和天气部分,分别是气候学的物理基础和天气基础,第六至第八章则在前面的基础上,系统地阐明气候的形成、气候带和气候型的划分和分布规律,以及气候变化和人类活动对气候的影响,并以大气环流作为承上启下的纽带,从它的形成原理、主要系统、运动规律和它对热量、水分的输送等,把整个课程内容贯串起来。为配合上述内容的教学,有顺序地安排实习内容,本书还另配有实习教材[2],以利于培养学员实际动手和分析问题、解决问题的能力。

为了加强基础理论,联系当前气候方面的实际问题,反映最新科学成就和便于教学,各章均作了不同程度的修改、精简和更新。例如本书第一章引论,就是将原书绪论和"大气概述"一章修改合并而成。在内容上删去原书绪论中次要部分,只保留"气象学与气候学的对象、任务和简史"一节。将"大气概述"一章更新为"气候系统概述"和"有关大气的物理性状"两节,先简明扼要地论述气候系统的组成、结构和能源,后阐明主要气象要素和空气状态方程。这样使学生在课程开始就有气候系统的基本知识和有关大气物理性状的概念,既便于以后各章的教学,也便于及早进行气象、气候的观测实习,同时又缩短了不少教材篇幅。

第二至第五章气象和天气部分在内容上作了适当地精简,删除了若干次要内容,压缩篇幅,节约课时。同时为了使体系更为完整,也更新和增补了少量内容,并更换了一些插图。例如在第二章太阳辐射部分删除了一些较繁琐的描述性内容,在大气稳定度方面增加大气中经常发生的"位势不稳定"一个项目。又例如第五章原书标题为"天气系统和天气过程",现改为"天气系统"。因教学时数减少,这一章内容作了必要的精简,原书本章分六节,现压缩为四节,许多内容如"季

---

[1] 1982年本书第一版获国家优秀教材纪念奖,1988年本书第二版获国家教委颁发的优秀教材二等奖。
[2] 气象学与气候学实习教材亦由周淑贞主编,本书编者合编,北京:高教出版社1977年出版第一版,1989年出版第二版。

风低压"、"中层气旋"、"中小尺度天气系统的主要天气特征"等非重点部分,以及寒潮过程和台风过程中某些较陈旧或过于琐细的内容均予以删除。而对东风波、赤道辐合带、台风形成、经圈环流等方面都分别引进一些新理论。

在第六至第八章气候部分,作了较多的精简、修改和更新。首先为了紧缩教材篇幅,在第六章中将原书的七节,精简归并为五节,将原书的第二节和第四节合并为"气候形成的环流因子"一节。环流因子包括大气环流和洋流二者,这二者间有密切的相互关系。本节首先阐明海-气相互作用与环流,再依次论述环流与热量交换和水分循环中的作用,最后用厄尔尼诺/南方涛动事例说明环流的异常导致气候的异常。这样安排不仅删除了原教材中大量的较次要内容,既能够突出重点,又反映了当前在世界气候中频繁出现的异常现象和新的科研成果。另外又将原教材中的第五节和第七节合并为"地形和地面特征与气候"一节,同样在突出重点的基础上,削去了原教材中大量次要内容,其中更新了不少内容,举出西藏高原对东亚环流和降水分布的影响即其一例。

在第七章中对柯本和斯查勒气候分类法作了适当的补充,并根据编者对世界气候分类原则,将世界各气候带和气候型都用简明表解和各类型的典型站气候图来予以说明。通过这些图表,使各气候类型的形成、位置和特征更为清晰,一目了然,同时又节约了大量教材篇幅。

在第八章中,考虑到教学时数减少,删去原书中的第一节"研究气候变化的方法"。因为这一节内容甚多,教学时数少,很难讲清,只能割爱删除,只留下原书中的后三节。这三节均作了一定程度的修改,尤其是对第二、第三节更新较多,如大气化学组成的变化对气候变化的影响,极地O_3空洞、CO_2、CH_4、N_2O及CFC_{11}和CFC_{12}等温室气体的增加所产生的气候效应以及城市气候等都引进了最新气候资料和最新科研成果。

为了密切联系中国实际,培养学员爱国主义精神,我们有意识地在举例中突出我国学者在气象气候方面所做出的贡献和成就。例如青藏高原对气候的影响,我国历史时期气候变化和城市气候研究的成果等都在有关章节中加以引用。书末附有主要参考文献,便于读者查阅有关内容的来源和进一步研究这些方面的问题。

这一版教材是在征集十几年来我国高师院校广大师生在教学实践中所提出的宝贵意见的基础上,加以修改的。在修改过程中又得到上海气象局束家鑫教授,蒋德隆高级工程师的指教。华东师大地理系李朝颐副教授对气象和天气部分,郑景春副教授对气候带和气候型的图表设计和说明等均作了具体的帮助,在此表示衷心地感谢。如果说这一版比第二版有所改进的话,那确是倾注了集体的智慧,但由于编者水平有限,鲁鱼亥豕仍在所难免,希望读者继续加以指正。

周淑贞
1996年9月于华东师大

目 录

第一章 引 论

第一节 气象学、气候学的研究对象、任务和简史 …………………………………… (1)
　一、气象学与气候学的研究对象和任务 …… (1)
　二、气象学与气候学的发展简史 …………… (3)
第二节 气候系统概述 ………………………… (7)
　一、大气圈概述 ……………………………… (8)
　二、水圈、陆面、冰雪圈和生物圈概述 ……… (13)
第三节 有关大气的物理性状 ………………… (15)
　一、主要气象要素 …………………………… (15)
　二、空气状态方程 …………………………… (18)

第二章 大气的热能和温度

第一节 太阳辐射 ……………………………… (21)
　一、辐射的基本知识 ………………………… (21)
　二、太阳辐射 ………………………………… (25)
第二节 地面和大气的辐射 …………………… (31)
　一、地面、大气的辐射和地面有效辐射 …… (31)
　二、地面及地-气系统的辐射差额 ………… (33)
第三节 大气的增温和冷却 …………………… (36)
　一、海陆的增温和冷却的差异 ……………… (36)
　二、空气的增温和冷却 ……………………… (36)
　三、空气温度的个别变化和局地变化 ……… (42)
　四、大气静力稳定度 ………………………… (45)
第四节 大气温度随时间的变化 ……………… (50)
　一、气温的周期性变化 ……………………… (50)
　二、气温的非周期性变化 …………………… (52)
第五节 大气温度的空间分布 ………………… (53)
　一、气温的水平分布 ………………………… (53)
　二、对流层中气温的垂直分布 ……………… (56)

第三章 大气中的水分

第一节 蒸发和凝结 …………………………… (59)
　一、水相变化 ………………………………… (59)
　二、饱和水汽压 ……………………………… (61)
　三、影响蒸发的因素 ………………………… (64)
　四、湿度随时间的变化 ……………………… (64)
　五、大气中水汽凝结的条件 ………………… (65)
第二节 地表面和大气中的凝结现象 ………… (67)
　一、地面的水汽凝结物 ……………………… (67)
　二、近地面层空气中的凝结 ………………… (68)
　三、云 ………………………………………… (69)
第三节 降水 …………………………………… (74)
　一、云滴增长的物理过程 …………………… (74)
　二、雨和雪的形成 …………………………… (77)
　三、各类云的降水 …………………………… (77)
　四、人工影响云雨 …………………………… (78)
　五、降水分布 ………………………………… (82)

第四章 大气的运动

第一节 气压随高度和时间的变化 …………… (83)
　一、气压随高度的变化 ……………………… (83)
　二、气压随时间的变化 ……………………… (86)
第二节 气压场 ………………………………… (88)

I

一、气压场的表示方法 …………… (89)
　二、气压场的基本型式 …………… (90)
　三、气压系统的空间结构 ………… (91)
第三节　大气的水平运动和垂直运动 … (93)
　一、作用于空气的力 ……………… (93)
　二、自由大气中的空气水平运动 … (97)
　三、摩擦层中空气的水平运动 …… (102)
　四、空气的垂直运动 ……………… (104)
第四节　大气环流 ……………………… (105)
　一、大气环流形成的主要因素 …… (105)
　二、大气环流平均状况 …………… (107)
　三、大气环流的变化 ……………… (115)

第五章　天气系统

第一节　气团和锋 ……………………… (118)
　一、气团 …………………………… (119)
　二、锋 ……………………………… (123)
第二节　中高纬度天气系统 …………… (130)
　一、高空主要天气系统 …………… (130)
　二、温带气旋和反气旋 …………… (133)
第三节　低纬度天气系统 ……………… (139)
　一、副热带高压 …………………… (139)
　二、热带天气系统 ………………… (142)
第四节　对流性天气系统 ……………… (149)
　一、雷暴 …………………………… (149)
　二、飑线 …………………………… (150)
　三、龙卷 …………………………… (150)

第六章　气候的形成

第一节　气候形成的辐射因子 ………… (154)
　一、太阳辐射与天文气候 ………… (154)
　二、辐射收支与能量系统 ………… (157)
第二节　气候形成的环流因子 ………… (162)
　一、海气相互作用与环流 ………… (163)
　二、环流与热量输送 ……………… (165)
　三、环流与水分循环 ……………… (168)
　四、环流变异与气候 ……………… (170)
第三节　海陆分布对气候的影响 ……… (173)
　一、海陆分布与气温 ……………… (174)
　二、海陆分布对大气水分的影响 … (176)
　三、海陆分布与周期性风系 ……… (179)
　四、海洋性气候与大陆性气候 …… (181)
第四节　地形和地面特性与气候 ……… (184)
　一、地形与气温 …………………… (184)
　二、地形与地方性风 ……………… (186)
　三、地形与降水 …………………… (188)
　四、地面特性与气候 ……………… (190)
第五节　冰雪覆盖与气候 ……………… (193)
　一、世界冰雪覆盖概况 …………… (193)
　二、冰雪覆盖与气温 ……………… (197)
　三、冰雪覆盖与大气环流和降水 … (198)

第七章　气候带和气候型

第一节　气候带与气候型的划分 ……… (200)
　一、柯本气候分类法 ……………… (200)
　二、斯查勒气候分类法 …………… (201)
　三、气候分类法评议 ……………… (206)
第二节　低纬度气候 …………………… (209)
　一、赤道多雨气候 ………………… (209)
　二、热带海洋性气候 ……………… (210)
　三、热带干湿季气候 ……………… (210)
　四、热带季风气候 ………………… (210)
　五、热带干旱与半干旱气候型 …… (211)
第三节　中纬度气候 …………………… (212)
　六、副热带干旱与半干旱气候 …… (212)
　七、副热带季风气候 ……………… (212)
　八、副热带湿润气候 ……………… (213)
　九、副热带夏干气候(地中海气候) … (214)
　十、温带海洋性气候 ……………… (214)
　十一、温带季风气候 ……………… (214)
　十二、温带大陆性湿润气候 ……… (215)

十三、温带干旱与半干旱气候 …………（215）

第四节 高纬度气候 …………………（217）

十四、副极地大陆性气候 ……………（217）

十五、极地长寒气候(苔原气候) ……（218）

十六、极地冰原气候 …………………（219）

第五节 高山气候 ……………………（219）

一、热带高山气候举例 ………………（219）

二、副热带高山气候举例 ……………（220）

三、温带内陆干旱区高山气候举例 …（220）

四、温带季风区山地气候举例 ………（223）

五、山地气候中的"暖带"和"冷湖"……（224）

第八章 气候变化和人类活动对气候的影响

第一节 气候变化的史实 ……………（226）

一、地质时期的气候变化 ……………（226）

二、历史时期的气候变化 ……………（229）

三、近代气候变化特征 ………………（232）

第二节 气候变化的因素 ……………（235）

一、太阳辐射的变化 …………………（235）

二、宇宙-地球物理因子 ……………（239）

三、下垫面地理条件的变化 …………（240）

四、大气环流和大气化学组成的变化 ……（241）

第三节 人类活动对气候的影响 ……（243）

一、改变大气化学组成与气候效应 …（243）

二、改变下垫面性质与气候效应 ……（247）

三、人为热和人为水汽的排放 ………（249）

四、城市气候 …………………………（250）

主要参考文献 ………………………………………………………………………………（259）

第一章 引 论

第一节 气象学、气候学的研究对象、任务和简史

一、气象学与气候学的研究对象和任务

由于地球的引力作用,地球周围聚集着一个气体圈层,构成了所谓大气圈。

大气的分布是如此之广,以致地球表面没有任何地点不在大气的笼罩之下;它又是如此之厚,以致地球表面没有任何山峰能穿过大气层,而且就以地球最高峰珠穆朗玛峰的高度来和大气层的厚度相比,也只能算是"沧海之一粟"。我们人类就生活在大气圈底部的"下垫面"上。大气圈是人类地理环境的重要组成部分。

地球是太阳系的一个行星,强大的太阳辐射是地球上最重要的能源。这个能源首先经过大气圈而后到达下垫面,大气中所发生的一切物理(化学)现象和过程,除决定于大气本身的性质外,都直接或间接与太阳辐射和下垫面有关。这些现象和过程对人类的生活和生产活动关系至为密切。人类在长期的生产实践中不断地对它们进行观测、分析、总结,从感性认识提高到理性认识,再在生产实践中加以验证、修订、逐步提高,这就产生了专门研究大气现象和过程,探讨其演变规律和变化,并直接或间接用之于指导生产实践为人类服务的科学——气象学。

气象学的领域很广,其基本内容是:(1) 把大气当作研究的物质客体来探讨其特性和状态,如大气的组成、范围、结构、温度、湿度、压强和密度等等;(2)研究导致大气现象发生、发展的能量来源、性质及其转化;(3)研究大气现象的本质,从而能解释大气现象,寻求控制其发生、发展和变化的规律;(4)探讨如何应用这些规律,通过一定的措施,为预测和改善大气环境服务(如人工影响天气、人工降水、消雾、防雹等),使之能更适合于人类的生活和生产的需要。

由于生产实践对气象学所提出的要求范围很广,气象学所涉及的问题很多,在气象学上用以解决这些问题的方法差异很大,再加上随着科学技术发展的日新月异,气象学乃分成许多部门。例如有专门研究大气物理性质及其变化原理的大气物理学;有着重讨论天气现象及其演变规律,并据以预报未来天气变化的天气学等,而其中与地理和环境科学关系最密切的是气候学。

气候学研究的对象是地球上的气候。气候和天气是两个既有联系又有区别的概念。从时间尺度上讲,天气是指某一地区在某一瞬间或某一短时间内大气状态(如气温、湿度、压强等)和大气现象(如风、云、雾、降水等)的综合。天气过程是大气中的短期过程。而气候指的是在太阳辐射、大气环流、下垫面性质和人类活动在长时间相互作用下,在某一时段内大量天气过程的综合。它不仅包括该地多年来经常发生的天气状况,而且包括某些年份偶尔出现的极端天气状况。例如从上海近百年的长期观测中总结出,上海在6月中旬到7月中旬,经常会出现阴雨连绵、闷热、风小、潮湿的梅雨天气,但是有的年份(如1958年)会出现少雨的"空梅",也有的年份(如1954

年)6—7月连续阴雨50—60天,出现"丰梅"。"开梅"和"断梅"的迟早也历年不同,这是上海初夏时的气候特征。

由此可见,要了解一地的气候,必须作长时期的观测,才能总结出当地多年天气变化的情况,决不能单凭1958年一年的观测资料,来说上海初夏的气候是干旱无雨,也不能凭1954年一年的情况,就说上海的初夏气候有持续50—60天的阴雨,那都是个别年份出现的具体天气现象,而气候是在多年观测到的天气基础上所得出的总结和概括。也就是说气候过程是在一定时段内由大量天气过程综合而得出的长期大气过程,二者之间存在着统计联系,从时间上反映出微观与宏观的关系。

天气变化快,变化的周期短。天气过程的时间分段一般以5天以下为短期天气过程,5—10天为中期天气过程,10天—3个月为长期天气过程。气候变化的周期相对于天气来讲是较长的,它的时间变化尺度有季际、年际、十年际、百年际、千年际、万年际等等。而决定气候变化的因子不仅是大气内部的种种过程,还决定于发生在大气上边界和下边界处的各种物理过程和化学过程。这就是要考虑其上边界处的太阳辐射,下垫面及大气内部的成分和环流的变化等对气候的影响。一个完整的气候系统应包括对气候形成分布和变化有直接或间接影响的各个环节,除太阳辐射这个主要能源之外,气候系统包括大气圈、水圈、冰雪圈、陆地表面和生物圈(动、植物和人类)等5个子系统。各个子系统内部以及各子系统彼此之间的各种物理、化学乃至生物过程的相互作用决定着气候的长期平均状态以及各种时间尺度的变化。气候系统是庞大的,而天气系统则可看作单纯的大气系统(如气旋、反气旋等等)。气候所包含的内容要比天气复杂得多。例如,对农作物来说,气候的干旱与否不仅决定于大气状况(降水量、空气湿度等),还取决于土壤状况和作物本身的耐旱性等等,这就不能用天气的总和来概括。由此可见,天气和气候这两个概念是有区别的。

盖特斯(Gates)把某一地区的气候状态定义为:该地气候系统的全部成分在任一特定时段内的平均统计特征[①]。这个定义的可取之处在于:(1)它指出气候的物质基础是气候系统,而不仅仅是大气,这和天气系统是有区别的;(2)气候是一个历史的概念,它和特定的时间阶段相联系,而不存在绝对气候的概念;(3)某一时段的气候状态是指这一时段气候系统各属性的平均统计特征,不像天气是指某一瞬时或某一短时间内大气状况和大气现象的综合。另外气候是发生在一定下垫面之上的,带有地方特点。

气候学要求对气候系统进行定量观测和综合分析,对气候形成和变化的动态过程进行理论研究。通过各种手段(包括观测试验,数值模拟试验等等),探测气候系统中各个成员之间的各种相互作用,并展现气候形成和变化过程,理解气候变化的机制,以达到能够预测气候变化的目的。此外研究地球气候发展史,探索气候变化规律及其与人类活动的关系,从而能够采取有效措施,防御和减轻气候灾害,改善气候条件并进而为改造自然服务。现代气候学从概念上已经不再是气象学或地理学的一个分支的经典气候学,而是大气科学、海洋学、地球物理和地球化学、地理学、地质学、冰川学、天文学、生物学以至有关社会科学相互渗透,共同研究的交叉科学。

在地理系、环境科学系等系科开设的气象学与气候学是以普通气象学为基础,以气候学为重点的专业基础课程,也是基本技术训练课程,它的基本任务是:

---

① W L Gates. Open Lecture: The influences of the ocean on climate. Scientific lecture at the 28th section of the ECWMO. WMO Bulletin. Jnly;1977;168—169.

(一)通过实践,掌握气象观测、气候统计分析和气候调查的方法,来记叙所观测到的气候现象,从定性和定量两方面说明它们的特性。

(二)探讨它们的正确解释和研究它们的发展规律,特别要掌握天气演变和气候形成的规律性,了解和解释各不同地区的气候特征,弄清气候资源及其地理分布,进行气候分类和气候区划,研究气候变迁的原因及其规律。

(三)应用已发现的规律,采取有效措施,充分利用气候资源,减少人类活动对气候的不利影响,防御或减少气候灾害,为有关的生产建设服务。

(四)气象学、气候学与自然地理学、环境生态学和区域地理等有密切的依存关系,在教学中还应注意为这些有关后续课程奠定必要的基础。

二、气象学与气候学的发展简史

气象学与气候学是来源于生产实践,又服务于生产实践,并随着社会生产的发展,运用愈来愈进步的方法和技术而逐步提高的。综观三千多年来气象学、气候学发展的历史,源远流长。可以概括为以下三个时期:

(一) 萌芽时期

萌芽时期主要指16世纪中叶以前这一漫长时期,这时期的特点是由于人类生活和生产的需要,进行一些零星的、局部的气象观测,积累了一些感性认识和经验,对某些天气现象做出一定的解释。

我国在这一时期,在此领域中有不少成就,而且是居于世界领先行列的。远在三千年前,殷代甲骨文中已有关于风、云、雨、雪、虹、霞、龙卷、雷暴等文字记载,还常卜问未来十天的天气(称为"卜旬"),并将实况记录下来以资验证。春秋战国时代已能根据风、云、物候的观测记录,确定廿四节气,对指导黄河流域的农业生产季节意义很大,并沿用到现代。秦汉时代还出现了《吕氏春秋》、《淮南子》和《礼记》等内容涉及物候的书籍,这些都是世界上最早关于物候的文献。

气象观测仪器也是我国的最早发明。在西汉时(公元前104年),已盛行伣,铜凤凰和相风铜鸟等三种风向器,到唐代又发展到在固定地方用相风鸟,在军队中用鸡毛编成的风向器测风。欧洲到20世纪才有用候风鸟测风的记载。在西汉时还利用羽毛、木炭等物的吸湿特性来测量空气湿度。宋代曾有僧赞宁(公元10世纪)利用土炭湿度计来预报晴雨。关于降水的记录亦以我国最早,据《后汉书》记载,在当时曾要求所辖各郡国,每年从立春到立秋这段时间内,向朝廷汇报雨泽情况,此后历代对各地雨情都很重视。所以我国的雨量和水旱灾记录丰富,历史亦最悠久。

由于生产和生活的需要,人类迫切要求预知未来天气的变化,并在长期观测实践中,积累了不少经验。这些经验被用简短的韵语来表达,以便于记忆和运用,这就是天气谚语。我国天气谚语是极丰富的,除一部分封建迷信的内容外,大多是历代劳动人民看天经验的结晶。唐代黄子发的"相雨书",元末明初出现的娄元礼编的《田家五行》和明末徐光启编写的《农政全书·占候》都是总结群众预报天气经验的著作。

在国外,气象学的萌芽也很早,公元前4世纪希腊大哲学家亚里斯多德(Aristotle)所著《气象学》(Meteorolosis)一书(约在公元前350年)综合论述水、空气和地震等问题对大气现象也作了适当的解释。现在气象学的外文名字就是从亚里斯多德的原书名演变而来的。"气候"一词也原出于希腊文 Κλιμα,表示倾斜的意思。古希腊人认为,地球上由于受到太阳光线倾斜角度的不同,才产生气候的差异,并已建立了关于热带、温带和寒带的概念。这种气候形成的概念流传很久,直到15世纪中期地理大探险时期,人们才认识到气候的形成不仅受太阳光线倾斜角度的影响,还与大气环流、海陆分布形势等有关。

总之,在气象学萌芽时期,我国和希腊是露过锋芒的,这时从学科性质来讲,气象学与天文学是混在一起的,可以说具有天象学的性质。

(二) 发展初期

发展初期包括16世纪中叶到19世纪末。这时由于欧洲工业的发展,推动了科学技术的发展,物理学、化学和流体力学等随着当时工业革命的要求,也快速发展起来。又由于航海技术的进步,远距离商业与探险队的活动,扩大了人们的视野,地理学乃蓬勃兴起,这就为介于物理学与地理学之间的边缘科学——气象学、气候学的发展奠定了基础。再加上这一段时间内气象观测仪器纷纷发明,地面气象观测台、站相继建立,形成了地面气象观测网,并因无线电技术的发明,能够开始绘制地面天气图。由于具备了这些条件,气象学、气候学乃与天文学逐渐分离,成为独立的学科。

1593年意大利学者伽利略(Galileo)发明温度表,1643年意大利学者托里拆利(Torricelli)发明气压表。这两种重要仪器的出现,使气象观测大大向前跃进一步。特别是气压与天气变化的关系最直接,气压表当时曾被誉为天气的"眼睛"。1783年索修尔(Saussure)发明毛发湿度表,有了这些仪器就为建立气象台站提供了必要的条件。1653年在意大利北部首先建立气象台,此后其他国家亦相继建立地面气象观测站,开始积累气象资料。但这时只有一些分散性的研究,缺少国际合作与交流。

1854年,英法与帝俄在克里木半岛发生战争。英法联军舰队在黑海途中因风暴失事,近于全军覆没。这件事引起有关国家的重视。事后根据有关台站气象观测记录,发现此次风暴是由西欧移向东欧的。因此当时人们认为,如能广泛建立气象台站网,并通过电讯联系,则可预测未来的天气变化,并可采取相应的预防措施,以减少灾害性天气对各方面所造成的损失。这种认识为气象界的国际合作打开了局面,并促进了天气分析工作的开展。

随着无线电报的发明和应用,使气象观测的结果能很快地传达到各地,为绘制天气图创造了条件。在1860—1865年间各国纷纷绘出了天气图。有了天气图这个工具,使气象学的发展大大向前跨进了一步。

这一时期气象学与气候学的主要研究成果有:关于海平面上风压关系定律、气旋模式和结构、大气中光电现象和云雨形成的初步解释、大气环流的若干现象解释等。从19世纪开始,陆续出版了一些比较有质量的气候图,如世界年平均气温分布图、世界月平均气压分布图、世界年降水量分布图等。此外,德国学者汉恩(Hann)于1883年开始陆续出版了《气候学手册》三大卷,这是气候学上最早的巨著。

我国气象学虽有悠久的历史,在萌芽时期曾处于世界先进行列,但由于封建统治的压抑,生产水平低下,气象学处于长期停顿状态。在这一时期,帝国主义为了侵略我国,纷纷在我国设立气象观测机构,收集气象资料为其军事、经济侵略服务。最早来我国境内,用近代气象仪器进行气象观测的是法国传教士,他于1743年在北京设立测候所。其后从1830年起俄国又断断续续地派人来北京做气象观测。1873年法国天主教会在上海徐家汇创建观象台,1893年德国人在山东青岛建立青岛观象台,此外还有在英国人掌握之下的海关测候所等共43处(都位于沿海、沿江的港口),他们都为各自的军事、航行、商船服务,我国政府无权过问,这时我国的气象事业完全是半殖民地性质的。

(三)发展时期

从20世纪以来是气象学与气候学的发展时期。这一时期总的特点是:随着生产发展的需要和技术的进步,不但进行地面气象观测,也进行高空直接观测,从而摆脱了定性描述阶段,进入到定量试验阶段,从认识自然,逐步向预测自然,控制和改造自然的方向发展。这一时期又可分为早期和近期两个阶段。

1. 早期

在20世纪的前50年。这时气象观测开始向高空发展,以风筝、带人气球及火箭等为高空观测工具,其所到达的高度当然是有限的,但已为高空气象学的发展奠定了基础。在此期间气象学的发展中有三大重要进展。

(1)锋面学说:在第一次世界大战期间,由于相邻国家气象资料无法获得,挪威建立了比较稠密的气象网。挪威学者贝坚克尼父子(V. Bjerknes 和 J. Bjerknes)等应用物理学和流体力学的理论,通过长期的天气分析实践,创立了气旋形成的锋面学说,从而为进行1—2天的天气预报奠定了物理基础。

(2)长波理论:本世纪30—40年代,由于要求能早期预报出灾害性天气,再加上有了无线电探空和高空测风的普遍发展,能够分析较好的高空天气图。瑞典学者罗斯贝(Rossby)等研究大气环流,提出了长波理论。它既为进行2—4天的天气预报奠定了理论基础,同时也使气象学由两度空间真正发展为三度空间的科学。

(3)降雨学说:在本世纪30年代,贝吉龙-芬德生(Bergeron-Findeison)从研究雨的形成中,发现云中有冰晶与过冷却水滴共存最有利于降雨的形成,从而提出了降雨学说。1947年又发现干冰和碘化银落入过冷却水滴中可以产生大量冰晶,这就为人工影响冷云降水提供了途径。进一步研究还发现在热带暖云中由于大、小水滴碰并也可导致降雨,又为人工影响暖云降水奠定了理论基础。由此人类开始从认识自然进入人工影响局部天气时代。

(4)在气候学方面也有长足的进展,突出表现在:创立了气候型的概念和几种气候分类法,如柯本(W. Koppen)、桑氏威特(C. W. Thornthwaite)、阿里索夫(В. П. Алисов)等各具特色的气候分类法。1930—1940年间柯本和盖格尔(R. Qeiger)出版了五卷《气候学手册》,着重从动力学方面研究气候的形成和变化,发展了动力气候学。此外对贴近地面层的小气候研究也逐步精确化和定量化。

2. 近期

本世纪50年代以后为近期。由于电子计算机和新技术如雷达、激光、遥感及人造卫星等的使用,大大地促进了气象学与气候学的发展。其主要表现如下:

(1)开展大规模的观测试验

在50年代以前,国际上曾在1882年和1932年组织过两次对南北极区进行气象考察,称为国际极年,并取得了一些高空气象和太阳与地球关系的资料。在50年代以后又进行过多次至少有几十个国家参加的大规模大气观测试验,而且规模一次比一次大。例如1977年12月—1979年11月进行的一次大规模大气观测试验,有一百多个国家参加,其中也有我国参加。这次全球大气试验是以5个同步卫星和2个近极地轨道卫星为骨干,配合气象火箭,并与世界各地常规的地面气象观测站、自动气象站、飞机、船舶、浮标站和定高气球等相结合,组成几个全球性的较完整的立体观测系统。这一全球性观测计划是试图解决10—14天之间的天气预报,进一步了解天气现象形成的物理过程和物理原因。

(2) 对大气物理现象进行数值模拟试验

气象学、气候学不像物理、化学那样可以在室内进行实验,而是以地球的大气层作为实验室。有了电子计算机才可能广泛地对各种大气物理现象进行精确的、定量的数值模拟试验,如从全球性环流到云内雨滴的生成过程都进行试验,并把云雾中的微观过程和动力的宏观过程结合起来,使气象学进入试验科学阶段。

(3) 把大气作为一个整体进行研究

把对流层与平流层中、高纬地区与低纬地区,南半球与北半球结合起来研究,这在气象学与气候学的发展上又是一大跃进。

人类对大气中的化学现象与化学过程也进行了多年的观测、分析和研究,并已形成了气象学中一个新支派——大气化学。特别是近年来对大气污染的监测,探讨环境保护的措施,更促进了大气化学的进展。

(4) 气候学领域中的科学革命

自本世纪70年代以来,气候异常现象频繁出现,已引起各国广泛的重视。再加上现代科学技术的迅速发展,气候学发生了重大变革,或者说是一场科学革命。如国际上召开的一系列气候学术会议所示,1972年在瑞典斯德哥尔摩召开联合国环境大会,在会上强调了地球气候对于人类及其福利有极重要的影响。1974年召开联合国粮食大会,探讨了气候对世界粮食生产的重要作用,呼吁世界气象组织和联合国粮农组织建立气候警报系统。1974年世界气象组织与世界科学联盟在瑞典斯德哥尔摩召开气候的物理基础及其模拟的国际讨论会,着重研究了气候形成的物理机制和气候与人类的关系,并提出了气候系统(Climate system)的概念和世界气候计划(WCP)。1979年在日内瓦召开了第一次世界气候大会(FWCC),批准了这一计划(这一计划包含四个子计划)①,并确认气候系统的研究是实施气候研究计划(WCRP)的重要理论基础。建立了WCP以后,又在各大洲相继召开了地区性的气候大会,进一步推动这个计划的实施。亚洲及西太平洋气候会议于1980年在我国广州召开。现在世界上已有数十个国家制订了国家气候计划(NCP),开展气候研究。国际上成立了政府间气候变化专业委员会(IPCC)。在1990年秋于日内瓦召开了第二次世界气候大会。1992年4月在巴西里约热内卢召开了"世界环境与发展大会",提出了《世界气候框架公约》。由于气候变化问题与国家建设密切相关,气候变化与政策的关联愈益紧密,政府组织逐渐代替纯科学家的组织,在领导与推动气候研究中发挥更大的作用。

气候工作者广泛地应用近代大气物理的理论和实验方法,把气候看作是一个复杂的气候系统,建立了气候理论模式,成功地发展了气候对各种自然过程发生影响的数值模拟。通过气候模式来研究不同时间尺度(一个季节、一年、十年或更长时间)和空间尺度(地区、区域和全球)气候的可预报性问题,现已取得一些可喜成果。

另外,还加强了气候学各分支之间的联系,组织进行大规模的综合研究。最突出的实例是人

---

① WCP下设四个子计划:即(1)世界气候研究计划(WCRP),(2)世界气候应用计划(WCAP),(3)世界气候影响研究计划(WCIP),(4)世界气候资料计划(WCDP)。

类活动与气候相互影响的研究。人类大量砍伐森林,燃烧矿物燃料(煤、石油、天然气等),兴建城市等等,改变了下垫面的性质和大气成分,将会使气候发生深刻的变化,并影响许多自然过程和国民经济部门,如农业、渔业、水利工程、建筑工程和海洋运输等等。其研究范围愈来愈扩大,不仅涉及气候学的各个部门,并且和有关经济学科有密切联系。例如人类活动对气候的影响在城市中的表现最为突出,城市气候的形成、变化和改善等问题的研究都与城市规划、城市经济建设等问题密切相关。

在这一时期,我国气象学、气候学也有一定的进展,奠基人就是竺可桢。竺氏在1927年创立了气象研究所,次年在南京北极阁建立气象台。这是继1913年北京成立观象台之后,我国自己设置的第二个设备较好的气象观测机构。此后20余年中,国内陆续建立了40多个气象站和100多个雨量站,开展了少数城市的高空探测、天气预报和无线电广播等业务。1941年在重庆成立中央气象局。但在半殖民地半封建的旧社会,气象事业很难发展。那时气象、气候方面的论著多偏重于我国气候区划和季节的划分,以及对我国的季风、寒潮、台风和旱涝问题的研究。

解放后,我国气象事业得到迅速发展。在第一个五年计划期间,全国共建立了各级气象台站1 378个,到1957年底全国各级气象台站已达1 635个,比解放初期增加近22倍。40余年来兴建的天气和气候站网已遍布全国。我国的气象学与气候学研究进入了高度发展的时期。在基础理论方面,如大气环流和动力气象的研究,在天气学方面如中国天气、高原气象等研究,在卫星气象方面,如甚高分辨云图接受器的研制、卫星气象学和探测原理等研究都取得了显著的进展。在人工影响天气方面已开展了云雾物理、人工降水和人工消雹等工作,并已取得较好的效果。在气候学方面以竺可桢的物候学和关于中国近五千年来气候变迁的研究最负盛誉。其它如在区域气候、农业气候、物理气候、动力气候、应用气候、城市气候、气候的数值模拟和气候预测等方面都取得了可喜的成绩。

我国是世界气象组织的重要成员国,1987年2月成立了国家气候委员会,组织编写了国家气候蓝皮书(1990年11月出版),制订了国家气候研究计划,其指导思想是以气候灾害监测和预报问题以及全球性气候变化可能对我国气候的影响问题为重点,同时考虑世界气候研究计划中所提出的问题和要求,以使气候研究工作既解决我国的需要,同时又对世界气候作出贡献[①]。

第二节　气候系统概述

气候系统是一个包括大气圈、水圈、陆地表面、冰雪圈和生物圈在内的,能够决定气候形成、气候分布和气候变化的统一的物理系统。太阳辐射是这个系统的能源。在太阳辐射的作用下,气候系统内部产生一系列的复杂过程,这些过程在不同时间和不同空间尺度上有着密切的相互作用,各个组成部分之间,通过物质交换和能量交换,紧密地结合成一个复杂的、有机联系的气候系统(见图1·1)。

在气候系统的五个子系统中,大气圈是主体部分,也是最可变的部分,这里将首先予以论述。水圈、陆地表面、冰雪圈和生物圈都可视为大气圈的下垫面。

---

① 详见叶笃正等主编.当代气候研究.北京:气象出版社,1991。

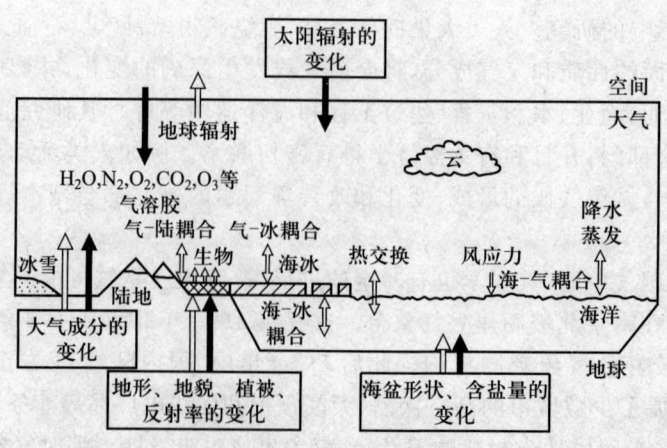

图 1·1 气候系统示意图
图中实线箭头是气候的外部过程,空箭头是气候的内部过程

一、大气圈概述

(一) 大气的组成

大气是由多种气体混合组成的气体及浮悬其中的液态和固态杂质所组成。表 1·1 列举了其气体成分,其中氮(N_2)氧(O_2)和氩(Ar)三者合占大气总体积的 99.96%,其它气体含量甚微。

表 1·1 大气的气体组成成分*

气体成分	分子式	所占体积**
氮	N_2	78.08%
氧	O_2	20.95%
氩	Ar	0.93%
二氧化碳	CO_2	0.34 mL/L
氖	Ne	1.8×10^{-2} mL/L
氪	Kr	1×10^{-3} mL/L
氙	Xe	8×10^{-5} mL/L
甲烷	CH_4	2×10^{-3} mL/L
氢	H_2	5×10^{-4} mL/L
一氧化二氮	N_2O	3×10^{-4} mL/L
一氧化碳	CO	$5 \times 10^{-5} - 2 \times 10^{-4}$ mL/L
臭氧	O_3	不定($2 \times 10^{-5} - 1 \times 10^{-2}$ mL/L)
氨	NH_3	4×10^{-6} mL/L
二氧化氮	NO_2	1×10^{-6} mL/L
二氧化硫	SO_2	1×10^{-6} mL/L
硫化氢	H_2S	5×10^{-8} mL/L
水汽	H_2O	不定($1\% - 1 \times 10^{-3}$ mL/L)

* 引自 A Henderson-Sellers, P J Robinson. Contemporary Climatology. Longman Scientific & Technical, 1987; 7
** 微量气体含量通常用体积或质量混合比表示。其定义为单位体积(或质量)大气中微量气体所占体积(或质量)的比例,以 mL/L(或 mg/g)表示。

以前空气中微量气体浓度曾用 ppm、ppb、ppt 表示。即 ppm 表示百万分之几,ppb 表示十亿分之几,ppt 表示万亿(兆)分之几。故 $1ppm = 10^{-6}$,$1ppb = 10^{-9}$,$1ppt = 10^{-12}$。其中质量混合比常表示为 ppmm、体积混合比表示为 ppmv,现已于国家标准中被废除。其对应关系为:$1ppm = 10^{-3}$ mL/L,$1ppb = 10^{-6}$ mL/L。

除水汽外,这些气体在自然界的温度和压力下总呈气体状态,而且标准状况下(气压1 013.25hPa,温度0℃)。密度约为1 293g/m³。

由于大气中存在着空气的垂直运动、水平运动、湍流运动和分子扩散,使不同高度、不同地区的空气得以进行交换和混合,因而从地面开始,向上直到90km处,空气主要成分(除水汽臭氧和若干污染气体外)的比例基本上是不变的。因此,在90km以下可以把干洁空气当成分子量为28.97[①]的"单一成分"来处理。在90km以上,大气的主要成分仍然是氮和氧,但平均约从80km开始由于紫外线的照射,氧和氮已有不同程度的离解,在100km以上,氧分子已几乎全部离解为氧原子,到250km以上,氮也基本上都解离为氮原子。

大气中的氧是一切生命所必须的,这是因为动物和植物都要进行呼吸,都要在氧化作用中得到热能以维持生命。氧还决定着有机物质的燃烧、腐败及分解过程。植物的光合作用又向大气放出氧并吸收二氧化碳。

大气中的氮能够冲淡氧,使氧不致太浓,氧化作用不过于激烈。大量的氮可以通过豆科植物的根瘤菌固定到土壤中,成为植物体内不可缺少的养料。

大气中的水汽来自江、河、湖、海及潮湿物体表面的水分蒸发和植物的蒸腾,并借助空气的垂直交换向上输送。空气中的水汽含量有明显的时空变化,一般情况是夏季多于冬季。低纬度暖水洋面和森林地区的低空水汽含量最大,按体积来说可占大气的4%,而在高纬度寒冷干燥的陆面上,其含量则极少,可低于0.01%。从垂直方向而言,空气中的水汽含量随高度的增加而减少。观测证明,在1.5—2km高度上,空气中水汽含量已减少为地面的一半;在5km高度,减少为地面的1/10;再向上含量就更少了。

大气中水汽含量虽不多,但它是天气变化中的一个重要角色。在大气温度变化的范围内,它可以凝结或凝华为水滴或冰晶,成云致雨,落雪降雹,成为淡水的主要来源。水的相变和水分循环不仅把大气圈、海洋、陆地和生物圈紧密地联系在一起,而且对大气运动的能量转换和变化,以及对地面和大气温度都有重要的影响。

表1·1中所列的臭氧、二氧化碳、甲烷、氮氧化物(N_2O、NO_2)和硫化物(SO_2、H_2S)等其在大气中的含量虽很少,但对大气温度分布及人类生活却有较大的影响。

大气中的臭氧主要是由于在太阳短波辐射下,通过光化学作用,氧分子分解为氧原子后再和另外的氧分子结合而形成的。另外有机物的氧化和雷雨闪电的作用也能形成臭氧。大气中的臭氧分布是随高度、纬度等的不同而变化的。在近地面层臭氧含量很少,从10km高度开始逐渐增加,在12—15km以上含量增加得特别显著,在20—30km高度处达最大值,再往上则逐渐减少,到55km高度上就极少了。造成这一现象的原因是由于在大气的上层中,太阳短波的强度很大,使得氧分子解离增多,因此氧原子和氧分子相遇的机会很少,即使臭氧在此处形成,由于它吸收一定波长的紫外线,又引起自身的分解,因此在大气上层臭氧的含量不多。在20—30km高度这一层中,既有足够的氧分子,又有足够的氧原子,这就造成了臭氧形成的最适宜条件,故这一层又称臭氧层。在低于这一层的空气中,太阳短波紫外线大大减少,氧分子的分解也就大为减弱,所以氧原子数量减少,以致臭氧形成减少。

臭氧能大量吸收太阳紫外线,使臭氧层增暖,影响大气温度的垂直分布,从而对地球大气环

---

① N_2、O_2和Ar的分子量分别为28.016、32.000和39.944。

流和气候的形成起着重要的作用。同时它还形成一个"臭氧保护层",使得到达地表的对生物有杀伤力的短波辐射(波长小于 $0.3\mu m$)大大降低了强度。从而保护着地表生物和人类。观测表明,近年来大气平流层中的臭氧有减少的现象,尤以南极为最。据研究这与在制冷工业中人为排放氟氯烃的破坏作用有关(详见第八章第二节)。

大气中的二氧化碳、甲烷、一氧化二氮等都是温室气体,它们对太阳辐射吸收甚少,但却能强烈地吸收地面辐射,同时又向周围空气和地面放射长波辐射。因此它们都有使空气和地面增温的效应。观测证明,近数十年来这些温室气体的含量都有与年俱增的趋势,这与人类活动关系十分密切(详见第八章)。

由于工业、交通运输业的发展,在废气不加以回收利用的情况下,空气中增加了许多污染气体。表 1·1 中所列举的一氧化碳、氨、二氧化硫、硫化氢等都是污染气体[①]。它们的含量虽微,但对人类,对气候环境都带来一定的危害。

此外,大气中还悬浮着多种固体微粒和液体微粒,统称大气气溶胶粒子。固体微粒有的来源于自然界,如火山喷发的烟尘,被风吹起的土壤微粒,海水飞溅扬入大气后而被蒸发的盐粒,细菌、微生物、植物的孢子花粉,流星燃烧所产生的细小微粒和宇宙尘埃等;有的是由于人类活动,如燃烧物质排放至空气中的大量烟粒等。它们多集中于大气的底层。这多种多样的固体杂质,有许多可以成为水汽凝结的核心,对云、雾的形成起重要作用。同时固体微粒能散射、漫射和吸收一部分太阳辐射,也能减少地面长波辐射的外逸,对地面和空气温度有一定影响,并会使大气的能见度变坏。

液体微粒是指悬浮于大气中的水滴和冰晶等水汽凝结物。它们常聚集在一起,以云、雾形式出现,不仅使能见度变坏,还能减弱太阳辐射和地面辐射,对气候有很大的影响。

(二) 大气的结构

大气总质量约 5.3×10^{15} t,其中有 50% 集中在离地 5.5km 以下的层次内,在离地 36—1 000km 余的大气层只占大气总质量的 1%。大气压力和密度随高度的分布如图 1·2 所示。尽管空气密度愈到高空愈小,到 700—800km 高度处,空气分子之间的距离可达数百米远,但即使再向上,大气密度也不会减少到零的程度。大气圈与星际空间之间很难用一个"分界面"把它们截然分开。目前我们只能通过物理分析,确定一个最大高度来说明大气圈的垂直范围。这一最大高度的划定,由于着眼点不同,所得的结论也不同。通常有两种划法:一是着眼于大气中出现的某些物理现象。根据观测资料,在大气中极光是出现高度最高的现象,它可以出现在 1 200km 的高度上,因此可以把大气的上界定为 1 200km。这种根据在大气中才有,而在星际空间没有的物理现象确定的大气上界,称为大气的物理上界。另一种是着眼于大气密度,用接近于星际的气体密度[②]的高度来估计大气的上界。按照人造卫星探测资料推算,这个上界大约在 2 000—3 000km 高度上。

观测证明,大气在垂直方向上的物理性质是有显著差异的。根据温度、成分、电荷等物理性质,同时考虑到大气的垂直运动等情况,可将大气分为五层(图 1·2)。

---

① 大气中的污染气体种类甚多,这里未能一一列举。
② 据近代天体物理学研究,星际空间的中性气体质点密度为 1 个/cm³,电子浓度为 10^2—10^3 个/cm³。

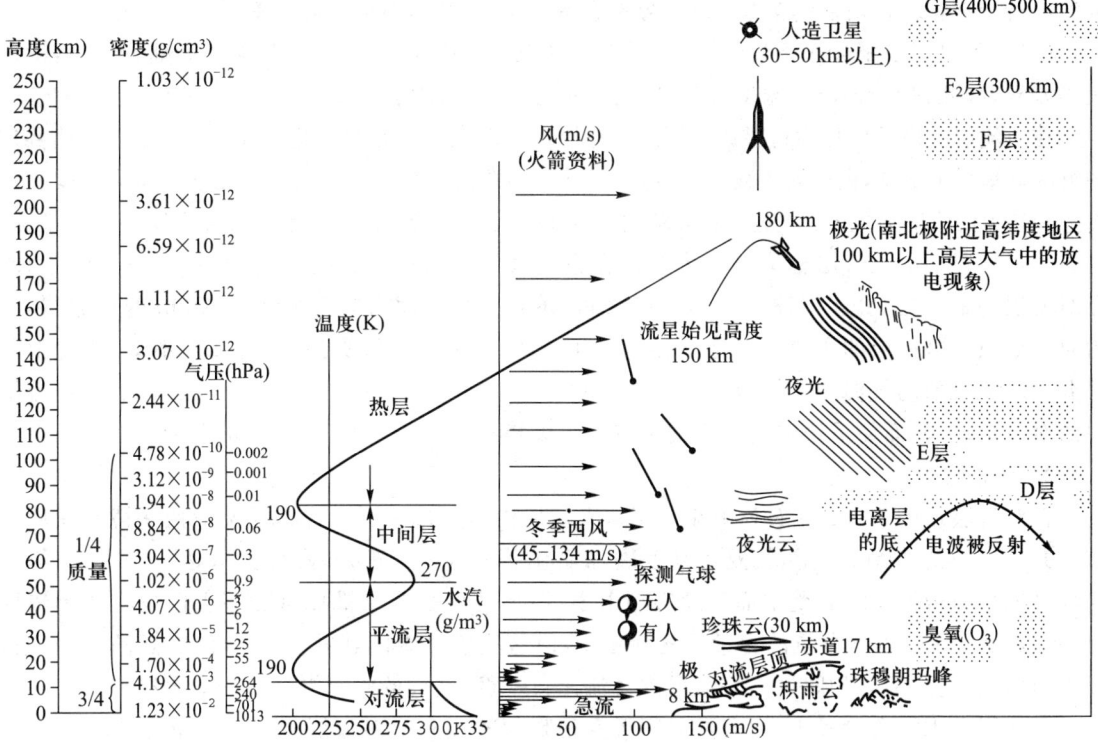

图 1·2 大气的垂直结构(图中密度据 CIRA-1961 大气模式简表中的平均值)

1. 对流层

对流层是地球大气中最低的一层。云、雾、雨雪等主要大气现象都出现在此层。对流层是对人类生产、生活影响最大的一个层次,也是气象学、气候学研究的重点层次。

对流层有三个主要特征:

(1)气温随高度增加而降低:由于对流层主要是从地面得到热量,因此气温随高度增加而降低。高山常年积雪,高空的云多为冰晶组成,就是这一特征的明显表现。对流层中,气温随高度增加而降低的量值,因所在地区、所在高度和季节等因素而异[①]。平均而言,高度每增加 100m,气温则下降约 0.65℃,这称为气温直减率,也叫气温垂直梯度,通常以 γ 表示:

$$\gamma = -\frac{dT}{dZ} = 0.65℃/100m \tag{1·1}$$

(2)垂直对流运动:由于地表面的不均匀加热,产生垂直对流运动。对流运动的强度主要随纬度和季节的变化而不同。一般情况是:低纬较强,高纬较弱;夏季较强,冬季较弱。因此对流层的厚度从赤道向两极减小。在低纬度地区平均为 17—18km,在中纬度地区为 10—12km,在高纬度地区为 8—9km。在同一纬度,尤其是中纬度,对流层厚度夏季较大,冬季较小。同大气的总厚度比较起来,对流层是非常薄的,不及整个大气层厚度的 1%。但是,由于地球引力的作用,这一层却集中了整个大气 3/4 的质量和几乎全部的水汽。空气通过对流和湍流运动,高、低层的

---

① 在个别情况下,因某些原因也会在某个层次内出现气温随高度增加而不变(等温)或气温随高度增加而增加的现象(逆温)。

空气进行交换,使近地面的热量、水汽、杂质等易于向上输送,对成云致雨有重要的作用。

(3)气象要素水平分布不均匀:由于对流层受地表的影响最大,而地表面有海陆分异、地形起伏等差异,因此在对流层中,温度、湿度等的水平分布是不均匀的。

在对流层的最下层称为行星边界层或摩擦层。其范围一般是自地面到1—2km高度。边界层的范围夏季高于冬季,白昼高于夜晚,大风和扰动强烈的天气高于平稳天气。在这层里大气受地面摩擦和热力的影响最大,湍流交换作用强,水汽和微尘含量较多,各种气象要素都有明显的日变化。行星边界层以上的大气层称为自由大气。在自由大气中,地球表面的摩擦作用可以忽略不计。在对流层的最上层,介于对流层和平流层之间,还有一个厚度为数百米到1—2km的过渡层,称为对流层顶。这一层的主要特征是:气温随高度的增加突然降低缓慢,或者几乎不变,成为上下等温。对流层顶的气温在低纬地区平均为-83℃,在高纬地区约为-53℃。该层可阻挡对流层中的对流运动,从而使下边输送上来的水汽微尘聚集在其下方,使该处大气的混浊度增大。

2. 平流层

自对流层顶到55km左右为平流层。在平流层内,随着高度的增高,气温最初保持不变或微有上升。大约到30km以上,气温随高度增加而显著升高,在55km高度上可达-3℃。平流层这种气温分布特征是和它受地面温度影响很小,特别是存在着大量臭氧能够直接吸收太阳辐射有关。虽然30km以上臭氧的含量已逐渐减少,但这里紫外线辐射很强烈,故温度随高度增加得以迅速增高,造成显著的暖层。平流层内气流比较平稳,空气的垂直混合作用显著减弱。

平流层中水汽含量极少,大多数时间天空是晴朗的。有时对流层中发展旺盛的积雨云也可伸展到平流层下部。在高纬度20km以上高度,有时在早、晚可观测到贝母云(又称珍珠云)[①]。平流层中的微尘远较对流层中少,但是当火山猛烈爆发时,火山尘可到达平流层,影响能见度和气温。

3. 中间层

自平流层顶到85km左右为中间层。该层的特点是气温随高度增加而迅速下降,并有相当强烈的垂直运动。在这一层顶部气温降到-113°—-83℃,其原因是由于这一层中几乎没有臭氧,而氮和氧等气体所能直接吸收的那些波长更短的太阳辐射又大部分被上层大气吸收掉了。

中间层内水汽含量更极少,几乎没有云层出现,仅在高纬地区的75—90km高度,有时能看到一种薄而带银白色的夜光云,但其出现机会很少。这种夜光云,有人认为是由极细微的尘埃所组成。在中间层的60—90km高度上,有一个只有白天才出现的电离层,叫做D层。

4. 热层

热层又称热成层或暖层,它位于中间层顶以上。该层中,气温随高度的增加而迅速增高。这是由于波长小于$0.175\mu m$的太阳紫外辐射都被该层中的大气物质(主要是原子氧)所吸收的缘故。其增温程度与太阳活动有关,当太阳活动加强时,温度随高度增加很快升高,这时500km处的气温可增至2 000K;当太阳活动减弱时,温度随高度的增加增温较慢,500km处的温度也只有500K。

热层没有明显的顶部[②]。通常认为在垂直方向上,气温从向上增温至转为等温时,为其上

[①] 此种云的成因目前尚不清楚。
[②] 热层的顶部高度有人观测约在250—500km。亦有人认为可达800km。

限。在热层中空气处于高度电离状态,其电离的程度是不均匀的。其中最强的有两区,即E层(约位于90—130km)和F层(约位于160—350km)。F层在白天还分为F_1和F_2两区。据研究高层大气(在60km以上)由于受到强太阳辐射,迫使气体原子电离,产生带电离子和自由电子,使高层大气中能够产生电流和磁场,并可反射无线电波,从这一特征来说,这种高层大气又可称为电离层[①],正是由于高层大气电离层的存在,人们才可以收听到很远地方的无线电台的广播。

此外,在高纬度地区的晴夜,在热层中可以出现彩色的极光。这可能是由于太阳发出的高速带电粒子使高层稀薄的空气分子或原子激发后发出的光。这些高速带电粒子在地球磁场的作用下,向南北两极移动,所以极光常出现在高纬度地区上空。

5. 散逸层

这是大气的最高层,又称外层。这一层中气温随高度增加很少变化。由于温度高,空气粒子运动速度很大,又因距地心较远,地心引力较小,所以这一层的主要特点是大气粒子经常散逸至星际空间,本层是大气圈与星际空间的过渡地带。

从总体来讲,大气是气候系统中最活跃,变化最大的组成部分,它的整体热容量为5.32×10^{15} MJ,且热惯性小。当外界热源发生变化时,通过大气运动对垂直的和水平的热量传输,使整个对流层热力调整到新热量平衡所需的时间尺度,大约为1个月左右,如果没有补充大气的动能过程,动能因摩擦作用而消耗尽的时间大约也是1个月。

二、水圈、陆面、冰雪圈和生物圈概述

(一) 水圈

水圈包括海洋、湖泊、江河、地下水和地表上的一切液态水,其中海洋在气候形成和变化中最重要。海洋是由世界大洋和邻近海域的含盐海水所组成。其总面积为3.6亿km^2,约占地球表面的71%,相当于陆地面积的2.5倍。由图1·3可见,海洋的分布在南北半球是不对称的。在北极,是由大陆包围着的北冰洋,而南极则是广大海洋包围着的南极大陆。南半球海洋的面积远大于北半球。海洋被插入其中的大陆分隔成不同的区域,按其大小而言,依次有太平洋、大西洋、印度洋和北冰洋。

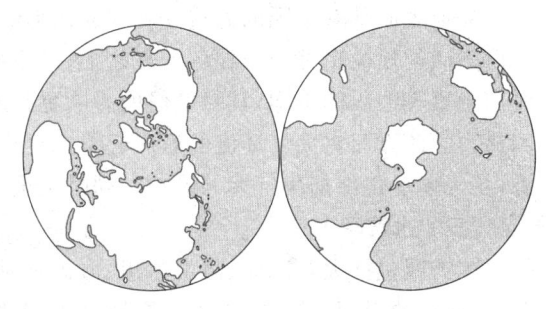

图1·3 南北半球的海陆分布

海水是由液态水和溶于水中的盐分及气体所组成的。在每1 000g海水中溶有NaCl 23g,$MgCl_2$和Na_2S分别为5g和4g,此外还有少量$CaCl_2$和KCl及其它微量盐分。海水中还溶有少量的大气中的各种气体,其中以O_2和CO_2对海洋生物过程和气候过程十分重要。

由于海洋对太阳辐射的反射率比陆面小,海洋单位面积所吸收的太阳辐射能比陆地多

[①] 根据火箭和人造卫星的观测,电离层是从距地面60km左右高度开始(包括中间层的D区)大气中自由电子的数密度是随着高度的增加而波动地增大,一直到300km左右高度达最大值。上述E、F_1、F_2层是其相对峰值区。电离层中电子数密度在日落后就下降,它反映太阳辐射电离作用的中断。下降幅度随高度而有变化,夜间D层和E层的大多数电子与正离子复合。电离层各区的高度、厚度和电子密度有明显的日变化和季节变化,并且受太阳活动所产生的增强了的紫外射线,X射线和高能粒子流的影响。

25%—50%。全球海洋表层的年平均温度要比全球陆面温度约高10℃左右。海面受热后由于波浪的作用,将热量向下传输混合,产生一个暖层。暖层平均水温在20—25℃左右。在暖层之下水温迅速下降,成为斜温层。斜温层之下是水温很低的第三层。在第三层底部水温约在0—5℃左右。在极地海洋地区从表面至洋底皆为冷水层。

据估算,到达地表的太阳辐射能约有80%为海洋表面所吸收。通过海水内部的运动,海洋上层平均厚度①约为240m的水温有季节变化,其质量为8.7×10^{10}t,热容量为36.45×10^{16}MJ/℃;而陆面温度有季变的平均厚度只有10m,质量为3×10^{15}t,其热容量只有2.38×10^{15}MJ/℃。大气、海洋活动层和陆地活动层的质量比是1:10.4:0.55,热容量比是1:68.5:0.45。可见,无论从力学和热力学效应来看,海洋在气候系统中具有最大的惯性,是一个巨大的能量贮存库。如果仅考虑100m深的表层海水,即占整个气候系统总热量的95.6%。仅此一端就可见其在气候系统中的重要性。上层海洋与大气或冰的相互作用时间尺度为几个月到几年,而深层海洋的热力调整时间则为世纪尺度。

(二) 陆面

陆面有时亦称岩石圈。岩石圈的变化时间尺度甚长,其中如山脉形成的时间尺度约为$10^5—10^8$a,大陆飘移的时间尺度约为$10^6—10^9$a,而陆块位置和高度变化的时间尺度则更在10^9a以上。它们的这些特征对地质时期的气候变化是有巨大影响的,但对近代在季节、年际、十年际乃致百年际的气候变化中是可以忽略的。在上述近代气候变化的时间尺度内,除火山爆发外,对大气的作用主要还是发生在陆地表面。因此在气候系统中通常不用岩石圈这个更广泛的名词,而采用陆面一词。

陆地表面具有不同的海拔高度和起伏形势,可分为山地、高原、平原、丘陵和盆地等类型。它们以不同的规模错综分布在各大洲之上,构成崎岖复杂的下垫面。在此下垫面上又因岩石、沉积物和土壤等性质的不同,其对气候的影响更是复杂多样。例如海陆分布与山脉大地形在动力学和热力学两方面对大气环流的形成起着重要作用。地表土壤作为大气中微粒物质的一个主要来源,在气候变化中产生巨大的影响。同时土壤还参与了气候和植被的相互作用。

(三) 冰雪圈

冰雪圈包括大陆冰原、高山冰川、海冰和地面雪盖等。目前全球陆地约有10.6%被冰雪所覆盖,海冰的面积比陆冰的面积要大,但由于世界海洋面积广阔,海冰仅占海洋面积的6.7%。陆地雪盖有季节性的变化,海冰有季节性到几十年际的变化,而大陆冰原和冰川的变化要缓慢得多,只有在几百年甚至到几百万年的周期上其体积和范围才显示出重大的变化。冰川和冰原的体积变化与海平面高度的变化有很大关系。

由于冰雪具有很大的反射率,在冰雪覆盖下,地表(包括海洋和陆地)与大气间的热量交换被阻止,因此冰雪对地表热量平衡有很大影响。它是气候系统中的一个重要子系统。

(四) 生物圈

生物圈主要包括陆地和海洋中的植物,在空气、海洋和陆地生活的动物,也包括人类本身。生物圈的各部分在变化的时间尺度上有显著差异,但它们对气候的变化都很敏感,而且反过来又影响气候。生物对于大气和海洋的二氧化碳平衡,气溶胶粒子的产生,以及其它与气体成分和盐

---

① 此厚度又称活动层。

类有关的化学平衡等都有很重要的作用。植物可以随着温度、辐射和降水的变化而发生自然变化。其变化的时间尺度为一个季节到数千年不等。而植物又反过来影响地面的粗糙度及反射率以及蒸发、蒸腾和地下水循环。由于动物需要得到适当的食物和栖息地,所以动物群体的变化也反映了气候的变化。人类活动既深受气候影响,又通过诸如农牧业、工业生产及城市建设等,不断改变土地、水等的利用状况,从而改变地表的物理特性以及地表与大气之间的气体交换,产生对气候的影响。

综上所述,为了弄清地球气候形成、分布和变化的机制,我们必须面对的是一个非常复杂的气候系统。它的每一个组成部分都具有十分不同的物理性质,并通过各种各样的物理过程、化学过程甚至生物过程同其它部分联系起来,共同决定各地区的气候特征。

第三节 有关大气的物理性状

在气象学上,大气的物理性状主要以气象要素和空气状态方程来表征。

一、主要气象要素

气象要素是指表示大气属性和大气现象的物理量,如气温、气压、湿度、风向、风速、云量、降水量、能见度等等。

(一) 气温

在一定的容积内,一定质量的空气,其温度的高低只与气体分子运动的平均动能有关。即这一动能与绝对温度 T 成正比。因此,空气冷热的程度,实质上是空气分子平均动能的表现。当空气获得热量时,其分子运动的平均速度增大,平均动能增加,气温也就升高。反之当空气失去热量时,其分子运动平均速度减小,平均动能随之减少,气温也就降低。

气温的单位:目前我国规定用摄氏度(℃)温标,以气压为 1 013.3hPa 时纯水的冰点为零度(0℃),沸点为 100 度(100℃),其间等分 100 等份中的 1 份即为 1℃。在理论研究上常用绝对温标,以 K 表示,这种温标中一度的间隔和摄氏度相同,但其零度称为"绝对零度",规定为等于摄氏-273.15℃。因此水的冰点为 273.15K,沸点为 373.15K。两种温标之间的换算关系如下

$$T = t + 273.15 \approx t + 273 \tag{1·2}$$

大气中的温度一般以百叶箱中干球温度为代表。

(二) 气压

气压指大气的压强。它是空气的分子运动与地球重力场综合作用的结果。若以 P 代表气压,F 代表面积 A 上所承受的力,则

$$P = \frac{F}{A} \tag{1·3}$$

若 M 为任何面积 A 上的大气质量,在地球重力场中,g 为重力加速度,则这个面积 A 上大气柱的重量为

$$F = Mg \tag{1·4}$$

在静止大气中,面积 A 上大气柱的重量就是该面上所承受的力。将(1·3)式代入(1·4)式得

$$P = \frac{Mg}{A} \qquad (1 \cdot 5)$$

即静止大气中任意高度上的气压值等于其单位面积上所承受的大气柱的重量。当空气有垂直加速运动时,气压值与单位面积上承受的大气柱重量就有一定的差值,但在一般情况下,空气的垂直运动加速度是很小的,这种差别可以忽略不计。

一般情况下气压值是用水银气压表测的。设水银柱的高度为 h,水银密度为 ρ,水银柱截面积为 S,则水银柱的重量 $W = \rho g h \cdot S$。由于水银柱底面积的压强和外界大气压强是一致的,从而所测大气压强为

$$P = \frac{W}{S} = \frac{\rho g h \cdot S}{S} = \rho g h \qquad (1 \cdot 6)$$

所以气压单位曾经用毫米水银柱高度(mmHg)表示,现在通用百帕(hPa)来表示。1hPa 等于 $1 cm^2$ 面积上受到 10^2 牛顿(N)的压力时的压强值[①],即

$$1hPa = 10^2 N/cm^2 \qquad (1 \cdot 7)$$

当选定温度为 0℃,纬度为 45°的海平面作为标准时,海平面气压为 1 013.25hPa,相当于 760mm 的水银柱高度,曾经称此压强为 1 个大气压。

(三) 湿度

表示大气中水汽量多少的物理量称大气湿度。大气湿度状况与云、雾、降水等关系密切。大气湿度常用下述物理量表示:

1. 水汽压和饱和水汽压

大气压力是大气中各种气体压力的总和。水汽和其它气体一样,也有压力。大气中的水汽所产生的那部分压力称水汽压(e)。它的单位和气压一样,也用 hPa 表示。

在温度一定情况下,单位体积空气中的水汽量有一定限度,如果水汽含量达到此限度,空气就呈饱和状态,这时的空气,称饱和空气。饱和空气的水汽压(E)称饱和水汽压,也叫最大水汽压,因为超过这个限度,水汽就要开始凝结。实验和理论都可证明,饱和水汽压随温度的升高而增大。在不同的温度条件下,饱和水汽压的数值是不同的。

2. 相对湿度

相对湿度(f)就是空气中的实际水汽压与同温度下的饱和水汽压的比值(用百分数表示),即

$$f = \frac{e}{E} \times 100\% \qquad (1 \cdot 8)$$

相对湿度直接反映空气距离饱和的程度。当其接近 100% 时,表明当时空气接近于饱和。当水汽压不变时,气温升高,饱和水汽压增大,相对湿度会减小。

[①] 气象上以前曾用毫巴(mb)作为气压的单位,$1mb = 1\ 000 dyn/cm^2$。因 $1Pa = 10dyn/cm^2$,所以 $1mb = 100Pa$,写作 $1mb = 1hPa$。

水银的密度 ρ_{Hg} 为 $13.595\ 1 g/cm^3$, $g = 980.665 cm/s^2$

$1mmHg = 13.595\ 1 g/cm^3 \times 980.665 cm/s^2 \times 0.1 cm = 1.333 \times 10^3 dyn/cm^2 = 1.333 hPa$

由此,可得到 mmHg 与 hPa 之间换算关系:

$$1mmHg = 1.33hPa = 4/3hPa \qquad (1 \cdot 8)$$
$$1hPa = 0.75mmHg = 3/4mm \qquad (1 \cdot 9)$$

3. 饱和差

在一定温度下,饱和水汽压与实际空气中水汽压之差称饱和差(d)。即 $d = E - e$,d 表示实际空气距离饱和的程度。在研究水面蒸发时常用到 d,它能反映水分子的蒸发能力。

4. 比湿

在一团湿空气中,水汽的质量与该团空气总质量(水汽质量加上干空气质量)的比值,称比湿(q)。其单位是 g/g,即表示每一克湿空气中含有多少克的水汽。也有用每千克质量湿空气中所含水汽质量的克数表示的即 g/kg。

$$q = \frac{m_w}{m_d + m_w} \tag{1·9}$$

式中,m_w 为该团湿空气中水汽的质量;m_d 为该团湿空气中干空气的质量。据此公式和气体状态方程可导出

$$q = 0.622 \frac{e}{P} \tag{1·10}$$

注意式中气压(P)和水汽压(e)须采用相同单位(hPa),q 的单位是 g/g。

由上式知,对于某一团空气而言,只要其中水汽质量和干空气质量保持不变,不论发生膨胀或压缩,体积如何变化,其比湿都保持不变。因此在讨论空气的垂直运动时,通常用比湿来表示空气的湿度。

5. 水汽混合比

一团湿空气中,水汽质量与干空气质量的比值称水汽混合比(γ)即:(单位:g/g)

$$\gamma = \frac{m_w}{m_d} \tag{1·11}$$

据其定义和气体状态方程可导出

$$\gamma = 0.622 \frac{e}{P - e} \tag{1·12}$$

6. 露点

在空气中水汽含量不变,气压一定下,使空气冷却达到饱和时的温度,称露点温度,简称露点(T_d)。其单位与气温相同。在气压一定时,露点的高低只与空气中的水汽含量有关,水汽含量愈多,露点愈高,所以露点也是反映空气中水汽含量的物理量。在实际大气中,空气经常处于未饱和状态,露点温度常比气温低($T_d < T$)。因此,根据 T 和 T_d 的差值,可以大致判断空气距离饱和的程度。

上述各种表示湿度的物理量:水汽压、比湿、水汽混合比、露点基本上表示空气中水汽含量的多寡[①]。而相对湿度、饱和差、温度露点差则表示空气距离饱和的程度。

(四)降水

降水是指从天空降落到地面的液态或固态水,包括雨、毛毛雨、雪、雨夹雪、霰、冰粒和冰雹等。降水量指降水落至地面后(固态降水则需经融化后),未经蒸发、渗透、流失而在水平面上积聚的深度,降水量以毫米(mm)为单位。

---

① 表示空气中水汽含量多寡的物理量尚有绝对湿度(a),即单位体积空气中所含的水汽量,也就是空气中的水汽密度。单位:为 g/m³ 或 g/cm³。它不能直接测量,需根据气温(t)和水汽压(e)来推算,在应用上没有水汽压方便。

在高纬度地区冬季降雪多，还需测量雪深和雪压。雪深是从积雪表面到地面的垂直深度，以厘米（cm）为单位。当雪深超过 5cm 时，则需观测雪压。雪压是单位面积上的积雪重量，以 g/cm² 为单位。

降水量是表征某地气候干湿状态的重要要素，雪深和雪压还反映当地的寒冷程度。

（五）风

空气的水平运动称为风。风是一个表示气流运动的物理量。它不仅有数值的大小（风速），还具有方向（风向）。因此风是向量。

风向是指风的来向。地面风向用 16 方位表示，高空风向常用方位度数表示，即以 0°（或 360°）表示正北，90° 表示正东，180° 表示正南，270° 表示正西。在 16 方位中，每相邻方位间的角差为 22.5°。

风速单位常用 m/s、knot（海里/小时，又称"节"，)和 km/h 表示，其换算关系如下

$$1m/s = 3.6km/h \quad 1knot = 1.852km/h$$
$$1km/h = 0.28m/s \quad 1knot = 1/2 \; m/s$$

风速的表示有时采用压力，称为风压。如果以 V 表示风速（m/s），P 为垂直于风的来向，1m² 面积上所受风的压力 kg/m²，其关系式

$$P = 0.125V^2 \tag{1·13}$$

（六）云量

云是悬浮在大气中的小水滴、冰晶微粒或二者混合物的可见聚合群体，底部不接触地面（如接触地面则为雾），且具有一定的厚度。云量是指云遮蔽天空视野的成数。将地平以上全部天空划分为 10 份，为云所遮蔽的份数即为云量①。例如，碧空无云，云量为 0，天空一半为云所覆盖，则云量为 5。

（七）能见度

能见度指视力正常的人在当时天气条件下，能够从天空背景中看到和辨出目标物的最大水平距离。单位用米（m）或千米（km）表示。

二、空气状态方程

空气状态常用密度（ρ）、体积（V）、压强（P）、温度（t 或 T）表示。对一定质量的空气，其 P、V、T 之间存在函数关系。例如，一小团空气从地面上升时，随着高度的增大，其受到的压力减小，随之发生体积膨胀增大，因膨胀时做功，消耗了内能，气温乃降低。这说明该过程中一个量变化了，其余的量也要随着变化，亦即空气状态发生了变化。如果三个量都不变，就称空气处一定的状态中，因此研究这些量的关系就可以得到空气状态变化的基本规律。

（一）干空气状态方程

根据大量的科学实验总结出，一切气体在压强不太大，温度不太低（远离绝对零度）的条件下，一定质量气体的压强和体积的乘积除以其绝对温度等于常数，即

$$\frac{P_1V_1}{T_1} = \frac{P_2V_2}{T_2} = \frac{P_3V_3}{T_3} = \cdots = \frac{P_nV_n}{T_n}$$

---

① 在欧美有将天空划为 8 份，以云遮蔽天空视野所占的八分之几的面积计作云量的，例如半天为云所覆盖，则云量计为 4。

$$\frac{PV}{T} = 常量 \qquad (1\cdot14)$$

上式是理想气体的状态方程。凡严格符合该方程的气体，称理想气体。实际上，理想气体并不存在，但在通常大气温度和压强条件下，干空气和未饱和的湿空气都十分接近于理想气体。

在标准状态下（$P_0 = 1\,013.25\text{hPa}$，$T_0 = 273\text{K}$），1mol的气体，体积约等于22.4L，即$V_0 = 22.4\text{L/mol}$。因此

$$\frac{PV}{T} = \frac{P_0 V_0}{T_0} = R^* \quad 即 \quad PV = R^* T \qquad (1\cdot15)$$

$$R^* = \frac{1.013\,25 \times 10^5 \text{Pa} \times 2.24 \times 10^{-2} \text{m}^3/\text{mol}}{273\text{K}}$$

$$= 8.314\,41\text{Pa}\cdot\text{m}^3/(\text{mol}\cdot\text{K}) \approx 8.31\text{J}/(\text{mol}\cdot\text{K})$$

该值对1mol任何气体都适用，所以叫普适气体常数。

对于质量为M克，1摩尔气体的质量是μ的理想气体，在标准状态下，其体积V等于1摩尔气体体积的$\frac{M}{\mu}$倍，即

$$V = \frac{M}{\mu}\frac{R^*}{P} \quad 或 \quad PV = \frac{M}{\mu}R^* T \qquad (1\cdot16)$$

这是通用的质量为M的理想气体状态方程，又称做门捷列夫-克拉珀珑方程。它表明气体在任何状态下，压强、体积、温度和质量4个量之间的关系（计算时要注意单位的统一）。

在气象学中，常用单位体积的空气块作为研究对象，为此，常将(1·16)式中4个量的关系变为压强、温度和密度3个量间的关系，即

$$PV = \frac{M}{\mu}R^* T$$

$$P = \frac{M}{V}\frac{R^*}{\mu}T$$

式中$\frac{M}{V}$就是密度ρ，用R表示$\frac{R^*}{\mu}$，则得

$$P = \rho R T \qquad (1\cdot17)$$

式中R称比气体常数，是对质量为1克的气体而言的，它的取值与气体的性质有关。

上式表明，在温度一定时，气体的压强与其密度成正比，在密度一定时，气体的压强与其绝对温度成正比。从分子运动论的观点来看，这是容易理解的。气体压强的大小决定于器壁单位面积上单位时间内受到的分子碰撞次数及每次碰撞的平均动能，如分子平均动能大且单位时间里碰撞次数多，故压强也就大。

如前所述可以把干空气（不含水汽、液体和固体微粒的空气）视为分子量为28.97的单一成分的气体来处理，这样干空气的比气体常数R_d为

$$R_d = \frac{R^*}{\mu_d} = \frac{8.31}{28.97} = 0.287\text{J/g}\cdot\text{K}$$

干空气的状态方程为

$$P = \rho R_d T \qquad (1\cdot18)$$

（二）湿空气状态方程与虚温

在实际大气中，尤其是在近地面气层中存在的总是含有水汽的湿空气。在常温常压下，湿空

气仍然可以看成理想气体。湿空气状态参量之间的关系,可用下式表示

$$P = \rho'R'T \tag{1·19}$$

式中 $R' = R^*/\mu'$,μ' 是湿空气的分子量,ρ' 是湿空气的密度。由于湿空气中水汽含量是变化的,所以 μ' 和 R' 都是变量。

如果以 P 表示湿空气的总压强,e 表示其中水汽部分的压强(即前述的水汽压),则 $P-e$ 是干空气的压强。干空气的密度(ρ_d)和水汽的密度(P_w)分别是

$$\rho_d = \frac{P-e}{R_d T} \qquad \rho_w = \frac{e}{R_w T}$$

式中 R_w 为水汽的比气体常数,$R_w = R^*/\mu_w = 8.31/18 \text{J/(g·K)} = 0.461\,5 \text{J/g·K}$($\mu_w$ 为水汽分子量 $=18\text{g/mol}$)。

$$R_w = \frac{R^*}{\mu_w} = \frac{\mu_d}{\mu_w} \cdot \frac{R^*}{\mu_d} = 1.608 R_d$$

因为湿空气是干空气和水汽的混合物,故湿空气的密度 ρ 是干空气密度 ρ_d 与水汽密度 ρ_w 之和,即

$$\rho = \rho_d + \rho_w = \frac{P-e}{R_d T} + \frac{e}{R_w T} = \frac{1.608(P-e)+e}{1.608 R_d T} = \frac{P}{R_d T}\left(1 - 0.378\frac{e}{P}\right)$$

将上式右边分子分母同乘以 $\left(1+0.378\frac{e}{P}\right)$,并考虑到 e 比 P 小得多,因而 $\left(0.378\frac{e}{P}\right)^2$ 很小,可以略去不计,上式可写成

$$\rho = \frac{P}{R_d T\left(1+0.378\dfrac{e}{P}\right)}$$

$$P = \rho R_d T\left(1+0.378\frac{e}{P}\right) \tag{1·20}$$

上式为湿空气状态方程的常见形式。如果引进一个虚设的物理量——虚温(T_v),即

$$T_v = \left(1+0.378\frac{e}{P}\right)T \tag{1·21}$$

由于 $\left(1+0.378\dfrac{e}{P}\right)T$ 恒大于1,因此虚温总要比湿空气的实际温度高些。引入虚温后,湿空气的状态方程可写成

$$P = \rho R T_v \tag{1·22}$$

式中 R 是干空气的比气体常数。为了书写方便,把 R_d 的下标 d 省去了。比较湿空气和干空气的状态方程,在形式上是相似的,其区别仅在于把方程右边实际气温换成了虚温。虚温的意义是在同一压强下,干空气密度等于湿空气密度时,干空气应有的温度。虚温和实际温度之差 ΔT 为

$$\Delta T = T_v - T = 0.378\frac{e}{P} > 0$$

可见空气中水汽压 e 愈大,这一差值便愈大。在低层大气,尤其是在夏季,e 值较高,这时必须用湿空气状态方程,但在高空,e 值相对地较小,因而 ΔT 很小,这时便可用干空气状态方程,而不致造成大的误差。

第二章 大气的热能和温度

大气内部始终存在着冷与暖、干与湿、高气压与低气压三对基本矛盾。其中冷与暖这对矛盾所表现出来的地球及大气的热状况、温度的分布和变化，制约着大气运动状态，影响着云和降水的形成。因此，大气的热能和温度成了天气变化的一个基本因素，同时也是气候系统状态及演变的主要控制因子。

长期观测实践表明，大气的冷暖变化，不仅在空间分布上是很不均衡的，在时间上也有周期性变化和非周期性变化。那么，这种变化是怎样形成的？能量来自何处？本章将介绍地球上热量的基本来源是太阳辐射，并着重分析太阳辐射通过下垫面引起大气增温、冷却的物理过程。在此基础上，再讨论大气温度随时间变化和空间分布的一般规律。

第一节 太阳辐射

地球大气中的一切物理过程都伴随着能量的转换，而辐射能，尤其是太阳辐射能是地球大气最重要的能量来源。一年中整个地球可以由太阳获得 5.44×10^{24} J 的辐射能量。地球和大气的其它能量来源同来自太阳的辐射能相比是极其微小的。比如来自宇宙中其它星体的辐射能仅是来自太阳辐射能的亿分之一。从地球内部传递到地面上的能量也仅是来自太阳辐射能的万分之一。

一、辐射的基本知识

（一）辐射与辐射能

自然界中的一切物体都以电磁波的方式向四周放射能量，这种传播能量的方式称为辐射。通过辐射传播的能量称为辐射能，也简称为辐射。辐射是能量传播方式之一，也是太阳能传输到地球的唯一途径。

辐射能是通过电磁波的方式传输的。电磁波的波长范围很广，从波长 10^{-10} μm 的宇宙射线，到波长达几千米的无线电波。肉眼看得见的是从 $0.4—0.76\mu m$ 的波长，这部分称为可见光。可见光经三棱镜分光后，成为一条由红、橙、黄、绿、青、蓝、紫等各种颜色组成的光带，其中红光波长最长，紫光波长最短。其它各色光的波长则依次介于其间。波长长于红色光波的，有红外线和无线电波；波长短于紫色光波的，有紫外线、X射线、γ射线等，这些射线虽然不能为肉眼看见，但是用仪器可以测量出来（图 2·1）。气象学着重研究的是太阳、地球和大气的热辐射。它们的波长范围大约在 $0.15—120\mu m$ 之间。在气象学中，通常以焦耳（J）作为辐射能的单位。单位时间内通过单位面积的辐射能量称辐射通量密度（E），单位是 W/m^2。

辐射通量密度没有限定辐射方向，辐射接受面可以垂直于射线或与之成某一角度。如果指的是投射来的辐射，则称入射辐射通量密度；如果指的是自物体表面射出的辐射，则称放射辐射通量密度。其数值的大小反映物体放射能力的强弱，故称之为辐射能力或放射能力。

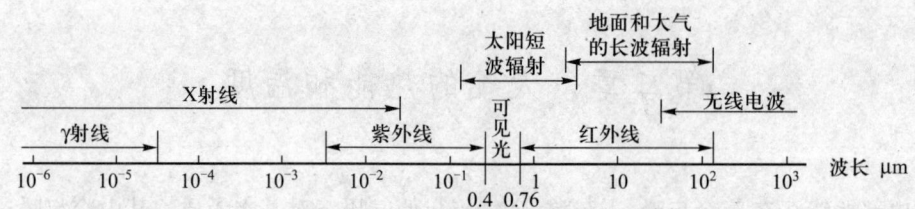

图 2·1 各种辐射的波长范围

单位时间内,通过垂直于选定方向上的单位面积(对球面坐标系,即单位立体角)的辐射能,称为辐射强度(I)。其单位是 W/m^2 或 W/sr[①]。

辐射强度与辐射通量密度有密切关系,在平行光辐射的特殊情况下,辐射强度与辐射通量密度的关系为

$$I = E/\cos\theta \tag{2·1}$$

式中 θ 为辐射体表面的法线方向与选定方向间的夹角。

(二) 辐射光谱

为准确描述辐射能的性质,需要引入一个能确定辐射能按波长分布的函数,以便进一步确定物体的辐射特性。

设一物体的辐射出射度为 $F(W/m^2)$,在波长 λ 至 $\lambda+d\lambda$ 间的辐射能为 dF,则

$$dF = F_\lambda d\lambda \quad \text{或} \quad F_\lambda = \frac{dF}{d\lambda} \tag{2·2}$$

式中 F_λ 是单位波长间隔内的辐射出射度,F_λ 是波长的函数,称为分光辐射出射度,或单色辐射通量密度。因 F_λ 是随波长而变的函数,所以又称为辐射能随波长的分布函数。它不仅取决于物体的性质,而且还取决于物体所处的状态。F_λ 随波长 λ 的变化可以用图形来表示,如图 2·2 所示。图中 F_λ 随 λ 的变化曲线称为辐射光谱曲线。

因此波长 λ_1—λ_2 间的辐射 $F_{\lambda_1\lambda_2}$,可由积分得到

$$F_{\lambda_1\lambda_2} = \int_{\lambda_1}^{\lambda_2} F_\lambda d\lambda \tag{2·3}$$

$F_{\lambda_1\lambda_2}$ 在图上相当于 λ_1 到 λ_2 间光谱曲线下的面积。若对所有波长积分,就得到总辐射能

$$F = \int_0^\infty F_\lambda d\lambda \tag{2·4}$$

全波长总的辐射能力在图中为光谱曲线与横坐标所包围的面积。

(三) 物体对辐射的吸收、反射和透射

不论何种物体,在它向外放出辐射的同时,必然会接受到周围物体向它投射过来的辐射,但投射到物体上的辐射并不能全部被吸收,其中一部分被反射,一部

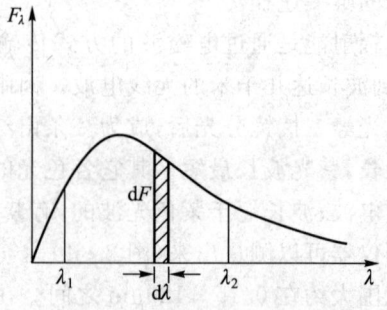

图 2·2 辐射光谱曲线与积分辐射出射密度

---

① W/sr 读瓦[特]每球面度,即 Watt per steradian 之意。

分可能透过物体(图 2·3)。

设投射到物体上的总辐射能为 Q_0，被吸收的为 Q_a，被反射的为 Q_r，透过的为 Q_d。根据能量守恒原理

$$Q_a + Q_r + Q_d = Q_0$$

将上式等号两边除以 Q_0，得

$$\frac{Q_a}{Q_0} + \frac{Q_r}{Q_0} + \frac{Q_d}{Q_0} = 1$$

式中左边第一项为物体吸收的辐射与投射于其上的辐射之比，称为吸收率(a)；第二项为物体反射的辐射与投射于其上的辐射之比，称为反射率(r)；第三项为透过物体的辐射与投射于其上的辐射之比，称为透射率(d)，则

$$a + r + d = 1$$

a、r、d 都是 0—1 之间变化的无量纲量，分别表示物体对辐射吸收、反射和透射的能力。

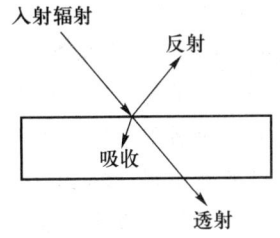

图 2·3 物体对辐射的吸收、反射和透射

物体的吸收率、反射率和透射率大小随着辐射的波长和物体的性质而改变。例如，干洁空气对红外线是近似透明的，而水汽对红外线却能强烈地吸收；雪面对太阳辐射的反射率很大，但对地面和大气的辐射则几乎能全部吸收。

(四) 有关辐射的基本定律

1. 基尔荷夫(Kirchhoff)定律

设有一真空恒温器(T)，放出黑体辐射 $I_{\lambda Tb}$。在其中用绝热线悬挂一个非黑体物体，它的温度与容器温度一样亦为 T，它的辐射强度为 $I_{\lambda T}$，吸收率为 $K_{\lambda T}$。这样非黑体和器壁之间将要达到辐射平衡。器壁放射的辐射能、非黑体放射的辐射能和未被吸收的非黑体反射辐射能，三者达到平衡，则

$$I_{\lambda Tb} - (1 - K_{\lambda T})I_{\lambda Tb} - I_{\lambda T} = 0 \tag{2·5}$$

除以 $I_{\lambda Tb}$，得

$$\frac{I_{\lambda T}}{I_{\lambda Tb}} = K_{\lambda T} \tag{2·6}$$

从放射率的定义得

$$e_{\lambda T} = \frac{I_{\lambda T}}{I_{\lambda Tb}} \tag{2·7}$$

所以

$$K_{\lambda T} = e_{\lambda T} \tag{2·8}$$

(2·8)式是基耳荷夫定律的基本形式，它表明：①在一定波长、一定温度下，一个物体的吸收率等于该物体同温度、同波长的放射率。即对不同物体，辐射能力强的物质，其吸收能力也强。辐射能力弱的物质，其吸收能力也弱。黑体吸收能力最强，所以它也是最好的放射体。②下标 λ 表示在一定温度(T)下，不同波长的 K_λ、e_λ 及 I_λ 的数值不同。即同一物体在温度 T 时它放射某一波长的辐射，那么，在同一温度下也吸收这一波长的辐射。

(2·6)式还可写成

$$\frac{I_{\lambda T}}{K_{\lambda T}} = I_{\lambda Tb} \qquad (2\cdot 9)$$

这表明某温度、某波长的一个物体的辐射强度与其吸收率之比值等于同温度、同波长时的黑体辐射强度。在同温度条件下,这条规律适用各种波长的辐射体,因此基尔荷夫定律又可写成

$$\frac{I_T}{K_T} = I_{Tb} \qquad (2\cdot 10)$$

上面讨论表明,在辐射平衡条件下,一物体在某波长λ的辐射强度和对该波长的吸收率之比值与物体的性质无关,对所有物体来讲,这一比值只是某波长λ和温度 T 的函数。从(2·6)式得

$$I_{\lambda T} = K_{\lambda T} \cdot I_{\lambda Tb} \qquad (2\cdot 11)$$

上式表明,基尔荷夫定律把一般物体的辐射、吸收与黑体辐射联系起来,从而有可能通过对黑体辐射的研究来了解一般物体的辐射,这就极大简化了一般辐射的问题。

基尔荷夫定律适用于处于辐射平衡的任何物体。对流层和平流层大气以及地球表面都可认为是处于辐射平衡状态,因而可直接应用这一定律。

2. 斯蒂芬(Stefan)-玻耳兹曼(Boltzman)定律

由实验得知,物体的放射能力是随温度、波长而改变的。图 2·4 是根据实测数据绘出的温度为 300K、250K 和 200K 时黑体的放射能力随波长的变化。

由图 2·4 可见,随着温度的升高,黑体对各波长的放射能力都相应地增强。因而物体放射的总能量(即曲线与横坐标之间包围的面积)也会显著增大。根据研究,黑体的总放射能力与它本身的绝对温度的四次方成正比,即

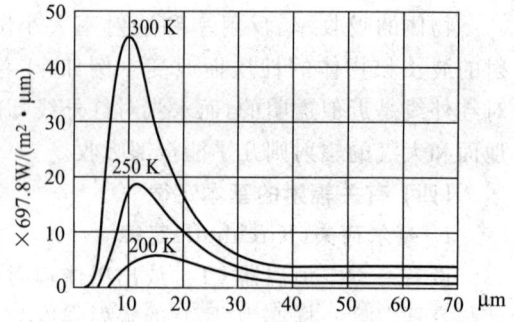

图 2·4 黑体放射能力与波长和温度的关系

$$E_{Tb} = \sigma T^4 \qquad (2\cdot 12)$$

上式称斯蒂芬-玻耳兹曼定律。式中 $\sigma = 5.67\times 10^{-8}\mathrm{W/(m^2\cdot K^4)}$ 为斯蒂芬-玻耳兹曼常数。

根据(2·12)式可以计算黑体在温度 T 时的辐射强度,也可以由黑体的辐射强度求得其表面温度。

3. 维恩(Wein)位移定律

由图 2·4 还可看出,黑体单色辐射极大值所对应的波长(λ_m)是随温度的升高而逐渐向波长较短的方向移动的。根据研究,黑体单色辐射强度极大值所对应的波长与其绝对温度成反比,即

$$\lambda_m T = C \qquad (2\cdot 13)$$

上式称维恩位移定律。如果波长以微米为单位,则常数 $C = 2\,896\mu\mathrm{m\cdot K}$。于是(2·13)式为

$$\lambda_m T = 2\,896\mu\mathrm{m\cdot K} \qquad (2\cdot 14)$$

上式表明,物体的温度愈高,其单色辐射极大值所对应的波长愈短;反之,物体的温度愈低,其辐射的波长则愈长。

有此三个辐射定律,绝对黑体的辐射规律就容易确定,因为它们把黑体的温度与其辐射光谱联系起来了。即使对非黑体,只要知道它们的温度和吸收率,利用基尔荷夫定律,它们的辐射能力也可以确定。

二、太阳辐射

(一) 太阳辐射光谱和太阳常数

太阳辐射中辐射能按波长的分布,称为太阳辐射光谱。大气上界太阳光谱中能量的分布曲线(图2·5中实线)与 $T=6\,000K$ 时,根据黑体辐射公式计算的黑体光谱能量分布曲线(图2·5中虚线)相比较,非常相似。因此,可以把太阳辐射看作黑体辐射,有关黑体辐射的定律都可应用于太阳辐射。例如利用斯蒂芬-波耳兹曼定律和维恩定律,可以根据太阳辐射强度计算出太阳表面的温度;反过来利用天文仪器测得的太阳表面温度,也可以计算出太阳的辐射强度以及辐射最强的波长。

太阳是一个炽热的气体球,其表面温度约为 $6\,000K$,内部温度更高。根据维恩定律可以计算出太阳辐射最强的波长 λ_m 为 $0.475\mu m$。这个波长在可见光范围内相当于青光部分。因此,太阳辐射主要是可见光线($0.4—0.76\mu m$),此外也有不可见的红外线($>0.76\mu m$)和紫外线($<0.4\mu m$),但在数量上不如可见光多。在全部辐射能之中,波长在 $0.15—4\mu m$ 之间占99%以上,且主要分布在可见光区和红外区,前者占太阳辐射总能量的50%,后者占43%,紫外区的太阳辐射能很少,只占总能量的7%。

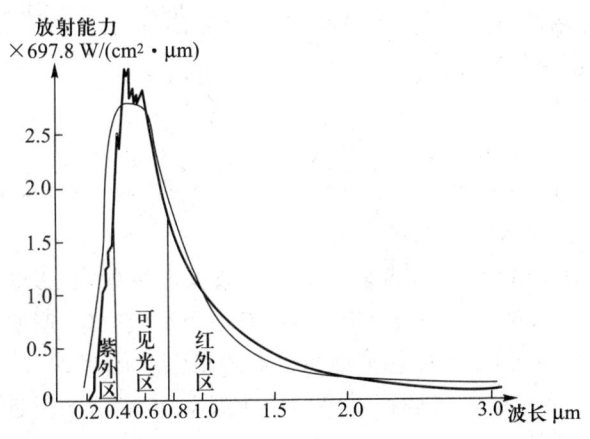

图2·5　太阳辐射光谱

太阳辐射通过星际空间到达地球。就日地平均距离来说,在大气上界,垂直于太阳光线的 $1cm^2$ 面积内,$1min$ 内获得的太阳辐射能量,称太阳常数,用 I_0 表示。太阳常数虽经多年观测研究,由于观测设备、技术以及理论校正方法的不同,其数值常不一致,变动于 $1\,359—1\,418W/m^2$ 之间。1957年国际地球物理年决定采用 $1\,380W/m^2$。近年来,根据标准仪器,在高空气球、火箭和人造卫星上约25\,000次以上的探测,得出太阳常数值约为 $1\,367(\pm7)W/m^2$,这也是1981年世界气象组织推荐的太阳常数的最佳值[①]。多数文献上采用 1 370W/m² 。据研究,太阳常数也有周期性的变化,变化范围在 1%—2%,这可能与太阳黑子的活动周期有关。在太阳黑子最多的年份,紫外线部分某些波长的辐射强度可为太阳黑子最少年份的 20 倍。

(二)太阳辐射在大气中的减弱

太阳辐射光通过大气圈,然后到达地表。由于大气对太阳辐射有一定的吸收、散射和反射作用,使投射到大气上界的太阳辐射不能完全到达地面,所以在地球表面所获得的太阳辐射强度比 1 370W/m² 要小。

图 2·6 表明太阳辐射光谱穿过大气时受到减弱的情况:曲线 1 是大气上界太阳辐射光谱;曲线 2 是臭氧层下的太阳辐射光谱;曲线 3 是同时考虑到分子散射作用的光谱;曲线 4 是进一步考虑到粗粒散射作用后的光谱;曲线 5 是将水汽吸收作用也考虑在内的光谱,它也可近似地看成是地面所观测到的太阳辐射光谱。对比曲线 1 和 5 可以看出太阳辐射光谱穿过大气后的主要变化有:①总辐射能有明显地减弱;②辐射能随波长的分布变得极不规则;③波长短的辐射能减弱得更为显著。产生这些变化的原因有以下几方面:

1. 大气对太阳辐射的吸收

太阳辐射穿过大气层时,大气中某些成分具有选择吸收一定波长辐射能的特性。大气中吸收太阳辐射的成分主要有水汽、氧、臭氧、二氧化碳及固体杂质等。太阳辐射被大气吸收后变成了热能,因而使太阳辐射减弱。

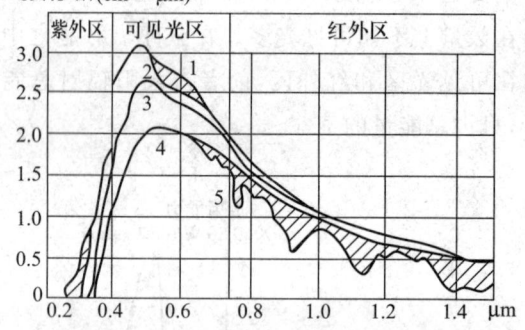

图 2·6 太阳辐射光谱穿过大气时的变化

水汽虽然在可见光区和红外区都有不少吸收带,但吸收最强的是在红外区,从 0.93—2.85μm 之间的几个吸收带。最强的太阳辐射能是短波部分,因此水汽从进入大气中的总辐射能量内吸收的能量并不多。据估计,太阳辐射因水汽的吸收可以减弱 4%—15%。所以大气因直接吸收太阳辐射而引起的增温并不显著。

大气中的主要气体是氮和氧,只有氧能微弱地吸收太阳辐射,在波长小于 0.2μm 处为一宽吸收带,吸收能力较强,在 0.69 和 0.76μm 附近,各有一个窄吸收带,吸收能力较弱。

臭氧在大气中含量虽少,但对太阳辐射能量的吸收很强。在 0.2—0.3μm 为一强吸收带,使得小于 0.29μm 的辐射由于臭氧的吸收而不能到达地面。在 0.6μm 附近又有一宽吸收带,吸收能力虽然不强,但因位于太阳辐射最强烈的辐射带里,所以吸收的太阳辐射量相当多。

二氧化碳对太阳辐射的吸收总的说来是比较弱的,仅对红外区 4.3μm 附近的辐射吸收较强,但这一区域的太阳辐射很微弱,被吸收后对整个太阳辐射的影响不大。

此外,悬浮在大气中的水滴、尘埃等杂质,也能吸收一部分太阳辐射,但其量甚微。只有当大气中尘埃等杂质很多(如有沙暴、烟幕或浮尘)时,吸收才比较显著。

[①] 1981 年 10 月在墨西哥召开的世界气象组织"仪器和观测方法"会议上,通过了太阳常数取值为 1367W/m²。根据 A Henderson-sellers et al. Conlemporary Climatology, 1987。采用 1 370W/m²

由以上分析可知,大气对太阳辐射的吸收具有选择性,因而使穿过大气后的太阳辐射光谱变得极不规则。由于大气中主要吸收物质(臭氧和水汽)对太阳辐射的吸收带都位于太阳辐射光谱两端能量较小的区域,因而对太阳辐射的减弱作用不大。也就是说,大气直接吸收的太阳辐射并不多,特别是对于对流层大气来说,太阳辐射不是主要的直接热源。

2. 大气对太阳辐射的散射

太阳辐射通过大气,遇到空气分子、尘粒、云滴等质点时,都要发生散射。但散射并不像吸收那样把辐射转变为热能,而只是改变辐射的方向,使太阳辐射以质点为中心向四面八方传播(图 2·7)。因而经过散射,一部分太阳辐射就到不了地面。如果太阳辐射遇到直径比波长小的空气分子,则辐射的波长愈短,散射得愈强。其散射能力与波长的对比关系是:对于一定大小的分子来说,散射能力与波长的四次方成反比,这种散射是有选择性的,称为分子散射,也叫瑞利散射(图 2·7a)。例如,波长为 $0.7\mu m$ 时的散射能力为 1,那么波长为 $0.3\mu m$ 时的散射能力就为 30。因此,在太阳辐射通过大气时,由于空气分子散射的结果,波长较短的光被散射得较多。雨后天晴,天空呈青蓝色,就是因为太阳辐射中青蓝色波长较短,容易被大气散射的缘故。分子散射还有一个特点是质点散射对于其光学特性来说是对称的球形(图 2·7a),在光线射入的方向($\varphi=0°$)及在相反的方向($\varphi=180°$)上散射是比垂直于射入光线方向上($\varphi=90°$ 及 $\varphi=270°$)的散射量大 1 倍。图 2·7a 中由极点到外围曲线的向径长度以假定的比例,表示此方向上所散射的总能量。

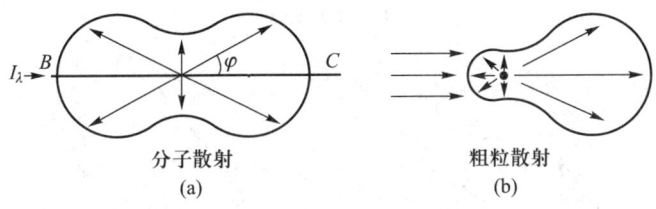

图 2·7 大气对太阳辐射的散射

如果太阳辐射遇到粗粒,粗粒散射就失去对称的形式,而于射入光方向伸长。图 2·7b 是粗粒(水滴)散射的一种常见形式。在此种粗粒散射下,在射入光方向上的散射能量,是分别超过了在射入光线的相反方向上及其垂直方向上能量之 2.37 及 2.85 倍。散射质点愈大,这种偏对称的程度更加增大。如果太阳辐射遇到的直径比波长大一些的质点,辐射虽然也要被散射,但这种散射是没有选择性的,即辐射的各种波长都同样地被散射。这种散射称粗粒散射,也称米散射(图 2·7b)。例如当空气中存在较多的尘埃或雾粒,一定范围的长短波都被同样的散射,使天空呈灰白色。这一结论,在图 2·6 的曲线 3 和曲线 4 中表现得很清楚。

3. 大气的云层和尘埃对太阳辐射的反射

大气中云层和较大颗粒的尘埃能将太阳辐射中一部分能量反射到宇宙空间去。其中云的反射作用最为显著,太阳辐射遇到云时被反射一部分或大部分。反射对各种波长没有选择性,所以反射光呈白色。云的反射能力随云状和云的厚度而不同,高云反射率约 25%,中云为 50%,低云为 65%,稀薄的云层也可反射 10%—20%。随着云层增厚反射增强,厚云层反射可达 90%,一般情况下云的平均反射率为 50%—55%。

上述三种方式中,反射作用最重要,尤其是云层对太阳辐射的反射最为明显,另外还包括大气散射回宇宙以及地面反射回宇宙的部分;散射作用次之,形成了到达地面的散射辐射;吸收作用相对最小。以全球平均而言,太阳辐射约有 30% 被散射和漫射回宇宙,称之为行星反射率,20% 被大气和云层直接吸收,50% 到达地面被吸收(见图 6·10)。

(三)到达地面的太阳辐射

到达地面的太阳辐射有两部分:一是太阳以平行光线的形式直接投射到地面上的,称为太阳直接辐射;一是经过散射后自天空投射到地面的,称为散射辐射,两者之和称为总辐射。

1. 直接辐射

太阳直接辐射的强弱和许多因子有关,其中最主要的有两个,即太阳高度角和大气透明度。太阳高度角不同时,地表面单位面积上所获得的太阳辐射也就不同。这有两方面的原因:

(1)太阳高度角愈小,等量的太阳辐射散布的面积就愈大(图 2·8a),因而地表单位面积上所获得的太阳辐射就愈小。(图 2·8b)设有一水平地段 AB,其面积为 S',太阳光线以 h 高度角倾斜地照射到它上面,在单位面积上每分钟所受到的太阳辐射能为 I'。引一垂直于太阳光的平面 AC,其面积为 S,在此垂直受射面上的太阳辐射强度为 I,则到达水平面 AB 与垂直受射面 AC 上的辐射量,将分别等于 $I' \cdot S'$ 和 $I \cdot S$,显然这两个辐射量是相等的,即

$$I' \cdot S' = I \cdot S$$

由图 2·8b 可以看出:$\dfrac{S}{S'} = \dfrac{AC}{AB} = \sin h$

则:
$$I' = I \sin h \tag{2·15}$$

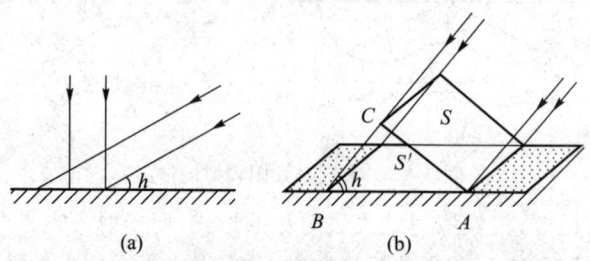

图 2·8 太阳高度与受热面大小的关系

(2)太阳高度角愈小,太阳辐射穿过的大气层愈厚,如图 2·9 所示。当太阳高度角最大时,通过大气层的射程为 AO;当太阳高度角变小,光线沿 CO 方向斜射,通过大气的射程为 CO。显然,大气厚度 $CO > AO$,因此太阳辐射被减弱也较多,到达地面的直接辐射就较少。

在地面为标准气压(1 013hPa)时,太阳光垂直投射到地面所经路程中,单位截面积的空气柱的质量,称为一个大气质量。在不同的太阳高度下,阳光穿过的大气质量数也不同。不同太阳高度时的大气质量数如表 2·1 所示。

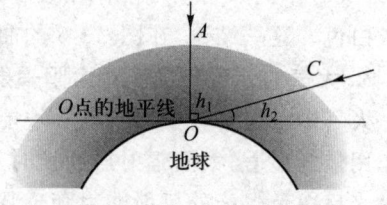

图 2·9 太阳高度角与太阳辐射穿过大气质量的关系

从表中可以看出，大气质量数随高度减小而增大，尤其是当太阳高度较小时，大气质量数的变化加大。

表 2·1 不同太阳高度时的大气质量数

太阳高度(h)	90°	60°	30°	10°	5°	3°	1°	0°
大气质量数(m)	1	1.15	2.0	5.6	10.4	15.4	27.0	35.4

在相同的大气质量下，到达地面的太阳辐射也不完全一样，因为还受大气透明度的影响。大气透明度的特征用透明系数(p)表示，它是指透过一个大气质量的辐射强度与进入该大气的辐射强度之比。即当太阳位于天顶处，在大气上界太阳辐射通量为 I_0，而到达地面后为 I，则

$$\frac{I}{I_0} = p \tag{2·16}$$

p 值表明辐射通过大气后的削弱程度。实际上，不同波长的削弱也不相同，p 仅表征对各种波长的平均削弱情况，例如 $p=0.80$，表示平均削弱了 20%。

大气透明系数决定于大气中所含水汽、水汽凝结物和尘粒杂质的多少，这些物质愈多，大气透明程度愈差，透明系数愈小。因而太阳辐射受到的减弱愈强，到达地面的太阳辐射也就相应地减少。

太阳辐射透过大气层后的减弱与大气透明系数和通过大气质量之间的关系，可用布格(Bouguer)公式表示

$$I = I_0 p^m \tag{2·17}$$

式中，I 为到达地面的太阳辐射强度；I_0 为太阳常数；p 为空气透明系数；m 为大气质量数。

从上式可以看出，如果大气透明系数一定，大气质量数以等差级数增加，则透过大气层到达地面的太阳辐射，以等比级数减小。

直接辐射有显著的年变化、日变化和随纬度的变化。这种变化主要由太阳高度角决定。在一天当中，日出、日没时太阳高度最小，直接辐射最弱；中午太阳高度角最大，直接辐射最强。同样道理，在一年当中，直接辐射在夏季最强，冬季最弱(图 2·10)。以纬度而言，低纬度地区一年各季太阳高度角都很大，地表面得到的直接辐射较中、高纬度地区大得多。

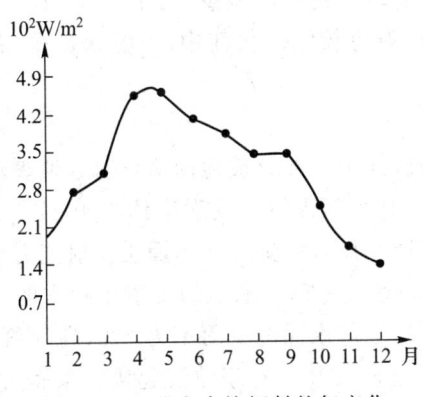

图 2·10 北京直接辐射的年变化

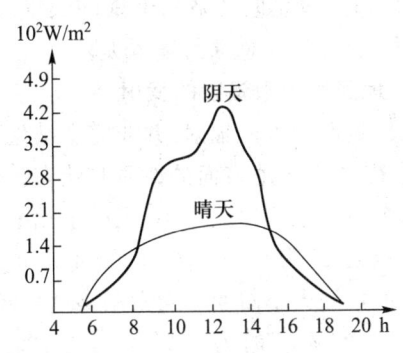

图 2·11 重庆散射辐射的日变化

2. 散射辐射

散射辐射的强弱也与太阳高度角及大气透明度有关。太阳高度角增大时,到达近地面层的直接辐射增强,散射辐射也就相应地增强;相反,太阳高度角减小时,散射辐射也弱。大气透明度不好时,参与散射作用的质点增多,散射辐射增强;反之,减弱。云也能强烈地增大散射辐射。图2·11是在我国重庆观测到的晴天和阴天的散射辐射值。由图可见,阴天的散射辐射比晴天的大得多。

同直接辐射类似,散射辐射的变化也主要决定于太阳高度角的变化。一日内正午前后最强,一年内夏季最强。

3. 总辐射

在分析了直接辐射和散射辐射后,就较容易理解总辐射的变化情况。日出以前,地面上总辐射的收入不多,其中只有散射辐射;日出以后,随着太阳高度的升高,太阳直接辐射和散射辐射逐渐增加。但前者增加得较快,即散射辐射在总辐射中所占的成分逐渐减小;当太阳高度升到约等于8°时,直接辐射与散射辐射相等;当太阳高度为50°时,散射辐射值仅相当总辐射的10%—20%;到中午时太阳直接辐射与散射辐射强度均达到最大值;中午以后二者又按相反的次序变化。云的影响可以使这种变化规律受到破坏。例如,中午云量突然增多时,总辐射的最大值可能提前或推后,这是因为直接辐射是组成总辐射的主要部分,有云时直接辐射的减弱比散射辐射的增强要多的缘故。在一年中总辐射强度(指月平均值)在夏季最大,冬季最小。

总辐射随纬度的分布一般是,纬度愈低,总辐射愈大。反之就愈小。表2·2是根据计算得到的北半球年总辐射纬度分布的情况,其中可能总辐射是考虑了受大气减弱之后到达地面的太阳辐射;有效总辐射是考虑了大气和云的减弱之后到达地面的太阳辐射。由于赤道附近云多,太阳辐射减弱得也多,因此有效辐射的最大值并不在赤道,而在20°N。

表2·2 北半球年总辐射随纬度的分布

纬 度 (°N)	64	50	40	30	20	0
可能总辐射(W/m²)	139.3	169.9	196.4	216.3	228.2	248.1
有效总辐射(W/m²)	54.4	71.7	98.2	120.8	132.7	108.8

据研究,我国年辐射总量最高地区在西藏,为212.3—252.1W/m²。青海、新疆和黄河流域次之,为159.2—212.3W/m²。而长江流域与大部分华南地区则反而减少,为119.4—159.2W/m²。这是因为西北、华北地区晴朗干燥的天气较多,总辐射也较大。长江中、下游云量多,总辐射较小,西藏海拔高度大,总辐射量也大。

(四) 地面对太阳辐射的反射

投射到地面的太阳辐射,并非完全被地面所吸收,其中一部分被地面所反射。地表对太阳辐射的反射率,决定于地表面的性质和状态。陆地表面对太阳辐射的反射率约为10%—30%。其中深色土比浅色土反射能力小,粗糙土比平滑土反射能力小,潮湿土比干燥土反射能力小。雪面的反射率很大,约为60%,洁白的雪面甚至可达90%(表2·3)。水面的反射率随水的平静程度和太阳高度角的大小而变。当太阳高度角超过60°时,平静水面的反射率为2%,高度角30°时为6%,10°时35%,5°时58%,2°时79.8%,1°时89.2%。对于波浪起伏的水面来说,其平均反射率为10%。因此,总的说来水面比陆面反射率稍小一些。

表 2·3　不同性质地面的反射率(%)

地　面	反射率	地　面	反射率	地　面	反射率
砂　　土	29—35	黑钙土(干)	14	干草地	29
黏　　土	20	黑钙土(湿)	8	小麦地	10—25
浅色土	22—32	耕　　地	14	新　雪	84—95
深色土	10—15	绿草地	26	陈　雪	46—60

由此可见,即使总辐射的强度一样,不同性质的地表真正得到的太阳辐射,仍有很大差异,这也是导致地表温度分布不均匀的重要原因之一。

第二节　地面和大气的辐射

太阳辐射虽然是地球上的主要能源,但因为大气本身对太阳辐射直接吸收很少,而水、陆、植被等地球表面(又称下垫面)却能大量吸收太阳辐射,并经转化供给大气,从这个意义来说,下垫面是大气的直接热源。为此,在研究大气热状况时,必须了解地面和大气之间交换热量的方式及地-气系统的辐射差额。

一、地面、大气的辐射和地面有效辐射

地面能吸收太阳短波辐射,同时按其本身的温度不断地向外放射长波辐射。大气对太阳短波辐射几乎是透明的,吸收很少,但对地面的长波辐射却能强烈吸收。大气也按其本身的温度,向外放射长波辐射。通过长波辐射,地面和大气之间,以及大气中气层和气层之间,相互交换热量,并也将热量向宇宙空间散发。

(一) 地面和大气辐射的表示

地面和大气都按其本身的温度向外放出辐射能。由于它们不是绝对黑体,运用斯蒂芬-波耳兹曼定律,可写成如下形式

$$E_g = \delta \sigma T^4 \tag{2·18}$$
$$E_a = \delta' \sigma T^4 \tag{2·19}$$

式中 E_g 和 E_a 分别表示地面和大气的辐射能力,T 表示地面和大气的温度,δ 和 δ' 分别称地面和大气的相对辐射率,又称比辐射率。其大小为地面或大气的辐射能力与同一温度下黑体辐射能力的比值,在数值上等于吸收率。如地面温度为 15℃,以 $\delta = 0.9$,则可算得

$$E_g = 0.9 \times 5.67 \times 10^{-8} \times (288)^4 = 346.7 \text{W/m}^2$$

同样,当地面温度为 15℃,根据维恩定律可算得

$$\lambda_m = \frac{C}{T} = \frac{2896}{288} \approx 10 \mu m$$

即该温度下地面最强的辐射能位于波长 $10\mu m$ 左右的光谱范围内。地面平均温度约为 300K,对流层大气的平均温度约为 250K,故其热辐射中 95% 以上的能量集中在 $3—120\mu m$ 的波长范围内(属于肉眼不能直接看见的红外辐射)。其辐射能最大段波长在 $10—15\mu m$ 范围内,所以我们把地面和大气的辐射称为长波辐射。

(二) 地面和大气长波辐射的特点

1. 大气对长波辐射的吸收

大气对长波辐射的吸收非常强烈,吸收作用不仅与吸收物质及其分布有关,而且还与大气的温度、压强等有关。大气中对长波辐射的吸收起重要作用的成分有水汽、液态水、二氧化碳和臭氧等。它们对长波辐射的吸收同样具有选择性。

图 2·12 描绘了整个大气对长波辐射的放射与透射光谱。由图看出,大气在整个长波段,除 8—12μm 一段外,其余的透射率近于零,即吸收率为 1。8—12μm 处吸收率最小,透明度最大,称为"大气窗口"。这个波段的辐射,正好位于地面辐射能力最强处,所以地面辐射有 20% 的能量透过这一窗口射向宇宙空间。在这一窗口中 9.6μm 附近有一狭窄的臭氧吸收带,对于地面放射的 14μm 以上的远红外辐射,几乎能全部吸收,故此带可以看成近于黑体。

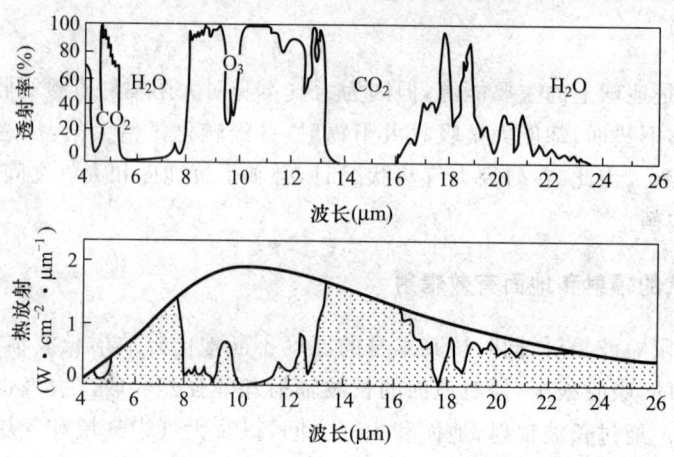

图 2·12 大气吸收谱与放射谱

水汽对长波辐射的吸收最为显著,除 8—12μm 波段的辐射外,其它波段都能吸收。并以 6μm 附近和 24μm 以上波段的吸收能力最强。

液态水对长波辐射的吸收性质与水汽相仿,只是作用更强一些,厚度大的云层表面可当作黑体表面。

二氧化碳有两个吸收带,中心分别位于 4.3μm 和 14.7μm。第一个吸收带位于温度为 200—300K 绝对黑体的放射能量曲线的末端,其作用不大,第二个吸收带从 12.9—17.1μm,比较重要。

2. 大气中长波辐射的特点

长波辐射在大气中的传输过程与太阳辐射的传输有很大不同。第一,太阳辐射中的直接辐射是作为定向的平行辐射进入大气的,而地面和大气辐射是漫射辐射。第二,太阳辐射在大气中传播时,仅考虑大气对太阳辐射的削弱作用,而未考虑大气本身的辐射的影响。这是因为大气的温度较低,所产生的短波辐射是极其微弱的。但考虑长波辐射在大气中的传播时,不仅要考虑大气对长波辐射的吸收,而且还要考虑大气本身的长波辐射。第三,长波辐射在大气中传播时,可以不考虑散射作用。这是由于大气中气体分子和尘粒的尺度比长波辐射的波长要小得多,散射作用非常微弱。

(三) 大气逆辐射和地面有效辐射

1. 大气逆辐射和大气保温效应

大气辐射指向地面的部分称为大气逆辐射。大气逆辐射使地面因放射辐射而损耗的能量得到一定的补偿，由此可看出大气对地面有一种保暖作用，这种作用称为大气的保温效应。据计算，如果没有大气，近地面的平均温度应为$-23℃$，但实际上近地面的均温是$15℃$，也就是说大气的存在使近地面的温度提高了$38℃$。

2. 地面有效辐射

地面放射的辐射（E_g）与地面吸收的大气逆辐射（δE_a）之差，称为地面有效辐射。以F_0表示，则

$$F_0 = E_g - \delta E_a \qquad (2\cdot 20)$$

通常情况下，地面温度高于大气温度，地面有效辐射为正值。这意味着通过长波辐射的放射和吸收，地表面经常失去热量。只有在近地层有很强的逆温及空气湿度很大的情况下，有效辐射才可能为负值，这时地面才能通过长波辐射的交换而获得热量。

影响有效辐射的主要因子有：地面温度，空气温度，空气湿度和云况。一般情况下，在湿热的天气条件下，有效辐射比干冷时小，有云覆盖时比晴朗天空条件下有效辐射小；空气混浊度大时比空气干洁时有效辐射小；在夜间风大时有效辐射小；海拔高度高的地方有效辐射大，当近地层气温随高度显著降低时，有效辐射大；有逆温时有效辐射小，甚至可出现负值。此外，有效辐射还与地表面的性质有关，平滑地表面的有效辐射比粗糙地表面有效辐射小；有植物覆盖时的有效辐射比裸地的有效辐射小。

有效辐射具有明显的日变化和年变化。其日变化具有与温度日变化相似的特征。在白天，由于低层大气中垂直温度梯度增大，所以有效辐射值也增大，中午12—14时达最大；而在夜间由于地面辐射冷却的缘故，有效辐射值也逐渐减小，在清晨达到最小。当天空有云时，可以破坏有效辐射的日变化规律。有效辐射的年变化也与气温的年变化相似，夏季最大，冬季最小。但由于水汽和云的影响使有效辐射的最大值不一定出现在盛夏。我国秦岭、淮河以南地区有效辐射秋季最大，春季最小；华北、东北等地区有效辐射则春季最大，夏季最小，这是由于水汽和云况的影响。

二、地面及地-气系统的辐射差额

地面和大气因辐射进行热量的交换，其能量的收支状况，是由短波和长波辐收支作用的总和来决定的。

我们把物体收入辐射能与支出辐射能的差值称为净辐射或辐射差额。即

$$辐射差额 = 收入辐射 - 支出辐射$$

在没有其它方式进行热交换时，辐射差额决定物体的升温或降温。辐射差额不为零，表明物体收支的辐射能不平衡，会有升温或降温产生。辐射差额为零时，物体的温度保持不变。

（一）地面的辐射差额

地面由于吸收太阳总辐射和大气逆辐射而获得能量，同时又以其本身的温度不断向外放出辐射而失去能量。某段时间内单位面积地表面所吸收的总辐射和其有效辐射之差值，称为地面的辐射差额。若以R_g表示单位水平面积、单位时间的辐射差额，则得

$$R_g = (Q+q)(1-a) - F_0 \qquad (2\cdot 21)$$

式中 $(Q+q)$ 是到达地面的太阳总辐射,即太阳直接辐射和散射辐射之和;a 为地面对总辐射的反射率;F_0 为地面的有效辐射。

显然,地面辐射能量的收支,决定于地面的辐射差额。当 $R_g>0$ 时,即地面所吸收的太阳总辐射大于地面的有效辐射,地面将有热量的积累;当 $R_g<0$ 时,则地面因辐射而有热量的亏损。

影响地面辐射差额的因子很多,除考虑到影响总辐射和有效辐射的因子外,还应考虑地面反射率的影响。反射率是由不同的地面性质决定的,所以不同的地理环境、不同的气候条件下,地面辐射差额值有显著的差异。

地面辐射差额具有日变化和年变化。一般夜间为负,白天为正,由负值转到正值的时刻一般在日出后 1h,由正值转到负值的时刻一般在日落前 1—1.5h。在一年中,一般夏季辐射差额为正,冬季为负值,最大值出现在较暖的月份,最小值出现在较冷的月份。图 2·13 表示无云情况下,辐射差额各分量的日变化。其中地面辐射和有效辐射曲线对正午来说是不对称的,其绝对最大值发生在 12 时以后,这是由于地表最高温度出现在 13 时左右造成的,因而也导致辐射差额曲线对正午的不对称。图 2·14 是上海 7 月份晴天辐射差额日变化的情况。图 2·15 给出了我国不同地区辐射差额年变化的情况。由图 2·15 可以看出,赣州代表我国南部地区,地面辐射差额月最大值出现在 7 月,而北部地区以北京为例,沙漠地区以敦煌为例,地面辐射差额月最大值都出现在 6 月。地面辐射差额的最小值出现在 12 月。

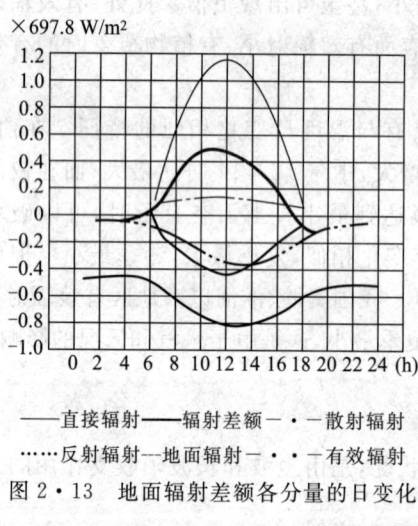

图 2·13 地面辐射差额各分量的日变化

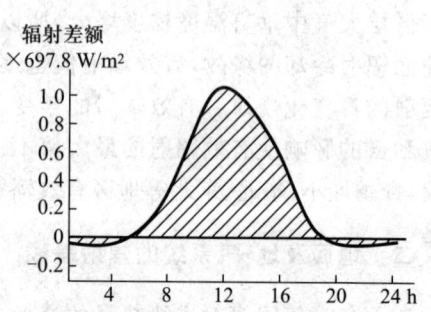

图 2·14 上海 7 月份晴天辐射差额的日变化

辐射差额的年振幅随地理纬度的增加而增大。对同一地理纬度来说,陆地的年振幅大于海洋的年振幅。全球各纬度绝大部分地区地面辐射差额的年平均值都是正值,只有在高纬度和某些高山终年积雪区才是负值。就整个地球表面平均来说是收入大于支出的,也就是说地球表面通过辐射方式获得能量。

(二) 大气的辐射差额

大气的辐射差额可分为整个大气层的辐射差额和某一层大气的辐射差额。这也是考虑某气层降温率的最重要因子。由于大气中各层所含吸收物质的成分、含量的不同,以及其本身温度的不同,所以辐射差额的差别还是很大的。

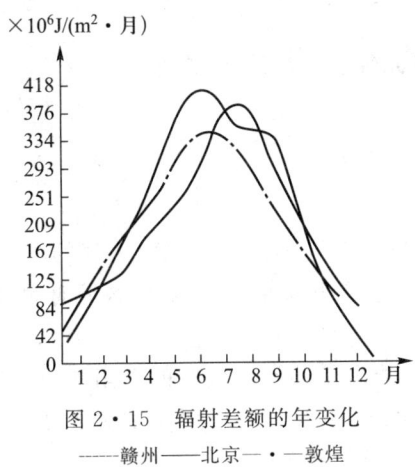

图 2·15 辐射差额的年变化
-----赣州 ——北京 —·—敦煌

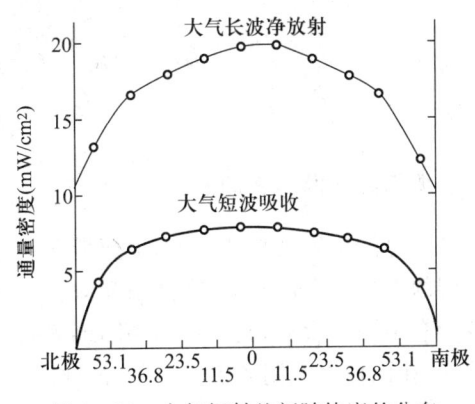

图 2·16 大气辐射差额随纬度的分布

若 R_a 表示整个大气层的辐射差额，q_a 表示整个大气层所吸收的太阳辐射，F_0，F_∞ 分别表示地面及大气上界的有效辐射，则整个大气层辐射差额的表达式为

$$R_a = q_a + F_0 - F_\infty \qquad (2\cdot 22)$$

式中 F_∞ 总是大于 F_0 的，并 q_a 一般小于 $F_\infty - F_0$，所以整个大气层的辐射差额是负值，大气要维持热平衡，还要靠地面以其它的方式，例如对流及潜热释放等来输送一部分热量给大气。图 2·16 描绘了大气辐射差额随纬度的分布情况。

（三）地-气系统的辐射差额

如果把地面和大气看作为一个整体，其辐射能的净收入为

$$R_s = (Q+q)(1-a) + q_a - F_\infty \qquad (2\cdot 23)$$

式中 q_a 和 F_∞ 分别为大气所吸收的太阳辐射和大气上界的有效辐射。

就个别地区来说，地气系统的辐射差额既可以为正，也可以为负。但就整个地气系统来说，这种辐射差额的多年平均应为零。因观测表明，整个地球和大气的平均温度多年来是没有什么变化的。也就说明了整个地-气系统所吸收的辐射能量和放射出的辐射能量是相等的，从而使全球达到辐射平衡。

图 2·17 描绘了南北半球各纬度辐射收支情况，以及各纬圈行星反射率。由图可以看出，无论南、北半球，地-气系统的辐射差额在纬度 30°处是一转折点。北纬 35°以南的差额是正值，以北是负值。这样，会不会造成低纬地区的不断增温和高纬地区的不断降温。多年的观测事实表明，不会如此。

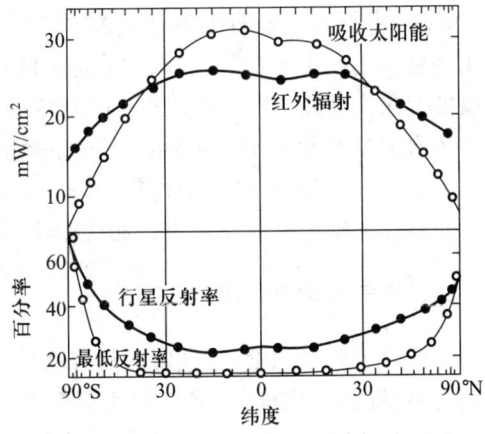

图 2·17 地-气系统各纬度的辐射收支

从长期的平均情况来看，高纬及低纬地区的温度变化是很微小的。这说明必定有另外一些过程将低纬地区盈余的热量输送至高纬地区。这种热量的输送主要是由大气及海水的流动来完成的。（详见第六章）

第三节 大气的增温和冷却

一、海陆的增温和冷却的差异

大气的热能主要来自地面,而地面情况有很大的差别。不同的地面情况对大气的增温和冷却有不同的影响。海洋和陆地、高山和深谷、高原和平原、林地和草地、湿区和干区等对大气的增温和冷却有不同的影响,其中海洋和陆地的差异最大。

首先,在同样的太阳辐射强度下,海洋所吸收的太阳能多于陆地所吸收的太阳能,这是因为陆面对太阳光的反射率大于水面。就平均状况而论,陆面和水面的反射率之差约为10%—20%。换句话说,同样条件下的水面吸收的太阳能比陆面吸收的太阳能多10%—20%。

其次,陆地所吸收的太阳能分布在很薄的地表面上,而海水所吸收的太阳能分布在较厚的水层中。这是因为陆地表面的岩石和土壤对于各种波长的太阳辐射都是不透明的,而水除了对红色光和红外线不透明外,对于紫外线和波长较短的可见光是相当透明的。同时,陆地所获的太阳能主要依靠传导向地下传播,而水还有其它更有效的方式,如波浪、洋流和对流作用。这些作用使得水的热能发生垂直和水平的交换。因此,陆面所得太阳辐射集中于表面一薄层,以致地表急剧增温,这也就加强了陆面和大气之间的显热交换;反之,水面所得太阳辐射分布在较厚的一个层次,以致水温不易增高,也就相对地减弱了水面和大气之间的显热交换。据测陆面所得的太阳辐射传给大气的约占半数,而水体所得的太阳辐射传给空气的不过0.5%。

此外,海面有充分水源供应,以致蒸发量较大,失热较多,这也使得水温不容易升高。而且,空气因水分蒸发而有较多的水汽,以致空气本身有较大的吸收热量的能力,也就使得气温不易降低。陆地上的情况则正好相反。

最后,岩石和土壤的比热小于水的比热。一般常见的岩石比热大约是$0.8374J/g·K$,而水的比热是$4.1868J/g·K$。因此对等量热能的接受,如果使1g水的温度变化1℃,则使1g岩石的温度变化大约是5℃。常见岩石(例如花岗岩)的密度约$2.5g/cm^3$。因此,如果等量热能使一定体积水的温度发生1℃的变化,那么该热能可使同体积岩石发生2℃的变化。

由于上述差异,海陆热力过程的特点是互不相同的。大陆受热快,冷却也快,温度升降变化大。而海洋上则温度变化缓慢。如大洋中,年最高及最低气温的出现要比大陆延迟一两个月。

二、空气的增温和冷却

根据分子运动理论,空气的冷热程度只是一种现象,它实质上是空气内能大小的表现。当空气获得热量时,其内能增加,气温也就升高;反之,空气失去热量时,内能减小,气温也就随之降低。空气内能变化既可由空气与外界有热量交换而引起;也可由外界压力的变化对空气作功,使空气膨胀或压缩而引起。在前一种情况下,空气与外界有热量交换,称为非绝热变化;在后一种情况下,空气与外界没有热量交换,称为绝热变化。

(一) 气温的非绝热变化

空气与外界交换热量有如下几种方式,即传导、辐射、对流、湍流和蒸发凝结(包括升华、凝华)。

1. 传导

空气是依靠分子的热运动将能量从一个分子传递给另一分子,从而达到热量平衡的传热方式。空气与地面之间,空气团与空气团之间,当有温度差异时,就会以传导方式交换热量。但是地面和大气都是热的不良导体,所以通过这种方式交换的热量很少,其作用仅在贴地气层中较为明显。因在贴地气层中,空气密度大,单位距离内的温度差异也较大。

2. 辐射

是物体之间依各自温度以辐射方式交换热量的传热方式。大气主要依靠吸收地面的长波辐射而增热,同时,地面也吸收大气放出的长波辐射,这样它们之间就通过长波辐射的方式不停地交换着热量。空气团之间,也可以通过长波辐射而交换热量。

3. 对流

当暖而轻的空气上升时,周围冷而重的空气便下降来补充(图 2·18),这种升降运动,称为对流。通过对流,上下层空气互相混合,热量也就随之得到交换,使低层的热量传递到较高的层次。这是对流层中热量交换的重要方式。

4. 湍流

空气的不规则运动称为湍流,又称乱流(图 2·19)。湍流是在空气层相互之间发生摩擦或空气流过粗糙不平的地面时产生的。有湍流时,相邻空气团之间发生混合,热量也就得到了交换。湍流是摩擦层中热量交换的重要方式。

5. 蒸发(升华)和凝结(凝华)

水在蒸发(或冰在升华)时要吸收热量;相反,水汽在凝结(或凝华)时,又会放出潜热。如果蒸发(升华)的水汽,不是在原处凝结(凝华),而是被带到别处去凝结(凝华),就会使热量得到传送。例如,从地面蒸发的水汽,在空中发生凝结时,就把地面的热量传给了空气。因此,通过蒸发(升华)和凝结(凝华),也能使地面和大气之间、空气团与空气团之间发生潜热交换。由于大气中的水汽主要集中在 5km 以下的气层中,所以这种热量交换主要在对流层下半层起作用。

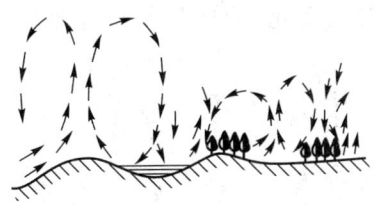 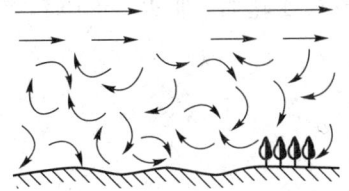

图 2·18 空气的对流　　　　图 2·19 空气的湍流

以上分别讨论了空气与外界交换热量的方式,事实上,同一时间对同一团空气而言,温度的变化常常是几种作用共同引起的。哪个为主,哪个为次,要看具体情况。在地面与空气之间,最主要的是辐射。在气层(气团)之间,主要依靠对流和湍流,其次通过蒸发、凝结过程的潜热出入,进行热量交换。

(二) 气温的绝热变化

1. 绝热过程与泊松方程

大气中进行的物理过程,通常伴有不同形式的能量转换。在能量转换过程中,空气的状态要发生改变。在气象学上,任一气块与外界之间无热量交换时的状态变化过程,叫做绝热过程。在大气中,作垂直运动的气块,其状态变化通常接近于绝热过程。当升、降气块内部既没有发生水相变化,又没有与外界交换热量的过程,称作干绝热过程。

要求出在绝热过程中气温的变化,必须应用热力学第一定律。如有 dQ 热量加到一个孤立的气体系统中,该热量可分为两部分,即增加该系统的内能(dE)及对外所作的功(dW)。因此,对于空气,热力学第一定律可以写成

$$dQ = dE + dW \qquad (2·24)$$

对于理想气体来说,气体内能就是其分子运动的动能。对 1g 气体而言,它等于 $C_v T$(T 为气体温度,C_v 为定容比热)。当气温变化为 dT 时,其值为

$$dE = C_v dT \qquad (2·25)$$

(2·24)式右边第二项为在定压状况下气体膨胀时所作的功。如以 P 表示压力,V 表示气体比容,则

$$dW = PdV \qquad (2·26)$$

将(2·25)、(2·26)式代入(2·24)式,得

$$dQ = C_v dT + PdV \qquad (2·27)$$

利用状态方程 $PV = RT$,对它进行微分,则有

$$PdV + VdP = RdT \qquad (2·28)$$

将(2·28)式代入(2·27)式,消去 PdV,并用 $C_P = C_V + R$ 表示气体的定压比热,得

$$dQ = C_P dT - RT \frac{dP}{P} \qquad (2·29)$$

这是气象学中热力学第一定律的常用形式。

式中,dQ 为单位质量空气由于热传导、辐射引起的热量变化;C_P 是空气的定压比热。如果讨论的对象是单位质量的干空气,实测 $C_P = 1.005 \text{J}/(\text{g}·\text{K})$;$R$ 为比气体常数,对干空气来说,比气体常数 $R_d = 0.287 \text{J}/(\text{g}·\text{K})$。

当系统是绝热变化时,即 $dQ = 0$ 时,其状态的变化,即向外作功是要靠系统内能负担,(2·29)式可写为

$$C_P dT - RT \frac{dP}{P} = 0 \qquad (2·30)$$

或

$$C_P dT = RT \frac{dP}{P}$$

上式将气体的压力变化和温度变化联系起来。在大气中,气压变化主要由空气块的位移引起。在绝热条件下,当空气质点上升时,压力减少,$dP < 0$,这时 $C_P dT < 0$,因而温度要降低;当空气质点下沉时,压力增加,$dP > 0$,这时 $C_P dT > 0$,因而温度要升高。

对(2·30)式在 (P_0, P) 及 (T_0, T) 范围内积分

$$\int_{T_0}^{T} \frac{dT}{T} = \frac{R}{C_P} \int_{P_0}^{P} \frac{dP}{P}$$

$$\ln \frac{T}{T_0} = \frac{R}{C_P} \ln \frac{P}{P_0}$$

$$\frac{T}{T_0} = \left(\frac{P}{P_0}\right)^{\frac{R}{C_P}} \tag{2·31}$$

因为 $\dfrac{R}{C_P} = \dfrac{0.287 \text{J}/(\text{g}\cdot\text{K})}{1.005 \text{J}/(\text{g}\cdot\text{K})} \approx 0.286$，则

$$\frac{T}{T_0} = \left(\frac{P}{P_0}\right)^{0.286} \tag{2·32}$$

(2·32)式是干绝热方程，亦称泊松(Poisson)方程。它给出了干绝热过程气块初态(P_0, T_0)和终态(P, T)之间的内在联系，即绝热变化时温度随气压变化的具体规律。例如初态为 $P_0 = 1\,000$hPa，$T_0 = 273$K，就可以算出气压变为 $1\,050$hPa 时，温度将变为 276.7K；当气压变为 900hPa 时，温度将变为 265K。

2. 干绝热直减率和湿绝热直减率

气块绝热上升单位距离时的温度降低值，称绝热垂直减温率（简称绝热直减率）。对于干空气和未饱和的湿空气来说，则称干绝热直减率，以 γ_d 表示，即 $\gamma_d = -\left(\dfrac{dT_i}{dZ}\right)_d$。其中 i 表示某一气块。

将(2·30)式等号两边同除以 dZ 并整理，则

$$\gamma_d = -\left(\frac{dT_i}{dZ}\right)_d = -\frac{RT_i}{C_P P} \cdot \frac{dP_i}{dZ} \tag{2·33}$$

对于所讨论的大多数大气过程而言，能够满足准静力条件，即气块的气压 P_i 时时都与四周大气的气压 P 处于平衡，即 $P_i = P$ 及 $P_i + dP_i = P + dP$。又因为

$$\frac{dP}{dZ} = -\rho g$$

此为静力学基本方程，其中 ρ 为周围大气的密度。则

$$\frac{dP_i}{dZ} = \frac{dP}{dZ} = -\rho g$$

再运用状态方程(2·33)式则为

$$\gamma_d = \frac{RT_i}{C_P \rho RT} \rho g = \frac{g}{C_P} \cdot \frac{T_i}{T}$$

在实际大气中，T_i 与 T 之差通常不超过 10 度，以绝对温标表示的比值 $\dfrac{T_i}{T}$ 接近于1，所以常取

$$\gamma_d = \frac{g}{C_P} \tag{2·34}$$

若忽略 g 随高度和纬度的微小变化及 C_P 随温度的微小变化，取 $g = 9.81\text{m/s}^2$，$C_P = 1.005\text{J}/(\text{g}\cdot\text{K}) = 1.005 \times 1\,000\text{gm}^2/(\text{s}^2\cdot\text{g}\cdot\text{K}) = 1005\text{m}^2/(\text{s}^2\cdot\text{K})$，以度/100m 为 γ_d 的单位，则

$$\gamma_d = \frac{9.8\text{m/s}^2}{1005\text{m}^2/(\text{s}^2\cdot\text{K})} \approx 0.98\text{K}/100\text{m}（或 0.98℃/100\text{m}）$$

实际工作中取 $\gamma_d = 1℃/100\text{m}$，这就是说，在干绝热过程中，气块每上升 100m，温度约下降 1℃。必须注意：γ_d 与 γ（气温直减率）的含义是完全不同的。γ_d 是干空气在绝热上升过程中气块本身的降温率，它近似为常数；而 γ 是表示周围大气的温度随高度的分布情况。大气中随地-气系统

之间热量交换的变化，γ 可有不同数值，即可以大于、小于或等于 γ_d。

如果气块的起始温度为 T_0，干绝热上升 ΔZ 高度后，其温度 T 为

$$T = T_0 - \gamma_d \Delta Z \qquad (2 \cdot 35)$$

下面来讨论饱和空气绝热变化的情况：饱和湿空气绝热上升时，如果只是膨胀降温，亦应每上升 100m 减温 1℃。但是，水汽既已饱和了，就要因冷却而发生凝结，同时释放凝结潜热，加热气块。所以饱和湿空气绝热上升时因膨胀而引起的减温率恒比干绝热减温率小。饱和湿空气绝热上升的减温率，称为湿绝热直减率，以 γ_m 表示。

设 1g 饱和湿空气中含有水汽 q_s g，绝热上升，凝结了 dq_s g 水汽，所释放出的潜热为

$$dQ = -L dq_s \qquad (2 \cdot 36)$$

式中 L 表示水汽的凝结潜热。上式右边的负号表示当有水汽凝结时得到热量，因为这时水汽减少，$dq_s < 0$，则 $dQ > 0$；当水分蒸发时消耗热量，这时 $dq_s > 0$，则 $dQ < 0$。

应用饱和湿空气的热力学第一定律的形式，则为

$$-L dq_s = C_P dT - RT \frac{dP}{P} \qquad (2 \cdot 37)$$

由于这个方程中只包含湿空气的相变所产生的热量，而没有考虑其它的热量，所以 (2·37) 式又称为湿绝热方程。饱和湿空气上升时，方程 (2·37) 可写成

$$dT = \frac{RT}{C_P} \frac{dP}{P} - \frac{L}{C_P} dq_s \qquad (2 \cdot 38)$$

上式说明，饱和湿空气上升时，温度随高度的变化是由两种作用引起的：一种是由气压变化引起的，例如上升时气压减小，$dP < 0$，这使得温度降低；另一种作用是由水汽凝结时释放潜热引起的，上升时水汽凝结，$dq_s < 0$，造成温度升高。因此，凝结作用可抵消一部分由于气压降低而引起的温度降低。有水汽凝结时，空气上升所引起的降温将比没有水汽凝结时要缓慢。

类似于求干绝热直减率 γ_d 的推导，可得

$$\frac{dT_i}{dZ} = -\frac{g}{C_P} \frac{T_i}{T} - \frac{L}{C_P} \frac{dq_s}{dZ} \qquad (2 \cdot 39)$$

或近似地：

$$\frac{dT_i}{dZ} = -\frac{g}{C_P} - \frac{L}{C_P} \frac{dq_s}{dZ} = -\gamma_d - \frac{L}{C_P} \frac{dq_s}{dZ} \qquad (2 \cdot 40)$$

由此，湿绝直减率 γ_m 的表达式可写成：

$$\gamma_m = -\left(\frac{dT_i}{dZ}\right)_m = \gamma_d + \frac{L}{C_P} \cdot \frac{dq_s}{dZ} \qquad (2 \cdot 41)$$

当饱和湿空气上升时，$dZ > 0$，$dq_s < 0$，则 $\frac{dq_s}{dZ} < 0$；下降时，$dZ < 0$，$dq_s > 0$，则 $\frac{dq_s}{dZ} < 0$，所以 γ_m 总小于 γ_d。

此外，由于 $\frac{dq_s}{dZ}$ 是气压和温度的函数，所以 γ_m 不是常数，而是气压和温度的函数。表 2·4 给出不同温度和气压下 γ_m 的值。由表可见，γ_m 随温度升高和气压减小而减小。这是因为气温高时，空气的饱和水汽含量大，每降温 1℃ 水汽的凝结量比气温低时多。例如，温度从 20℃ 降低到 19℃ 时，每立方米的饱和空气中有 1g 的水汽凝结；而温度从 0℃ 降到 -1℃ 时，每立方米的饱和空气中只有 0.33g 的水汽凝结。这就是说饱和空气每上升同样的高度，在温度高时比温度低时能释放出更多的潜热。因此，在气压一定的条件下，高温时空气湿绝热直减率比低温时小一些。

表 2·4　湿绝热直减率(℃/100m)

气压(hPa)	温度(℃)						
	-30	-20	-10	0	10	20	30
1000	0.93	0.86	0.76	0.63	0.54	0.44	0.38
800	0.92	0.83	0.71	0.58	0.50	0.41	
700	0.91	0.81	0.69	0.56	0.47	0.38	
500	0.89	0.76	0.62	0.48	0.41		
300	0.85	0.66	0.51	0.38			

图 2·20 为干、湿绝热线的比较，干绝热线直减率近于常数，故呈一直线；而湿绝热线，因 $\gamma_m < \gamma_d$，故在干绝热线的右方，并且下部因为温度高，γ_m 小，上部温度低，γ_m 大，这样形成上陡下缓的一条曲线。到高层水汽凝结愈来愈多，空气中水汽含量便愈来愈少，γ_m 愈来愈和 γ_d 值相接近，使干、湿绝热线近于平行。

3. 位温和假相当位温

空气块在干绝热过程中，其温度是变化的，同一气块处于不同的气压(高度)时，其温度值常常是不同的，这就给处在不同高度上的两气块进行热状态的比较带来一定困难。为此，假设把气块都按绝热过程移到同一高度(或等压面上)，就可以进行比较了。把各层中的气块循着干绝热的程序订正到一个标准高度：1 000hPa 处，这时所具有的温度称为位温，以 θ 表示。根据泊松方程，即可得到位温的表达式

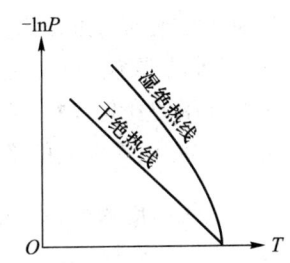

图 2·20　干绝热线及湿绝热线

$$\theta = T\left(\frac{1\,000}{P}\right)^{\frac{R}{C_P}} = T\left(\frac{1\,000}{P}\right)^{0.286} \tag{2·42}$$

式中，T、P 分别为干绝热过程起始时刻的温度和气压。从(2·42)式可以看出，位温 θ 是温度 T 和气压 P 的函数。在气象学中，一般常用的热力图表以温度 T 为横坐标，以压力对数 $\ln P$ 为纵坐标，称为温度对数压力图解。该图上的干绝热线即为等位温线，是根据(2·42)式绘制的。当已知空气的温度和压力时，我们可由热力图表直接读出位温 θ 来。

显然，气块在循干绝热升降时，其位温是恒定不变的。这是位温的重要性质。

必须指出，位温只是把气块的气压、温度考虑进去的特征量，并且只有在干绝热过程中才具有保守性。在湿绝热过程中，由于有潜热的释放或消耗，位温是变化的。为此，又可导引出把潜热影响考虑进去的温湿特征量。

大气中的水汽达到凝结时，一般是部分凝结物脱离气块而降落，另一部分随气块而运动。为了理解潜热对气块的作用，可假设一种极端的情况，即水汽一经凝结，其凝结物便脱离原上升的气块而降落，而把潜热留在气块中来加热气团，这种过程称假绝热过程。当气块中含有的水汽全部凝结降落时，所释放的潜热，就使原气块的位温提高到了极值，这个数值称为假相当位温，用 θ_{se} 表示，根据定义

$$\theta_{se} = \theta + \frac{Lq}{C_P} \tag{2·43}$$

式中，q 是气块在 1 000hPa 处，1g 湿空气所含水汽量。

由(2·43)式可以看出 θ_{se} 是气压、温度和湿度的函数。如图 2·21 所示,设有一气块,其温、压、湿分别为(P、T、q)。在绝热图表上温度、压力始于 A 点,这时气块是未饱和的,令其沿干绝热线上升到达凝结高度 B 点,这时气块达到饱和;当气块再继续上升时,就不断地有水汽凝结,这时它将沿湿绝热线上升降温。当气块内水汽全部凝结降落后,再令其沿干绝热线下沉到 1 000hPa,此时气块的温度就是假相当位温 θ_{se}。它不仅考虑了气压对温度的影响,而且也考虑了水汽对温度的影响,实际上

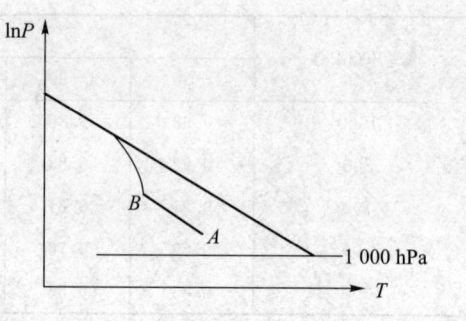

图 2·21 假相当位温 θ_{se} 的确定

是关于温度、压力、湿度的综合特征量,对于干绝热、假绝热和湿绝热过程都具有保守性。

以上讨论了大气中空气块温度的绝热变化和非绝热变化。事实上,同一时间对同一团空气而言,温度的变化常常是两种原因共同引起的。何者为主,则要看当时的具体情况。当空气团停留在某地或在地面附近作水平运动时,外界的气压变化很小,但受地面增热和冷却的影响却很大,因而气温的非绝热变化是主要的。空气团作升降运动时,虽然也能和外界交换热量,但因垂直方向上气压的变化很快,空气团因膨胀或压缩引起的温度变化,要比和外界交换热量引起的温度变化大得多,因而气温的绝热变化是主要的。

三、空气温度的个别变化和局地变化

把热力学第一定律(2·29)式两边除以 dt,就得到反映温度随时间变化规律的热流量方程

$$\frac{dQ}{dt} = C_P \frac{dT}{dt} - \frac{RT}{P} \frac{dP}{dt} \tag{2·44}$$

这里 $\frac{dT}{dt}$,$\frac{dP}{dt}$ 分别表示单位时间内空气质点的温度和气压的变化。我们把单位时间内个别空气质点温度的变化 dT/dt 称作空气温度的个别变化,也就是前面讨论的空气块在运行中随时间的绝热变化和非绝热变化。因为个别空气质点在大气中不断地改变位置,所以 $\frac{dT}{dt}$ 不容易直接观测。在实际问题中,我们更关心固定地点大气温度随时间的变化。气象站在不同时间所观测的,或是自记仪器所记录的气温变化都是某一固定地点的空气温度随时间的变化,某一固定地点空气温度随时间的变化称作空气温度的局地变化。如何理解温度的个别变化和局地变化之间的联系,例如当预报北京的温度时,发现在蒙古人民共和国地区,近地层气温为 $-20℃$,高空为西北气流,当时北京近地层气温为 $0℃$。作温度预报时,要考虑两个方面的作用:一是根据空气的移动,预计 36h 后,蒙古的冷空气将移到北京,根据这种作用,36h 后,北京温度应下降 $20℃$。这种由于空气的移动所造成的某地温度的变化称为温度的平流变化。北京和蒙古之间的温差愈大,西北风愈强,由平流作用所造成的单位时间内的降温就愈大;另一方面,还要考虑当冷空气由蒙古移到北京的过程中,空气本身温度的变化。这部分变化实质上就是温度的个别变化。例如,当冷空气南下时南部地表面温度较高,下垫面将把热量传递给冷空气,这种作用将使气温升高。据估计,空气温度的这一个别变化,将使其温度升高 $10℃$。考虑了上述两方面因子的共同影响,就可以预报北京温度在 36h 后要降温 $10℃$。也就是说北京地区温度的局地变化是平流变化和个别变化之和。

上面对温度的个别变化和局地变化之间的联系作了定性的说明,下面将对这种联系作定量分析。如图 2·22 所示,假定某空气质点在 t 时刻位于空间某点 $P(x,y,z)$ 上,其温度为 $T(x,y,z,t)$,速度分量为 u,v,w。经过 dt 时间后,该空气质点移至 Q 点,其坐标为 $Q(x+dx,y+dy,z+dz)$,此时质点的温度为 $T(x+dx,y+dy,z+dz,t+dt)$。空气质点温度的变化 $T(x+dx,y+dy,z+dz,t+dt)-T(x,y,z,t)$ 为温度的全微分 dT,故有

$$dT = \frac{\partial T}{\partial t}dt + \frac{\partial T}{\partial x}dx + \frac{\partial T}{\partial y}dy + \frac{\partial T}{\partial z}dz \tag{2·45}$$

空气质点是由 P 点经 dt 时间移至 Q 点的,显然

$$dx = udt, dy = vdt, dz = wdt, \tag{2·46}$$

将上式代入(2·45),并用 dt 去除式两边,则得单位时间内空气质点温度的变化

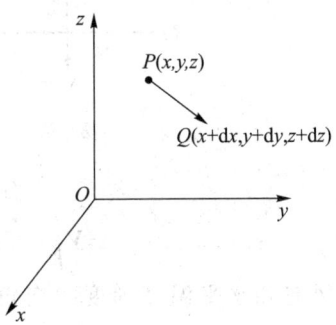

图 2·22 个别变化和局地变化

$$\frac{dT}{dt} = \frac{\partial T}{\partial t} + u\frac{\partial T}{\partial x} + v\frac{\partial T}{\partial y} + w\frac{\partial T}{\partial z} \tag{2·47}$$

上式表示了温度的个别变化和局地变化之间的联系。(2·47)式还可改写为

$$\frac{\partial T}{\partial t} = -\left(u\frac{\partial T}{\partial x} + v\frac{\partial T}{\partial y} + w\frac{\partial T}{\partial z}\right) + \frac{dT}{dt} \tag{2·48}$$

这里右端第一项表示温度的平流变化,其中 $-\left(u\frac{\partial T}{\partial x} + v\frac{\partial T}{\partial y}\right)$ 为温度的水平平流变化,它是由水平运动引起的,而 $-w\frac{\partial T}{\partial z}$ 为温度的垂直平流变化,它是由垂直运动引起的。利用矢量关系

$$\boldsymbol{V} = u\boldsymbol{i} + v\boldsymbol{j} + w\boldsymbol{k}$$

和温度梯度

$$\nabla T = \frac{\partial T}{\partial x}\boldsymbol{i} + \frac{\partial T}{\partial y}\boldsymbol{j} + \frac{\partial T}{\partial z}\boldsymbol{k}$$

上述二矢量的标量积为

$$\boldsymbol{V} \cdot \nabla T = u\frac{\partial T}{\partial x} + v\frac{\partial T}{\partial y} + w\frac{\partial T}{\partial z}$$

这样公式(2·48)可改写成

$$\frac{\partial T}{\partial t} = -\boldsymbol{V} \cdot \nabla T + \frac{dT}{dt} \tag{2·49}$$

上式右端第一项表示温度的平流变化。(2·49)式表明温度的局地变化等于温度的平流变化和个别变化之和。如果令 $\boldsymbol{V}_h$ 表示水平风速,$\nabla_h T$ 表示水平温度梯度,为垂直于等温线的单位距离内的温度差值,并由低温指向高温(见图 2·23)。则(2·49)式可写成

$$\frac{\partial T}{\partial t} = -\boldsymbol{V}_h \cdot \nabla_h T - w\frac{\partial T}{\partial z} + \frac{dT}{dt} \tag{2·50}$$

这里 $-\boldsymbol{V}_h \cdot \nabla_h T$ 即为温度的水平平流变化,它能从天气图上加以确定,可简称为平流变化。温度平流可写成

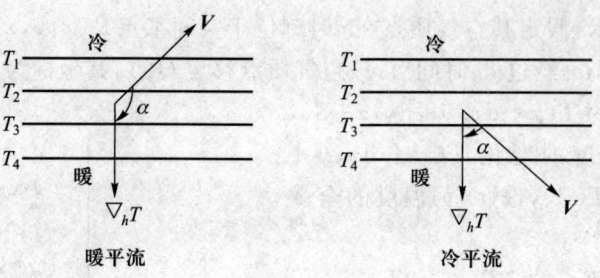

图 2·23 温度的平流变化

$$-\mathbf{V}_h \cdot \nabla_h T = -|\mathbf{V}_h| \cdot |\nabla_h T| \cdot \cos\alpha \tag{2·51}$$

式中 α 为风向和水平温度梯度的交角。由图 2·23 可以看出,$\alpha < \dfrac{\pi}{2}$ 时,$\cos\alpha > 0$,有 $-\mathbf{V}_h \cdot \nabla_h T < 0$,表示温度的平流变化使空气温度局地降低,这种冷空气向暖空气方面流动的情形,称为冷平流。当 $\alpha > \dfrac{\pi}{2}$,$\cos\alpha < 0$ 时,有 $-\mathbf{V}_h \cdot \nabla_h T > 0$,表示温度平流变化使空气温度局地升高,这种暖空气向冷空气方面流动的情形,称为暖平流。冷暖平流的强弱由水平温度梯度及风速在其方向上的分量所决定。

温度平流的大小,也可以直接在天气图上进行计算。如图 2·24,假定风向和温度梯度的交角为 60°,风速大小为 30km/h,在计算 $-\mathbf{V}_h \cdot \nabla_h T$ 时,可以把风速投影到温度梯度的方向,则有

$$-\mathbf{V}_h \cdot \nabla_h T = -v_n \frac{\partial T}{\partial n}$$

这里 $v_n = V\cos 60° = 30 \times \dfrac{1}{2} = 15$km/h,因此

$$-V_n \frac{\partial T}{\partial n} = -15 \times \frac{4}{500} = -0.12℃/h$$

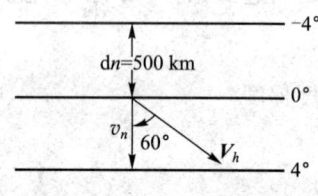

图 2·24 温度平流的计算

在天气、气候分析中,常用气压代替高度,建立以气压为垂直坐标的温度变化方程。根据(2·44)式,并用 ε 表示 $\dfrac{dQ}{dt}$,则空气质点温度个别变化为

$$\frac{dT}{dt} = \frac{1}{C_P}\varepsilon + \frac{RT}{C_P P}\frac{dP}{dt} \tag{2·52}$$

在 X,Y,P,T 坐标中,有

$$\frac{dT}{dt} = \frac{\partial T}{\partial t} + u\frac{\partial T}{\partial x} + v\frac{\partial T}{\partial y} + w\frac{\partial T}{\partial P} \tag{2·53}$$

式中 $w = \dfrac{dP}{dt}$ 表示垂直运动,上升时气压减小,$w < 0$;下沉时气压增大,$w > 0$,w 的单位为 hPa/s。利用(2·52)式,方程(2·53)可写成

$$\frac{\partial T}{\partial t} + \mathbf{V}_h \nabla T + w\frac{\partial T}{\partial P} = \frac{1}{C_P}\varepsilon + \frac{RT}{C_P P}w \tag{2·54}$$

或:

$$\frac{\partial T}{\partial t}+\mathbf{V}_h\cdot\nabla_h T+w\left(\frac{\partial T}{\partial P}-\frac{RT}{C_P P}\right)=\frac{\varepsilon}{C_P} \qquad (2\cdot55)$$

由于 $\gamma_d=\frac{g}{C_P}$，则有

$$\frac{RT}{C_P P}=\frac{\gamma_d R}{g}\frac{T}{P}$$

又根据静力学公式：$\frac{\partial Z}{\partial P}=-\frac{RT}{P}\frac{1}{g}$，则

$$\frac{\partial T}{\partial P}=\frac{\partial T}{\partial Z}\frac{\partial Z}{\partial P}=\frac{RT}{Pg}\left(-\frac{\partial T}{\partial Z}\right)=\frac{RT}{Pg}\gamma$$

则有：

$$\frac{\partial T}{\partial P}-\frac{\gamma_d RT}{Pg}=\frac{RT}{Pg}(\gamma-\gamma_d)=-\frac{RT}{Pg}(\gamma_d-\gamma)$$

因此，(2·55)式可改写成

$$\frac{\partial T}{\partial t}+\mathbf{V}_h\cdot\nabla_h T-\frac{(\gamma_d-\gamma)RT}{Pg}w=\frac{\varepsilon}{C_P} \qquad (2\cdot56)$$

式(2·56)是天气、气候中常用的热流量方程的形式。把(2·56)式写成

$$\frac{\partial T}{\partial t}=-\mathbf{V}_h\cdot\nabla_h T+\frac{(\gamma_d-\gamma)RT}{Pg}w+\frac{\varepsilon}{C_P} \qquad (2\cdot57)$$

上式表明，温度的局地变化决定于三方面因子：即方程(2·57)右端第一项空气平流运动传热过程引起的局地气温变化；右端第二项，空气垂直运动传热过程引起的局地气温变化。在一般情况下，$\gamma_d>\gamma$，因而 $\frac{(\gamma_d-\gamma)RT}{Pg}>0$，当出现上升运动时 $w<0$，这时温度降低，当出现下沉运动时，温度升高；右端第三项代表热流入量的影响，大气中造成热流入量的过程有辐射、湍流交换、水汽相变等。该项的作用为：热量收入使温度升高，热量支出使温度降低。

在日常分析某地点气温变化时主要就考虑这三方面的因子。在近地面范围内，垂直运动较小，由此引起的气温变化通常可忽略不计。地面和大气间的热交换是引起局地气温日变化和年变化的主要因子。冷暖气团运动引起的温度平流是气温非周期变化的主要因子。在分析高层大气温度的局地变化时，非绝热因子除有凝结现象出现时，通常起的作用比较小。

四、大气静力稳定度

(一) 大气稳定度的概念

许多天气现象的发生，都和大气稳定度有密切关系。大气稳定度是指气块受任意方向扰动后，返回或远离原平衡位置的趋势和程度。它表示在大气层中的个别空气块是否安于原在的层次，是否易于发生垂直运动，即是否易于发生对流。假如有一团空气受到对流冲击力的作用，产生了向上或向下的运动，那么就可能出现三种情况：如果空气团受力移动后，逐渐减速，并有返回原来高度的趋势，这时的气层，对于该空气团而言是稳定的；如空气团一离开原位就逐渐加速运动，并有远离起始高度的趋势，这时的气层，对于该空气团而言是不稳定的；如空气团被推到某一高度后，既不加速也不减速，这时的气层，对于该空气团而言是中性气层。

当气块处于平衡位置时，具有与四周大气相同的气压、温度和密度，即 $P_{i0}=P_0$，$T_{i0}=T_0$，$\rho_{i0}=\rho_0$。当它受到扰动后，就按绝热过程上升 ΔZ，其状态为 P_i,T_i,ρ_i；而这时四周大气的状态为

P,T,ρ。除了根据准静力条件有 $P_i = P$ 外,而 T_i、ρ_i 一般与 T,ρ 不相等。

单位体积气块受到两个力的作用,一是四周大气对它的浮力 ρg,方向垂直向上;另一是本身的重力 $\rho_i g$,方向垂直向下,两力的合力称为层结内力,以 f 表示之,加速度 a 即由该力作用而产生的。

$$f = \rho g - \rho_i g$$

单位质量气块所受的力就是加速度,所以

$$a = \frac{\rho - \rho_i}{\rho_i} g \tag{2·58}$$

由状态方程:$\rho = \frac{P}{RT}$,$\rho_i = \frac{P_i}{RT_i}$ 及准静力条件 $P_i = P$ 代入,则

$$a = \frac{T_i - T}{T} g \tag{2·59}$$

(2·59)式就是判别稳定度的基本公式。当空气块温度比周围空气温度高,即 $T_i > T$,则它将受到一向上加速度而上升;反之,当 $T_i < T$,将受到向下的加速度;而 $T_i = T$,垂直运动将不会发展。

综上所述,某一气层是否稳定,实际上就是某一运动的空气块比周围空气是轻还是重的问题。比周围空气重,倾向于下降;比周围空气轻,倾向于上升;和周围空气一样轻重,既不倾向于下降也不倾向于上升。空气的轻重,决定于气压和气温,在气压相同的情况下,两团空气的相对轻重的问题,实际上就是气温的问题。在一般情形之下,在同一高度,一团空气和它周围空气大体有相同的温度。如果这样一团空气上升,变得比周围空气冷一些,它就重一些。那末,这一气层是稳定的。反之,这团空气变得比周围空气暖一些,因而轻一些,那末,这一气层是不稳定的。至于中性平衡的气层,是这团空气上升到任何高度和周围空气都有相同的温度,因而有相同的轻重。

(二)判断大气稳定度的基本方法

大气是否稳定,通常用周围空气的温度直减率(γ)与上升空气块的干绝热直减率(γ_d)或湿绝热直减率(γ_m)的对比来判断。

考虑干绝热的情况:当干空气或未饱和的空气块上升 ΔZ 高度时,其温度为 $T_i = T_{i0} - \gamma_d \Delta Z$;而周围的空气温度为 $T = T_0 - \gamma \Delta Z$。因为起始温度相等,即 $T_{i0} = T_0$,以此代入(2·59)式,则得

$$a = g \frac{\gamma - \gamma_d}{T} \Delta Z \tag{2·60}$$

($\gamma - \gamma_d$)的符号,决定了加速度 a 与扰动位移 ΔZ 的方向是否一致,亦即决定了大气是否稳定。

当 $\gamma < \gamma_d$,若 $\Delta Z > 0$,则 $a < 0$,加速度与位移方向相反,层结是稳定的;

当 $\gamma > \gamma_d$,若 $\Delta Z > 0$,则 $a > 0$,加速度与位移方向一致,层结是不稳定的;

当 $\gamma = \gamma_d$,$a = 0$,层结是中性的。

现举例说明:设有 A、B、C 三团空气,均未饱和,其位置都在离地200m的高度上,在作升降运动时其温度均按干绝热直减率变化,即 1℃/100m。而周围空气的温度直减率 γ 分别为 0.8℃/100m,1℃/100m 和 1.2℃/100m,则可以有三种不同的稳定度(图2·25):

A 团空气受到外力作用后,如果上升到300m高度(图2·25左列实矢线所示),则本身的温

度(11℃)低于周围空气的温度(11.2℃),它向上的速度就要减小,并有返回原来高度的趋势(虚矢线所示);如果它下降到100m高度,其本身温度(13℃)高于周围的温度(12.8℃),它向下的速度就要减小,也有返回原来高度的趋势。因此,当 $\gamma < \gamma_d$ 时,大气处于稳定状态。

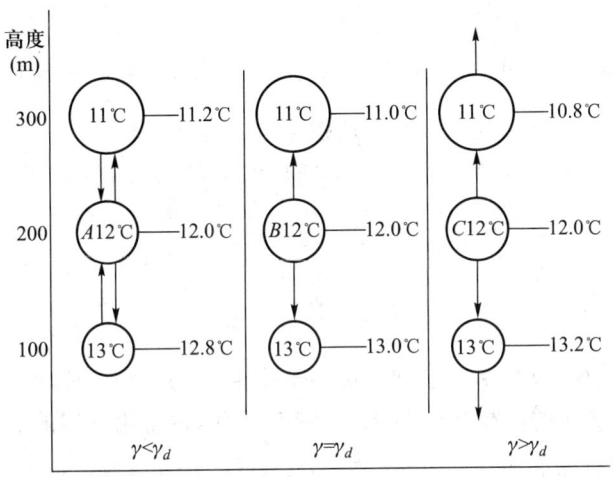

图 2·25 某空气团未饱和时大气的稳定度

B 团空气受到外力作用后,不管上升或下降,其本身温度均与周围空气温度相等,它的加速度等于零。因此,当 $\gamma = \gamma_d$ 时,大气处于中性平衡状态。

C 团空气受到外力作用后,如果上升到300m高度,其本身温度(11℃)高于周围空气温度(10.8℃),则要加速上升;如果下降到100m高度,其本身温度(13℃)低于周围空气的温度(13.2℃),则要加速下降。因此,当 $\gamma > \gamma_d$ 时,大气处于不稳定状态。

如将以上结论用层结曲线(即大气温度随高度变化曲线)和状态曲线(即上升空气块的温度随高度变化曲线)表示出来,则如图 2·26 所示(T_i 为空气团温度;T 为周围空气温度)。

由于在干绝热过程中,气块的位温为常值,因此也可利用层结的位温随高度分布 $\dfrac{\partial \theta}{\partial Z}$ 来作为稳定度的判据。由(2·42)式取对数,再取对高度的偏导数,则有

$$\frac{1}{\theta} \cdot \frac{\partial \theta}{\partial Z} = \frac{1}{T} \cdot \frac{\partial T}{\partial Z} - \frac{R}{C_p} \cdot \frac{1}{P} \cdot \frac{\partial P}{\partial Z}$$

$$= \frac{1}{T}\left(\frac{\partial T}{\partial Z} - \frac{RT}{C_p P} \cdot \frac{\partial P}{\partial Z}\right)$$

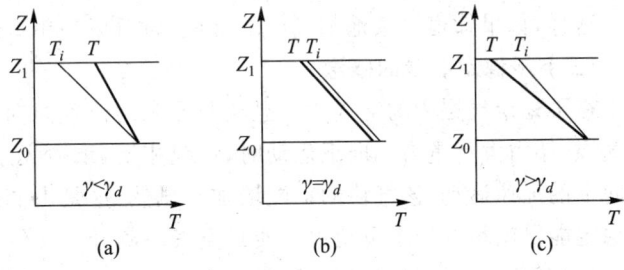

图 2·26 三种不同的大气稳定度

因为
$$\frac{\partial P}{\partial Z} = -\rho g = -g \frac{P}{RT}$$

则
$$\frac{R}{C_p} \frac{T}{P} \frac{\partial P}{\partial Z} = -\frac{g}{C_p} = -\gamma_d$$

所以
$$\frac{1}{\theta} \frac{\partial \theta}{\partial Z} = \frac{1}{T}\left(\frac{\partial T}{\partial Z} + \gamma_d\right)$$

或
$$\frac{\partial \theta}{\partial Z} = -\frac{\theta}{T}(\gamma - \gamma_d)$$

当 $\frac{\partial \theta}{\partial Z} > 0$，即 $(\gamma - \gamma_d) < 0$，气层稳定；当 $\frac{\partial \theta}{\partial Z} < 0$，即 $(\gamma - \gamma_d) > 0$，气层不稳定；当 $\frac{\partial \theta}{\partial Z} = 0$，即 $(\gamma - \gamma_d) = 0$，气层中性。

这里 $\frac{\partial \theta}{\partial Z} > 0$，表示气层在距离起始位置的某高度上，其位温比按绝热上升到这里的气块的位温高，这意味着 γ 线在 γ_d 线的右边，因此是稳定的。其余类推。

同理，饱和湿空气作垂直运动时，温度按湿绝热直减率（γ_m）递减，有 $T_i = T_{i0} - \gamma_m \Delta Z$；而周围空气的温度为 $T = T_0 - \gamma \Delta Z$。

代入（2·59）式，得

$$a = g \frac{\gamma - \gamma_m}{T} \Delta Z \tag{2·61}$$

当 $\gamma < \gamma_m$ 时，层结稳定；当 $\gamma > \gamma_m$ 时，层结不稳定；当 $\gamma = \gamma_m$ 时，层结中性。

在湿绝热过程中，气块的假相当位温 θ_{se} 值不变，因此，也可用气层的 θ_{se} 随高度的分布作为稳定度的判据。$\frac{\partial \theta_{se}}{\partial Z} > 0$，表示层结曲线（$\gamma$）在湿绝热线（$\gamma_m$）的右方，即 $\gamma < \gamma_m$，因此层结稳定；$\frac{\partial \theta_{se}}{\partial Z} < 0$，$\gamma$ 线在 γ_m 线的左方，$\gamma > \gamma_m$，层结不稳定；$\frac{\partial \theta_{se}}{\partial Z} = 0$，$\gamma = \gamma_m$ 层结中性。

综上所述，可以得出如下几点结论：

1. γ 愈大，大气愈不稳定；γ 愈小，大气愈稳定。如果 γ 很小，甚至等于零（等温）或小于零（逆温），那将是对流发展的障碍。所以习惯上常将逆温、等温以及 γ 很小的气层称为阻挡层。

2. 当 $\gamma < \gamma_m$ 时，不论空气是否达到饱和，大气总是处于稳定状态的，因而称为绝对稳定；当 $\gamma > \gamma_d$ 时则相反，因而称为绝对不稳定。

3. 当 $\gamma_d > \gamma > \gamma_m$ 时，对于作垂直运动的饱和空气来说，大气是处于不稳定状态的；对于作垂直运动的未饱和空气来说，大气又是处于稳定状态的。这种情况称为条件性不稳定状态。

这样，如果知道了某地某气层的 γ 值，就可以利用上述判据，分析当时大气的稳定度。

（三）不稳定能量的概念

在不稳定气层中的空气块一旦离开原来的位置而向上运动时，气块的温度将高于周围环境的气温，浮力大于重力。向下运动时，情况相反，重力大于浮力。两种情况下气块都会发生向上或向下的加速运动，该气块的动能增加。显然，这是由储藏在大气中的不稳定能量转化而来的，不稳定能量就是气层中可使单位质量空气块离开初始位置后作加速运动的能量。

我们常把某一时刻气层实际的气温随高度分布曲线绘在 $T-E$（高度）坐标系中，并称之为气层的层结曲线，根据压高公式，气压是高度的单位函数，因此常把 E 坐标变换为 P 坐标，例如 $T-\ln P$ 坐标（图 2·27）。气层中的某一气块若作绝热上升或下沉运动，这时气块温度随高度的变化曲线称之为该气块的状态变化，显然，不同的气块状态曲线不同。

气层能提供给气块的不稳定能可分为下述三种情况：

1. 不稳定型

（图 2·27）气块受到某种冲击向上运动时，气块的温度始终高于周围大气的温度，气块将不断加速向上运动,温差愈大,气层能提供气块加速的不稳定能愈多,这种作用愈明显,这时,状态曲线位于层结曲线右边,这种情况在实际大气中很难持久地维持,因此也很少出现。

2. 稳定型

若状态曲线在层结曲线左边时(图2·28),当A点的空气块受对流冲击力作用上升后,空气块的温度T_i始终低于周围空气的温度T。周围气层有抑制空气块上升的作用,即有负的不稳定能量,表示在P_0高度上即使有较强的对流冲击力,也不能造成对流。这种状态曲线和层结曲线所构成的面积,叫做负不稳定能量面积(简称负面积)。这一类型的气层叫稳定型,对流运动很难出现在这种大气层中。

3. 潜在不稳定型

在实际大气中,经常出现的是在稳定型和不稳定型之间的情况,如图2·29所示。某一上升空气块的状态曲线,不完全在层结曲线的左方或右方,而是这两条曲线相交于B,交点B以下为负面积,交点以上为正面积。这时,只要P_0高度上有较强的对流冲击力,足以迫使这一块空气抬升到B点以上,上升空气块的温度就会高于周围大气的温度,从而获得向上的加速度,使对流得到发展,故称这一类型的气层为潜在不稳定型。B点的高度称为自由对流高度。它的含义是,在该高度以下,空气块只能在冲击力的作用下强迫上升,而当空气块上升超过了这个高度,就可以从大气中获得不稳定能量而自由上升了。因而下层负值不稳定能量愈小,上层不稳定能量愈大,愈有利于对流发展。大气中对流能否发展,主要看是否存在外来的机制,将气块抬升到自由对流高度以上。

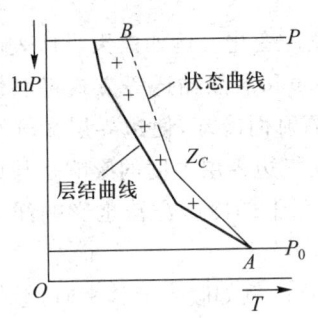
图2·27 正不稳定能量

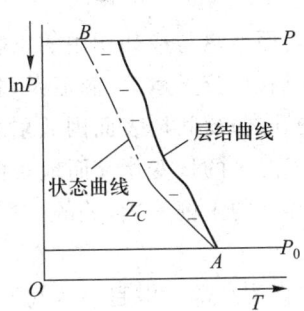
图2·28 负不稳定能量面积

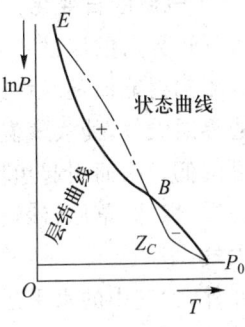
图2·29 潜在不稳定

稳定度的概念在讨论空气的对流、湍流等垂直运动时非常重要。气层稳定时,对流、湍流受到抑制,上下气层质量交换微弱,因此低空的水汽、空气中的污染物质等容易积聚在低层,不易向上扩散,地气间的湍流热交换也会很小。相反,气层不稳定时,对流、湍流旺盛,水汽、污染物质极易向上扩散,这时的对流热交换也会很强。

(四) 位势不稳定

以上对稳定度的讨论,都是针对气层中空气块的垂直运动而言。在实际大气中,有时整层空气会被同时抬升,在上升的过程中,气层的稳定情况也会发生变化,这样造成的气层不稳定,称为位势不稳定。例如,某一气层的γ在初始时小于γ_m,因此气层是绝对稳定的。如果该气层的下层水汽含量比较大,上层水汽含量少,在气层的抬升过程中,气层下部的空气很快达到饱和,并沿γ_m继续降低气温,而该气层的上部仍以γ_d的递减率降温,通常在大气下层,γ_m比γ_d要小得多,因此气层的下部降温速度要比上层慢,气层的γ将不断增大,经过一段时间后,有可能$\gamma>\gamma_m$或

$\gamma > \gamma_d$，气层将由稳定骤然变得很不稳定。对于上湿下干的气层，情况则完全相反。在低纬度地区的海面上，这种情况经常出现，由于气层开始时是稳定的，因此大量的水汽集聚在大气低层，上层却很干燥，可是一旦由于某种原因造成整层气层的抬升后，气层会突然变得很不稳定而释放大量的能量，形成强烈的垂直对流天气。

第四节 大气温度随时间的变化

地表从太阳辐射得到大量热量，同时又以长波辐射、显热和潜热的形式将部分热量传输给大气，从而失去热量。从长时间平均看，热量得失总和应该平衡，因此地面的平均温度维持不变。但在某一段时间内，可能得多于失，地面有热量累积而升温，从而导致支出增加，趋于新的平衡。反之，当失多于得时，地面将伴随着降温过程。由于在这种热量收支平衡过程中，太阳辐射处于主导地位，因此随着日夜、冬夏的交替，地面的温度也会相应地出现日变化和年变化，且变化的幅度与纬度、天气及地表性质等影响热量平衡的控制因子有关。此外地面温度的变化也会通过非绝热因子传递给大气，大气温度也会相应出现变化。

一、气温的周期性变化

（一）气温的日变化

大气边界层的温度主要受地表面增热与冷却作用的影响而发生变化。例如白天当地表面吸收了太阳辐射能而逐渐增热，通过辐射、分子运动、湍流及对流运动和潜热输送等方式将热量传递给边界层大气，使大气温度随之升高；夜间地表面因放射长波辐射而冷却，使边界层大气温度也随之降低。因而引起边界层大气温度的日变化。而地表面对大气边界层温度的影响是与地表面的性质（森林、草原、沙漠、不同类型的土壤等）有关的。广阔洋面上的冷暖洋流也影响洋面上空的大气。

此外，大气中的水平运动与垂直运动都会引起局地气温的变化。例如暖平流移来时，会使局地上空的气温升高。冷平流移来时则会使局地上空的气温下降。大气中的垂直运动使得垂直方向上热量分布趋于一致。当地表面受热时，垂直交换作用使地表面增热现象减弱。当地表面冷却时，交换作用使降温现象减小。

近地层气温日变化的特征是：在一日内有一个最高值，一般出现在午后14时左右，一个最低值，一般出现在日出前后（图2·30）。一天中气温的最高值与最低值之差，称为气温日较差，其大小反映气温日变化的程度。

一天中正午太阳辐射最强，但最高气温却出现在午后两点钟左右。这是因为大气的热量主要来源于地面。地面一方面吸收太阳的短波辐射而得热，一方面又向大气输送热量而失热。若净得热量，则温度升高。若净失热量，则温度降低。这就是说地温的高低并不直接决定于地面当时吸收太阳辐射的多少，而决定于地面储存热量的多少。从图2·30中看出，早晨日出以后随着太阳辐射的增强，地面净得热量，温度升高。此时地面放出的热量随着温度升高而增强，大气吸收了地面放出的热量，气温也跟着上升。到了正午太阳辐射达到最强。正午以后，地面太阳辐射强度虽然开始减弱，但得到的热量比失去的热量还是多些，地面储存的热量仍在增加，所以地温继续升高,长波辐射继续加强,气温也随着不断升高。到午后一定时间,地面得到的热量因太阳辐射的进一步减弱而少于失去的热量,这时地温开始下降。地温的最高值就出现在地面热量由储存转为损失,地温由上升转为下降的时刻。这个时刻通常在午后13时左右。由于地面的热量传递给空气需要一定的时间,所以最高气温出现在午后14时左右。随后气温便逐渐下降,一直下降到清晨日出之前地面储存的热量减至最少为止。所以最低气温出现在清晨日出前后,而不是在半夜。

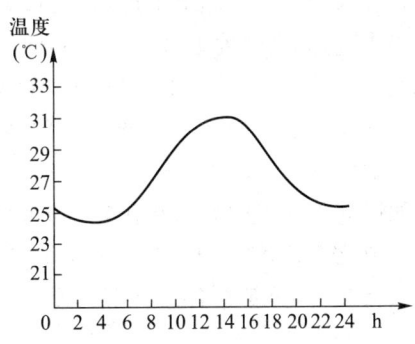

图 2·30 上海7月份气温日变化的平均情况

气温日变化的另一特征是日较差的大小与纬度、季节和其它自然地理条件有关。日较差最大的地区在副热带,向两极减小。热带地区的平均日较差约为12℃,温带约为8—9℃,极圈内为3—4℃。日较差夏季大于冬季,但最大值并不出现在夏至日。这是因为气温日较差不仅与白天的最高温度值有关,还取决于夜间的最低温度值。夏至日,中午太阳高度角虽最高,但夜间持续时间短,地表面来不及剧烈降温而冷却,最低温度不够低。所以,中纬度地区日较差最大值出现在初夏,最小值出现在冬季。海洋上日较差小于大陆。盆地和谷地由于坡度及空气很少流动之故,白天增热与夜间冷却都较大,日较差大。而小山峰等凸出地形区,地表面对气温影响不大,日较差小。气温日较差还与地面的特性和天气情况等有关。例如沙漠地区日较差很大。潮湿地区日较差较小。

就天气情况来说,如果有云层存在,则白天地面得到的太阳辐射少,最高气温比晴天低。而在夜间,云层覆盖又不易使地面热量散失,最低气温反而比晴天高。所以阴天的气温日较差比晴天小(图2·31)。

由此可见,在任何地点,每一天的气温日变化,既有一定的规律性,又不是前一天气温日变化的简单重复,而是要考虑上述诸因素的综合影响。

气温日变化的极值出现时间随离地面的高度增大而后延,振幅随离地高度的增大而减小。冬季约在0.5km高度处日振动已不明显,但夏季日振动可扩展到1.5km到2km高度处。

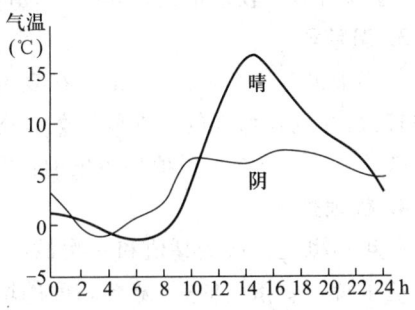

图 2·31 天气情况对气温日变化的影响

(二)气温的年变化

气温的年变化和日变化在某些方面有着共同的特点,如地球上绝大部分地区,在一年中月平均气温有一个最高值和一个最低值。由于地面储存热量的原因,使气温最高和最低值出现的时间,不是在太阳辐射最强和最弱的一天(北半球夏至和冬至),也不是在太阳辐射最强和最弱一天所在的月份(北半球6月和12月),而是比这一时段要落后1—2个月。大体而论,海洋上落后较多,陆地上落后较少。沿海落后较多,内陆落后较少。就北半球来说,中、高纬度内陆的气温以7月为最高,1月为最低。海洋上的气温以8月为最高,2月为最低。

一年中月平均气温的最高值与最低值之差,称为气温年较差。气温年较差的大小与纬度、海陆分布等因素有关。赤道附近,昼夜长短几乎相等,最热月和最冷月热量收支相差不大,气温年较差很小;愈到高纬度地区,冬夏区分明显,气温的年较差就很大。例如我国的西沙群岛(16°50′N)气温年较差只有6℃,上海(31°N)为25℃,海拉尔(49°13′N)达到46.7℃。图2·32给出了不同纬度气温年变化的情况。低纬度地区气温年较差很小,高纬度地区气温年较差可达40—50℃。

如以同一纬度的海陆相比,大陆区域冬夏两季热量收支的差值比海洋大,所以陆上气温年较差比海洋大得多。在一般情况下,温带海洋上年较差为11℃,大陆上年较差可达到20—60℃。

根据温度年较差的大小及最高、最低值出现的时间,可将气温的年变化按纬度分为四种类型。

1. 赤道型

它的特征是一年中有两个最高值,分别出现在春分和秋分以后,因赤道地区春秋分时中午太阳位于天顶。两个最低值出现在冬至与夏至以后,此时中午太阳高度角是一年中的最小值。这里的年较差很小,在海洋上只有1℃左右,大陆上也只有5—10℃左右。这是因为该地区一年内太阳辐射能的收入量变化很小之故。

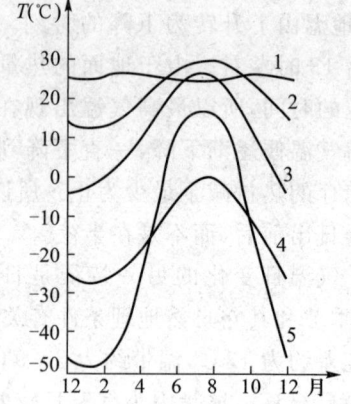

图2·32 不同纬度的气温年变化情况
（1. 雅加达 6°11′S,
2. 广州 23°08′N,
3. 北京 39°57′N,
4. 德兰乌兰贝尔格 80°N,
5. 维尔霍扬斯克 67°39′N）

2. 热带型

其特征是一年中有一个最高(在夏至以后)和一个最低(在冬至以后),年较差不大(但大于赤道型),海洋上一般为5℃,在陆地上约为20℃左右。

3. 温带型

一年中也有一个最高值,出现在夏至后的7月。一个最低值出现在冬至以后的1月。其年较差较大,并且随纬度的增加而增大。海洋上年较差为10—15℃,内陆一般达40—50℃,最大可达60℃。另外,海洋上极值出现的时间比大陆延后,最高值出现在8月,最低值出现在2月。

4. 极地型

一年中也是一次最高值和一次最低值,冬季长而冷,夏季短而暖,年较差很大是其特征。

这里特别要指出的是,随着纬度的增高,气温日较差减小而年较差却增大。这主要是由于高纬度地区,太阳辐射强度的日变化比低纬度地区小,即纬度高的地区,在一天内太阳高度角的变化比纬度低的地区小,而太阳辐射的年变化在高纬地区比低纬地区大的缘故。

二、气温的非周期性变化

气温的变化还时刻受着大气运动的影响,所以有些时候,气温的实际变化情形,并不像上述周期性变化那样简单。例如3月以后,我国江南正是春暖花开的时节,却常常因为冷空气的活动而有突然转冷的现象。秋季,正是秋高气爽的时候,往往也会因为暖空气的来临而突然回暖。这种非周期性变化,在以后有关章节,还将进一步叙述。

由此可见,某地气温除了由于太阳辐射的变化而引起的周期性变化外,还有因大气的运动而引起的非周期性变化。实际气温的变化,就是这两个方面共同作用的结果。如果前者的作用大,则气温显出周期性变化；相反，就显出非周期性变化。不过，从总的趋势和大多数情况来看，气温日变化和年变化的周期性还是主要的。

第五节　大气温度的空间分布

热量平衡中各个分量，如辐射差额、潜热和显热交换等，都受不同的控制因子影响。这些因子诸如纬度、季节等天文因子有着明显的地带性和周期的特性。而下垫面性质、地势高低，以及天气条件，如云量多少、大气干湿程度等，均带有非地带性特征。同时，不同地点，这些因子的影响也不相同，因而在热量的收支变化中引起的气温分布也呈不均匀性。

一、气温的水平分布

气温的分布通常用等温线图表示。所谓等温线就是地面上气温相等的各地点的连线。等温线的不同排列，反映出不同的气温分布特点。如等温线稀疏，则表示各地气温相差不大。等温线密集，表示各地气温悬殊。等温线平直，表示影响气温分布的因素较少。等温线的弯曲，表示影响气温分布的因素较多。等温线沿东西向平行排列，表示温度随纬度而不同，即以纬度为主要因素。等温线与海岸平行，表示气温因距海远近而不同，即以距海远近为主要因素等等。

影响气温分布的主要因素有三，即纬度、海陆和高度。但是，在绘制等温线图时，常把温度值订正到同一高度即海平面上，以便消除高度的因素，从而把纬度、海陆及其它因素更明显地表现出来。

在一年内的不同季节，气温分布是不同的。通常以1月代表北半球的冬季和南半球的夏季，7月代表北半球的夏季和南半球的冬季。图2·33和图2·34分别为1月和7月全球海平面的等温线图。对冬季和夏季地球表面平均温度分布的特征，可作如下分析。

首先，在全球平均气温分布图上，明显地看出，赤道地区气温高，向两极逐渐降低，这是一个基本特征。在北半球，等温线7月比1月稀疏。这说明1月北半球南北温度差大于7月。这是因为1月太阳直射点位于南半球，北半球高纬度地区不仅正午太阳高度较低，而且白昼较短，而北半球低纬地区，不仅正午太阳高度较高，而且白昼较长，因此1月北半球南北温差较大。7月太阳直射点位于北半球，高纬地区有较低的正午太阳高度和较长的白昼，低纬地区有较高的正午太阳高度和较短的白昼，以致7月北半球南北温差较小。

其次，冬季北半球的等温线在大陆上大致凸向赤道，在海洋上大致凸向极地，而夏季相反。这是因为在同一纬度上，冬季大陆温度比海洋温度低，夏季大陆温度比海洋温度高的缘故。南半球因陆地面积较小，海洋面积较大，因此等温线较平直，遇有陆地的地方，等温线也发生与北半球相类似的弯曲情况。海陆对气温的影响，通过大规模洋流和气团的热量传输才显得更为清楚。例如最突出的暖洋流和暖气团是墨西哥湾暖洋流和其上面的暖气团，这使位于60°N以北的挪威、瑞典1月平均气温达0——15℃，比同纬度的亚洲及北美洲东岸气温高10—15℃。盛行西风的40°N处，在欧亚大陆靠近大西洋海岸，由于海洋影响，1月平均气温在15℃以上。在亚洲东岸受陆上冷气团的影响，1月平均气温在-5℃以下。大陆东西岸1月份同纬度平均气温竟相差20℃以上。在40°N处的北美洲西岸1月平均气温靠近10℃，在东面大西洋海岸仅为0℃，相差

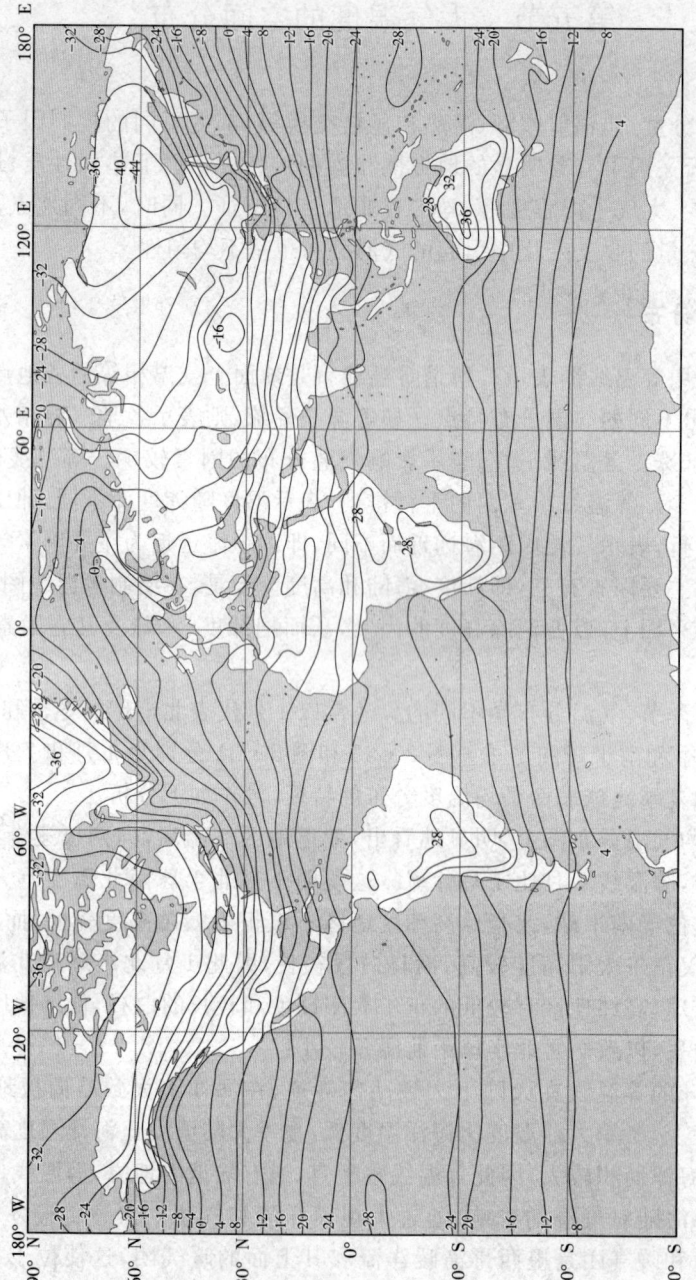

图 2·33 世界 1 月海平面气温(℃)的分布

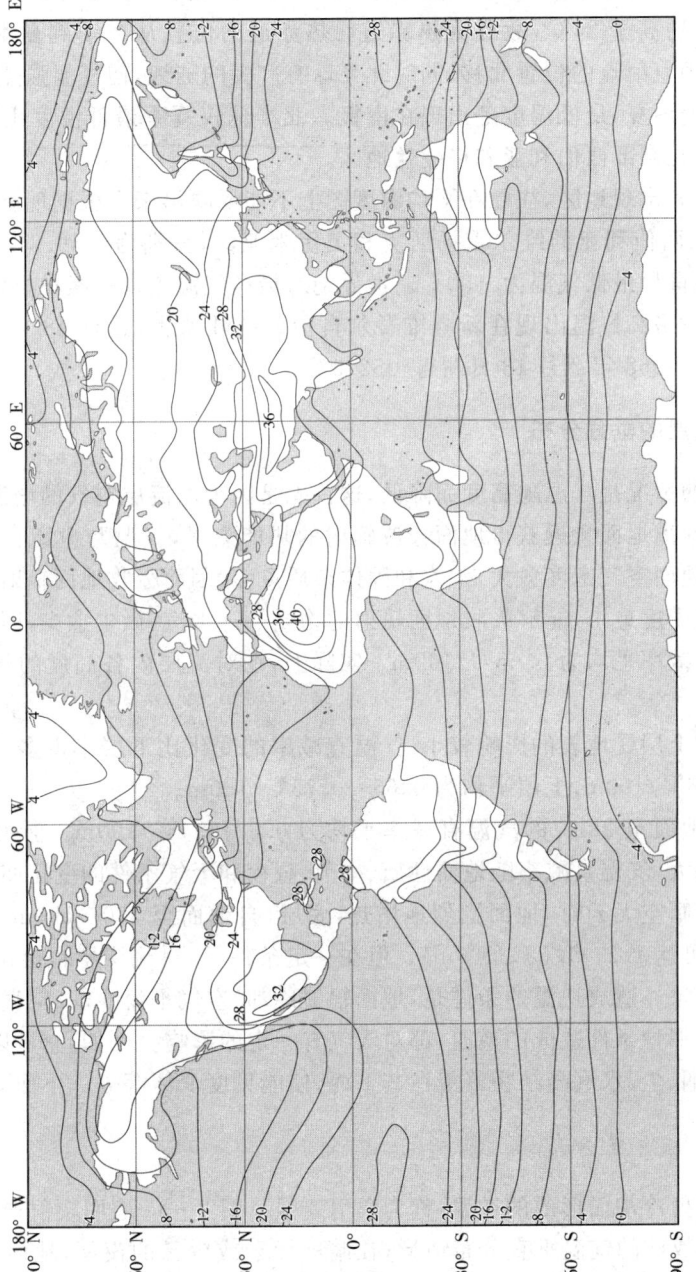

图 2·34 世界 7 月海平面气温(℃)的分布

亦达10℃。至于冷洋流对气温分布的影响,在南美洲和非洲西岸也是明显的。此外,高大山脉能阻止冷空气的流动,也能影响气温的分布。例如,我国的青藏高原、北美的落基山、欧洲的阿尔卑斯山均能阻止冷空气不向南而向东流动。

再次,最高温度带并不位于赤道上,而是冬季在5°—10°N处,夏季移到20°N左右。这一带平均温度1月和7月均高于24℃,故称为热赤道。热赤道的位置从冬季到夏季有向北移的现象,因为这个时期太阳直射点的位置北移,同时北半球有广大的陆地,使气温强烈受热的缘故。

最后,南半球不论冬夏,最低温度都出现在南极。北半球仅夏季最低温度出现在极地附近,而冬季最冷地区出现在东部西伯利亚和格陵兰地区。

极端温度的度数和出现地区,往往在平均温度图上不能反映出来。根据现有记录,世界上绝对最低气温出现在东西伯利亚的维尔霍扬斯克和奥伊米亚康,分别为－69.8℃和－73℃,1962年在南极记录到新的世界最低气温为－90℃。世界绝对最高气温出现在索马里境内,为63℃。

在我国境内,绝对最高气温出现在新疆维吾尔自治区的吐鲁番,达到48.9℃。绝对最低气温在黑龙江省的漠河,1968年2月13日测得－52.3℃。

二、对流层中气温的垂直分布

在对流层中,总的情况是气温随高度而降低,这首先是因为对流层空气的增温主要依靠吸收地面的长波辐射,因此离地面愈近获得地面长波辐射的热能愈多,气温乃愈高。离地面愈远,气温愈低。其次,愈近地面空气密度愈大,水汽和固体杂质愈多,因而吸收地面辐射的效能愈大,气温愈高。愈向上空气密度愈小,能够吸收地面辐射的物质——水汽、微尘愈少,因此气温乃愈低。整个对流层的气温直减率平均为0.65℃/100m。实际上,在对流层内各高度的气温垂直变化是因时因地而不同的。

对流层的中层和上层受地表的影响较小,气温直减率的变化比下层小得多。在中层气温直减率平均为0.5—0.6℃/100m,上层平均为0.65—0.75℃/100m。

对流层下层(由地面至2km)的气温直减率平均为0.3—0.4℃/100m。但由于气层受地面增热和冷却的影响很大,气温直减率随地面性质、季节、昼夜和天气条件的变化亦很大。例如,夏季白昼,在大陆上,当晴空无云时,地面剧烈地增热,底层(自地面至300—500m高度)气温直减率可大于干绝热率(可达1.2—1.5℃/100m)。但在一定条件下,对流层中也会出现气温随高度增高而升高的逆温现象。造成逆温的条件是,地面辐射冷却、空气平流冷却、空气下沉增温、空气湍流混合等。但无论那种条件造成的逆温,都对天气有一定的影响。例如,它可以阻碍空气垂直运动的发展,使大量烟、尘、水汽凝结物聚集在其下面,使能见度变坏等等。下面分别讨论各种逆温的形成过程。

(一)辐射逆温

由于地面强烈辐射冷却而形成的逆温,称为辐射逆温。图2·35表明辐射逆温的生消过程。图中a为辐射逆温形成前的气温垂直分布情形;在晴朗无云或少云的夜间,地面很快辐射冷却,贴近地面的气层也随之降温。由于空气愈靠近地面,受地表的影响愈大,所以,离地面愈近,降温愈多,离地面愈远,降温愈少,因而形成了自地面开始的逆温(图2·35b);随着地面辐射冷却的加剧,逆温逐渐向上扩展,黎明时达最强(图2·35中c);日出后,太阳辐射逐渐增强,地面很快增温,逆温便逐渐自下而上地消失(图2·35中d、e)。

辐射逆温厚度从数十米到数百米,在大陆上常年都可出现,以冬季最强。夏季夜短,逆温层较薄,消失也快。冬季夜长,逆温层较厚,消失较慢。在山谷与盆地区域,由于冷却的空气还会沿斜坡流入低谷和盆地,因而常使低谷和盆地的辐射逆温得到加强,往往持续数天而不会消失。

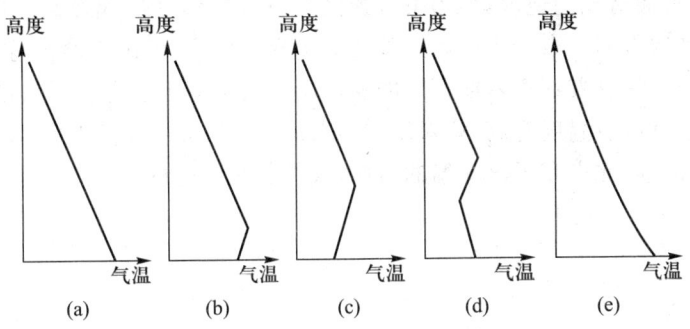

图 2·35 辐射逆温的生消过程

(二) 湍流逆温

由于低层空气的湍流混合而形成的逆温,称为湍流逆温。其形成过程可用图 2·36 来说明。图中 AB 为气层原来的气温分布,气温直减率(γ)比干绝热直减率(γ_d)小,经过湍流混合以后,气层的温度分布将逐渐接近于干绝热直减率。这是因为湍流运动中,上升空气的温度是按干绝热直减率变化的,空气升到混合层上部时,它的温度比周围的空气温度低,混合的结果,使上层空气降温。空气下沉时,情况相反,会使下层空气增温。所以,空气经过充分的湍流混合后,气层的温度直减率就逐渐趋近干绝热直减率。图中 CD 是经过湍流混合后的气温分布。这样,在湍流减弱层(湍流混合层与未发生湍流的上层空气之间的过渡层)就出现了逆温层 DE。

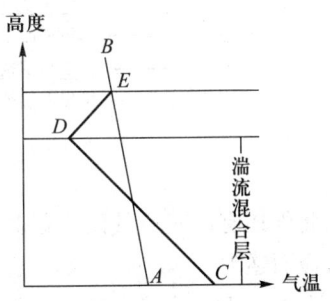

图 2·36 湍流逆温的形成

(三) 平流逆温

暖空气平流到冷的地面或冷的水面上,会发生接触冷却作用,愈近地表面的空气降温愈多,而上层空气受冷地表面的影响小,降温较少,于是产生逆温现象。这种因空气的平流而产生的逆温,称平流逆温(图 2·37)。但是平流逆温的形成仍和湍流及辐射作用分不开。因为既是平流,就具有一定风速,这就产生了空气的湍流,较强的湍流作用常使平流逆温的近地面部分遭到破坏,使逆温层不能与地面相联,而且湍流的垂直混合作用使逆温层底部气温降得更低,逆温也愈加明显。另外,夜间地面辐射冷却作用,可使平流逆温加强,而白天地面辐射增温作用,则使平流逆温减弱,从而使平流逆温的强度具有日变化。

(四) 下沉逆温

如图 2·38 所示,当某一层空气发生下沉运动时,因气压逐渐增大,以及因气层向水平方向的辐散,使其厚度减小($h' < h$)。如果气层下沉过程是绝热的,而且气层内各部分空气的相对位置不发生改变,这样空气层顶部下沉的距离要比底部下沉的距离大,其顶部空气的绝热增温要比底部多。于是可能有这样的情况:当下沉到某一高度上,空气层顶部的温度高于底部的温度,

而形成逆温。例如,设某气层从空中下沉,起始时顶部为 3 500m,底部为 3 000m(厚度 500m),它们的温度分别为 -12℃和 -10℃,下沉后顶部和底部的高度分别为 1 700m 和 1 500m(厚度 200m)。假定下沉是按干绝热变化的,则它们的温度分别增高到 6℃和 5℃,这样逆温就形成了。这种因整层空气下沉而造成的逆温,称为下沉逆温。下沉逆温多出现在高气压区内,范围很广,厚度也较大,在离地数百米至数千米的高空都可能出现。冬季,下沉逆温常与辐射逆温结合在一起,形成一个从地面开始有着数百米的深厚的逆温层。由于下沉的空气层来自高空,水汽含量本来就不多,加上在下沉以后温度升高,相对湿度显著减小,空气显得很干燥,不利于云的生成,原来有云也会趋于消散,因此在有下沉逆温的时候,天气总是晴好的。

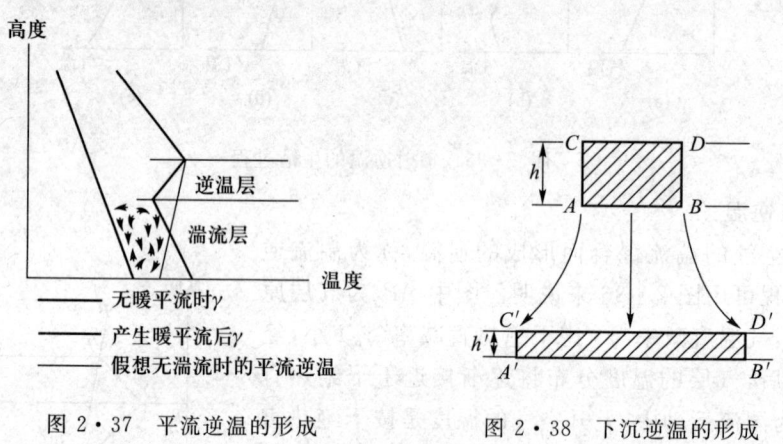

图 2·37 平流逆温的形成　　图 2·38 下沉逆温的形成

　　此外还有冷暖空气团相遇时,较轻的暖空气爬到冷空气上方,在界面附近也会出现逆温,称之为锋面逆温。

　　上面分别讨论了各种逆温的形成过程。实际上,大气中出现的逆温常常是由几种原因共同形成的。因此,在分析逆温的成因时,必须注意到当时的具体条件。

第三章 大气中的水分

大气从海洋、湖泊、河流及潮湿土壤的蒸发中或植物的蒸腾中获得水分。水分进入大气后,由于它本身的分子扩散和空气的运动传递而散布于大气之中。在一定条件下水汽发生凝结,形成云、雾等天气现象,并以雨、雪等降水形式重新回到地面。地球上的水分就是通过蒸发、凝结和降水等过程循环不已。因此,地球上水分循环过程对地-气系统的热量平衡和天气变化起着非常重要的作用。

第一节 蒸发和凝结

一、水相变化

在自然界中,常有由一种或数种处于不同物态的物质所组成的系统。在几个或几组彼此性质不同的均匀部分所组成的系统中,每一个均匀部分叫做系统的一个相。例如水的三种形态:气态(水汽)、液态(水)和固态(冰),称为水的三相。由于物质从气态转变为液态的必要条件之一是温度必须低于它本身的临界温度,而水的临界温度为 $t_K = 374℃$,大气中的水汽基本集中在对流层和平流层内,该处大气的温度不但永远低于水汽的临界温度,而且还常低于水的冻结温度,因此水汽是大气中唯一能由一种相转变为另一种相的成分。这种水相的相互转化就称为水相变化。

1. 水相变化的物理过程

从分子运动论看,水相变化是水的各相之间分子交换的过程。例如,在水和水汽两相共存的系统中,水分子在不停地运动着。在水的表面层,动能超过脱离液面所需的功的水分子,有可能克服周围水分子对它的吸引而跑出水面,成为水汽分子,进入液面上方的空间。同时,接近水面的一部分水汽分子,又可能受水面水分子的吸引或相互碰撞,运动方向不断改变,其中有些向水面飞去而重新落回水中。单位时间内跑出水面的水分子数正比于具有大速度的水分子数,也就是说该数与温度成正比。温度越高,速度大的水分子就越多,因此,单位时间内跑出水面的水分子也越多。落回水中的水汽分子数则与系统中水汽的浓度有关。水汽浓度越大,单位时间内落回水中的水汽分子也越多。

起初,系统中的水汽浓度不大,单位时间内跑出水面的水分子比落回水中的水汽分子多,系统中的水就有一部分变成了水汽,这就是蒸发过程。

蒸发的结果使系统内的水汽浓度加大,水汽压也就增大了,这时分子碰撞的机会增多,落回水面的水汽分子也就增多。如果这样继续下去,就有可能在同一时间内,跑出水面的水分子与落回水中的水汽分子恰好相等,系统内的水量和水汽分子含量都不再改变,即水和水汽之间达到了两相平衡,这种平衡叫做动态平衡(因为这时仍有水分子跑出水面和水汽分子落回水中,只不过进出水面的分子数相等而已)。动态平衡时的水汽称为饱和水汽,当时的水汽压称为饱和水汽压。

2. 水相变化的判据

假设 N 为单位时间内跑出水面的水分子数，n 为单位时间内落回水中的水汽分子数，则得到水和水汽两相变化和平衡的分子物理学判据，即

$$N > n \quad 蒸发（未饱和）$$
$$N = n \quad 动态平衡（饱和）$$
$$N < n \quad 凝结（过饱和）$$

但在气象工作中不测量 N 和 n，所以不能直接应用以上判据。

由水汽的气体状态方程 $e = \rho_w R_w T$ 可知，在温度一定时，水汽 e 与水汽密度 ρ_w 成正比，而 ρ_w 与 n 成正比，所以 e 和 n 之间也成正比。这就是说，当水汽压 e 为某一定值时，则有一个对应的 n 值。当在某一温度下，水和水汽达到动态平衡时，水汽压 E 即为饱和水汽压，对应的落回水面的水汽分子数为 n_s，n_s 又等于该温度下跑出水面的水分子数 N。所以 E 正比于 N，对照分子物理学判据可得两相变化和平衡的饱和水汽压判据

$$E > e \quad 蒸发（未饱和）$$
$$E = e \quad 动态平衡（饱和） \quad\quad (3 \cdot 1)$$
$$E < e \quad 凝结（过饱和）$$

若 E_s 为某一温度下对应的冰面上的饱和水汽压，与以上类似也可得到冰和水汽两相变化和平衡的判据

$$E_s > e \quad 升华$$
$$E_s = e \quad 动态平衡$$
$$E_s < e \quad 凝华$$

上面说明了水相变化是可以由实测的水汽压值 e 与同温度下的饱和水汽压值 E（或 E_s）之间的比较来判定的。

图 3·1 是根据大量经验数据绘制的水的位相平衡图。水的三种相态分别存在于不同的温度和压强条件下。水只存在于 0℃ 以上的区域，冰只存在于 0℃ 以下的区域，水汽虽然可存在于 0℃ 以上及以下的区域，但其压强却被限制在一定值域下。图 3·1 中 OA 线和 OB 线分别表示水与水汽、冰与水汽两相共存时的状态曲线。显然这两条曲线上各点的压强就是在相应温度下水汽的饱和水汽压，因为只有水汽达到饱和时，两相才能共存。所以 OA 线又称蒸发线，表示水与水汽处于动态平衡时水面上饱和水汽压与温度的关系。线上 K 点所对应的温度和水汽压是水汽的临界温度 t_K 和临界压力（$E_K = 2.2 \times 10^5$ hPa），高于临界温

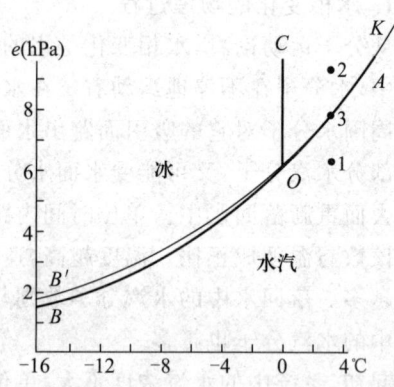

图 3·1 纯水（平水面）的位相平衡

度时就只能有气态存在了，因此蒸发线在 K 点中断。OB 称升华线，它表示冰与水汽平衡时冰面上饱和水汽压与温度的关系。OC 线是融解线，表示冰与水达到平衡时压力与温度的关系。O 点为三相共存点：$t_0 = 0.0076℃$，$E_0 = 6.11$ hPa。上述三线划分了冰、水、水汽的三个区域，在各个区域内不存在两相间的稳定平衡。例如图中的 1、2、3 点，点 1 位于 OA 线之下，$e_1 < E$，这时水要蒸发；

点2处，$e_2 > E$，此时多余的水汽要产生凝结；点3恰好位于OA线上，$e_3 = E$，只有这时水和水汽才能处于稳定平衡状态。

3. 水相变化中的潜热

在水相的转变过程中，还伴随着能量的转换。蒸发过程中，由于具有较大动能的水分子脱出液面，使液面温度降低。如果保持其温度不变，必须自外界供给热量，这部分热量等于蒸发潜热L，L与温度有如下的关系

$$L = (2\,500 - 2.4t) \times 10^3 (\text{J/kg}) \tag{3·2}$$

根据上式，当$t = 0℃$时，有$L = 2.5 \times 10^6 \text{J/kg}$。而且$L$是随温度的升高而减小的。不过在温度变化不大时，$L$的变化是很小的，所以一般取$L$为$2.5 \times 10^6 \text{J/kg}$。当水汽发生凝结时，这部分潜热又将会全部释放出来，这就是凝结潜热。在同温度下，凝结潜热与蒸发潜热相等。

同样，在冰升华为水汽的过程中也要消耗热量，这热量包含两部分，即由冰融化为水所需消耗的融解潜热和由水变为水汽所需消耗的蒸发潜热。融解潜热为$3.34 \times 10^5 \text{J/kg}$。所以，若以$L_s$表示升华潜热，则有

$$L_s = (2.5 \times 10^6 + 3.34 \times 10^5) \text{J/kg} = 2.8 \times 10^6 \text{J/kg}$$

二、饱和水汽压

要了解蒸发面是处于蒸发、凝结还是处于动态平衡状态，就要将实有水汽压e与对应的饱和水汽压E进行比较，因而还有必要对饱和水汽压加以研究。饱和水汽压和蒸发面的温度、性质（水面、冰面，溶液面等）、形状（平面、凹面、凸面）之间，有密切的关系。

（一）饱和水汽压与温度的关系

从图3·1中的曲线OA、OB和OB'可以看出，随着温度的升高，饱和水汽压显著增大。饱和水汽压与温度的关系可由克拉柏龙-克劳修司（Clapeyron-Clausius）方程描述

$$\frac{dE}{dT} = \frac{LE}{R_w T^2} \tag{3·3}$$

或

$$\frac{dE}{E} = \frac{L}{R_w} \frac{dT}{T^2} \tag{3·4}$$

式中E为饱和水汽压，T为绝对温度，L为凝结潜热，R_w为水汽的比气体常数。

积分（3·4）式，并将$L = 2.5 \times 10^6 \text{J/kg}$，$R_w = 461 \text{J/kg·K}$，$T_0 = 273\text{K}$，$T = 273 + t$，$E_0 = 6.11 \text{hPa}$（为$t = 0℃$时，纯水平面上的饱和水汽压）代入，则得

$$E = E_0 e^{\frac{19.9t}{273+t}} \tag{3·5}$$

或

$$E = E_0 10^{\frac{8.5t}{273+t}} \tag{3·6}$$

根据（3·6）式的计算结果，列表3·1，为了比较起见，表中还列有实验资料。从表3·1可以看出，计算值和实验值是比较一致的。

表3·1表明，饱和水汽压随温度的升高而增大。这是因为蒸发面温度升高时，水分子平均动能增大，单位时间内脱出水面的分子增多，落回水面的分子数才和脱出水面的分子数相等；高温时的饱和水汽压比低温时要大。

随着温度升高，饱和水汽压按指数规律迅速增大。如图3·1中OA线所示。由此可得出重要结论：

空气温度的变化,对蒸发和凝结有重要影响。高温时,饱和水汽压大,空气中所能容纳的水汽含量增多,因而能使原来已处于饱和状态的蒸发面会因温度升高而变得不饱和,蒸发重新出现;相反,如果降低饱和空气的温度,由于饱和水汽压减小,就会有多余的水汽凝结出来。

饱和水汽压随温度改变的量,在高温时要比低温时大。例如温度由 30℃ 降低到 25℃,饱和水汽压减少 10.76hPa,而温度从 15℃ 降到 10℃,饱和水汽压只减少 4.77hPa。所以降低同样的温度,在高温饱和空气中形成的云要浓一些,这也说明了为什么暴雨总是发生在暖季。

表 3·1 各种温度下的饱和水汽压(hPa)

t(℃)	-30	-20	-10	0	10	20	30
计算值	0.53	1.27	2.87	6.11	12.32	23.70	43.60
实验值	—	—	2.87	6.11	12.28	23.38	42.43

(二) 饱和水汽压与蒸发面性质的关系

自然界中蒸发面多种多样,它们具有不同的性质和形状。水分子欲脱出蒸发面,需克服周围分子的引力,因此会因蒸发面的性状而有差异。所以,即使在同一温度下,不同蒸发面上的饱和水汽压也不相同。

1. 冰面和过冷却水面的饱和水汽压

通常,水温在 0℃ 时开始结冰,但是试验和对云雾的直接观测发现,有时水在 0℃ 以下,甚至在 -20℃ — -30℃ 以下仍不结冰,处于这种状态的水称过冷却水。而过冷却水与同温度下的冰面比较,饱和水汽压并不一样。

以升华潜热 $L_s = L + L_d = 2.8 \times 10^6 \text{J/kg}$ 取代式(3·4)式中的蒸发潜热 L,并积分,可得到冰面上的饱和水汽压 E_i

$$E_i = E_0 \cdot 10^{\frac{9.77t}{273+t}} \tag{3·7}$$

在实际应用中,经常采用经验公式确定饱和水汽压和温度的关系。最常用的比较准确的是马格努斯(Magnus)经验公式

$$E = E_0 \cdot 10^{\frac{at}{\beta+t}} \tag{3·8}$$

式中 α、β 为经验常数,它们与理论值稍有不同,对水面而言 α、β 分别为 7.63 和 241.9。对冰面而言,α、β 分别是 9.5 和 265.5。

对于冰面和过冷却水面,饱和水汽压仍然是按指数规律变化,这就是图 3·1 中 OB、OB' 线所表示的情况。所不同的是冰是固体,冰分子要脱出冰面的束缚比水分子脱出水面的束缚更困难。因此,当冰面上水汽密度较小时,其落回的分子就能与脱出的分子相平衡,达到饱和。这样,与同温度下的过冷却水相比,冰面的饱和水汽压自然要少一些。只有当温度刚好为 0℃ 时,冰和水处于过渡状态,它们的饱和水汽压才相等。二者在同温度下的差别如表 3·2 和图 3·2 所示。

表 3·2 不同温度下过冷却水面和冰面饱和水汽压及其差值(hPa)

t(℃)	0	-5	-10	-11	-12	-15	-20	-25	-30	-35	-40	-50
E_s	6.108	4.215	2.863	2.644	2.441	1.942	1.254	0.807	0.509	0.314	0.189	0.064
E_i	6.108	4.015	2.597	2.376	2.172	1.652	1.032	0.632	0.380	0.223	0.128	0.039
ΔE	0	0.200	0.266	0.268	0.269	0.260	0.222	0.175	0.129	0.091	0.061	0.025

在图 3·2 中，ΔE 代表同温度下冰面饱和水汽压和过冷却水面饱和水汽压之差：$\Delta E = E - E_i$。其变化趋势如图中实线所示：自 0℃ 开始，随着温度降低，差值迅速增大，至 -12℃ 时达最大值（$\Delta E = 0.269$ hPa）温度继续降低时，差值减小。f_0 表示冰面饱和水汽压对过冷却水面饱和水汽压的相对百分数：$f_i = \dfrac{E_i}{E}$，它随温度的变化如图中虚线所示。f 随温度降低近似于线性递减，温度愈低，冰面饱和水汽压占水面饱和水汽压的比重愈小。在这种情况下，当水面饱和时（$e = E > E_i$），冰面已是过饱和了。或者当冰面上饱和时（$e = E_i < E$），其相对湿度小于 100%。所以在冰成云和冰成雾中，常常观测到相对湿度小于 100% 的事实。

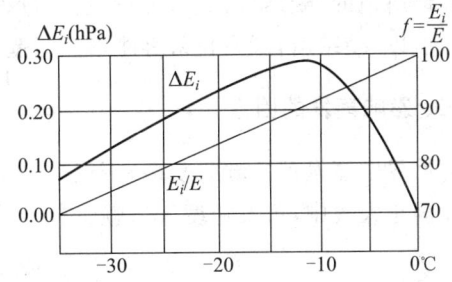

图 3·2　水面与冰面饱和水汽压之差 ΔE（实线）；对冰面已是饱和的空气之相对湿度（虚线）；以及二者与温度的关系

在云中，冰晶和过冷却水共存的情况是很普遍的，如果当时的实际水汽压介于两者饱和水汽压之间，就会产生冰水之间的水汽转移现象。水滴会因不断蒸发而缩小，冰晶会因不断凝华而增大。这就是"冰晶效应"，该效应对降水的形成具有重要意义。

2. 溶液面的饱和水汽压

不少物质都可融解于水中，所以天然水通常是含有溶质的溶液。溶液中溶质的存在使溶液内分子间的作用力大于纯水内分子间的作用力，使水分子脱离溶液面比脱离纯水面困难。因此，同一温度下，溶液面的饱和水汽压比纯水面要小，且溶液浓度愈高，饱和水汽压愈小。

这种作用对在可溶性凝结核上形成云或雾的最初胚滴相当重要，而且以溶液滴刚形成时较为显著，随着溶液滴的增大，浓度逐渐减小，溶液的影响就不明显了。

此外，水滴上的电荷对水滴表面上的饱和水汽压也有一定的影响，这也是使饱和水汽压减小的一个因素。

(三) 饱和水汽压与蒸发面形状的关系

不同形状的蒸发面上，水分子受到周围分子的吸引力是不同的。如图 3·3 所示，三个圆圈分别表示凸水面、平水面和凹水面对于 A、B、C 三点分子引力作用的范围。

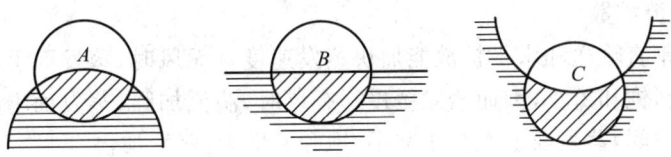

图 3·3　不同形状蒸发面上分子受到的吸引力

由图可知，A 分子受到的引力最小，最易脱出水面；C 分子受到的引力最大，最难脱出水面；B 分子的情况介于二者之间。因此，温度相同时，凸面的饱和水汽压最大，平面次之，凹面最小。而且凸面的曲率愈大，饱和水汽压愈大；凹面的曲率愈大，饱和水汽压愈小。

云雾中的水滴有大有小，大水滴曲率小，小水滴曲率大。如果实际水汽压介于大小水滴的饱和水汽压之间，也会产生水汽的蒸发现象。小水滴因蒸发而逐渐变小，大水滴因凝结而不断增大。此即所谓的"凝结增长"。不过,这一过程,在水滴增长到半径大于 $1\mu m$ 时,曲率的影响就很小了。所以"凝结增长"只在云雾刚形成时起作用。

三、影响蒸发的因素

自然界中蒸发现象颇为复杂,不仅受制于气象条件,而且还受地理环境的影响。

在静止大气中,蒸发速度仅依赖于分子扩散,此时的水分蒸发速度 W 由下述方程描述

$$W = A\frac{E-e}{P} \qquad (3\cdot 9)$$

式(3·9)称道尔顿定律,它表明蒸发速度与饱和差($E-e$)及分子扩散系数(A)成正比,而与气压(P)成反比。但在自然条件下,蒸发是发生于湍流大气之中的,影响蒸发速度的主要因素是湍流交换,并非分子扩散。考虑到自然蒸发的实际情况,影响蒸发速度的主要因子有四个:水源、热源、饱和差、风速与湍流扩散强度。

(一) 水源

没有水源就不可能有蒸发,因此开旷水域、雪面、冰面或潮湿土壤、植被是蒸发产生的基本条件。在沙漠中,几乎没有蒸发。

(二) 热源

蒸发必须消耗热量,在蒸发过程中如果没有热量供给,蒸发面就会逐渐冷却,从而使蒸发面上的水汽压降低,于是蒸发减缓或逐渐停止。因此蒸发速度在很大程度上决定于热量的供给。实际上常以蒸发耗热多少直接表示某地的蒸发速度。以上海为例,如图3·4所示,上海夏季和秋季蒸发耗热比较多,亦即蒸发速度比较大。这是因为夏季和秋季上海地区土壤和水的温度比较高,因而有足够的热源供给蒸发。

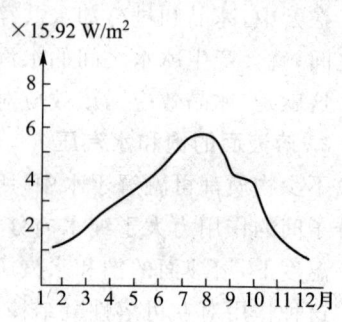

图 3·4 上海蒸发耗热的年变化

(三) 饱和差($E-e$)

蒸发速度与饱和差成正比。严格说,此处的 E 应由蒸发面的温度算出,但通常以一定气温下的饱和水汽压代替。饱和差愈大,蒸发速度也愈快。

(四) 风速与湍流扩散

大气中的水汽垂直输送和水平扩散能加快蒸发速度。无风时,蒸发面上的水汽单靠分子扩散,水汽压减小得慢,饱和差小,因而蒸发缓慢。有风时,湍流加强,蒸发面上的水汽随风和湍流迅速散布到广大的空间,蒸发面上水汽压减小,饱和差增大,蒸发加快。

除上述基本因子外,大陆上的蒸发还应考虑到土壤的结构、湿度、植被的特性等。海洋上的蒸发还应考虑水中的盐分。

在影响蒸发的因子中,蒸发面的温度通常是起决定作用的因子。由于蒸发面(陆面及水面)的温度有年、日变化,所以蒸发速度也有年、日变化。

四、湿度随时间的变化

影响蒸发的诸多因子随时间均有强弱变化,因而近地层大气的湿度也表现出明显的日、年变

化的规律,由绝对湿度和相对湿度两种方法表示的大气湿度随时间具有不同的变化规律。

水汽压是大气中水汽绝对含量的表示方法之一,它的日变化有两种类型。一种是双峰型:主要在大陆上湍流混合较强的夏季出现。水汽压在一日内有两个最高值和两个最低值。最低值出现在清晨温度最低时和午后湍流最强时,最高值出现在9—10时和21—22时(图3·5中实线)。峰值的出现是因为蒸发增加水汽的作用大于湍流扩散对水汽的减少作用所致。另一种是单波型,以海洋上、沿海地区和陆地上湍流不强的秋冬季节为多见。水汽压与温度的日变化一致,最高值出现在午后温度最高、蒸发最强的时刻,最低值出现在温度最低、蒸发最弱的清晨(图3·5中虚线所示)。

水汽压的年变化与温度的年变化相似,有一最高值和一最低值。最高值出现在温度高、蒸发强的7—8月份,最低值出现在温度低、蒸发弱的1—2月份。

相对湿度的日变化主要决定于气温。气温增高时,虽然蒸发加快,水汽压增大,但饱和水汽压增大得更多,反使相对湿度减小。温度降低时则相反,相对湿度增大。因此,相对湿度的日变化与温度日变化相反,其最高值基本上出现在清晨温度最低时,最低值出现在午后温度最高时(图3·6)。

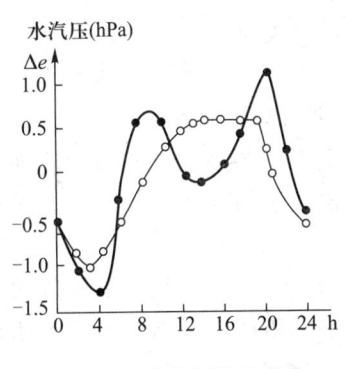

图3·5 水汽压的日变化

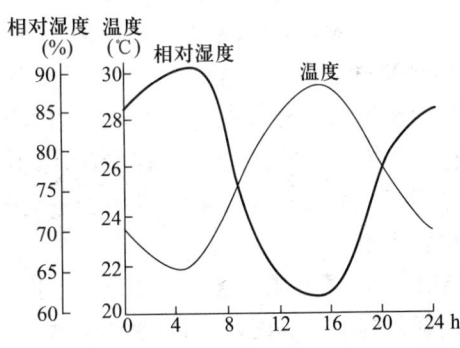

图3·6 相对湿度的日变化

相对湿度的年变化一般以冬季最大,夏季最小。某些季风盛行地区,由于夏季盛行风来自于海洋,冬季盛行风来自于内陆,相对湿度反而夏季大,冬季小。

湿度这种有规律的年、日变化的特征有时会因天气变化等因素而遭破坏,其中起主要作用的是湿度平流。由于各地空气中水汽含量不一样,当空气从湿区流到干区时(称为湿平流),引起所经地区湿度的增加。当空气从干区流到湿区时(称为干平流),引起所经之处的湿度减小。

五、大气中水汽凝结的条件

水汽由气态变为液态的过程称为凝结。水汽直接转变为固态的过程称凝华。大气中水汽凝结或凝华的一般条件是:一是有凝结核或凝华核的存在。二是大气中水汽要达到饱和或过饱和状态。

(一)凝结核

在大气中,水汽压只要达到或超过饱和,水汽就会发生凝结,但在实验室里却发现,在纯净的空气中,水汽过饱和到相对湿度为300%—400%,也不会发生凝结。这是因为作不规则运动的水汽分子之间引力很小,通过相互之间的碰撞不易相互结合为液态或固态水。只有在巨大的过饱和条件下,纯净的空气才能凝结。然而巨大的过饱和在自然界是不存在的。大气中存在着大量的吸湿性微粒物质,它们比水汽分子大得多,对水分子吸引力也大,从而有利于水汽分子在其表面上的集聚,使其成为水汽凝结核心。这种大气中能促使水汽凝结的微粒,叫凝结核,其半径一般为$10^{-7}—10^{-3}$cm,而且半径越大,吸湿性越好的核周围越易产生凝结。凝结核的存在是大气产生凝结的重要条件之一。

（二）空气中水汽的饱和或过饱和

大气中,凝结核总是存在的。能否产生凝结,取决于空气是否达到过饱和。使空气达到过饱和的途径有两种：一是通过蒸发,增加空气中的水汽,使水汽压大于饱和水汽压。二是通过冷却作用,减少饱和水汽压,使其少于当时的实际水汽压。当然也可是二者的共同作用。因此促使水汽达到过饱和状态的过程有：

1. 暖水面蒸发

通常情况下,水面蒸发作用虽然可以增大空气湿度,但并不能使空气中的水汽产生凝结。因为靠近水面的空气接近饱和时,蒸发即基本停止。然而,当冷空气流经暖水面时,由于水面温度比气温高,暖水面上的饱和水汽压比空气的饱和水汽压大得多,通过蒸发可使空气达到过饱和,并产生凝结。秋冬季的早晨,水面上腾起的蒸发雾就是这样形成的。

2. 空气的冷却

减小饱和水汽压主要靠空气冷却。大气的冷却方式主要有如下三种：

（1）绝热冷却：指空气在上升过程中,因体积膨胀对外做功而导致空气本身的冷却。随着高度升高,温度降低,饱和水汽压减小,空气至一定高度就会出现过饱和状态。这一方式对于云的形成具有重要作用。

（2）辐射冷却：指在晴朗无风的夜间,由于地面的辐射冷却,导致近地面层空气的降温。当空气中温度降低到露点温度以下时,水汽压就会超过饱和水汽压产生凝结。辐射雾就是水汽以这种方式凝结形成的。

（3）平流冷却：暖湿空气流经冷的下垫面时,将热量传递给冷的地表,造成空气本身温度降低。如果暖空气与冷地面温度相差较大,暖空气降温较多,也可能产生凝结。

（4）混合冷却：当温差较大,且接近饱和的两团空气水平混合后,也可能产生凝结。由于饱和水汽压随温度的改变呈指数曲线形式(如图3·7中的曲线),就可能使混合后气团的平均水汽压比混合气团平均温度下的饱和水汽压大。图中A和B分别代表两个未饱和气团的状态,A气团的温度为t_1,水汽压为e_1,饱和水汽压为E_1。B气团的温度为t_2,水汽压为e_2,饱和水汽压为E_2。混合后,空气的温度即为原来两团空气的平均温度(即横坐标上t_1与t_2之中点),对应的饱和水汽压为E。由于混合是水平方向进行的。混合后的水汽压e,即为e_1与e_2的平均值(即纵坐标上e_1与e_2之中点)。从图上可以看出这两团空气混合后,水汽压大于饱和水汽压,即$e>E$,可以产生凝结。例如我国

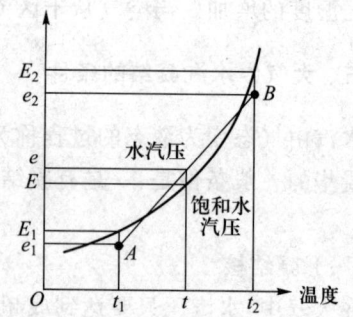

图3·7 由水平混合而产生的凝结

新疆地区就有因不同气团混合而产生的雾。若两气团原来的湿度比较小,则混合后也难以发生凝结。

在上述几种过程中,冷却通常是主要的。对形成雾来说,由于凝结出现在贴近地面的气层中,因此辐射冷却、平流冷却是主要的;对形成云来说,由于凝结是在一定高度上,因而绝热冷却就成为主要的了。

第二节 地表面和大气中的凝结现象

水汽的凝结既可产生于空气中,也可产生于地表或地物上。前者有云和雾,后者有露、霜、雾凇和雨凇等。

一、地面的水汽凝结物

(一) 露和霜

傍晚或夜间,地面或地物由于辐射冷却,使贴近地表面的空气层也随之降温,当其温度降到露点以下,即空气中水汽含量过饱和时,在地面或地物的表面就会有水汽的凝结。如果此时的露点温度在0℃以上,在地面或地物上就出现微小的水滴,称为露。如果露点温度在0℃以下,则水汽直接在地面或地物上凝华成白色的冰晶,称为霜。有时已生成的露,由于温度降至0℃以下,冻结成冰珠,称为冻露,实际上也归入霜的一类。

形成露和霜的气象条件是晴朗微风的夜晚。夜间晴朗有利于地面或地物迅速辐射冷却。微风可使辐射冷却在较厚的气层中充分进行,而且可使贴地空气得到更换,保证有足够多的水汽供应凝结。无风时可供凝结的水汽不多,风速过大时由于湍流太强,使贴地空气与上层较暖的空气发生强烈混合,导致贴地空气降温缓慢,均不利于露和霜的生成。对于霜,除辐射冷却形成外,在冷平流以后或洼地上聚集冷空气时,都有利于其形成。这种霜称为平流霜或洼地霜,它们又常因辐射冷却而加强。因此在洼地与山谷中,产生霜的频率较大。在水边平地和森林地带,产生霜的频率较小。

露的降水量很少。在温带地区夜间露的降水量约相当于0.1—0.3mm的降水层,但在许多热带地区却很可观,多露之夜可有相当于3mm的降水量,平均约1mm左右。露的量虽有限,但对植物很有利,尤其在干燥地区和干热天气,夜间的露常有维持植物生命的功用。例如,在埃及和阿拉伯沙漠中,虽数月无雨,植物还可以依赖露水生长发育。

霜和霜冻是有区别的。霜是指白色固体凝结物,霜冻是指在农作物生长季节里,地面和植物表面温度下降到足以引起农作物遭受伤害或者死亡的低温。有霜时农作物不一定遭受霜冻之害。有霜冻时可以有霜出现(白霜),也可以没有霜出现(黑霜)。因此,我们要预防的是霜冻而不是霜。霜冻,尤其是早霜冻(或初霜冻)和晚霜冻(或终霜冻)对农作物威胁较大,应引起重视,并需采取熏烟、浇水、覆盖等预防措施。

(二) 雾凇和雨凇

雾凇是形成于树枝上、电线上或其它地物迎风面上的白色疏松的微小冰晶或冰粒。根据其形成条件和结构可分为两类:

1. 晶状雾凇

晶状雾凇主要由过冷却雾滴蒸发后,再由水汽凝华而成。它往往在有雾、微风或静稳以及温度低于-15℃时出现。由于冰面饱和水汽压比水面小,因而过冷却雾滴就不断蒸发变为水汽,凝华在物体表面的冰晶上,使冰晶不断增长。这种由物体表面冰晶吸附过冷却雾滴蒸发出来的水汽而形成的雾凇叫晶状雾凇。它的晶体与霜类似,结构松散,稍有震动就会脱落。在严寒天气,有时在无雾情况下,过饱和水汽也可直接在物体表面凝华成晶状雾凇,但增长较慢。

2. 粒状雾凇

粒状雾凇往往在风速较大,气温在-2—-7℃时出现。它是由过冷却的雾滴被风吹过,碰到冷的物体表面迅速冻结而成的。由于冻结速度很快,因而雾滴仍保持原来的形状,所以呈粒状。它的结构紧密,能使电线、树枝折断,对交通运输、通讯、输电线路等有一定影响。

雨凇是形成在地面或地物迎风面上的透明的或毛玻璃状的紧密冰层。它主要是过冷却雨滴降到温度低于0℃的地面或地物上冻结而成的。如果它是由非过冷却雨滴降到冷却得很厉害的地面或地物上而形成的时候,一般这种雨凇很薄而且存在的时间不长。

雨凇的破坏性很大,它能压断电线、折损树木,对交通运输、电讯、输电以及农业生产都有很大影响。例如山东临沂一次雨凇曾使一根 1m 长的电话线上冻结重达 3.5kg 的冰层,造成损失。在高纬度地区,雨凇是常出现的灾害性天气现象。

二、近地面层空气中的凝结

雾是悬浮于近地面空气中的大量水滴或冰晶,使水平能见度小于 1km 的物理现象。如果能见度在 1—10km 范围内,则称为轻雾。

形成雾的基本条件是近地面空气中水汽充沛,有使水汽发生凝结的冷却过程和凝结核的存在。贴地气层中的水汽压大于其饱和水汽压时,水汽即凝结或凝华成雾。如气层中富有活跃的凝结核,雾可在相对湿度小于 100% 时形成。此外,因为冰面的饱和水汽压小于水面,在相对湿度未达 100% 的严寒天气里可出现冰晶雾。

根据雾形成的天气条件,可将雾分为气团雾及锋面雾二大类。气团雾是在气团内形成的,锋面雾是锋面活动的产物。根据气团雾的形成条件,又可将它分为冷却雾、蒸发雾及混合雾三种。根据冷却过程的不同,冷却雾又可分为辐射雾、平流雾及上坡雾等。其中最常见的是辐射雾和平流雾。

(一) 辐射雾

辐射雾是由地面辐射冷却使贴地气层变冷而形成的。有利于形成辐射雾的条件是:①空气中有充足的水汽;②天气晴朗少云;③风力微弱(1—3m/s);④大气层结稳定。

辐射雾的厚度随空气的冷却程度及风力而定。如只在贴近地面的气层内,温度降到露点以下,而且风力微弱,则形成低雾。低雾的高度在 2—100m 之间,有时低雾厚度不到 2m,薄薄地蒙蔽在地面上,这种雾称为浅雾。低雾的形成常与近地层的逆温层有关,它的上界常与逆温层的上界一致。低辐射雾常在秋天的黄昏、夜晚或早晨日出之前出现在低洼地区。在日出前后,浓度达最大。上午 8—10 时,由于逆温层被破坏,低雾即随之消失。如空气冷却作用所及高度增大,辐射雾能伸展到几百米高。这种辐射雾称高雾,范围很广,能持续多日不散,仅在白天稍有减弱。辐射雾多出现在高气压区的晴夜,它的出现常表示晴天。例如,冬半年我国大陆上多为高压控制,夜又较长,特别有利于辐射雾的形成。

辐射雾有明显的地方性。我国四川盆地是有名的辐射雾区,其中重庆冬季无云的夜晚或早晨,雾日几乎占80%,有时还可终日不散,甚至连续几天。

城市及其附近,烟粒、尘埃多,凝结核充沛,因此特别容易形成浓雾(常称都市雾)。如果机场位于城市的下风方,这种雾就会笼罩机场,严重地影响飞机的起飞和着陆。

(二) 平流雾

平流雾是暖湿空气流经冷的下垫面而逐渐冷却形成的。海洋上暖而湿的空气流到冷的大陆上或者冷的海洋面上,都可以形成平流雾。

形成平流雾的有利天气条件是:①下垫面与暖湿空气的温差较大;②暖湿空气的湿度大;③适宜的风向(由暖向冷)和风速(2—7m/s);④层结较稳定。

因为只有暖湿空气与其流经的下垫面之间存在较大温差时,近地面气层才能迅速冷却形成平流逆温,而这种逆温起到限制垂直混合和聚集水汽的作用,使整个逆温层中形成雾。适宜的风向和风速,不但能源源不断地送来暖湿空气,而且能发展一定强度的湍流,使雾达到一定的厚度。

平流雾的范围和厚度一般比辐射雾大,在海洋上四季皆可出现。由于它的生消主要取决于有无暖湿空气的平流,因此只要有暖湿空气不断流来,雾可以持久不消,而且范围很广。海雾是平流雾中很重要的一种,有时可持续很长时间。在我国沿海,以春夏为多雾季节,这是因为平流性质的海雾,只当夏季风盛行时才能到达陆上。

在陆上,由于平流冷却和辐射冷却的共同作用而形成平流辐射雾。此外,还有冷气流流经暖水面时产生的蒸发雾,稳定的空气沿高地或山坡上升时因绝热冷却而形成的上坡雾,以及冷暖性质不同的气团交界处形成的锋面雾等。

三、云

云是降水的基础,是地球上水分循环的中间环节,并且云的发生发展总伴随着能量的交换。云的形状千变万化,一定的云状常伴随着一定的天气出现,因而云对于天气变化具有一定的指示意义。

(一) 云的形成条件和分类

大气中,凝结的重要条件是,要有凝结核的存在,及空气达到过饱和。对于云的形成来说,其过饱和主要是由空气垂直上升所进行的绝热冷却引起的。上升运动的形式和规模不同,形成的云的状态、高度、厚度也不同。大气的上升运动主要有如下四种方式:

1. 热力对流

指地表受热不均和大气层结不稳定引起的对流上升运动。由对流运动所形成的云多属积状云。

2. 动力抬升

指暖湿气流受锋面、辐合气流的作用所引起的大范围上升运动。这种运动形成的云主要是层状云。

3. 大气波动

指大气流经不平的地面或在逆温层以下所产生的波状运动。由大气波动产生的云主要属于波状云。

4. 地形抬升

指大气运行中遇地形阻挡,被迫抬升而产生的上升运动。这种运动形成的云既有积状云,也有波状云和层状云,通常称之为地形云。

尽管云的形态千差万别,但其形成总有一定的规律。根据云的形成高度并结合其形态,国际分类法将云分为4族10属。我国于1972年出版的《中国云图》将云分成3族11属(表3·3,详见《气象学与气候学实习》[①]第五章)。

表 3·3 云 的 分 类

云 型	低 (<2 000m)	中 (2 000—6 000m)	高 (>6 000m)
层状云	雨层云(Ns)	高层云(As)	卷层云(Cs)卷云(Ci)
波状云	层积云(Sc) 层云(St)	高积云(Ac)	卷积云(Cc)
积状云	淡积云(Cu hum)	浓 积 云 (Cu Cong) 积 雨 云 (Cb)	

(二) 各种云的形成

1. 积状云的形成

积状云是垂直发展的云块,主要包括淡积云、浓积云和积雨云。积状云多形成于夏季午后,具孤立分散、云底平坦和顶部凸起的外貌形态。

积状云的形成总是与不稳定大气中的对流上升运动相联系。有对流能否形成积云,除了取决于凝结的条件外,还取决于对流上升所能达到的高度。如果对流上升所能达到的最大高度(对流上限)高于凝结高度,则积状云形成,否则就不会形成积状云。对流愈强,对流上限高于凝结高度的差值就愈大,积状云厚度就愈大。对流上升区的水平范围广大,则积状云的水平范围也就愈大。

淡积云、浓积云和积雨云是积状云发展的不同阶段。气团内部热力对流所产生的积状云最为典型。夏半年,地面受到太阳强烈辐射,地温很高,进一步加热了近地面气层。由于地表的不均一性,有的地方空气加热得厉害些,有的地方空气湿一些,因而贴地气层中就生成了大大小小与周围温度、湿度及密度稍有不同的气块(热泡)。这些气块内部温度较高,受周围空气的浮力作用而随风飘浮,不断生消。较大的气块上升的高度较大,当到达凝结高度以上,就形成了对流单体,再逐步发展,就形成孤立、分散、底部平坦、顶部凸起的淡积云。由于空气运动是连续的,相互补偿的,上升部分的空气因冷却,水汽凝结成云,而云体周围有空气下沉补充,下沉空气绝热增温快,不会形成云。所以积状云是分散的,云块间露出蓝天。对于一定的地区,在同一时间里,空气温、湿度的水平分布近于一致,其凝结高度基本相同,因而积云底部平坦。

如果对流上限稍高于凝结高度,则一般只形成淡积云(图3·8a)。由于云顶一般在0℃等温线高度以下,所以云体由水滴组成,云内上升气流的速度不大,一般不超过5m/s,云中湍流也较弱。在淡积云出现的高度上,如果有强风和较强的湍流时,淡积云的云体会变得破碎,这种云叫碎积云。

[①] 周淑贞主编.气象学与气候学实习.北京:高等教育出版社,1989

当对流上限超过凝结高度许多时,云体高大,顶部呈花椰菜状,形成浓积云。其云顶伸展至低于0℃的高度,顶部由过冷却水滴组成,云中上升气流强,可达15—20m/s,云中湍流也强。

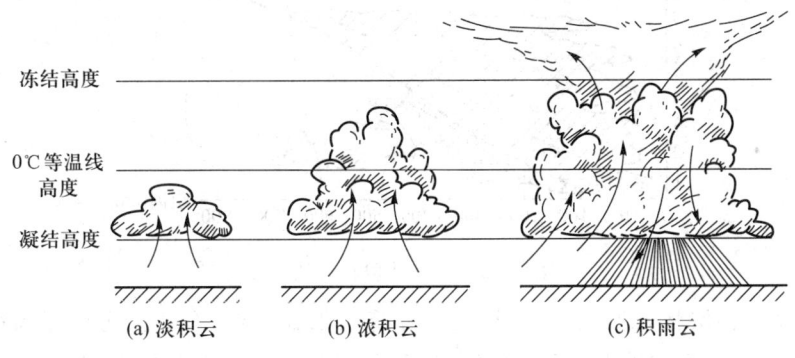

图 3·8 积状云的形成

如果上升气流更强,浓积云云顶即可更向上伸展,云顶可伸展至-15℃以下的高空。于是云顶冻结为冰晶,出现丝缕结构,形成积雨云(图3·8c)。积雨云顶部,在高空风的吹拂下,向水平方向展开成砧状,称为砧状云。在顺高空风的方向上,云砧能伸展很远,因而它的伸展方向,可作为判定积雨云的移动方向。积雨云的厚度很大,在中纬度地区为5 000—8 000m,在低纬度地区可达10 000m以上。云中上升下沉气流的速度都很大,上升气流常可达20—30m/s,曾观测到60m/s的上升速度,下沉速度也有10—15m/s。云中湍流十分强烈。

热力对流形成的积状云具有明显的日变化。通常,上午多为淡积云。随着对流的增强,逐渐发展为浓积云。下午对流最旺盛,往往可发展为积雨云。傍晚对流减弱,积雨云逐渐消散,有时可以演变为伪卷云、积云性高积云和积云性层积云。如果到了下午,天空还只是淡积云,这表明空气比较稳定,积云不能再发展长大,天气较好,所以淡积云又叫晴天积云,是连续晴天的预兆。夏天,如果早上很早就出现了浓积云,则表示空气已很不稳定,就可能发展为积雨云。因此,早上有浓积云是有雷雨的预兆。傍晚层积云是积状云消散后演变成的,说明空气层结稳定,一到夜间云就散去,这是连晴的预兆。由此可知,利用热力对流形成的积云的日变化特点,有助于直接判断短期天气的变化。

2. 层状云的形成

层状云是均匀幕状的云层,常具有较大的水平范围,其中包括卷层云、卷云、高层云及雨层云。

层状云是由于空气大规模的系统性上升运动而产生的,主要是锋面上的上升运动引起的。这种系统性的上升运动,通常水平范围大,上升速度只有0.1—1m/s,因持续时间长,能使空气上升好几千米。例如当暖空气向冷空气一侧移动时,由于二者密度不同,稳定的暖湿空气沿冷空气斜坡缓慢滑升,绝热冷却,形成层状云(图3·9)。云的底部同冷暖空气交绥的倾斜面(又称锋面)大体吻合,云顶近似水平。在倾斜面的不同部位,云厚的差别很大。最前面的是卷云和卷层云,其厚度最薄,一般为几百米至2 000m,云体由冰晶组成。位于中部的是高层云,其厚度一般为1 000—3 000m,顶部多为冰晶组成,主体部分多为冰晶与过冷却水滴共同组成。最后面是雨层云,其厚度一般为3 000—6 000m,其顶部由冰晶组成,中部为过冷却水滴与冰晶共同组成,底部由于温度高于0℃,故为水滴组成。

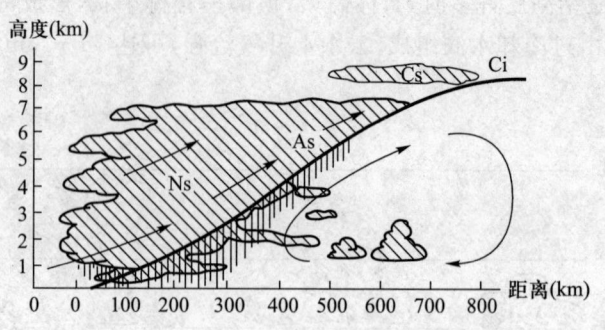

图 3·9 系统性层状云的形成

从上述的系统性层状云形成中可以看到,在降水来临之前,有些云可以作为征兆。如卷层云,通常出现在层状云系的前部,其出现还往往伴随着日、月晕,因此如看到天空有晕,便知道有卷层云移来,则未来将有雨层云移来,天气可能转雨。农谚"日晕三更雨,月晕午时风"就是指此征兆。

3. 波状云的形成

波状云是波浪起伏的云层,包括卷积云、高积云、层积云。云中的上升速度可达每秒几十厘米,仅次于积状云中的上升速度。

当空气存在波动时,波峰处空气上升,波谷处空气下沉。空气上升处由于绝热冷却而形成云,空气下沉处则无云形成。如果在波动形成之前该处已有厚度均匀的层状

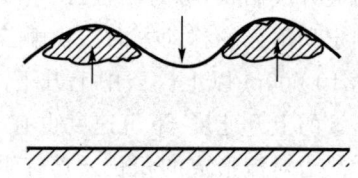

图 3·10 波状云的形成

云存在,则在波峰处云加厚,波谷处云减薄以至消失(图3·10),从而形成厚度不大、保持一定间距的平行云条,呈一列列或一行行的波状云。

一般认为形成波动的原因主要有二:一是由于大气中存在着空气密度和气流速度不同的界面,在此界面上引起波动。二是由于气流越山而形成的波动(称地形波或背风波)。在上层风速大、密度小,下层风速小、密度大的界面上产生波动时,由于各高度上的风向、风速常随时间变化,波动的方向也随之改变,新产生的波动叠加在原来的波动之上,从而形成棋盘格子般的云块。波动气层甚高时形成卷积云,较高时形成高积云,低时形成层积云。

波状云的厚度不大,一般为几十米到几百米,有时可达1 000—2 000m。在它出现时,常表明气层比较稳定,天气少变化。谚语"瓦块云,晒死人"、"天上鲤鱼斑,明天晒谷不用翻",就是指透光高积云或透光层积云出现后,天气晴好而少变。但是系统性波状云,像卷积云是在卷云或卷层云上产生波动后演变成的,所以它和大片层状云连在一起,表示将有风雨来临。"鱼鳞天,不雨也风颠"就是指此种预兆。

4. 特殊云状的形成

除上述几种云的形成外,还有一些特殊云状,如堡状、絮状、悬球状、荚状等,它们的出现往往能预测天气的变化趋势。因此,了解它们的成因和特征,有助于利用它们判断未来天气。

(1)悬球状云:是指从云底下垂的云团,多出现在积雨云的底部。有时在高积云、高层云和雨层云的底部也可以见到。

当云中有大量的水滴时,如果云底附近有强烈的上升气流,将下降的水滴托住,便会形成好像悬挂在云底的云团,这就是悬球状云。

悬球状云的出现,通常预兆有降水产生,因为一旦上升气流减弱,原先被托住的水滴就会降落下来,形成降水。

(2) 堡状云和絮状云:堡状云底部水平,顶部则是并列着突起的小云塔,形状像远方的城堡。这种云的形成,常常是在波状云的基础上发展起来的。当波状云在逆温层下形成以后,如果逆温层不太厚,则逆温层下湍流发展时,较强的上升气流就穿过逆温层,使水汽凝结,形成具有圆弧顶部的云朵,这就是堡状云(图3·11)。常见的堡状云有堡状高积云和堡状层积云。

图 3·11 堡状云的形成

絮状云的个体破碎,形状像棉絮团,它常是潮湿气层中的强烈湍流混合作用而形成的,主要为絮状高积云。

夏半年如早晨出现堡状高积云或絮状高积云,表示该高度上气层不稳定,到了中午,低层对流一发展,上下不稳定气层结合起来,会产生强烈上升气流,形成积雨云,下雷暴雨或冰雹。傍晚对流减弱,如出现堡状高积云,表明高空将有不稳定系统逼近,次日可能出现系统性雷暴雨。

(3) 荚状云:荚状云中间厚、边缘薄,云块呈豆荚状。常见的荚状云主要是荚状高积云和荚状层积云。

荚状云是由局部上升气流和下降气流相汇合而形成的。当上升气流使空气绝热冷却而形成云时,如果遇到下降气流的阻挡,其边缘部分因下降气流而逐渐变薄,这样便形成荚状云。在山区,气流受到地形的影响也能形成荚状云(图3·12)。

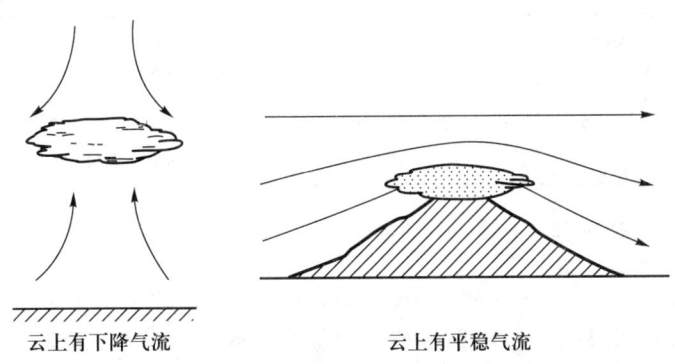

云上有下降气流　　　　　　云上有平稳气流

图 3·12 荚状云的形成

上面介绍了积状云、层状云、波状云和一些特殊云状形成的物理过程。但它们并不是孤立的、不变的。由于条件的变化,它们可以是发展的或消散的,也可以从这种云转化为那种云。例如积状云中,淡积云可以发展到浓积云,最后形成积雨云。积雨云在消散时,可以演变成伪卷云、积云性高积云和积云性层积云。又例如,波状云发展时,可以演变成层状云(蔽光高积云可以演变成为高层云,蔽光层积云可以演变成为雨层云)。层状云消散时,也会演变成为波状云(雨层云消散时,可演变为高层云、高积云或层积云)。总之,云的产生、发展和演变是复杂的,也是有规律的。

第三节 降 水

从云中降到地面上的液态或固态水,称为降水。

降水虽然主要来自云中,但有云不一定都有降水。这是因为云滴的体积很小(通常把半径小于 $100\mu m$ 的水滴称为云滴,半径大于 $100\mu m$ 的水滴称雨滴。标准云滴半径为 $10\mu m$,标准雨滴半径为 $1\,000\mu m$,从体积来说,半径 $1mm$ 的雨滴约相当于 100 万个半径为 $10\mu m$ 的云滴),不能克服空气阻力和上升气流的顶托。只有当云滴增长到能克服空气阻力和上升气流的顶托,并且在降落至地面的过程中不致被蒸发掉时,降水才形成。

由于云的温度、气流分布等状况的差异,降水具有不同的形态——雨、雪、霰、雹。

雨:自云体中降落至地面的液体水滴。

雪:从混合云中降落到地面的雪花形态的固体水。

霰:从云中降落至地面的不透明的球状晶体,由过冷却水滴在冰晶周围冻结而成,直径 2—5mm。

雹:是由透明和不透明的冰层相间组成的固体降水,呈球形,常降自积雨云。

同时,降水的性质也有差异,分为连续性和阵性降水。连续性降水历时长,强度具有变化性,降水主要来自高层云和雨层云。阵性降水历时短,强度大,具有突然性,降水来自浓积云和积雨云。

不同的云降水强度不同,划分标准见表 3·4。

表 3·4 降水强度划分标准

雨 (mm/d)	小雨 <10	中雨 10—25	大雨 25—50	暴雨 50—100	大暴雨 100—200	特大暴雨 >200
雪 (mm/d)	小雪 <2.5	中雪 2.5—5.0	大雪 >5.0			

一、云滴增长的物理过程

降水的形成就是云滴增大为雨滴、雪花或其它降水物,并降至地面的过程。一块云能否降水,则意味着在一定时间内(例如 1h)能否使约 10^6 个云滴转变成一个雨滴。使云滴增大的过程主要有二:一为云滴凝结(或凝华)增长。一为云滴相互冲并增长。实际上,云滴的增长是这两种过程同时作用的结果。

(一) 云滴凝结(或凝华)增长

凝结(或凝华)增长过程是指云滴依靠水汽分子在其表面上凝聚而增长的过程。在云的形成和发展阶段,由于云体继续上升,绝热冷却,或云外不断有水汽输入云中,使云内空气中的水汽压大于云滴的饱和水汽压,因此云滴能够由水汽凝结(或凝华)而增长。但是,一旦云滴表面产生凝结(或凝华),水汽从空气中析出,空气湿度减小,云滴周围便不能维持过饱和状态,而使凝结(或凝华)停止。因此,一般情况下,云滴的凝结(或凝华)增长有一定的限度。而要使这种凝结(或凝华)增长不断地进行,还必须有水汽的扩散转移过程,即当云层内部存在着冰水云滴共存、冷暖云滴共存或大小云滴共存的任一种条件时,产生水汽从一种云滴转化至另一种云滴上的扩散转移过程。例如,在冰晶和过冷却水滴共存的混合云中,在温度相同的条件下,由于冰面饱和水汽压小于水面饱和水汽压,当空气中的现有水汽压介于两者之间时,过冷却水滴就会蒸发,水汽就转移凝华到冰晶上去,使冰晶不断增大,而过冷却水滴则不断减小。当冷暖云滴共存或大小云滴共存时,同样也可发生这种现象,使冷(或大)的云滴不断增大。

上述几种条件中,对形成大云滴来说,冰水云滴共存的作用更为重要。这是因为在相同的温度下,冰水之间的饱和水汽压差异很大,特别是当温度在 -10——$12℃$ 时差别最显著,最有利于大云滴的增大。因此,对于冷云(指云体上部已超越等 $0℃$ 线,有冰晶和过冷却水滴共同构成的混合云)降水,这种冰水云滴共存作用(称为冰晶效应)是主要的。观测事实也证明了这一点。著名的贝吉龙(Bergeron)理论的价值,就在于他强调了冰晶对降水的作用。但是,不论是凝结增长过程,还是凝华增长过程,都很难使云滴迅速增长到雨滴的尺度,而且它们的作用都将随云滴的增大而减弱。可见要使云滴增长成为雨滴,势必还要有另外的过程,这就是冲并增长过程。

(二)云滴的冲并增长

云滴经常处于运动之中,这就可能使它们发生冲并。大小云滴之间发生冲并而合并增大的过程,称为冲并增长过程。

云内的云滴大小不一,相应地具有不同的运动速度。大云滴下降速度比小云滴快(表3·5),因而大云滴在下降过程中很快追上小云滴,大小云滴相互碰撞而粘附起来,成为较大的云滴。在有上升气流时,当大小云滴被上升气流向上带时,小云滴也会追上大云滴并与之合并,成为更大的云滴。云滴增大以后,它的横截面积变大,在下降过程中又可合并更多的水云滴。有时在有上升气流的云中,当大小水滴被上升气流挟带而上升时,小水滴也可以赶上大水滴与之合并。这种在重力场中由于大小云滴速度不同而产生的冲并现象,称为重力冲并。

表3·5　静止空气中单个水滴的下降末速度($P=1\,013hPa$, $T=293K$)

水滴半径 (mm)	0.02	0.05	0.1	0.2	0.5	1.0	2.0	2.5	3.0
下降末速度* (cm/s)	5	27	72	162	403	649	883	909	918

* 末速度系指在云滴下降过程中,如重力和所受的空气阻力达到平衡,使云滴作等速下降时的下降速度。

实际上大水滴下降时,与空气相对运动,空气经过大水滴,会在其周围发生绕流,如图3·13。半径为 R 的大水滴以末速度 v 下降的过程中,单位时间内扫过的体积是以 πR^2 为截面的圆柱体,位于圆柱体中的小水滴只有一部分与大水滴碰撞,另一部分小水滴将随气流绕过大滴而离开,不发生碰撞。

水滴重力冲并增长的快慢程度与云中含水量及大小水滴的相对速度成正比。即云中含水量越大,大小水滴的相对速度越大,则单位时间内冲并的小水滴越多,重力冲并增长越快。

计算和观测表明,对半径小于 $20\mu m$ 的云滴,其重力冲并增长作用可忽略不计,但对半径大于 $30\mu m$ 的大水滴却在很短的时间内,就可通过重力冲并增长达到半径为几个毫米的雨滴。大水滴越大,冲并增长越迅速。也就是说,水滴的冲并增长是一种加速过程。

实际的云中云滴大小不一,在空间的分布也不均匀,云中云滴与云滴之间的冲并过程是一种随机过程。这种观点在认识暖云水滴增长问题上,是个重要的进展。在该观点的基础上,提出了随机(或统计性)冲并模式。该模式认为在每一时间间隔内云滴的增长为概率性的。有的云滴冲并增大,有的则保持不变。这样在下一时间间隔内,有的云滴而能获两次增长机会,有的只获一次,有的还保持不变。这个概念十分重要,因为它不仅说明了凝结增长过程的窄滴谱拓宽的机制,而且也解释了云中为何有少数云滴能因随机冲并而增长得比一般云滴快得多。

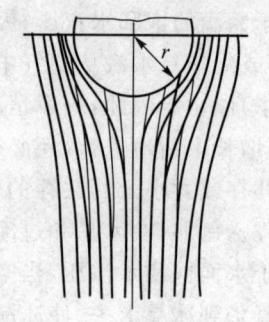

图 3·13 水滴的冲并(细实线表示气流线;虚线为小水滴的轨迹线)

此外由于云中分子的不规则运动、云中空气的湍流混合、云滴带有正负不同的电荷以及流体吸力等原因,也可引起云滴的相互冲并。

由于冲并作用,水滴不断增大,在空气中下降时就不再保持球形。开始下降时,底部平整,上部因表面张力而保持原来的球形。当水滴继续增大,在空气中下降时,除受表面张力外,还要受到周围作用在水滴上的压力以及因重力引起的水滴内部的静压力差,二者均随水滴的增长及下降而不断增大。在三种力的作用下,水滴变形越来越剧烈,底部向内凹陷,形成一个空腔。空腔越变越大,越变越深,上部越变越薄,最后破碎成许多大小不同的水滴。水滴在下降过程中保持不破碎的最大尺度称为临界尺度,常用等体积球体的半径来表示,称为临界半径或破碎半径。在不同的气流条件下,临界半径是不同的。如在均匀气流条件下,临界半径为 $450—500\mu m$。而在有扰动的瞬时气流条件下,临界半径约为 $300\mu m$。在自然界中观测到的临界半径为 $300—350\mu m$,这是因为大气具有湍流的缘故。当大气中的雨滴增大到 $300—350\mu m$ 时,就要破碎成几个较大的滴和一些小滴,它们可以被上升气流携带上升,并在上升过程中作为新一代的胚胎而增长,长大到上升气流支托不住时再次下降,在下降过程中继续增大,当大到临界半径后,再次破碎分裂而重复上述过程。云中水滴增大—破碎—再增大—再破碎的循环往复过程,常用来解释暖云降水的形成,称之为"链锁反应",有时也称为暖云的繁生机制。

产生"链锁反应"的条件是:上升气流要大于 $6m/s$(对于不同的滴有不同的要求),云中含水量要大于 $2g/m^3$,同时还要求一定的云厚。当然,"链锁反应"不会无限地继续下去,因为强烈的上升气流无法持久,云的宏观条件和微观结构也在迅速改变。同时,当大量雨滴下降时会抑制上升气流,或带来下沉气流。例如雷雨时的情况,下一阵大雨之后、云体即崩溃消散。

上述两种云滴增大过程在由云滴转化为降水的过程中始终存在。但观测表明,在云滴增长的初期,凝结(或凝华)增长为主,冲并为次。当云滴增大到一定阶段(一般直径达 $50—70\mu m$)后,凝结(或凝华)过程退居次要地位,而以重力冲并为主。在低纬度地区,云中出现冰水共存的机会较少,形成所谓暖云(指整个云体的温度在 $0℃$ 以上,云体由水滴构成,又称为水成云)降水,这时冲并作用更为重要。总之,凝结(或凝华)增长和冲并增长两种过程是不可分割的。我们必须辩证地看待这两种过程的作用,以深入了解降水形成的理论,为人工控制降水奠定基础。

二、雨和雪的形成

（一）雨的形成

由液态水滴（包括过冷却水滴）所组成的云体称为水成云。水成云内如果具备了云滴增大为雨滴的条件，并使雨滴具有一定的下降速度，这时降落下来的就是雨或毛毛雨。由冰晶组成的云体称为冰成云，而由水滴（主要是过冷却水滴）和冰晶共同组成的云称为混合云。从冰成云或混合云中降下的冰晶或雪花，下落到0℃以上的气层内，融化以后也成为雨滴下落到地面，形成降雨。

在雨的形成过程中，大水滴起着重要的作用。当水滴半径增大到 2—3mm 时，水分子间的引力难以维持这样大的水滴，在降落途中，就很容易受气流的冲击而分裂，通过"连锁反应"，使大水滴下降，小水滴继续存在，形成新的大水滴。这是上升气流较强的水成云和混合云中形成雨的重要原因。

（二）雪的形成

在混合云中，由于冰水共存使冰晶不断凝华增大，成为雪花。当云下气温低于0℃时，雪花可以一直落到地面而形成降雪。如果云下气温高于0℃时，则可能出现雨夹雪。雪花的形状极多，有星状、柱状、片状等等，但基本形状是六角形。

雪花之所以多呈六角形，花样之所以繁多，是因为冰的分子以六角形为最多，对于六角形片状冰晶来说，由于它的面上、边上和角上的曲率不同，相应地具有不同的饱和水汽压，其中角上的饱和水汽压最大，边上次之，平面上最小。在实有水汽压相同的情况下，由于冰晶各部分饱和水汽压不同，其凝华增长的情况也不相同。例如当实有水汽压仅大于平面的饱和水汽压时，水汽只在面上凝华，形成的是柱状雪花。当实有水汽压大于边上的饱和水汽压时，边上和面上都会发生凝华。由于凝华的速度还与曲率有关，曲率大的地方凝华较快，故在冰晶边上凝华比面上快，多形成片状雪花。当实有水汽压大于角上的饱和水汽压时，虽然面上、边上、角上都有水汽凝华，但尖角处位置突出，水汽供应最充分，凝华增长得最快，故多形成枝状或星状雪花。再加上冰晶不停地运动，它所处的温度和湿度条件也不断变化，这样就使得冰晶各部分增长的速度不一致，形成多种多样的雪花。

三、各类云的降水

不同的云，由于其水平范围、云高、云厚、云中含水量、云中温度和升降气流等情况不同，因而降水的形态、强度、性质也随之而有差异。

（一）层状云的降水

层状云一般包括高层云、层积云、雨层云和卷层云。卷层云是冰晶组成的，由于冰面饱和水汽压小于同温度下水面饱和水汽压，使冰晶可以在较小的相对湿度（可以小于100%）情况下增大。但是，因卷层云中含水量较小，云底又高，所以除了在冬季高纬度地区的卷云可以降微雪以外，卷层云一般是不降水的。

雨层云和高层云经常是混合云，所以云滴的凝华增大和冲并增大作用都存在，雨层云和高层云的降水与云厚和云高有密切关系。云厚时，冰水共存的层次也厚，有利于冰晶的凝华增大，而且云滴在云中冲并增大的路程也长，因此有利于云滴的增大。云底高度低时，云滴离开云体降落到地面的路程短，不容易被蒸发掉，这就有利于形成降水。所以对雨层云和高层云来说，云愈厚、愈低,降水就愈强。雨层云比高层云的降水大得多,也主要是这个缘故。

由于层状云云体比较均匀,云中气流也比较稳定,所以层状云的降水是连续性的,持续时间长,降水强度变化小。

(二) 积状云的降水

积状云一般包括淡积云、浓积云和积雨云。

淡积云由于云薄,云中含水量少,而且水滴又小,所以一般不降水。

浓积云是否降水则随地区而异。在中高纬度地区,浓积云很少降水。在低纬度地区,因为有丰富的水汽和强烈的对流,浓积云的厚度、云中含水量和水滴都较大,虽然云中没有冰晶存在,但水滴之间冲并作用显著,故可降较大的阵雨。

积雨云是冰水共存的混合云,云的厚度和云中含水量都很大,云中升降气流强,因此云滴的凝华增长和冲并作用均很强烈,致使积雨云能降大的阵雨、阵雪,有时还可下冰雹。

积状云的降水是阵性的。这是因为,一方面它的云体水平范围与垂直伸展的尺度差不多,也就是说它的水平范围小,经过一个地方用不了多少时间,因而降水的起止很突然。另一方面是由于积状云中,升降气流多变化,上升气流强时,降水物被"托住"降落不下来。当上升气流减弱或出现下沉气流时,降水物骤然落下,也使降水具有阵性。

(三) 波状云的降水

波状云由于含水量较小,厚度不均匀,所以降水强度较小,往往时降时停,具有间歇性。层云只能降毛毛雨,层积云可降小的雨、雪和霰。高积云很少降水。但在我国南方地区,由于水汽比较充沛,层积云也可产生连续性降水,高积云有时也可产生降水。

四、人工影响云雨

人工影响云雨是人类控制自然的重要方面。一百多年前,我国就有炮轰雷雨云的防雹尝试。近几十年来,科学技术的进步,国内外人工影响云、雾、降水的方法取得了很大的进展。

人工降雨就是根据自然界降水形成的原理,人为地补充某些形成降水所必须的条件,促使云滴迅速凝结或并合增大,形成降水。所采用的方法,因云的性质不同,有以下几种:

(一) 人工影响冷云降水

中纬度地区冬季经常出现大范围的过冷却层状云,但很少降水。夏季也经常出现云顶高于 $0℃$ 层高度的积状云,其中能产生降水的也为数不多。根据贝吉龙学说,这种云之所以没有降水,主要是云内缺乏冰晶,云滴得不到增长。影响冷云降水的基本原理是设法破坏云的物态结构,也就是在云内制造适量的冰晶,使其产生冰晶效应,使水滴蒸发,冰晶增长。当冰晶长大到一定尺度后,发生沉降,沿途由于凝华和冲并增长而变成大的降水质点下降,这就是所谓冷云的"静力催化"。60年代又提出了"动力催化"试验,其依据是:在云体的过冷却($-10℃$)部分,大量而迅速地引入人工冰核。当冰核转化成冰晶时,要释放大量潜热,使云内温度升高,形成或增大上升气流,促使云体在垂直和水平方向迅速发展,相应延长云的生命期,加速云内降水形成过程,从而增加降水量。静力催化与动力催化都是从影响云的微物理结构着手,所不同的是静力催化着眼于云内水的相态不稳定性,动力催化立足于影响或加强云内的热力不稳定。

在云内人工产生冰晶的方法有两种,一种是在云中投入冷冻剂,如干冰(即固体二氧化碳),在 $1\,013\text{hPa}$ 下,其升华温度为 $-79℃$。将干冰投入过冷却云中后,在它的周围薄层内便形成一个冷区,在此冷区内,过饱和度很大,因此水汽分子结合物能够存在和长大。试验表明,当温度低于$-40℃$时,即有自生冰晶。因此,在干冰周围形成了大量的冰晶胚胎,其中较大的冰晶经过湍流扩散到四周空间,以后继续成长为更大的降水质点而下落。在不同温度下,干冰所产生的冰晶数是不同的。理论计算指出,一克干冰所产生的冰晶数是随气温的降低而增加的。温度从$-1℃$降至$-20℃$时,所产生的冰晶数从5.55×10^{11}个增到1.22×10^{14}个,它比实验值要大些。按实验室测定,当云温为-2——$15℃$时每克干冰可产生8×10^{11}个冰晶。

另一种方法是引入人工冰核(凝华核或冻结核)。目前人们认为碘化银是一种非常有效的冷云催化剂。碘化银具有三种结晶形状,其中六方晶形与冰晶的结构相似,能起冰核作用,适用于-4——$15℃$的冷云催化。每克碘化银所能产生的冰晶数视温度而定,温度低,有效冰核数目多,产生的冰晶数也多。例如当温度$t=-10℃$时,一克碘化银能产生10^{10}—10^{12}个冰核,当$t=-20℃$时则能产生10^{16}个冰核。

对碘化银成冰作用的机制,多年来争论很大,有人认为水汽分子直接在AgI质点上凝华形成冰晶,碘化银起凝华核的作用。也有人认为碘化银起冻结核作用,一开始碘化银质点作为凝结核形成水滴,然后再冻结产生冰晶。另外也有人认为碘化银起接触核的作用,也就是碘化银质点与过冷水滴互相碰撞后冻结而形成冰晶。有的云雾工作者又提出这样的看法:自然界中的水汽过饱和度一般是小于1%的,当温度低于$-12℃$时,碘化银质点的成冰机制主要是凝华作用。当温度在-12——$-5℃$时,主要是起先凝结后冻结的作用。当温度等于$-5℃$时,起接触核的作用比较明显。

(二) 人工影响暖云降水

整个云体温度高于$0℃$的云称为暖云。我国南方夏季的浓积云、层积云多属于这种云。在暖云中,胶性稳定状态[①]的维持往往是由于云中缺乏大水滴,滴谱较窄,冲并作用不易进行之故。暖云内不可能有冰晶效应,促使降水形成起决定性作用的是水滴大小不均匀和冲并过程。因此,要人工影响暖云降水可以引入吸湿性核(如食盐)。由于其能在低饱和度下凝结增长,故可在短时间内形成数十微米以上的大滴。也可直接引入30—$40\mu m$的大水滴,从而拓宽滴谱,加速冲并增长的过程,达到降水的目的。或引入表面活性物质(能显著减小水滴表面张力又可抑制蒸发的物质),改变水滴的表面张力状态,以利于形成大水滴并促使其破碎,加速链锁反应,从而形成降水。

我国南方大量的野外试验中,发现在暖性对流云顶播撒大颗粒(直径大于$100\mu m$)、大剂量(每千米几十千克)的盐粉,效果很显著。对于发展快、垂直厚度大、含水量丰富而又有上升气流的暖性对流云进行反复催化,可以得到大量降水。但是这种方法消耗食盐量大,效率低。要求飞机有较大的载量。

在美国、澳大利亚和我国都曾对暖云作过播散大水滴的试验,用飞机从云顶或云下部撒水。发现能使暖云降水有所发展,并可使薄云消散。用这种方法要求飞机有较大的载量,其效能也不如播散吸湿性物质。

[①] 胶性稳定状态:云是由悬浮在空气中的液态水滴和冰晶、雪花等所组成的气溶胶体,按照胶体化学的说法,悬浮在气相中的这种液相或固相的水质点如果保持其各自的原有状态不变,则称作胶性稳定。如果这些质点,互相并合、尺度增大,发生沉降而从胶体中分离出来,称为胶性不稳定。

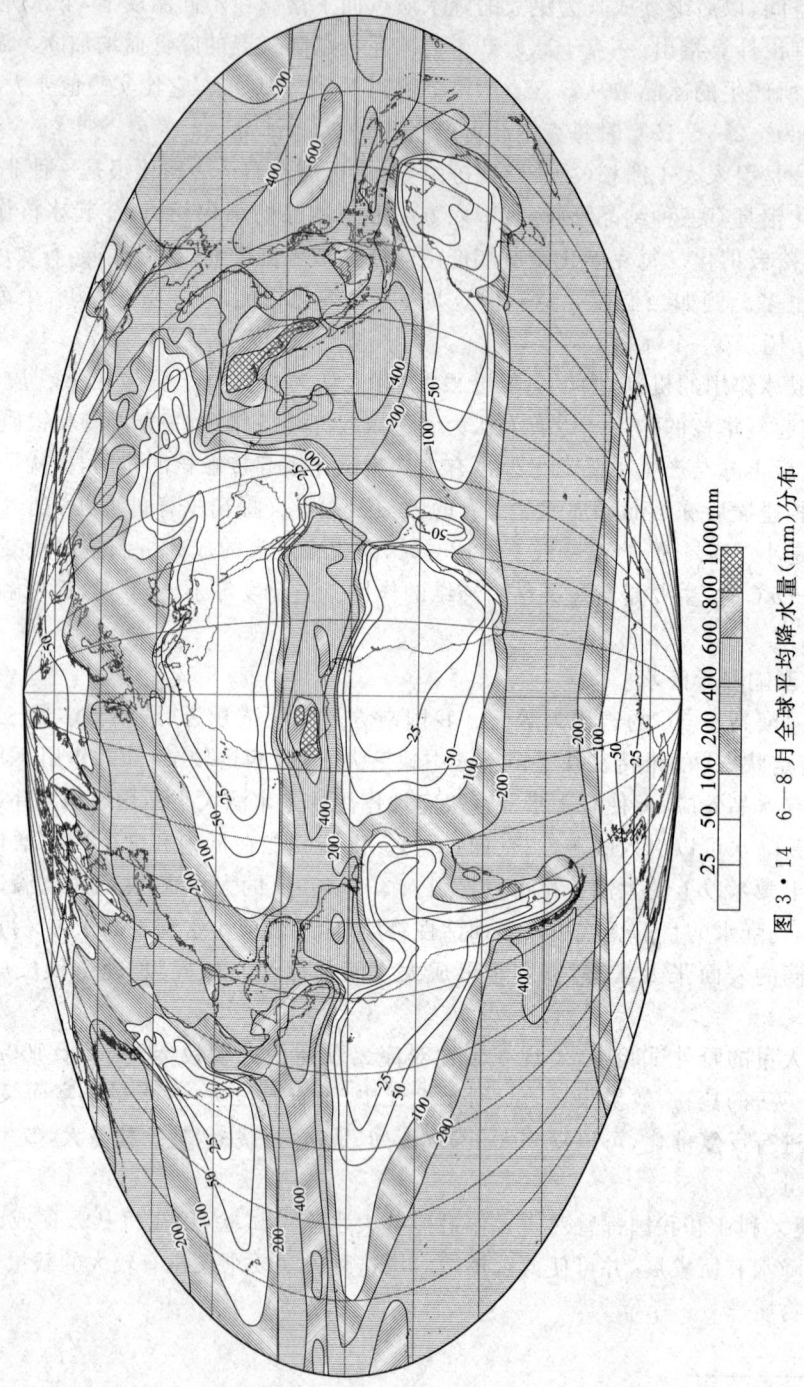

图 3·14 6—8月全球平均降水量(mm)分布

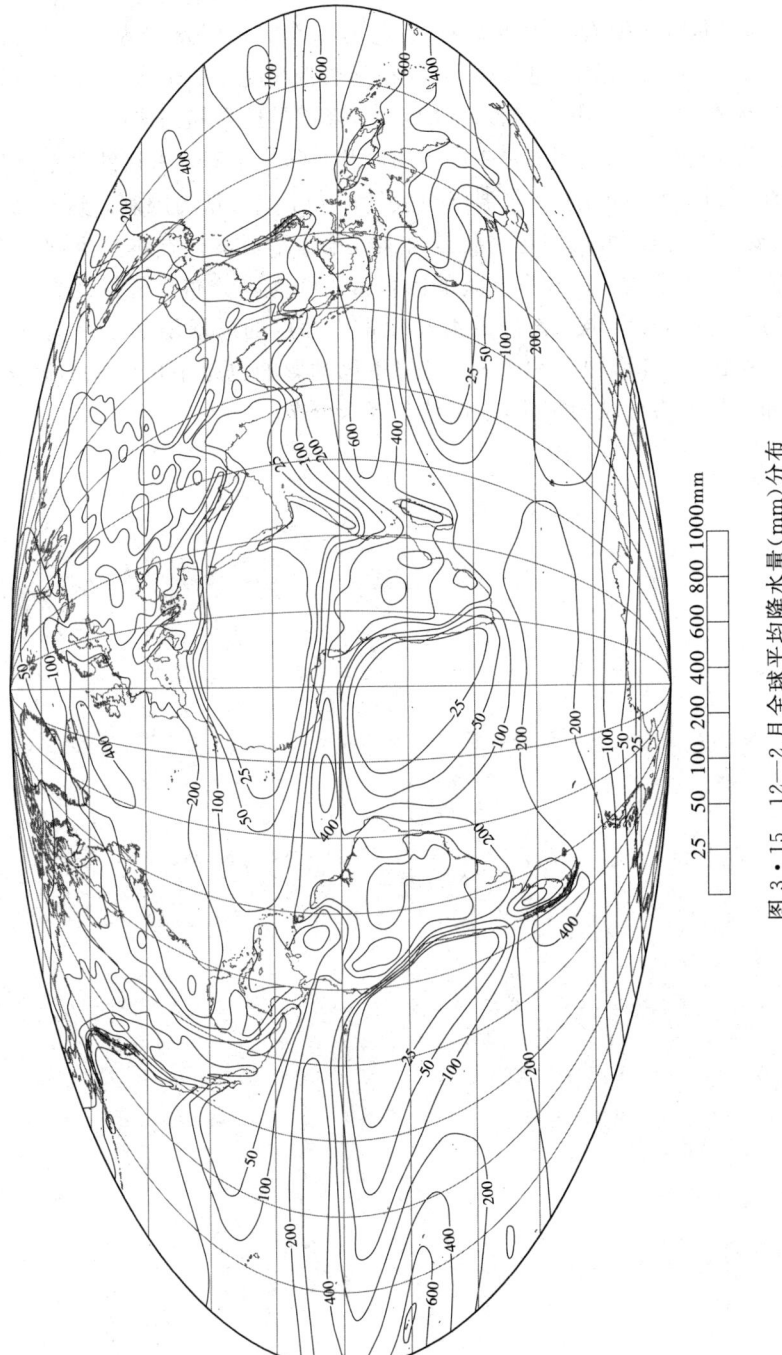

图 3·15 12—2 月全球平均降水量(mm)分布

五、降水分布

图 3·14 和图 3·15 给出了全球 6—8 月和 12—2 月降水总量的分布，它们比平均温度分布图要复杂得多。在带状分布中有三个主要特点：①有一个赤道降水最大值，其位置和热赤道一样，略偏在北半球；②高纬度的降水总量很小；③在副热带纬度是一个次低值，尽管副热带高压区是著名的干旱区，但在这个纬度中，大陆东岸的夏季，降雨量还是相当多的。

降水的分布与大气的运动、气团和锋带的活动以及海陆分布等有密切的关系。分析图 3·14、图 3·15 时，要注意到下列因子：①空气温度对大气最大水汽含量的限制。这一点对高纬度和冬季大陆内部很重要；②纬向的水汽输送主要是由大气平流造成的。这本身反映了全球风系和它们的分布（特别是辐合的信风系统和多气旋的西风带）；③海陆分布。值得注意的是南半球缺乏像北半球那样的广阔内陆。南半球浩瀚的海洋使得中纬度的风暴增加了纬向分布的降水平均值，45°S 与 50°N 相比，前者增加了约 1/3。另外季风的影响也是不可忽视的因素，尤其是在亚洲；④山区的分布对局地盛行风的影响，也制约着降水分布。

第四章 大气的运动

大气时刻不停地运动着,运动的形式和规模复杂多样。既有水平运动,也有垂直运动。既有规模很大的全球性运动,也有尺度很小的局地性运动。大气的运动使不同地区、不同高度间的热量和水分得以传输和交换,使不同性质的空气得以相互接近、相互作用,直接影响着天气、气候的形成和演变。

大气运动的产生和变化直接决定于大气压力的空间分布和变化。因而,研究大气运动常常从大气压力的时空分布和变化入手。

第一节 气压随高度和时间的变化

一、气压随高度的变化

一个地方的气压值经常有变化,变化的根本原因是其上空大气柱中空气质量的增多或减少。大气柱质量的增减又往往是大气柱厚度和密度改变的反映。当气柱增厚、密度增大时,则空气质量增多,气压就升高。反之,气压则减小。因而,任何地方的气压值总是随着海拔高度的增高而递减。如图 4·1 所示,甲气柱从地面到 1 000m 和从 1 000m 到 2 000m,虽然都是减少同样高度的气柱,但是低层空气密度大于高层,因而低层气压降低的数值大于高层。据实测,在地面层中,高度每升高 100m,气压平均降低 12.7hPa,在高层则小于此数值。确定空气密度大小与气压随高度变化的定量关系,一般是应用静力学方程和压高方程。

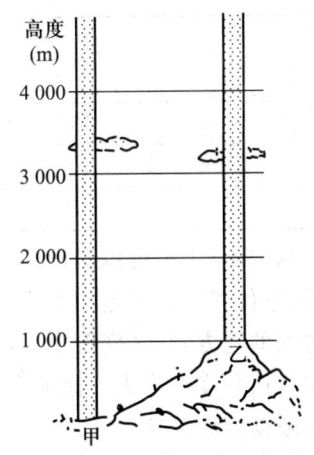

图 4·1 气压随高度递减的快慢和空气密度的关系

(一)静力学方程

假设大气相对于地面处于静止状态,则某一点的气压值等于该点单位面积上所承受铅直气柱的重量。见图 4·2,在大气柱中截取面积为 $1cm^2$,厚度为 ΔZ 的薄气柱。设高度 Z_1 处的气压为 P_1,高度 Z_2 处的气压为 P_2,空气密度为 ρ,重力加速度为 g。在静力平衡条件下,Z_1 面上的气压 P_1 和 Z_2 面上的气压 P_2 间的气压差应等于这两个高度面间的薄气柱重量,即

$$P_2 - P_1 = -\Delta P = -\rho g(Z_2 - Z_1) = -\rho g \Delta Z$$

式中负号表示随高度增高,气压降低。若 ΔZ 趋于无限小,则上式可写成

$$-dP = \rho g dZ \tag{4·1}$$

上式是气象上应用的大气静力学方程。方程说明,气压随高度递减的快慢取决于空气密度(ρ)和重力加速度(g)的变化。重力加速度(g)随高度的变化量一般很小,因而气压随高度递

减的快慢主要决定于空气的密度。在密度大的气层里,气压随高递减得快,反之则递减得慢。实践证明,静力学方程虽是静止大气的理论方程,但除在有强烈对流运动的局部地区外,其误差仅有1%,因而得到广泛应用。将(4·1)式变换

$$-\frac{dP}{dZ} = \rho g$$

将状态方程 $\rho = \dfrac{P}{R_d T}$ 代入,得:

$$-\frac{dP}{dZ} = \frac{g}{R_d}\frac{P}{T}$$

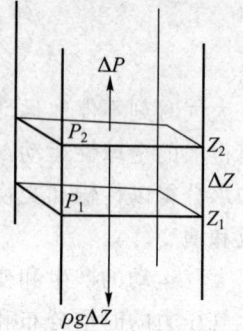

图 4·2 空气静力平衡图

$-\dfrac{dP}{dZ}$ 称为铅直气压梯度或单位高度气压差,它表示每升高 1 个单位高度所降低的气压值。

实际工作中还经常引用气压高度差(h),它表示在铅直气柱中气压每改变一个单位所对应的高度变化值。显然它是铅直气压梯度的倒数,即

$$h = \frac{R_d T}{P g}$$

式中 $R_d = 287 \text{J/kgK}$ 为干空气的气体常数。将 R_d、g 值代入,并将 T 换成摄氏温标 t,则得

$$h \approx \frac{8\,000}{P}(1 + t/273)\,(\text{m/hPa}) \tag{4·2}$$

表 4·1 是根据(4·2)式计算出的不同气温和气压下的 h 值。

表 4·1 不同温度、气压条件下的 h 值(m/hPa)

P(hPa)	t(℃)				
	−40	−20	0	20	40
1 000	6.7	7.4	8.0	8.6	9.3
500	13.4	14.7	16.0	17.3	18.6
100	67.2	73.6	80.0	86.4	92.8

从表 4·1 中可以看出:①在同一气压下,气柱的温度愈高,密度愈小,气压随高度递减得愈缓慢,单位气压高度差愈大。反之,气柱温度愈低,单位气压高度差愈小。②在同一气温下,气压值愈大的地方,空气密度愈大,气压随高度递减得愈快,单位高度差愈小。反之,气压愈低的地方单位气压高度差愈大。比如愈到高空,空气愈稀薄,虽然同样取上下气压差一个百帕,而气柱厚度却随高度而迅速增大。

通常,大气总处于静力平衡状态,当气层不太厚和要求精度不太高时,(4·2)式可以用来粗略地估算气压与高度间的定量关系,或者用于将地面气压订正为海平面气压。如果研究的气层高度变化范围很大,气柱中上下层温度、密度变化显著时,该式就难以直接运用,就需采用适合于较大范围气压随高度变化的关系式,即压高方程。

(二) 压高方程

为了精确地获得气压与高度的对应关系,通常将静力学方程从气层底部到顶部进行积分,即得出压高方程

$$\int_{P_1}^{P_2} dP = -\int_{Z_1}^{Z_2} \rho g \, dZ \qquad (4 \cdot 3)$$

式中，P_1、P_2 分别是高度 Z_1 和 Z_2 的气压值。该式表示任意两个高度上的气压差等于这两个高度间单位截面积空气柱的重量。用状态方程替换式中的 ρ，得

$$\int_{P_1}^{P_2} \frac{dP}{P} = -\int_{Z_1}^{Z_2} \frac{g}{RT} dZ$$

$$\ln \frac{P_2}{P_1} = -\int_{Z_1}^{Z_2} \frac{g}{RT} dZ$$

$$P_2 = P_1 e^{-\int_{Z_1}^{Z_2} \frac{g}{RT} dZ} \qquad (4 \cdot 4)$$

(4·4)式是通用的压高方程。它表示气压是随高度的增加而按指数递减的规律。而且在大气低层，气压递减得快，在高层递减得慢。在温度低时，气压递减得快，在温度高时，递减得慢。利用 (4·4)式原则上可以进行气压和高度间的换算，但直接计算还比较困难。因为在公式中指数上的子式中，g 和 T 都随高度而有变化，而且 R 因不同高度上空气组成的差异也会随高度而变化，因而进行积分是困难的。为了方便实际应用，需要对方程作某些特定假设。比如忽略重力加速度的变化和水汽影响，并假定气温不随高度发生变化，此条件下的压高方程，称为等温大气压高方程。在等温大气中，(4·4)式中的 T 可视为常数，于是得

$$P_2 = P_1 e^{-\frac{g(Z_2-Z_1)}{RT}}$$

或写成
$$\ln \frac{P_2}{P_1} = -\frac{g}{RT}(Z_2 - Z_1)$$

$$Z_2 - Z_1 = \frac{RT}{g} \ln \frac{P_1}{P_2} \qquad (4 \cdot 5)$$

式中负号取消是因为将 P_1 和 P_2 的位置上下调换。从(4·5)式中可以看出，等温大气中，气压随高度仍是按指数规律递减的，其变化曲线见图 4·3 中实线。将 T 换成 t，自然对数换成常用对数，并将 g、R 代入，则(4·5)式变成气象上常用的等温大气压高方程：

$$Z_2 - Z_1 = 18\,400(1 + t/273) \log \frac{P_1}{P_2} \qquad (4 \cdot 6)$$

实际大气并非等温大气，所以应用(4·6)式计算实际大气的厚度和高度时，必须将大气划分为许多薄层，求出每个薄层的 t_m，然后分别计算各薄层的厚度，最后把各薄层的厚度求和便是实际大气的厚度。表 4·2 是利用(4·6)式计算的标准大气[①]中气压与高度的对应值。

表 4·2 标准大气中气压与高度的对应值

气压(hPa)	1 013.3	845.4	700.8	504.7	410.4	307.1	193.1	102.8	46.7
高度(m)	0	1 500	3 000	5 500	7 000	9 000	12 000	16 000	21 000

(4·6)式中把重力加速度 g 当成常数，实际上 g 随纬度和高度而有变化，要求得精确的 Z 值，还必须对 g 作纬度和高度的订正。一般说，在大气低层 g 随高度的变化不大，但将此式应用到 100km 以上的高层大气时，就必须考虑 g 的变化。此外，(4·6)式是把大气当成干空气处理的，

---

① 标准大气：根据世界气象组织规定，标准大气的条件是：1. 干洁空气，且成分比例不随高度变化。2. 海平面气温为 15℃，海平面气压为 1 013.25hPa，海平面空气密度为 1.225kg/m³。3. 对流层顶高 11km。4. 对流层内的气温直减率 $\gamma = 0.65$℃/100m；平流层内的 $\gamma = 0$，温度恒为 -56.5℃。

但当空气中水汽含量较多时,就必须用虚温代替式中的气温。

假设温度直减率(γ)不随高度变化的大气称多元大气。若取海平面的气温为T_0,于是任意高度Z处的气温$T = T_0 - \gamma Z$。令$Z_0 = 0$,海平面气压为P_0,任意高度Z上的气压为P_z,应用(4·4)式有

$$\ln \frac{P_z}{P_0} = -\int_0^Z \frac{g}{R(T_0 - \gamma_Z)} dZ = \frac{g}{R\gamma} \ln \frac{T_0 - \gamma_Z}{T_0}$$

$$= \ln \left(\frac{T_0 - \gamma_Z}{T_0} \right)^{\frac{g}{R\gamma}}$$

即
$$P_z = P_0 \left(1 - \frac{\gamma Z}{T_0}\right)^{\frac{g}{R\gamma}} \qquad (4 \cdot 7)$$

(4·7)式表示在多元大气中,气压随高度也是按指数规律递减的。当$\gamma = 0.6℃/100m$,$T_0 = 273K$,$P_0 = 1\,000hPa$时,气压随高度降低的情况如图4·3中的虚线所示。图中实线是等温大气的情况,其气压随高度的递减比多元大气慢一些。实际大气与多元大气更为接近。

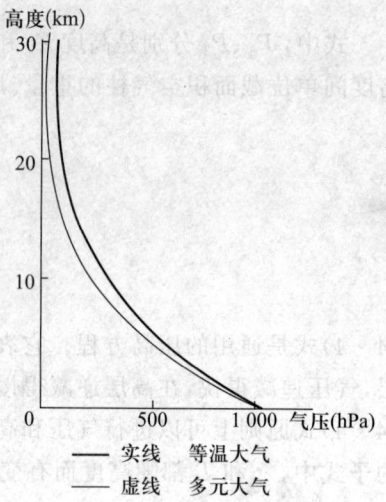

图4·3 气压随高度的变化

二、气压随时间的变化

(一) 气压变化的原因

某地气压的变化,实质上是该地上空空气柱重量增加或减少的反映,而空气柱的重量是其质量和重力加速度的乘积。重力加速度通常可以看作是定值,因而一地的气压变化就决定于其上空气柱中质量的变化,气柱中质量增多了,气压就升高。质量减少了,气压就下降。空气柱质量的变化主要是由热力和动力因子引起。热力因子是指温度的升高或降低引起的体积膨胀或收缩、密度的增大或减小以及伴随的气流辐合或辐散所造成的质量增多或减少。动力因子是指大气运动所引起的气柱质量的变化,根据空气运动的状况可归纳为下列三种情况。

1. 水平气流的辐合与辐散

空气运动的方向和速度常不一致。有时运动的方向相同而速度不同,有时速度相同而方向各异,也有时运动的方向、速度都不相同。这样可能引起空气质量在某些区域堆聚,而在另一些地区流散。图4·4a、c表示了各点的空气都背着同一线或同一点散开,而且前面空气运动速度快,后面的运动速度慢,显然这个区域里的空气质点会逐渐向周围流散,引起气压降低,这种现象称为水平气流辐散。相反,图4·4b、d表示各点空气向着同一点或同一线集聚,而且前面空气质点运动速度慢,后面运动速度快,结果这个区域里空气质点会逐渐聚积起来,引起气压升高,这种现象称水平气流辐合。实际大气中空气质点水平辐合、辐散的分布比较复杂,有时下层辐合、上层辐散,有时下层辐散、上层辐合,在大多数情况下,上下层的辐散、辐合交互重叠非常复杂。因而某一地点气压的变化要依整个气柱中是辐合占优势还是辐散占优势而定。

2. 不同密度气团的移动

不同性质的气团,密度往往不同。如果移到某地的气团比原来气团密度大,则该地上空气柱中质量会增多,气压随之升高。反之该地气压就要降低。例如冬季大范围强冷空气南下,流经之地空气密度相继增大,地面气压随之明显上升。夏季时暖湿气流北上,引起流经之处密度减小,地面气压下降。

3. 空气垂直运动

当空气有垂直运动而气柱内质量没有外流时,气柱中总质量没有改变,地面气压不会发生变化。但气柱中质量的上下传输,可造成气柱中某一层次空气质量改变,从而引起气压变化。图4·5中位于A、B、C三地上空某一高度上a、b、c三点的气压,在空气没有垂直运动时应是相等的。而当b点有空气上升运动时,空气质量由低层向上输送,b点因上空气柱中质量增多而气压升高。C地有空气下沉运动,空气质量由上层向下层输送,c点因上空气柱中质量减少而气压降低。由于近地层空气垂直运动通常比较微弱,以致空气垂直运动对近地层气压变化的影响也较微小,可略而不计。

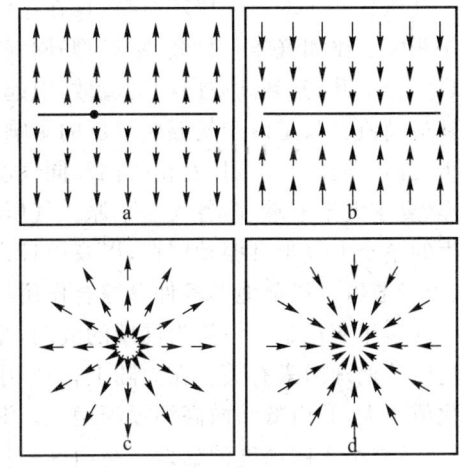

图4·4 水平气流的辐散(a、c)和辐合(b、d)
箭头方向表示空气质点运动方向;
箭头长度表示空气质点运动快慢

实际大气中气压变化并不由单一情况决定,而往往是几种情况综合作用的结果,而且这些情况之间又是相互联系、相互制约、相互补偿的。如图4·6所示,上层有水平气流辐合、下层有水平气流辐散的区域必然会有空气从上层向下层补偿,从而出现空气的下沉运动。反之,则会出现空气上升运动。同理,在出现空气垂直运动的区域也会在上层和下层出现水平气流的辐合和辐散。

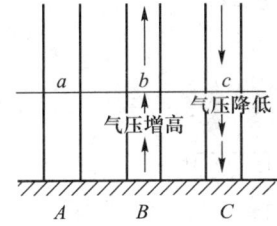

图4·5 空气垂直运动和气压变化的关系

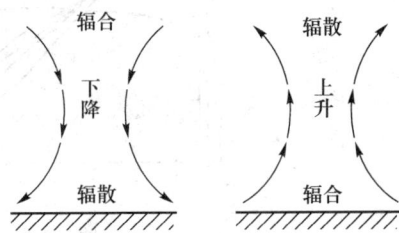

图4·6 水平气流的辐合、辐散和垂直运动的相互关系

(二)气压的周期性变化

气压的周期性变化是指在气压随时间变化的曲线上呈现出有规律的周期性波动,明显的是以日为周期和以年为周期的波动。

地面气压的日变化有单峰、双峰和三峰等型式,其中以双峰型最为普遍,其特点是一天中有一个最高值、一个次高值和一个最低值、一个次低值(图4·7)。一般是清晨气压上升,9—10时出现最高值,以后气压下降,到15—16时出现最低值,此后又逐渐升高,到21—22时出现次高值,以后再度下降,到次日3—4时出现次低值。最高、最低值出现的时间和变化幅度随纬度而有区别,热带地区气压日变化最为明显,日较差可达3—5hPa。随着纬度的增高,气压日较差逐渐减小,到纬度50°日较差已减至不到1hPa。

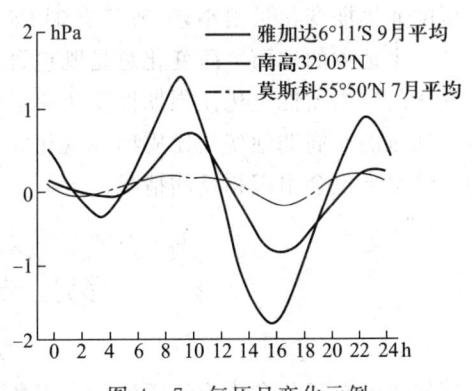

图4·7 气压日变化示例

气压日变化的原因比较复杂,现在还没有公认的解释。一般认为同气温日变化和大气潮汐密切相关。比如气压一日波(单峰型)同气温的日变化关系很大。当白天气温最高时,低层空气受热膨胀上升,升到高空向四周流散,引起地面减压;清晨气温最低时,空气冷却收缩,气压相应升到最高值。只是由于气温对气压的影响作用需要经历一段过程,以致气压极值出现的相时落后于气温。同时,气压日变化的振幅同气温一样随海陆、季节和地形而有区别,表现出陆地大于海洋、夏季大于冬季、山谷大于平原。气压的半日波(双峰型)可能同一日间增温和降温的交替所产生的整个大气半日振动周期,以及由日月引起的大气潮相关。至于三峰型气压波似应与一日波、半日波以及局部地形条件等综合作用有关。

气压年变化是以一年为周期的波动,受气温的年变化影响很大,因而也同纬度、海陆性质、海拔高度等地理因素有关。在大陆上,一年中气压最高值出现在冬季,最低值出现在夏季,气压年变化值很大,并由低纬向高纬逐渐增大。海洋上一年中气压最高值出现在夏季,最低值出现在冬季,年较差小于同纬度的陆地。高山区一年中气压最高值出现在夏季,是空气受热,气柱膨胀、上升,质量增加所致,而最低值出现在冬季,是空气受冷,气柱收缩、空气下沉、高山质量减少的结果。见图4·8。

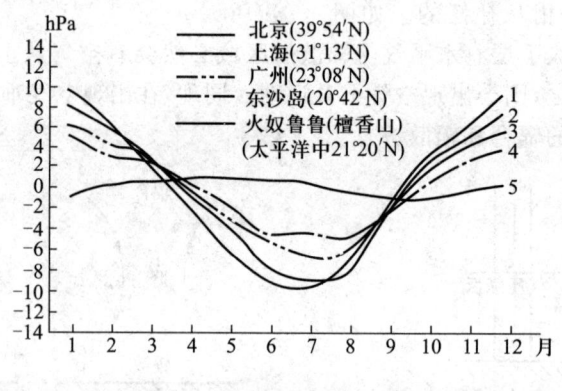

图 4·8 气压年变化示例

(三)气压的非周期性变化

气压的非周期性变化是指气压变化不存在固定周期的波动,它是气压系统移动和演变的结果。通常在中高纬度地区气压系统活动频繁,气团属性差异大,气压非周期性变化远较低纬度明显。如以24h气压的变化量来比较,高纬度地区可达10hPa,低纬度地区因气团属性比较接近,气压的非周期变化量很小,一般只有1hPa。

一个地方的地面气压变化总是既包含着周期变化,又包括着非周期变化,只是在中高纬度地区气压的非周期性变化比周期性变化明显得多,因而气压变化多带有非周期性特征。在低纬度地区气压的非周期性变化比周期性变化弱小得多,因而气压变化的周期性比较显著。当然,遇有特殊情况下也会出现相反的情况。

第二节 气 压 场

气压的空间分布称为气压场。由于各地气柱的质量不相同,气压的空间分布也不均匀,有的地方气压高,有的地方气压低,气压场呈现出各种不同的气压形势,这些不同的气压形势统称气压系统。

一、气压场的表示方法

气压的水平分布形势通常用等压线或等压面来表示。等压线是同一水平面上各气压相等点的连线。等压线按一定气压间隔(如 2.5hPa 或 5hPa)绘出,构成一张气压水平分布图。若绘制的是海平面的等压线,就是一张海平面气压分布图。若绘制的是 5 000m 高空的等压线,就成为一张 5 000m 高空的气压水平分布图(等高面图)。等压线的形状和疏密程度反映着水平方向上气压的分布形势。

等压面是空间气压相等点组成的面。如 700hPa 等压面上各点的气压值都等于 700hPa。由于气压随高度递减,因而在某一等压面以上各处的气压值都小于该等压面上气压值,等压面以下各处则反之。用一系列等压面的排列和分布可以表示空间气压的分布状况。

实际大气中由于下垫面性质的差异、水平方向上温度分布和动力条件的不均匀,以致同一高度上各地的气压不可能是一样的。因而等压面并不是一个水平面,而像地表形态一样,是一个高低起伏的曲面。等压面起伏形势同它附近水平面上的气压高低分布有对应关系。等压面下凹部位对应着水平面上的低压区域,等压面愈下凹,水平面上气压低得愈多。等压面向上凸起的部位对应着水平面上的高压区域,等压面愈上凸,水平面上高压愈强大。根据这种对应关系,可求出同一时间等压面上各点的位势高度值,并用类似绘制地形等高线的方法,将某一等压面上相对于海平面的各位势高度点投影到海平面上,就得到一张等位势高度线(等高线)图,此图能表示该等压面的形势,故这种图称为等压面图。见图 4·9,图中 P 为等压面,H_1、H_2、H_3… 为高度间隔相等的若干等高面,它们分别与等压面 P 相截(截线以虚线表示),每条截线都在等压面 P 上,所以截线上各点的气压值均相等,将这些截线投影到水平面上,便得出 P 等压面上距海平面高度分别为 H_1、H_2、H_3… 的许多等高线。由图可见,和等压面凸起部位相对应的是由一组闭合等高线构成的高值区域,高度值由中心向外递减,同理,和等压面下凹部位相对应的是由一组闭合等高线构成的低值区域,高度值由中心向外递增。因此,平面图中等高线的高、低中心即代表气压的高低中心,而且等高线的疏密同等压面的缓陡相对应,等压面陡的地方,如图中 A、B 处,对应于 A'、B' 处的密集等高线,等压面平缓的地方如图中 C、D 处,对应于 C'、D' 处的稀疏等高线。

气象上等高线的高度不是以米为单位的几何高度,而是位势高度。所谓位势高度是指单位质量的物体从海平面(位势取为零)抬升到 Z 高度时,克服重力所作的功,又称重力位势,单位是位势米。在 SI 制中,1 位势米定义为 1kg 空气上升 1m 时,克服重力作了 9.8J 的功,也就是获得 9.8J/kg 的位势能,即

$$1 \text{ 位势米} = 9.8 \text{J/kg}$$

位势高度与几何高度的换算关系为 $H = \dfrac{g_\varphi Z}{9.8}$

式中 H 为位势高度(位势米),Z 为几何高度(m),g_φ 为纬度 φ 处的重力加速度(m/s²)。当 g_φ 取 9.8m/s² 时,位势高度 H 和几何高度 Z 在数值上相同,但两者物理意义完全不同,位势米是表示能量的单位,几何米是表示几何高度的单位。由于大气是在地球重力场中运动着,时刻受到重力的作用,因此用位势米表示不同高度气块所具有的位能,显然比用几何高度要好。

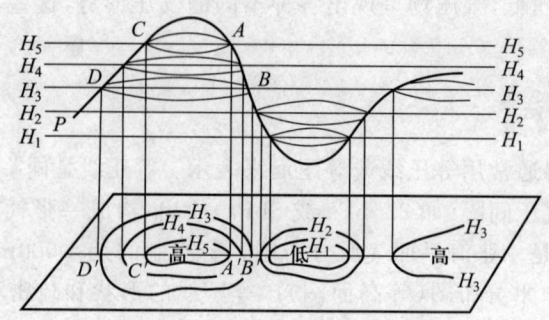

图 4·9 等压面和等高线的关系

气象台日常工作所分析的等压面图有 850hPa、700hPa、500hPa 以及 300hPa、200hPa、100hPa 等,它们分别代表 1 500m、3 000m、5 500m 和 9 000m、12 000m、16 000m 高度附近的水平气压场。海平面气压场一般用等高面图(零高度面)来分析,必要时也用 1 000hPa 等压面图来代替。

二、气压场的基本型式

低空气压水平分布的类型,一般从海平面图上等压线的分布特征来确定:

(一) 低气压

简称低压,是由闭合等压线构成的低气压区。气压值由中心向外逐渐增高。空间等压面向下凹陷,形如盆地。见图4·10a。

(二) 低压槽

简称槽,是低气压延伸出来的狭长区域。在低压槽中,各等压线弯曲最大处的连线称槽线。气压值沿槽线向两边递增。槽附近的空间等压面类似地形中狭长的山谷,呈下凹形。

(三) 高气压

简称高压,由闭合等压线构成,中心气压高,向四周逐渐降低,空间等压面类似山丘,呈上凸状,见图4·10b。

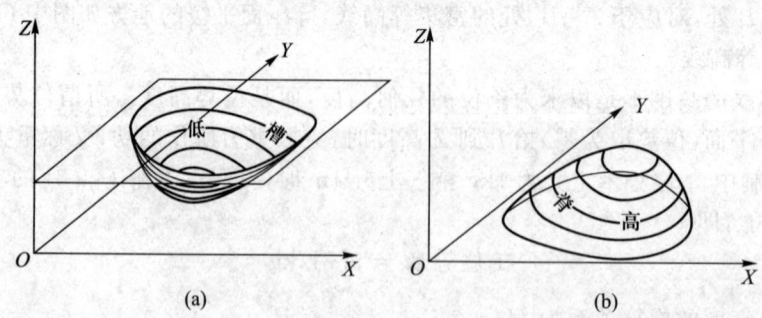

图 4·10 低压和高压的空间等压面图示

(四) 高压脊

简称脊,是由高压延伸出来的狭长区域,在脊中各等压线弯曲最大处的连线叫脊线,其气压值沿脊线向两边递减,脊附近空间等压面类似地形中狭长山脊。

（五）鞍形气压场

简称鞍，是两个高压和两个低压交错分布的中间区域。鞍形区空间的等压面形似马鞍。图4·11。

以上几种气压水平分布型式统称气压系统。气压系统存在于三度空间中。由于愈向高空受地面影响愈小，以致高空气压系统比低空系统要相对简单，大多呈现出沿纬向的平直或波状等高线，有时也有闭合系统如切断低压、阻塞高压。见图4·12。

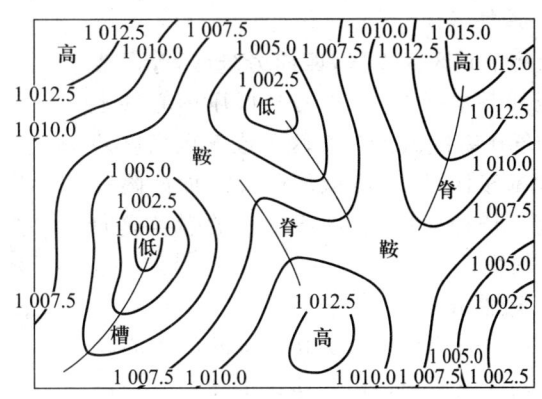

图4·11 气压场的几种基本型式

三、气压系统的空间结构

气压系统存在于三度空间中，在静力平衡下，气压系统随高度的变化同温度分布密切相关。

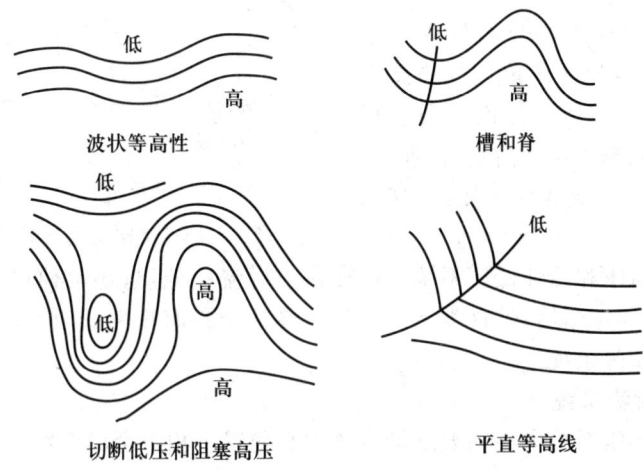

图4·12 常见的高空等高线型式

因此气压系统的空间结构往往由于与温度场的不同配置状况而有差异。当温度场与气压场配置重合（温度场的高温、低温中心分别与气压场的高压、低压中心相重合）时，称气压系统是温压场对称。当温度场与气压场的配置不重合时，称气压系统是温压场不对称。

（一）温压场对称系统

由于温压场配置重合，所以该系统中水平面上等温线与等压线是基本平行的。系统中包括暖性高压、冷性低压和暖性低压、冷性高压，图4·13。

1. 暖性高压

高压中心区为暖区，四周为冷区，等压线和等温线基本平行，暖中心与高压中心基本重合的气压系统。由于暖区单位气压高度差大于周围冷区，因而高压的等压面凸起程度随高度增加不断增大，即高压的强度愈向高空愈增强。

2. 冷性低压

低压中心区为冷区，四周为暖区，等温线与等压线基本平行，冷中心与低压中心基本重合的气压系统。因为冷区单位气压高度差小于周围暖区，因而冷低压的等压面凹陷程度随高度增加而增大，即冷低压的强度愈向高空愈增强。

3. 暖性低压

低压中心为暖区，暖中心与低压中心基本重合的气压系统。由于暖区的单位气压高度差大于周围冷区，所以低压等压面凹陷程度随高度升高而逐渐减小，最后趋于消失。如果温压场结构不变，随高度继续增加暖低压就会变成暖高压系统。

4. 冷性高压

高压中心为冷区，冷中心与高压中心基本重合的气压系统。因为冷区单位气压高度差小于周围暖区，因而高压等压面的凸起程度随高度升高而不断减小，最后趋于消失。若温压场结构不变，随高度继续增加，冷高压会变成冷低压系统。

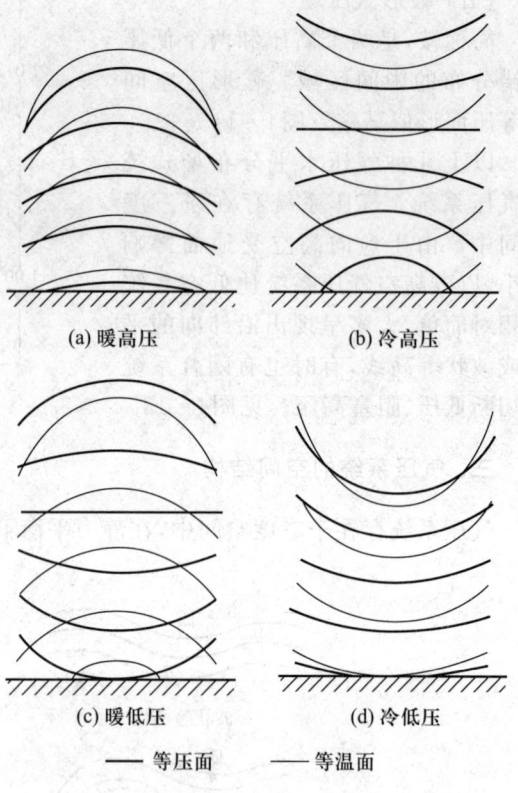

图 4·13 不同温压场配置垂直剖面图示

由上可见，暖性高压和冷性低压系统不仅存在于对流层低层，还可伸展到对流层高层，而且其气压强度随高度增加逐渐增强，这类系统称为深厚系统。而暖性低压和冷性高压系统主要存在于对流层低空，称浅薄系统。

（二）温压场不对称系统

是指地面的高、低压系统中心同温度场冷暖中心配置不相重合的系统。这种气压系统，中心轴线不是铅直的，而发生偏斜。地面低压中心轴线随高度升高不断向冷区倾斜，高压中心轴线随高度升高不断向暖区倾斜。北半球中高纬度的冷空气多从西北方向移来，因而低压中心轴线常常向西北方向倾斜，而高压的西南侧比较温暖，高压中心轴线多向西南方向倾斜，见图4·14。

图 4·14 温压场不对称的高压(a)与低压(b)

大气中气压系统的温压场配置绝大多数是不对称的，对称系统是很少的，因而气压系统的中心轴线大多是倾斜的，系统的结构随高度发生改变的，气压系统的温压场结构对于天气的形成和演变有着重要影响。

第三节 大气的水平运动和垂直运动

大气的水平运动对于大气中水分、热量的输送和天气、气候的形成、演变起着重要的作用。

一、作用于空气的力

空气的运动是在力的作用下产生的。作用于空气的力除重力之外,尚有由于气压分布不均而产生的气压梯度力,由于地球自转而产生的地转偏向力,由于空气层之间、空气与地面之间存在相对运动而产生的摩擦力,由于空气作曲线运动时产生的惯性离心力。这些力在水平分量之间的不同组合,构成了不同形式的大气水平运动。

(一) 气压梯度力

气压梯度是一个向量,它垂直于等压面,由高压指向低压,数值等于两等压面间的气压差(ΔP)除以其间的垂直距离(ΔN),用下式表达:

$$G_N = -\frac{\Delta P}{\Delta N}$$

式中 G_N 为气压梯度,由于 ΔN 是从高压指向低压,ΔP 为负值,故 $\frac{\Delta P}{\Delta N}$ 前加负号。$-\frac{\Delta P}{\Delta N}$ 可以分解为水平气压梯度 $-\frac{\Delta P}{\Delta n}$ 和垂直气压梯度 $-\frac{\Delta P}{\Delta Z}$。水平气压梯度的单位通常用百帕/赤道度表示(1 赤道度是赤道上经度相差一度的纬圈长度,其值约为 111km)。观测表明,水平气压梯度值很小,一般为 1—3hPa/赤道度,而垂直气压梯度在大气低层可达 1/10m 左右,即相当于水平气压梯度的 10 万倍,因而气压梯度的方向几乎与垂直气压梯度方向一致,等压面近似水平。

气压梯度不仅表示气压分布的不均匀程度,而且还表示了由于气压分布不均而作用在单位体积空气上的压力。为了阐明这个问题,在气柱的 P 和 $P+\delta P$ 间取一小块立方体流体(图 4·15),其体积是 $\delta V = \delta X \delta Y \delta Z$,$Y$ 轴平行于地面等压线,X 轴指向较高气压方向,Z 轴垂直向上,并与地面重力作用线平行。

立方体周围空气对气块 B 面施加的压力等于 $P\delta X\delta Z$(P 是这个面上的平均压强)。对气块 A 面施加的压力为 $-(P+\frac{\partial P}{\partial X}\delta X)\delta Y\delta Z$(取负号是因所取压强方向与 X 方向相反),因而在 X 方向上,周围空气作用于立方体的净压力为此两力之和,即

$$P\delta Y\delta Z - \left(P+\frac{\partial P}{\partial X}\delta X\right)\delta Y\delta Z = -\frac{\partial P}{\partial X}\delta X\delta Y\delta Z$$

同理,在 Y 方向和 Z 方向作用于立方体的净压力分别为 $-\frac{\partial P}{\partial Y}\delta X\delta Y\delta Z$ 和 $-\frac{\partial P}{\partial Z}\delta X\delta Y\delta Z$。作用于立方体上的总净压力,则为三者的向量和,即

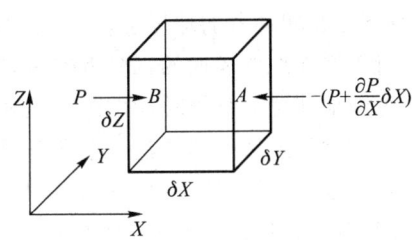

图 4·15 气压分布对作用在单位体积空气上的力

$$-\left(\frac{\partial \vec{P}}{\partial X}i+\frac{\partial \vec{P}}{\partial Y}j+\frac{\partial \vec{P}}{\partial Z}k\right)\delta X\delta Y\delta Z=-\nabla P\delta X\delta Y\delta Z$$

上式除以体积(δV)后,即得气压梯度$-\nabla P$,其大小即$-\frac{\Delta P}{\Delta N}$,所以气压梯度是作用于单位体积空气上的力。

实际大气中,由于空气密度分布的不均匀,单位体积空气块质量也是不等的。根据牛顿第二定律,在相同的气压梯度力作用下,对于密度不同的空气所产生的运动加速度是不同的,密度小的空气所产生的运动加速度比较大,密度大的空气所产生的运动加速度比较小。因此,用气压梯度难以比较各地空气运动的速度。在气象上讨论空气水平运动时,通常取单位质量的空气作为讨论对象,并把在气压梯度存在时,单位质量空气所受的力称为气压梯度力,通常用$\vec{G}$表示,即

$$\vec{G}=-\frac{1}{\rho}\frac{\Delta P}{\Delta N} \tag{4·8}$$

式中ρ是空气密度,ΔP是两等压面间的气压差,ΔN是两等压面间的垂直距离。气压梯度力的方向由高压指向低压,其大小与气压梯度$-\nabla P$成正比,与空气密度ρ成反比。气压梯度力可以分解为水平气压梯度力(G_n)和垂直气压梯度力(G_z),即:

$$G_n=-\frac{1}{\rho}\frac{\partial P}{\partial n}$$

$$G_z=-\frac{1}{\rho}\frac{\partial P}{\partial z}$$

在大气中气压梯度力垂直分量比水平分量大得多,但是重力与G_z始终处于平衡状态,因而在垂直方向上一般不会造成强大的垂直加速度。而水平气压梯度力虽小,由于没有其它实质力与它相平衡,在一定条件下却能造成较大的空气水平运动。

通常,在同一水平面上,密度随时间、地点变化不很明显,因此水平气压梯度力的大小主要由$-\frac{\partial P}{\partial n}$所决定。只有当两个高度相差甚大的水平气压梯度力相比较时,ρ的差异才需要考虑。实际大气中经常出现的数据是:$\rho=1.3\times10^{-3}g/cm^3$,$-\frac{\Delta P}{\Delta n}=1hPa/$赤道度,所以$G_n=7\times10^{-4}N/kg$。当在这种气压梯度力持续作用3h,可使风速由零增大到7.6m/s。可见气压梯度力是空气产生水平运动的直接原因和动力。

(二) 地转偏向力

空气是在转动着的地球上运动着,当运动的空气质点依其惯性沿着水平气压梯度力方向运动时,对于站在地球表面的观察者看来,空气质点却受着一个使其偏离气压梯度力方向的力的作用,这种因地球绕自身轴转动而产生的非惯性力称为水平地转偏向力或科里奥利力。在大尺度的空气运动中,地转偏向力是一个非常重要的力。

为了阐明地球自转产生偏向力的原因,先做一个实验。取一个圆盘并让它作逆时针旋转(图4·16),同时取一小球让它从圆盘中心O点向OB方向滚去。水平方向上如果没有外力作用于小球,则小球保持着惯性沿OB直线匀速地滚动着,圆盘的转动对小球运动的方向和速度都没有影响。但当小球自O点沿OB方向滚动到圆盘边缘的时间里,站在圆盘上A点的人也随

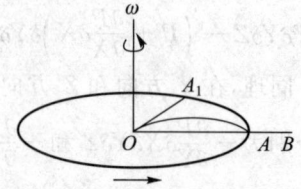

图4·16 地转偏向力图示

圆盘一起转动，并由 A 移到 A′ 位置上。如观察者以其立足的圆盘作为衡量物体运动的参照标准，在他看来，小球并没有作直线运动向他滚来，而是作曲线运动向右（沿小球运动方向看）偏移到 A 的位置上了，如图 4·16 中虚线所示。按牛顿运动定律，这种看来向右偏转，好像是小球在作直线运动时，时刻受到的一个同它运动方向相垂直并指向其右方的作用力，就是由于圆盘转动所产生的偏向力，也就是随圆盘一起转动的观察者所观察到的力。这种力是假想的，事实上并无任何物体作用于小球来产生这个力，只是为了要在一个非惯性系里以牛顿定律来解释所观察到的现象而引进的一个假想力。

为了计算由地转偏向力所引起的相对加速度 a，假设小球运动的速度是 V，从 O 点出发经过时间 t 到达 A 点，它的位移为 $OA = Vt$。与此同时，圆盘逆时针转动了角 $\angle AOA'$，圆盘转动的角速度为 ω，在 t 秒钟内转过的角度 $\angle AOA' = \omega t$。以 S 表示小球偏离的距离，并且近似等于 $\widehat{AA'}$，如略去其差别，则 $S = \widehat{AA'} = OA \times \angle AOA'$，

以 $OA = Vt$，$\angle AOA' = \omega t$ 代入上式，则 $S = V\omega t^2$，

根据加速度公式，
$$S = \frac{1}{2}at^2$$

因而
$$\frac{1}{2}at^2 = V\omega t^2, \quad a = 2V\omega$$

根据牛顿定律，对单位质量物体

$$\text{偏向力 } A = 2V\omega \tag{4·9}$$

圆盘上偏向力表达式表明，A 的大小等于圆盘的角速度 ω 与小球运动速度 V 的乘积的两倍。A 的方向垂直于转动轴，也垂直于相对速度 V，指向 V 的右侧。

地球不停地绕地轴以角速度 ω 从西向东自转，生活在地球上的人和上述圆盘上的人很相似，会很自然地以转动的地表作为衡量物体运动的标准，所不同的是转动的球体表面更为复杂。然而圆盘非常相似地球极点的地平面。

在北极，地平面绕其垂直轴（地轴）的角速度恰好等于地球自转的角速度 ω。转动方向也是逆时针的。因而在北极，单位质量空气受到的水平地转偏向力与空气运动方向垂直，并指向它的右方，大小等于 $2V\omega$。

在赤道，地球自转轴与地表面的垂直轴正交，表明赤道上的地平面不随地球自转而旋转，因而赤道上没有水平地转偏向力。

在北半球的其它纬度上，地球自转轴与地平面垂直轴的交角小于 90°，因而任何一地的地平面都有绕地轴转动的角速度。见图 4·17，图上 ω 表示绕地轴转动的角速度，AC 表示 A 点地平面的垂直轴。由于 $\angle AOD = \varphi$，所以 $\angle ABC = \varphi$，ω 在地平面垂直轴方向的分量为 $\omega_1(\omega\sin\varphi)$。根据圆盘转动速度所得的公式 $a = 2V\omega$，可以得出任何纬度上作用于单位质量运动空气上的偏向力为：

$$A = 2V\omega\sin\varphi$$

在南半球，由于地平面绕地轴按顺时针方向转动，因而地转偏向力指向运动物体的左方，其大小与北半球同纬

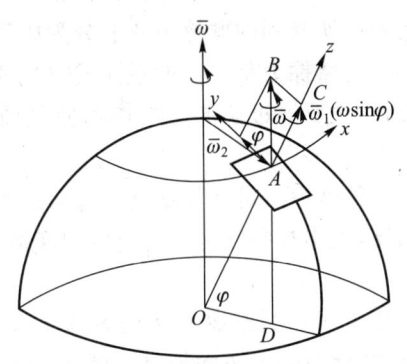

图 4·17 纬度 φ 处地平面绕其垂直轴的转动角速度

度上的地转偏向力相等。

地转偏向力只是在空气相对于地面有运动时才产生,空气处于静止状态时没有地转偏向力作用。而且地转偏向力只改变气块运动方向而不能改变其运动速度。在风速相同情况下它随纬度减小而减小。见表4·3。

表4·3 地转参数(f)随纬度(φ)的变化

φ	0°	10°	20°	43°	90°
$f(10^{-4}/s)$	0	0.25	0.50	1.00	1.46

(地转参数 $f = 2\omega\sin\varphi$,又称科氏参数。)

(三) 惯性离心力

惯性离心力是物体在作曲线运动时所产生的,由运动轨迹的曲率中心沿曲率半径向外作用在物体上的力。这个力是物体为保持沿惯性方向运动而产生的,因而称惯性离心力。惯性离心力同运动的方向相垂直,自曲率中心指向外缘(图4·18),其大小同物体转动的角速度 ω 的平方和曲率半径 r 的乘积成正比。对单位质量而言,惯性离心力 $\vec{C}$ 的表达式为

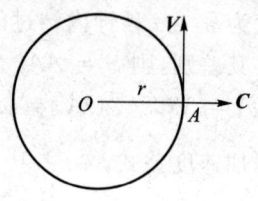

图4·18 惯性离心力

$$\vec{C} = \omega^2 r$$

因为物体转动的线速度 $\vec{V} = \omega r$ 代入上式,得

$$\vec{C} = \frac{V^2}{r} \tag{4·10}$$

(4·10)式表明惯性离心力 $\vec{C}$ 的大小与运动物体的线速度 $\vec{V}$ 的平方成正比,与曲率半径 r 成反比。

实际上,空气运动路径的曲率半径一般都很大,从几十千米到上千千米,因而空气运动时所受到的惯性离心力一般比较小,往往小于地转偏向力。但是在低纬度地区或空气运动速度很大而曲率半径很小时,也可以达到较大的数值并有可能超过地转偏向力。

惯性离心力和地转偏向力一样只改变物体运动的方向,不改变运动的速度。

(四) 摩擦力

是两个相互接触的物体作相对运动时,接触面之间所产生的一种阻碍物体运动的力。大气运动中所受到的摩擦力一般分为内摩擦力和外摩擦力。

内摩擦力是在速度不同或方向不同的相互接触的两个空气层之间产生的一种相互牵制的力,它主要通过湍流交换作用使气流速度发生改变,也称湍流摩擦力。其数值很小,往往不予考虑。

外摩擦力是空气贴近下垫面运动时,下垫面对空气运动的阻力。它的方向与空气运动方向相反,大小与空气运动的速度和摩擦系数成正比,其公式为

$$R = -kV \tag{4·11}$$

式中 R 为摩擦力,k 为摩擦系数,V 为空气运动速度。内摩擦力与外摩擦力的向量和称摩擦力。摩擦力的大小在大气中的各个不同高度上是不同的,以近地面层(地面至30—50m)最为显著,高度愈高,作用愈弱,到1—2km以上,摩擦力的影响可以忽略不计。所以,把此高度以下的气层称为摩擦层(或行星边界层),此层以上称为自由大气层。

上述四个力都是在水平方向上作用于空气的力,它们对空气运动的影响是不一样的。一般来说,气压梯度力是使空气产生运动的直接动力,是最基本的力。其它力是在空气开始运动后产生和起作用的,而且所起的作用视具体情况而有不同。地转偏向力对高纬地区或大尺度的空气运动影响较大,而对低纬地区特别是赤道附近的空气运动,影响甚小。惯性离心力是在空气作曲线运动时起作用,而在空气运动近于直线时,可以忽略不计。摩擦力在摩擦层中起作用,而对自由大气中的空气运动也不予考虑。地转偏向力、惯性离心力和摩擦力虽然不能使空气由静止状态转变为运动状态,但却能影响运动的方向和速度。气压梯度力和重力既可改变空气运动状态,又可使空气由静止状态转变为运动状态。

(五) 大气运动方程

大气运动方程是描述作用于空气微团上的力与其所产生的加速度之间关系的方程。根据牛顿第二定律,物体所受的力等于质量和加速度的乘积,即 $F = ma$,F 为物体所受的力,是各个作用力的总和。单位质量空气运动方程的一般形式为

$$\frac{d\vec{V}}{dt} = \vec{G} + \vec{A} + \vec{R} + \vec{g} \qquad (4 \cdot 12)$$

式中 $\vec{G}$ 为气压梯度力,$\vec{A}$ 为地转偏向力,$\vec{R}$ 为摩擦力,$\vec{g}$ 为重力。如果以 FX、FY、FZ 分别表示作用力在标准坐标系 X、Y、Z 三个方向(X 指向东、Y 指向北、Z 指向天顶)上的投影,则

$$Fx = \frac{du}{dt}, Fy = \frac{dv}{dt}, Fz = \frac{dw}{dt}$$

式中 u、v、w 分别为 V 在 X、Y、Z 三个方向上的分量。

将 G、A、R、g 值代入上式,简化后的运动方程为

$$\begin{aligned}
\frac{du}{dt} &= -\frac{1}{\rho}\frac{\partial P}{\partial x} + 2v\omega\sin\varphi + R \\
\frac{dv}{dt} &= -\frac{1}{\rho}\frac{\partial P}{\partial y} - 2u\omega\sin\varphi + R \\
\frac{dw}{dt} &= -\frac{1}{\rho}\frac{\partial P}{\partial z} - g + R
\end{aligned} \qquad (4 \cdot 13)$$

在空气作大规模水平运动中,大气近似于静力平衡,因而上式中的垂直运动项可以略去。在自由大气中,R 也可略去。上式可写成

$$\begin{aligned}
\frac{du}{dt} &= -\frac{1}{\rho}\frac{\partial P}{\partial x} + 2v\omega\sin\varphi \\
\frac{dv}{dt} &= -\frac{1}{\rho}\frac{\partial P}{\partial y} - 2u\omega\sin\varphi \\
0 &= -\frac{1}{\rho}\frac{\partial P}{\partial z} - g
\end{aligned} \qquad (4 \cdot 14)$$

这是研究自由大气运动时被广泛应用的运动方程式。方程中第三式是静力平衡方程。

二、自由大气中的空气水平运动

观测表明,自由大气中大尺度空气水平运动近似于稳定、水平运动。表明空气运动是在气压梯度力和地转偏向力(曲线运动时,还有惯性离心力)作用下运动着。

(一) 地转风

地转风是气压梯度力和地转偏向力相平衡时,空气作等速、直线的水平运动,其式为

$$\vec{G} = \vec{A}$$

把 $\vec{G}$、$\vec{A}$ 的表达式代入上式,则有

$$-\frac{1}{\rho}\frac{\Delta P}{\Delta n} = 2V_g\omega\sin\varphi$$

于是

$$V_g = -\frac{1}{2\rho\omega\sin\varphi}\frac{\Delta P}{\Delta n} \qquad (4 \cdot 15)$$

上式即地转风 V_g 的公式。式中 $-\frac{\Delta P}{\Delta n}$ 是等高面上的水平气压梯度。

地转风方向与水平气压梯度力的方向垂直,即平行于等压线。因而,若背风而立,在北半球高压在其右方,在南半球,高压在其左方,此称风压律。

表 4·4 说明,地转风速随纬度增高而减小。但实际观测到的地转风速却是高纬度地区大于低纬度地区。这是由于高纬度的气压梯度值远远大于低纬度的缘故。

表 4·4 地转风速随纬度 (φ) 的变化

φ	5°	10°	20°	30°	40°	50°	60°	70°	80°	90°
风速(m/s)	55.4	27.7	14.1	9.6	7.5	6.2	5.5	5.1	4.9	4.8

(假设 $\frac{\Delta P}{\Delta n} = 1\text{hPa}/$赤道度, $\rho = 1.293\text{kg/m}^3$ 时算出的)

由于地转风是 $\vec{G}$ 和 $\vec{A}$ 达到平衡时的空气水平运动,因而是稳定的直线运动,风向与等压线平行,等压线也是相互平行的,见图 4·19。严格说,等压线还应平行于纬圈,因为地转偏向力随纬度有变化,只有等高线平行于纬线时才能达到处处气压梯度力与地转偏向力相平衡,以获得稳定的直线运动。实际大气中,这种严格的理论上的地转风是很少存在的。中高纬度自由大气中的实际风与地转风十分相近,水平运动基本上是地转的。在低纬度地转偏向力很小,地转风的概念已不适用。

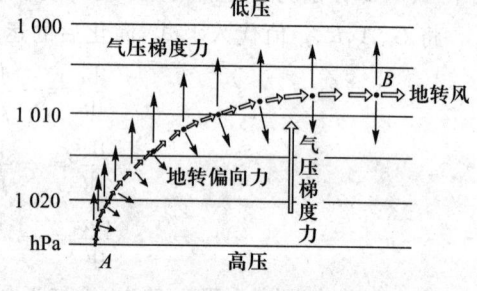

图 4·19 (北半球)地转风形成示意图

(4·15)式是等高面上的地转风公式,由于 ρ 随高度有很大变化,因而在比较某地不同高度上的地转风时,不仅要比较上、下层气压梯度的大小,同时还要知道 ρ 值随高度的变化,这给实际工作带来极大不便。如果应用等压面图来代替等高面图,问题就容易解决,因为在等压面图上水平气压梯度力

$$\vec{G} = -\frac{1}{\rho}\frac{\Delta P}{\Delta n} = -\frac{g\Delta Z}{\Delta n}$$

又

$$H = \frac{g}{9.8}Z$$

所以

$$\vec{G} = -9.8\frac{\Delta H}{\Delta n}$$

于是有

$$V_g = -\frac{9.8}{2\omega\sin\varphi}\frac{\Delta H}{\Delta n} \qquad (4 \cdot 16)$$

(4·16)式中已经不出现 ρ，地转风直接与等压面上的位势梯度成正比，与纬度的正弦成反比。对于一地来说，纬度相同，只要比较各层等压面图上的等高线疏密程度，就可确定各层风速的大小。

(二) 梯度风

当空气质点作曲线运动时，除受气压梯度力和地转偏向力作用外，还受惯性离心力的作用，当这三个力达到平衡时的风，称为梯度风。

由于作曲线运动的气压系统有高压和低压之分，而且在高压和低压系统中，力的平衡状况不同，其梯度风也各不相同。

见图4·20，在低压内气压梯度力 $\vec{G}$ 指向中心，地转偏向力 $\vec{A}$ 和惯性离心力 $\vec{C}$ 指向外，达于平衡状态时出现的梯度风为

$$\vec{G} = \vec{A} + \vec{C}$$

将 $\vec{G}$、$\vec{A}$、$\vec{C}$ 的表达式代入上式，得低压梯度风风速 V_c 为

$$V_c = -r\omega\sin\varphi \pm \sqrt{(r\omega\sin\varphi)^2 - \frac{r}{\rho}\frac{\partial P}{\partial n}} \quad (4·17)$$

高压内气压梯度力 $\vec{G}$ 和惯性离心力 $\vec{C}$ 指向外，而地转偏向力 $\vec{A}$ 指向内，三个力达于平衡时出现的梯度风，即

$$\vec{G} + \vec{C} = \vec{A}$$

将 G、A、C 的表达式代入上式，得高压梯度风风速 V_{ac}，

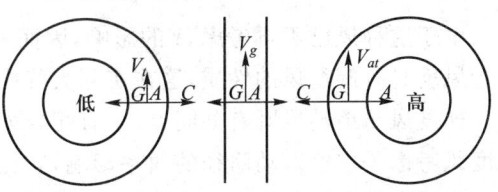

图4·20 高压、低压中梯度风与地转风的比较

$$V_{ac} = r\omega\sin\varphi \pm \sqrt{(r\omega\sin\varphi)^2 + \frac{r}{\rho}\frac{\partial P}{\partial n}} \quad (4·18)$$

(4·17)式和(4·18)式根号前都有正负两个符号，可得两个根。但实际上，在 $-\frac{\partial P}{\partial n}$、$r$（曲率半径）、$\rho$、$\varphi$ 确定后，梯度风应当是一定的，即根号前正负号只能取一个，而且当 $-\frac{1}{\rho}\frac{\partial P}{\partial n} = 0$ 时，梯度风风速值也为零。这样，低压梯度风风速式根号前符号应取正号，即

$$V_c = -r\omega\sin\varphi + \sqrt{(r\omega\sin\varphi)^2 - \frac{r}{\rho}\frac{\partial P}{\partial n}} \quad (4·19)$$

高压梯度风风速式根号前符号应取负号，即

$$V_{ac} = r\omega\sin\varphi - \sqrt{(r\omega\sin\varphi)^2 + \frac{r}{\rho}\frac{\partial P}{\partial n}} \quad (4·20)$$

在北半球，低压中的梯度风必然平行于等压线，绕低压中心作逆时针旋转。高压中梯度风平行于等压线绕高压中心作顺时针旋转。南半球则相反。

不同条件下的梯度风风速。见表4·5、表4·6。

在一定纬度带，当 $\vec{G}$ 相等时，低压梯度风风速小于地转风速，高压梯度风风速大于地转风速。即 $V_{ac} > V_g > V_c$。

另外,在低纬度地区或小尺度低压中,如果气压梯度力和惯性离心力都很大,而地转偏向力很小时,则可能出现旋衡风,即被视为 $\vec{G}=\vec{C}$ 时的空气运动。其运动方程为

$$\frac{V^2}{r}+\frac{1}{\rho}\frac{\partial P}{\partial n}=0$$

表 4·5　在标准空气密度下,纬度 50°处的梯度风风速(m/s)

$-\frac{\partial P}{\partial n}$ (hPa/赤道度)	低　　压					直线等压线	高　　压			
	r(km)						r(km)			
	100	200	500	1 000	2 000		−2 000	−1 000	−500	−250
1	4.5	5.1	5.7	5.9	6.1	6.2	6.4	6.6	7.2	9.4
2	7.5	8.9	10.5	11.3	11.8	12.5	13.3	14.3	18.7	不存在
3	9.9	12.1	14.8	16.3	17.3	18.7	20.7	23.8	不存在	

表 4·6　梯度风风速(m/s)和地转风风速(m/s)随纬度 (φ) 的变化

纬　　度	30°	60°	90°
低压梯度风	8.1	5.2	4.6
地　转　风	9.6	5.5	4.8
高压梯度风	14.3	6.0	5.1

由于这种风已不再考虑 $\vec{A}$ 的影响,因而其风向既可按顺时针方向吹,又可按逆时针方向吹。龙卷风就具有旋衡风的性质,这在实际大气中是存在的。

梯度风与地转风既有共同点,又有相异处,两者都是作用于空气质点的力达到平衡时的风。梯度风考虑了空气运动路径的曲率影响,它比地转风更接近于实际风。

在研究自由大气中大尺度空气运动时,地转风或梯度风这两种平衡关系是基本上适应的,尤其在中高纬度,它们概括了自由大气中风场和气压场的基本关系,在气象上有很大实用价值。但实际自由大气中的空气运动并不完全与地转风或梯度风相吻合,各个作用力的平衡关系也只是相对的、暂时的,平衡关系经常会遭到破坏。这是因为空气运动的路径不会是直线的,也不会是圆形或曲线,结果气压梯度力便随着时间和空间在发生变化。同时,空气运动也不会总是平行于纬圈,常常有穿越纬圈的运动,其风速也随之发生相应变化。由上可见,即使一开始空气所受的力达到平衡,而随着时间和空间的变化,力的平衡关系会遭到破坏,出现非平衡下的实际风。实际风与地转风、梯度风之间便出现偏差,形成所谓偏差风。正是由于偏差风出现,促使风场与气压场相互调整,建立新的平衡关系,新的平衡又在新的风压条件下遭到破坏。空气运动就是从不平衡到平衡,又从平衡到不平衡的过程。地转风和梯度风只不过是与实际风相近似的一种暂时达到平衡状态的应具有的风速值。

（三）自由大气中风随高度的变化

大量高空探测资料表明,不同高度上的风向、风速是不一致的,风随高度有着明显变化。

自由大气中风随高度的变化同气压场随高度的变化密切相关。而气压随高度递降的快慢又与大气柱中的平均温度有关。在暖气柱中,气压随高度增加而降低得慢,即单位气压高度差大,而在冷气柱中,气压随高度增加而降低得快,即单位气压高度差小。因此,假若等压面在低层是水平的(气压梯度为零),而由于气柱中平均温度在水平方向上有差别,到高层以后,等压面就会出现倾斜,暖区一侧等压面抬起,冷区一侧等压面降低,结果使高层水平面上的气压值不相等,出

现了由暖区指向冷区的气压梯度力,从而产生了平行于等温线的风,而且气层中平均温度梯度愈大,高层出现的风也愈大,这种由于水平温度梯度的存在而产生的地转风在铅直方向上的速度矢量差,称为热成风($\vec{V}_T$),即

$$\vec{V}_T = \vec{V}_2 - \vec{V}_1$$

$\vec{V}_2、\vec{V}_1$ 分别是高层与低层的地转风。如果低层等压面是水平的,则 $\vec{V}_1 = 0, \vec{V}_2 = \vec{V}_T$。

热成风的大小与气层内平均温度梯度以及气层的厚度成正比,与科氏参数(f)成反比。热成风的方向与平均等温线相平行,在北半球背热成风而立,高温在右,低温在左,南半球则反。热成风风速的表达式为

$$\vec{V}_T = \frac{g(Z_2 - Z_1)}{f\, T_m} \frac{\partial T_m}{\partial n} \tag{4·21}$$

式中 T_m 为气层平均温度,f 为地转参数,g 为重力加速度,Z_1、Z_2 为下、上层的高度(图4·21,图4·22)。

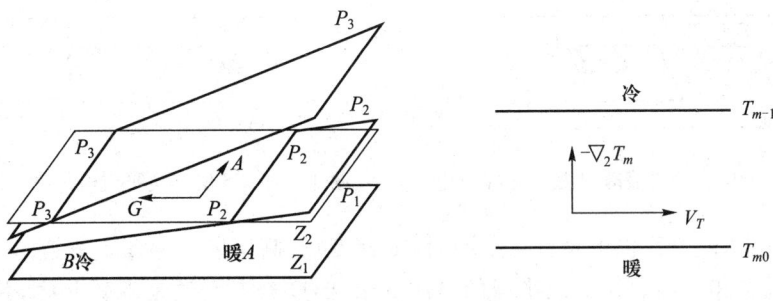

图 4·21 热成风的形成　　　　图 4·22 热成风的方向

在平衡条件下,自由大气中风随高度的变化主要与气层中的温度场有关。根据气层中水平温度场与气压场间的不同配置情况,风随高度的变化会有下列几种基本形式。

1. 等温线与等压线平行

出现于温压场对称系统。根据风随高度变化状况可分为两类:一类是高压区与高温区相对应的系统,其低层风向与热成风风向一致,因而其风速随高度逐渐增大,风向不改变(图4·23)。另一类是高压区与低温区相重合的系统。由于高压区对应着冷区,低层风向与热成风方向相反。因而低层风速随高度逐渐减小,风向不变,到某一高度风速减小到零。再向高空,风速随高度增大,而风向则与低层相反,即发生180°转变,同热成风风向一致(图4·24)。

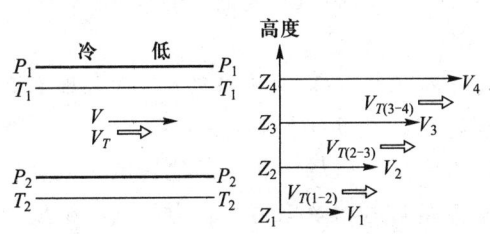 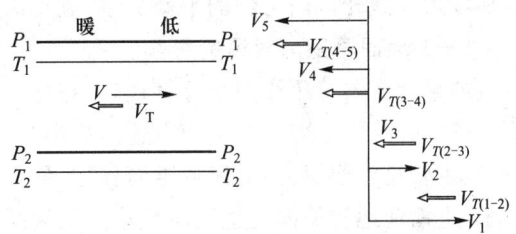

图 4·23 气层暖区与下层高　　　图 4·24 暖区与下层低压区重合,
压区重合,气层冷区与下层低　　　　冷区与下层高压区重合时
压区重合时风随高度的变化　　　　　　风随高度的变化

2. 等压线与等温线相交

出现于温压场不对称系统。在这种系统中风随高度的变化状况也分为两类，一类是等压线与等温线相交而有冷平流(图4·25)，低层风从冷区吹向暖区。由于 $\vec{V_1}+\vec{V_T}=\vec{V_2}$，所以，在北半球风向随高度逐渐向左转，而且愈到高层，风向与热成风风向愈接近。

另一类是等压线与等温线相交而有暖平流(图4·26)，低层风从暖区流向冷区，由于 $\vec{V_1}+\vec{V_T}=\vec{V_2}$，所以风向随高逐渐向右转，愈到高层风向与热成风愈接近。

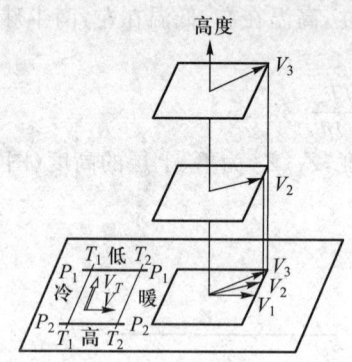
图4·25 下层有冷平流时风随高度的变化

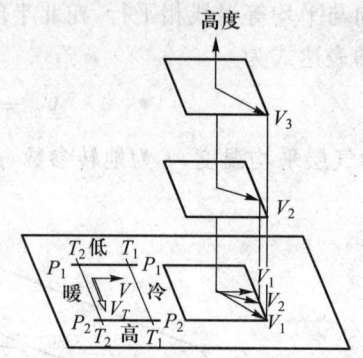
图4·26 下层有暖平流时风随高度的变化

在自由大气中，随着高度的增高，不论风向如何变化，高层风总是愈来愈趋向于热成风，这个结论与实际情况是相符的。比如北半球的对流层中，温度分布大致是南暖北冷，并且在纬度30°附近温度梯度最大，因而在对流层上层总是以西风为主(热成风是西风)，并在纬度30°附近上空出现最大的西风风速区，称为西风急流。

热成风 $\vec{V_T}$ 并不是实际上的空气水平运动，而是风随高度的改变量，是上层地转风与下层地转风的矢量差。地转风是作用力平衡情况下的风，所以热成风也是平衡状态下的风差。研究和了解热成风有助于揭示自由大气中风随高度变化的基本规律，以及大气平衡条件下的气压场、风场、温度场间的相互关系。

三、摩擦层中空气的水平运动

在摩擦层中，空气的水平运动因受摩擦力作用，不仅风速减弱、风向受到干扰，而且破坏了气压梯度力与地转偏向力间的平衡关系，表现出气流斜穿等压线，从高压吹向低压的特征。

(一) 地面摩擦力对风的影响

如果地面层等压线为平行直线时，空气质点受到气压梯度力(G)、地转偏向力(A)和地面摩擦力(R)的共同作用。当三个力达到平衡时，便出现了稳定的地面平衡风(图4·27)。由于摩擦力(主要是外摩擦力)对风的阻滞作用，使平衡风的风速比原气压场中相应的地转风的风速要减小，进而使地转偏向力也相应减小。结果减小后的地转偏向力和摩擦力的合力与气压梯度力相平衡时的风，斜穿等压线，由高压吹向低压。其风速大小与气压梯度力成正比，而与地面摩擦系数成反比。摩擦层中风场与气压场的关系为：在北半球背风而立，高压在右后方，低压在左前方，此即白贝罗风压定律。至于风向偏离等压线的角度(α)和风速减小的程度，则取决于摩擦力的大小。摩擦力愈大,交角愈大,风速减小得愈多。据统计,在中纬度地区,陆地上的地面风速(10—12m 高度上的风速)约为该气压场所应有地转风速的 35%—45%,在海洋上约为 60%—70%。风向与等压线的交角,在陆地上约为 25°—35°,在海洋上约为 10°—20°。

在等压线弯曲的气压场中,例如闭合的高压和低压中,由于地面摩擦力的作用,风速比气压场中所应有的梯度风风速要小,风斜穿等压线吹向低压区。所以,低压中的空气是一面旋转、一面向低压中心辐合。高压中空气则是一面旋转、一面从高压中心向外辐散(图 4·28)。

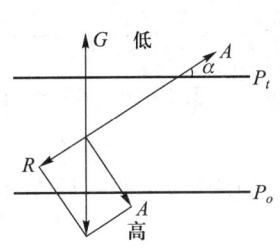

图 4·27 三个力平衡时的风

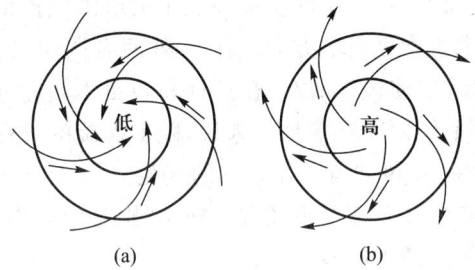

图 4·28 摩擦层中低压(a)和高压(b)的气流

(二) 摩擦层中风随高度的变化

在摩擦层中风随高度的变化,既受摩擦力随高度变化的影响,又受气压梯度力随高度变化的影响。假若各高度上的气压梯度力都相同,由于摩擦力随高度不断减小,其风速将随高度增高逐渐增大,风向随高度增高不断向右偏转(北半球),到摩擦层顶部风速接近于地转风,风向与等压线相平行。

根据理论计算和实测资料,可以得到北半球摩擦层中在不考虑气压梯度力随高度改变时,风随高度变化的图像(如图 4·29)。图中 V_1、V_2、V_3 …代表自地面起各高度的风向、风速矢量,接连各风矢量终点的平滑曲线,称为埃克曼螺线,是风速矢端迹图。

实际上,气压梯度力随高度也在改变,因而摩擦层中风的变化并不完全符合上述规律,需要根据热成风原理,用矢量合成方法进行修正。

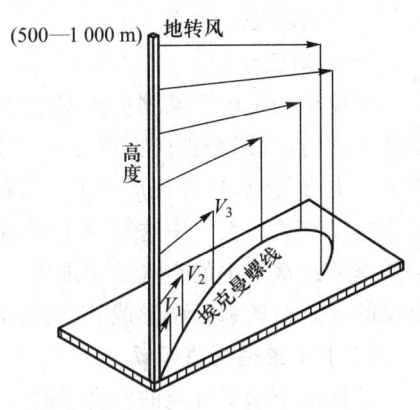

图 4·29 北半球风随高度分布的埃克曼螺线

(三) 风的日变化和风的阵性

1. 风的日变化

近地面层中,风存在着有规律的日变化。白天风速增大,午后增至最大,夜间风速减小,清晨减至最小。而摩擦层上层则相反,白天风速小,夜间风速大。这是因为在摩擦层中,通常是上层风速大于下层。白天地面受热,空气逐渐变得不稳定,湍流得以发展,上下层间空气动量交换增强,使上层风速大的空气进入下层,致下层风速增大,风向向右偏转。同理,下层风速小的空气进入上层,造成上层风速减小,风向向左偏转。午后湍流发展旺盛,下层风速增至最大值,风向右偏最多,上层风速减到最小值,风向左偏最多,这时上下层风的差异最小。夜间湍流减弱,下层风速变小、风向左偏,上层风速增大、风向右偏。上层与下层的分界线随季节而有变化,夏季湍流最强,可达300m,冬季湍流最弱,低至20m,平均约50—100m。风的日变化,晴天比阴天大,夏季比冬季大,陆地比海洋大。当有强烈天气系统过境时,日变规律可能被扰乱或被掩盖。

2. 风的阵性

是指风向变动不定、风速忽大忽小的现象。它是因大气中湍流运动引起的。当大气中出现强烈扰动时,空气上下层间交换频繁,这时与空气一起移动的大小涡旋可使局部气流加强、减弱或改变方向。图4·30中的实箭头表示大范围气流的方向,虚箭头表示水平涡旋中气流的方向。在A处两者同向,使风速增大,在B处两者反向,使风速减小,在C处和D处两者垂直,风向发生向左或向右偏转。对于一定地点来说,随着涡旋的过往,该地的风速就会忽大忽小,风向有忽左忽右的变化。

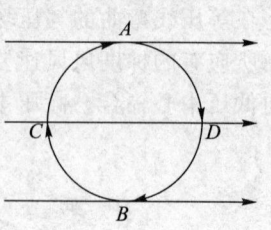

图4·30 风阵性的形成

风的阵性在摩擦层中经常出现,特别是山区更甚。随着高度的增高,风的阵性在逐渐减弱。以夏季和午后最为明显。

四、空气的垂直运动

大气运动经常满足静力学方程,基本上是准水平的,因而空气的垂直运动速度很小,一般仅为水平速度的百分之一,甚至千分之一或更小。然而垂直运动却与大气中云雨的形成和发展及天气变化有着密切关系。

(一) 对流运动

对流运动是由于某团空气温度与周围空气温度不等而引起的。当某空气团的温度高于四周空气温度时,气团获得向上浮力产生上升运动,升至上层向外流散,而低层四周空气便随之辐合以补充上升气流,这样便形成了空气的对流运动。对流运动的高度、范围和强度同上升气团的气层稳定度有关。大气中这种热力对流的水平尺度多在0.1—50km,是温暖的低、中纬度地区和温暖季节经常发生的空气运动现象。它的规模较小、维持时间短暂,但对大气中热量、水分、固体杂质的垂直输送和云雨形成、天气发展演变具有重要作用。

(二) 系统性垂直运动

是指由于水平气流的辐合、辐散、暖气流沿锋面滑升以及气流受山脉的机械、阻滞等动力作用所引起的大范围、较规则的上升或下降运动。这种运动垂直速度很小,但范围很广,并能维持较长时间,对天气的形成和演变产生着重大影响。

大气是连续性流体,当空气发生水平辐合运动时,位于辐合气流中的空气必然受到侧向的挤压,便从上侧面或下侧面产生上升或下降气流。同理,当空气向四周辐散时,在垂直方向上也会产生下沉或上升气流以补偿辐流气流的流散。

在系统性的垂直运动中,上升区或下降区的范围可达几百至几千千米,而升降速度却只有1—10cm/s。然而,这样的升降速度在持续较长的时间里(例如一昼夜),空气在垂直方向上可以移动数百米至数千米,对天气的形成和变化有很大影响。

系统性垂直运动的发生往往同天气系统相联系。例如与高压、低压、槽、脊以及锋面等有密切关系。

第四节 大气环流

大气环流是指大范围的大气运动状态。其水平范围达数千千米,垂直尺度在 10 千米以上,时间尺度在 1—2 日以上。大气环流反映了大气运动的基本状态,并孕育和制约着较小规模的气流运动。它是各种不同尺度的天气系统发生、发展和移动的背景条件。

一、大气环流形成的主要因素

(一)太阳辐射作用

大气运动需要能量,而能量几乎都来源于太阳辐射的转化。大气不仅吸收太阳辐射、地面辐射和地球给予大气的其它类型能量,同时大气本身也向外放射辐射。然而这种吸收和放射的差额在大气中的分布是很不均匀的,沿纬圈平均在 35°S—35°N 之间是辐射差额的正值区[①],即净得能量区。由 35°S 向南和由 35°N 向北是辐射差额的负值区,即净失能量区。这样自赤道向两极形成了辐射梯度,并以中纬度地区净辐射梯度最大。净辐射梯度分布引起了地球上高、低纬度间的大气热量收支不平衡,使大气中出现了有效位能,形成了向极的温度梯度。大气是低粘性、可压缩流体,温度和气压的改变可能引起膨胀或收缩。结果,低纬大气因净得热量不断增温并膨胀上升,极地大气因净失热量不断冷却并收缩下沉。在这种温度梯度下,为保持静力平衡,对流层高层必然出现向极地的气压梯度,低层出现向低纬的气压梯度。假设地球表面性质均一和没有地转偏向力,则气压梯度力的作用将使赤道和极地间构成一个大的理想的直接热力环流圈,见图 4·31。环流使高低纬度间不同温度的空气得以交换,并把低纬度的净收入热量向高纬度输送,以补偿高纬热量的净支出,从而维持了纬度间的热量平衡。因此,太阳辐射对大气系统加热不均是大气产生大规模运动的根本原因,而大气在高低纬间的热量收支不平衡是产生和维持大气环流的直接原动力。

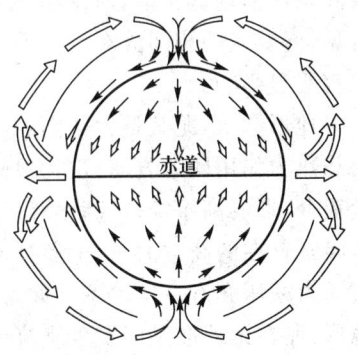

图 4·31 在不自转的地球上的大气环流

(二)地球自转作用

大气是在自转的地球上运动着,地球自转产生的偏转力迫使运动空气的方向偏离气压梯度力方向。在北半球,气流向右偏转,结果使直接热力环流圈中自极地低空向赤道的气流偏转成东风,而不能迳直到达赤道;同样,自赤道高空流向极地的气流,随纬度增高,偏转程度增大,逐渐变成与纬圈相平行的西风。可见,在偏转力的作用下,理想的单一的经圈环流,既不能生成也难以维持,因而形成了几乎遍及全球(赤道地区除外)的纬向环流。纬向风带的出现,阻挡着经向气流的逾越,引起某些地区空气质量的辐合和一些地区空气质量的辐散,使一些地区的高压带和另一些地区的低压带得以形成和维持。结果,全球气压水平分布在热力和动力因子作用下,呈现出规则的纬向气压带,而且高低气压带交互排列(图 4·34)。而气压带的生成和维持又是经圈环流形成的必需条

[①] 亦有观测资料指出在 30°S—30°N 之间是辐射正值区,见本书图 6·5。

件。因而地球自转是全球大气环流形成和维持的重要因子。

（三）地表性质作用

地球表面有广阔的海洋、大片的陆地，陆地上又有高山峻岭、低地平原、广大沙漠以及极地冷源，因此是一个性质不均匀的复杂的下垫面。从对大气环流的影响来说，海陆间热力性质的差异所造成的冷热源分布和山脉的机械阻滞作用，都是重要的热力和动力因素。

海洋与陆地的热力性质有很大差异。夏季，陆地上形成相对热源，海洋上成为相对冷源；冬季，陆地成为相对冷源，海洋却成为相对热源。这种冷热源分布直接影响到海陆间的气压分布，使完整的纬向气压带分裂成一个个闭合的高压和低压。同时，冬夏海、陆间的热力差异引起的气压梯度驱动着海陆间的大气流动，这种随季节而转换的环流是季风形成的重要因素。北半球陆地辽阔，海陆东西相间分布，在冬季，大陆是冷源，纬向西风气流流经大陆时，气流温度逐渐降低，直到大陆东岸降到最低，气流东流入海后，因海洋是热源，气温不断升温，直到海洋东缘温度升到最高，这样便形成了图4·32所示的温度场。即大陆东岸成为温度槽，大陆西岸形成温度脊。夏季时，温度场相反，大陆东岸为温度脊，大陆西岸为温度槽。根据热成风原理，与温度场相适应的高空气压场则是，冬季大陆东岸出现低压槽，西岸出现高压脊，夏季时相反。可见，海陆东西相间分布对高空环流形势的建立和变化有明显影响。

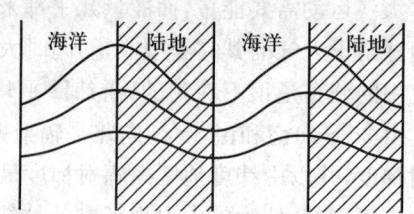

图4·32　由海陆热力性质不同而形成的温度场（冬季）示意图

地形起伏，尤其是大范围的高原和高大山脉对大气环流的影响非常显著，其影响包括动力作用和热力作用两个方面。当大规模气流爬越高原和高山时，常常在高山迎风侧受阻，造成空气质量辐合，形成高压脊，在高山背风侧，则利于空气辐散，形成低压槽。东亚沿岸和北美东岸，冬半年经常存在的高空大槽，虽然其形成同海陆温差有关，但同西风气流爬越巨大青藏高压和落基山的动力减压亦有一定关系。如果地形过于高大或气流比较浅薄，则运动气流往往不能爬越高大地形，而在山地迎风面发生绕流或分支现象，在背风面发生气流汇合现象。地形对大气的热力变化也有影响。比如青藏高原相对于四周自由大气来说，夏季时高原面是热源，冬季时是冷源，这种热力效应对南亚和东亚季风环流的形成、发展和维持有重要影响。

夏季极冰的冷源作用改变了太阳总辐射所形成的夏季经向辐射梯度，使对流层大气的夏季热源仍维持在低纬，冷源维持在高纬极区，这种夏季极冰冷源作用是影响大气环流运动的又一重要因素。

由上可见，海陆和地形的共同作用，不仅使低层大气环流变得复杂化，而且也使中高层大气环流有在特定地区出现平均槽、脊的趋势。

（四）地面摩擦作用

大气在自转地球上运动着，与地球表面产生着相对运动。相对运动产生着摩擦作用，而摩擦作用和山脉作用使空气与转动地球之间产生了转动力矩（即角动量）。角动量在风带中的产生、损耗以及在风带间的输送、平衡，对大气环流的形成和维持具有重要作用。

角动量为空气质点旋转速度与它到旋转轴距离的乘积。单位质量空气相对于地轴运动的角动量公式为

$$M = \omega R^2 \cos^2\varphi + uR\cos\varphi$$

ω 为地球自转角速度，R 为地球半径，u 为大气纬向风速，φ 为纬度。

式中第一项表示当空气和地球一起以 ω 角速度旋转时所具有的角动量，又称 ω 角动量。第二项为大气相对于地球运动的角动量，又称 u 角动量。

地球上的气流基本上呈纬向流动着，在中高纬度主要是西风带，低纬度是广阔东风带。在西风带地球通过摩擦作用给大气一个自东向西的转动力矩，所以西风带中大气将损耗西风角动量而地球将获得西风角动量。在东风带地球通过摩擦作用给大气一个自西向东的转动力矩，所以在东风带中大气获得地球给予的西风角动量，而地球将支出西风角动量。照此下去，西风带因不断损耗西风角动量，近地层西风要减弱；东风带因不断获得西风角动量，近地层东风也要减弱。然而长期观测事实证明，东、西风带的平均风速没有发生明显变化，地球自转速度也没有发生变化。这表明大气中的角动量是守恒的，东、西风带由地球获得或损耗的西风角动量是相等的。同时也表明大气中必有一种从东风带向西风带输送西风角动量的过程存在。

角动量的输送包括水平和垂直输送。水平输送主要通过平均纬向环流上叠加的大型涡旋（槽线呈东北-西南向）和平均经向风速来完成 u 角动量的输送。垂直输送主要靠平均经圈环流来实现。ω 角动量随纬度有变化，纬度愈低，ω 角动量愈大。在低纬经向环流圈中，赤道上升气流向上携带的 ω 角动量大于纬度 $30°$ 附近下沉气流向下携带的 ω 角动量，因而有净余的 ω 角动量向上输送。赤道上空获得的 ω 角动量向北运行时，在绝对角动量守恒定律支配下，转化为 u 角动量以补充大型涡旋向北输送 u 角动量的需要。同理，中纬逆环流圈中靠极一侧上升气流向上携带较小 ω 角动量，而靠低纬一侧下沉气流向下携带较大 ω 角动量，结果有净余 ω 角动量向下输送，然后在低空于向北运动中转化为 u 角动量，补充地面西风带的损耗。通过角动量输送过程保持了东、西风中角动量平衡，使东、西风带能够长期维持稳定状态。由上可见，地面摩擦作用是大气环流中纬向环流与经圈环流形成和维持的重要因素。

大气环流的形成和维持，除以上因子外，还同大气本身的特殊性质有联系。

二、大气环流平均状况

大气运动状态千变万化。为了从这些随时间和空间不断变化的复杂环流状态中找出大气环流的主要规律，通常采用求平均的方法，即对时间求平均，滤去所取时间内环流随时间的变化，显现出大气环流中比较稳定的特征，对空间求平均，滤去各经度间的环流差异，显现出各纬圈上环流的基本特征。

(一) 平均纬向环流

大气环流最基本的状态是盛行着以极地为中心的旋转的纬向环流，也就是东、西风带。图 4·33 是平均纬向风速的经向剖面图。从图上可以看出，对流层的中上层，除赤道地区有东风外，各纬度几乎是一致的西风，而且西风跨越的纬距随着高度在扩大。这是对流层中、上层由低纬指向高纬的经向温度所决定的。

近地面层的纬向环流分布见图 4·34，特征如下：

(1) 高纬地区：冬夏季都是一层很浅薄的东风带，称极地东风带。主要分布在北大西洋低压和北太平洋低压的向极一侧，其厚度、强度都是冬季大于夏季。

(2) 中纬地区：从地面向上都是西风，称盛行西风带。西风带在纬距上的宽度随高度而增

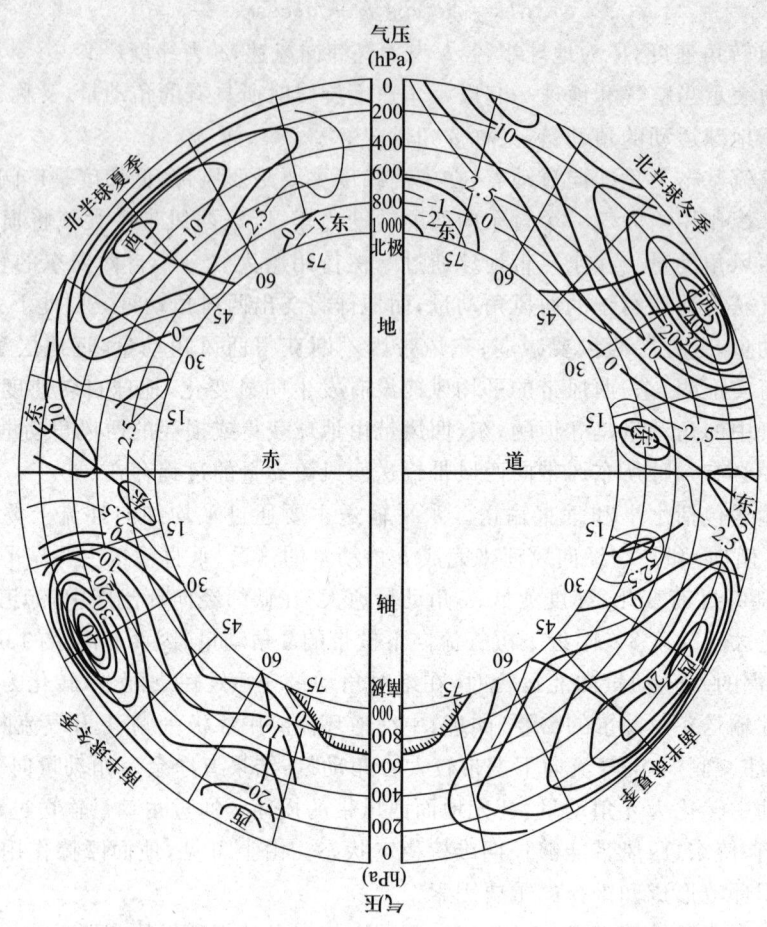

图 4·33 沿纬圈平均纬向风速(m/s)的经向剖面图(+:西风;−:东风)

大。西风风速自地面向上直至200hPa,差不多是增加的,到对流层顶附近形成一个强西风中心。北半球冬季西风风速大于夏季。由于经常受到随基本气流向东移动的高压和低压的影响,西风的风向和强度会发生很大变化;而且巨大的大陆面积、不规则的地形以及气压型式的季节变化往往又使西风气流变得不十分清楚。南半球由于广阔的海洋抑制了静止气压系统的发展,西风风速比北半球要强,风向也更为稳定。

(3)低纬地区:自地面到高空是深厚的东风层,称热带东风带或信风带。它是纬向风带中风向最为稳定、风速较大(平均风速4—8m/s)、活动范围广阔(几乎占全球的一半)的风带。

此外,北半球夏季,在南亚和非洲出现西风系统,称赤道西风带,其厚度从2—3km(非洲)到5—6km(印度洋)。

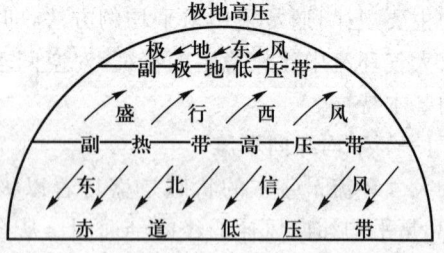

图 4·34 近地面的风带与气压带图示

· 108 ·

(二) 平均水平环流

水平环流是指纬向环流受到扰动(主要是地球表面海陆分布以及地面摩擦和大地形作用所引起)后发展起来的槽、脊和高、低压环流。

在北半球对流层中,高层的平均水平环流形式是西风带上存在着大尺度的平均槽、脊。见图4·35,1月份500hPa等压面图上西风带有三个平均槽,即位于亚洲东岸140°E附近的东亚大槽、北美东岸70°—80°W附近的北美大槽,和乌拉尔山西部的欧洲浅槽。在三槽之间并列着三个脊,脊的强度比槽弱得多。7月份,西风带显著北移,槽脊的位置也发生很大变动,即东亚大槽东移入海,原欧洲浅槽已不存在,并变为脊,而欧洲西岸和贝加尔湖地区各出现一个浅槽,北美大槽位置基本未动。

对流层上层300hPa平均图上(图4·36)的环流形势与中层500hPa平均图大体相似,只是西风范围更扩大,风速更增强。冬季时,三槽形势非常清楚。夏季时,槽、脊明显减弱。在副热带地区有深厚的高压带,其位置、范围、强度都随季节有变化。

在中高纬的对流层低层,由于地表海陆性质差异和地表起伏不平所引起的热力、动力变化,使环流沿纬圈的不均匀性更加显著,水平环流在月平均海平面气压分布图上主要表现为一个个巨大的高、低压系统。图4·37上,1月份北半球中高纬度沿纬圈有两个大低压,一个在北太平洋的阿留申群岛附近,中心强度为1 000hPa左右。另一个在北大西洋的冰岛附近,中心强度为997hPa。还有两个冷高压,一个是欧亚大陆上的强大西伯利亚高压,中心强度为1 035hPa。另一个是北美大陆上的北美(加拿大)高压,中心强度1 020hPa。副热带的高压有两个主要中心,一个在太平洋,一个在大西洋,范围甚小,强度较弱。南半球副热带高压分裂成三个高压中心,分别位于南太平洋、印度洋和南大西洋上,中心气压值都在1 018hPa左右。而在澳大利亚大陆、非洲南部和南美南部分别形成几个小低压,中心气压值在1 006—1 009hPa。

7月份,北半球大陆上发展了两个低压,即亚洲南部低压和北美西南部低压,中心强度分别为997hPa和1 011hPa。原在海洋上势力很强的阿留申低压和冰岛低压仍然存在,但强度已大为减弱,甚至几乎消失了,而海洋上的北太平洋高压(夏威夷高压)、北大西洋高压(亚速尔高压)强度增强,范围扩大,位置北移,中心气压值增至1 027hPa左右。南半球高压带几乎环绕全球,中心气压值可超过1 020hPa(图4·38)。

以上冬、夏季在平均气压图上出现的大型高、低压系统,称为大气活动中心。其中北半球海洋上的太平洋高压、大西洋高压、阿留申低压、冰岛低压常年存在,只是强度、范围随季节有变化,称为常年活动中心。而陆地上的南亚低压(印度低压)、北美低压、西伯利亚高压、北美高压等只是季节性存在,称为季节性活动中心。活动中心的位置和强弱反映了广大地区大气环流运行的特点,其活动和变化对其附近甚至全球的大气环流、对高低纬间、海陆间水分热量交换、对天气、气候形成演变起着重要影响。

(三) 平均经圈环流

是指在南北向沿经圈的垂直剖面上,由风速的平均北、南分量和垂直分量构成的平均环流圈。在大气运动满足静力平衡和准地转平衡条件下,除低纬度以外,上述风速的南北分量和垂直分量都很小,因而经圈环流同纬圈环流相比要弱得多。从图4·39可见,北半球有三个经向环流圈,即①低纬环流圈,是一个直接热力环流圈(正环流圈),是G.哈得莱(G. Hadley)最先提出的,故又称哈得莱环流圈。②中纬环流圈,是间接热力环流圈(逆环流圈),是W.费雷尔(W. Ferrel)

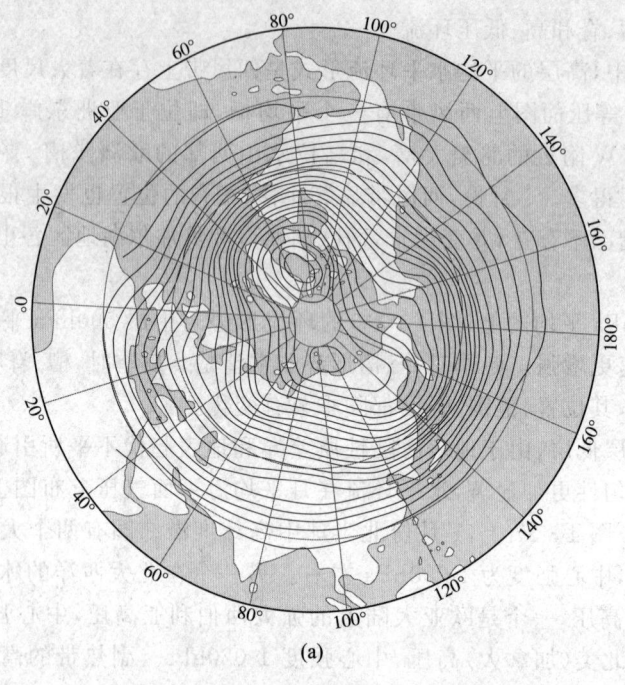

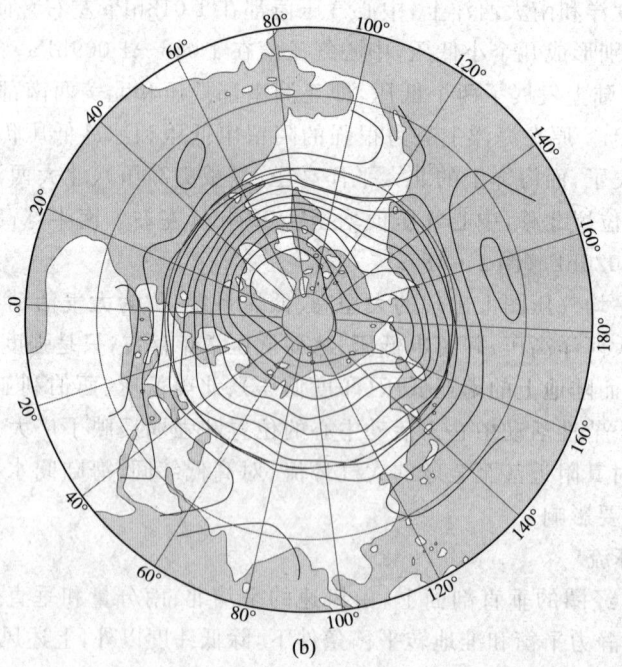

图 4·35 北半球 1 月(a)和 7 月(b)500hPa 等压面图

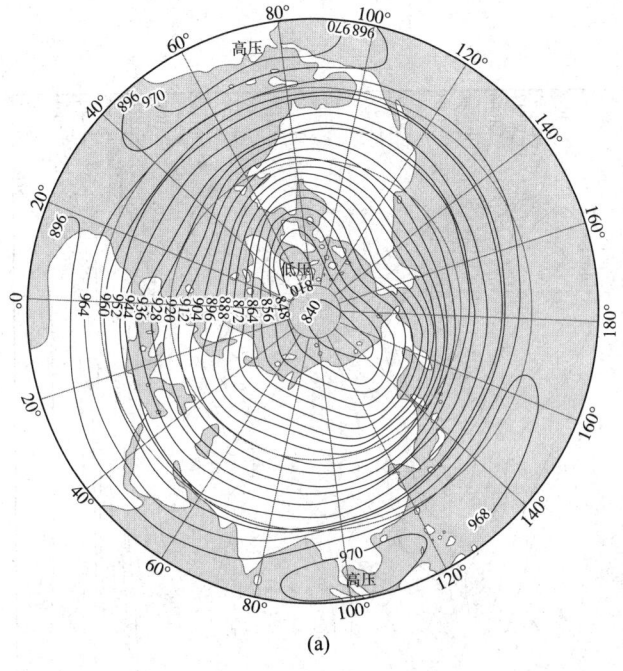

(a)

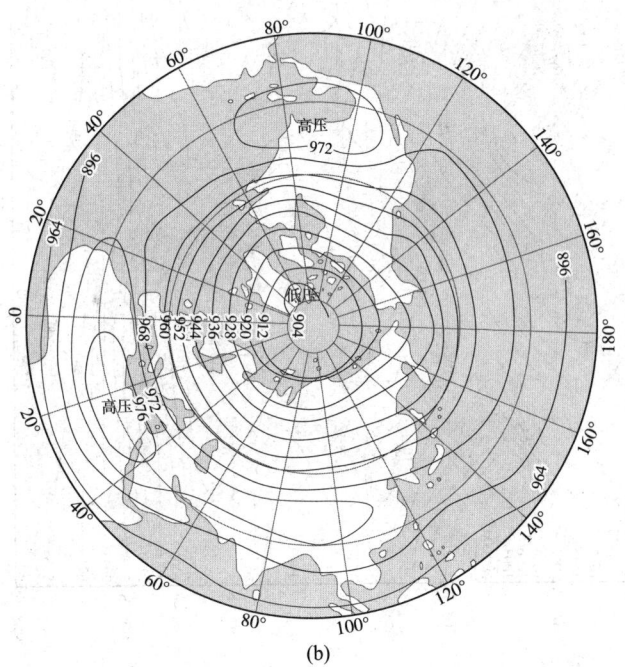

(b)

图 4·36 北半球 1 月(a)和 7 月(b)300hPa 等压面图

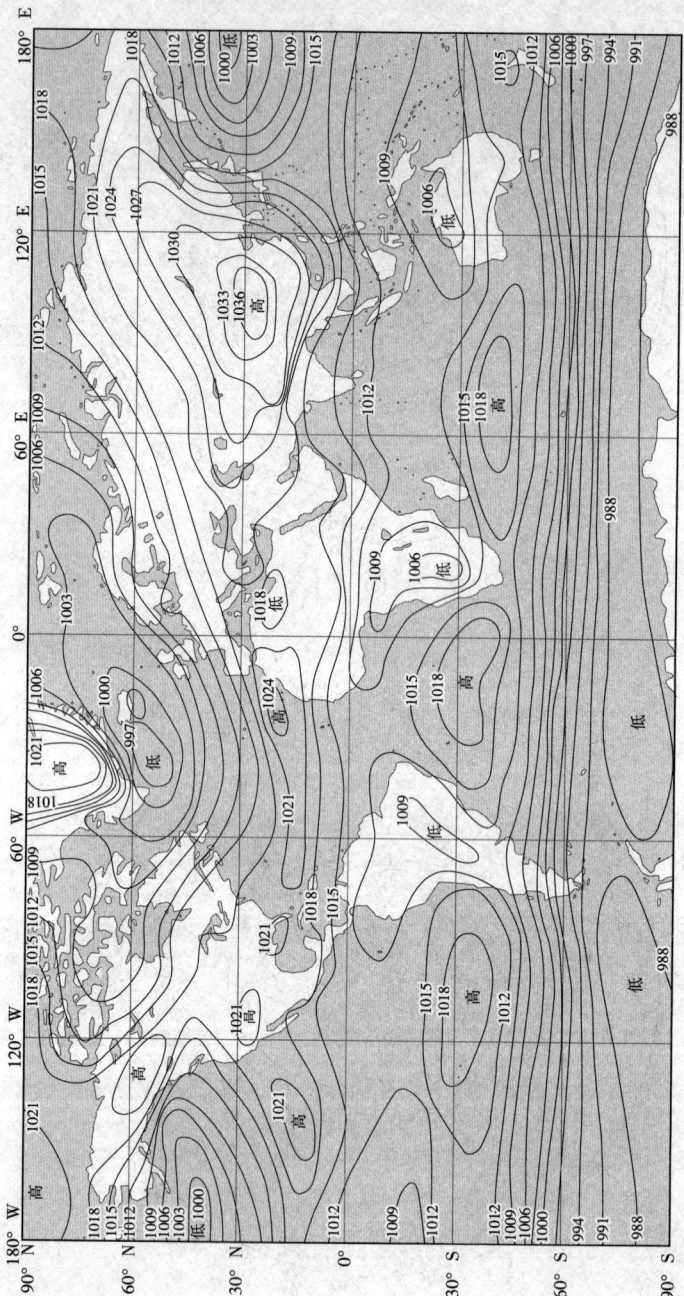

图 4·37 世界 1 月海平面平均气压图

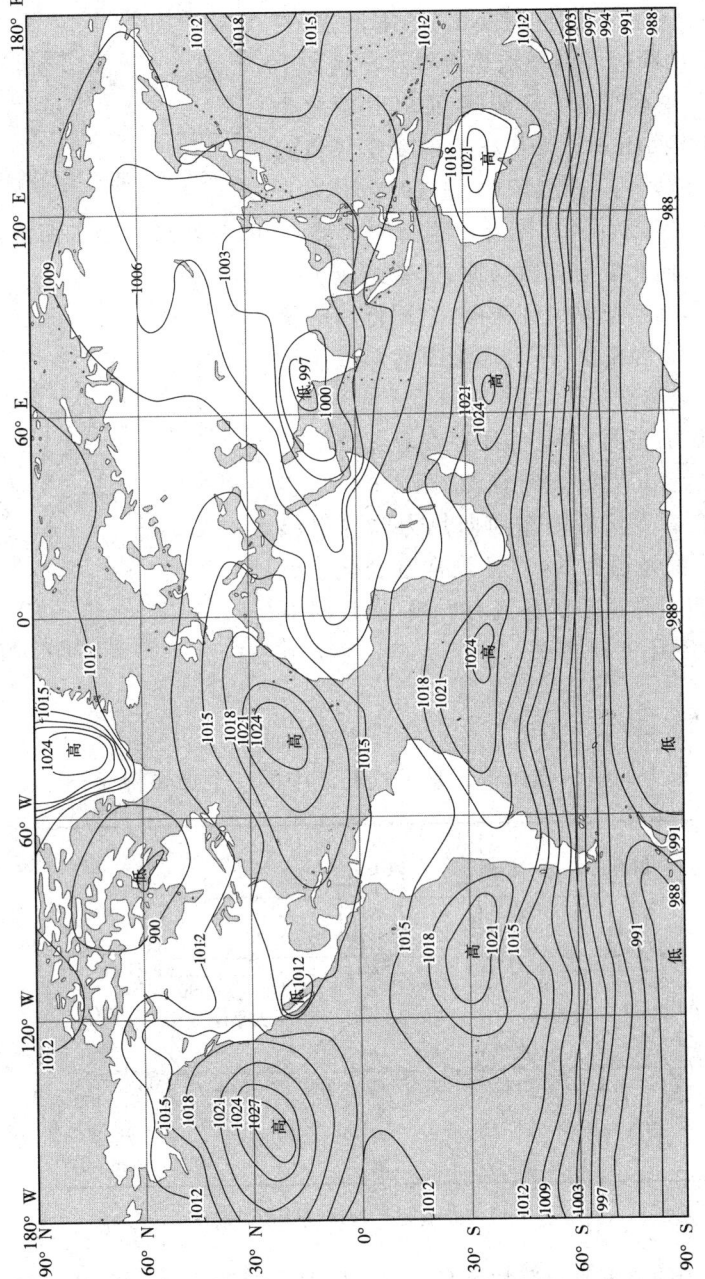

图 4·38 世界 7 月海平面平均气压图

最先提出的,故又称费雷尔环流圈。③高纬环流圈,又称极地环流圈,也是一个直接热力环流圈,是三个环流圈中环流强度最弱的一个。

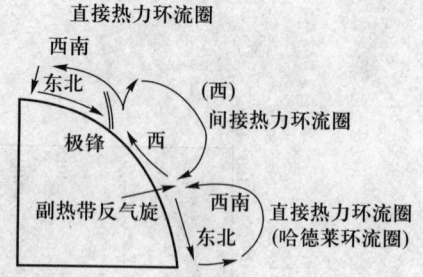

图4·39 北半球经圈环流的三圈模式

经向环流圈都有季节性移动。在北半球,夏季时向北移,冬季时向南移。环流强度也有变化(冬季增强,夏季减弱),甚至经度上的瞬时经圈环流也有差异。例如中纬度地区各个经度上并不都是逆环流圈,而往往沿整个纬圈有正、逆环流圈相间出现。又如东亚的夏季环流同平均情况的差别就更大了。图4·40是1958年7月75°—110°E平均经圈环流状况,气流沿青藏高原南坡上升,升到高空又折向南流,流到低纬下沉,下沉气流在低空又向北流向青藏高原,这就组成了一个闭合的经向环流圈,称南亚季风环流圈,它同低纬哈得莱环流圈的环流方向恰恰相反,这个环流圈的形成显然同青藏高原面夏季是热源有关。

此外,在赤道地区的东西方向上,还存在着几个纬向热力直接环流圈,称沃克(Walker)环流圈(图4·41),它是由于赤道地区存在着大尺度的东西向热力差异引起的。这些环流的强度都是很弱的,而且经常有变化。当出现大的变化时,不仅对赤道地区环流有影响,而且同中纬度环流,甚至高纬度环流遥相关。引起天气、气候的异常。

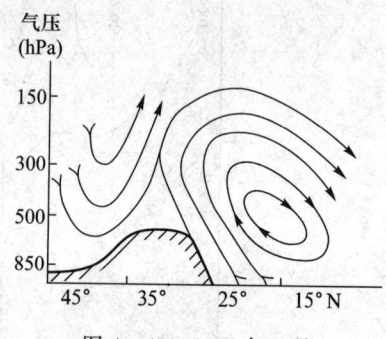

图4·40 1958年7月75°—110°E经圈环流图

(四) 急流

是指风速30m/s以上的狭窄强风带。是大气环流中的一个重要特征。

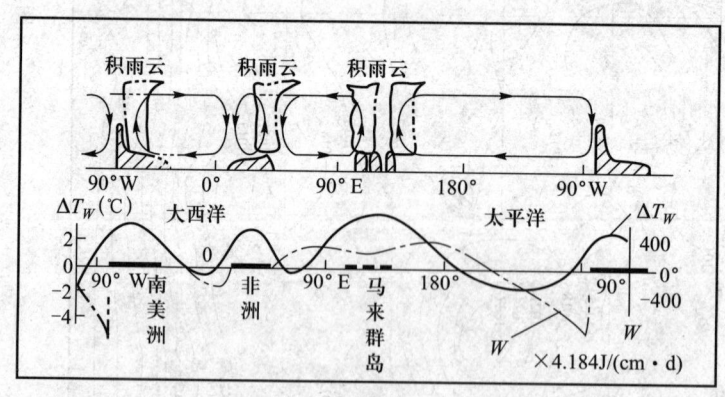

图4·41 赤道附近地区的沃克环流

在天气图上观察到的急流带环绕地球自西向东弯曲延伸达几千千米,水平宽度约上千千米,垂直厚度达几千米到十几千米。急流中心强度最大区称急流轴。急流轴是准水平的,其南北两端存在着强大的垂直风速切变(每千米5—10m/s)。一般情况下,急流中心风速可达50—80m/s,强急流中心风速达100—150m/s或更大。根据现有资料,位于东亚海洋上和日本上空的急流强度最大,冬季偶尔达150—180m/s,甚至达200m/s。在同一条急流轴上,风速分布并不均匀,有一个或几个强风中心。急流轴线在有的地方出现分支,有的地区出现汇合。

急流区大多与对流层上层水平温度梯度很大的锋区相对应,因而也和天气系统的发生、发展有密切关系。在对流层上层已经发现有下列几种急流。

(1) 温带急流:又称极锋急流,位于南北半球中高纬度地区的上空,是与极锋相联系的西风急流。急流的平均高度在冬季约8—10km,夏季约9—11km,平均厚度约3—10km。急流的位置经常在变动,冬季平均位于40°—60°N间,甚至伸展到更低纬度(图4·42)。夏季平均位置北移到70°N附近。温带急流的中心最大风速一般45—55m/s,甚至达105m/s。一般是冬季强、夏季弱。急流轴有明显的分支和汇合现象。

(2) 副热带急流:又称南支西风急流,位于200hPa上空副热带高压的北缘,同副热带锋区相联系,是一支相当强大而稳定的急流。急流轴位于25—32°N的11—13km的高空,位置比较稳定,夏季向高纬推移10—15个纬距。冬季中心最大风速约50—60m/s,强中心风速可增至100—150m/s,甚至可达200m/s。夏季风速减半。其分支、汇合现象以东亚最清楚。

(3) 热带东风急流:主要出现在夏季北半球亚洲、非洲副热带对流层顶附近(100—150hPa)处的一支急流,盛夏其平均位置在北纬10°—20°间,最大风速平均30—40m/s,个别达50m/s,风向稳定,强中心在阿拉伯海上空。

由上可知,大气环流基本上是纬向环流中包含着经圈环流,纬向主流上又叠着涡旋运动。这种不同运动形式之间相互联系、相互制约着,形成一个整体的环流体系。

三、大气环流的变化

大气环流在演变过程中既有形态的变化,也有强度、位置的变化。这些变化集中表现为随季节交替的年变化和与大型环流调整相联系的中短期变化。

(一) 年变化

大气环流的基本状态决定于地表热力分布的特征,而地表热力状况在一年中具有明显的季节性变化,进而引起大气环流的季节交替。

在中高纬度,一年中环流状态的季节转换,一般是以西风带上槽脊的数量、结构形式和西风的强弱表现出来。从北半球500hPa多年平均流场来分析,1—4月(冬季)中高纬度西风带上有三个槽、三个脊,而且槽脊的位置和强度基本稳定,6—8月(夏季)西风带上原有的三个槽已变为四个比较浅的槽,因此冬季和夏季的环流形势比较稳定,且占全年相当长的时间,成为中高纬度高层大气环流的基本形态,并在一年中交替出现。环流在从冬季形态转变为夏季形态中,只通过短暂的春季环流(5月)过渡阶段。同样,从夏季环流形态转变为冬季环流形态时,也只经过秋季(9—10月)短促的过渡阶段。这种以一年为周期的环流形态的变化,称为环流的年变化(图4·43)。

对流层上层(200hPa)的纬向环流形势也有季节性转换,主要表现在高空急流的变换上。冬季时位于北纬30°附近的副热带急流非常明显,4月份开始减弱,5月底突然消失,同时在40°N以北出现中纬度急流;9—10月中纬度急流又突然消失,副热带急流又迅速建立。

(二) 中短期变化

大气环流的中短期变化是由不同尺度的高空和低空天气系统的发生、发展和消亡过程所引起的。这种变化主要表现在西风带纬向环流和经向环流的相互转换上。纬向环流型,即500hPa上,

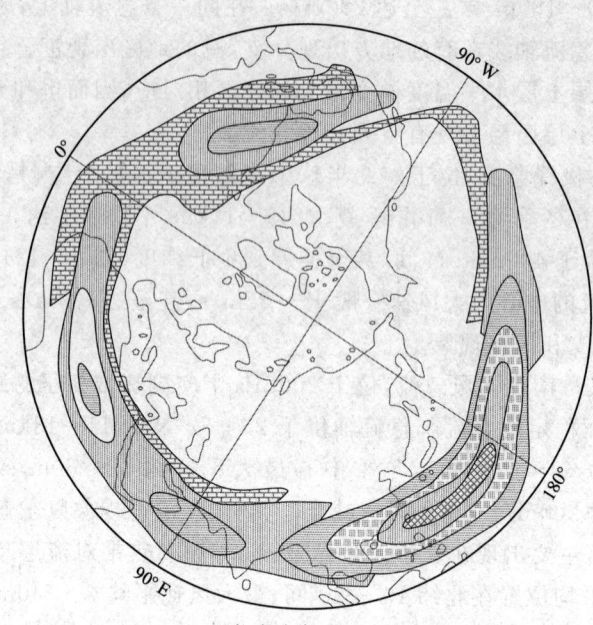

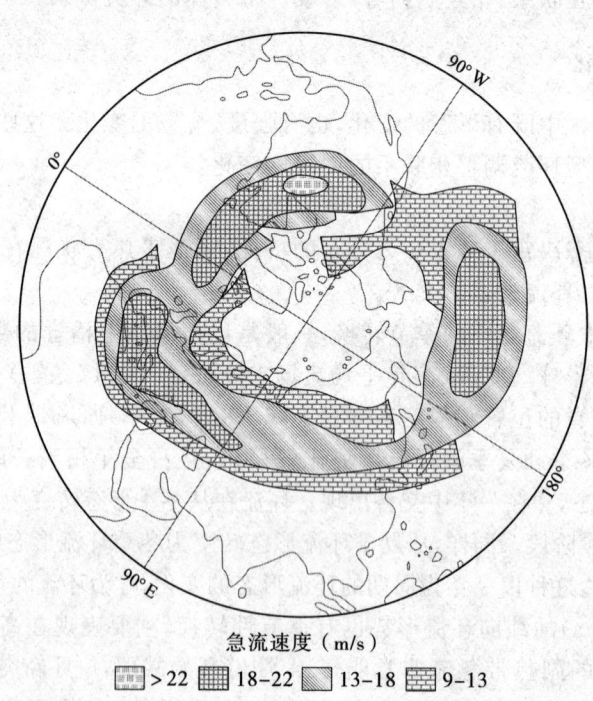

图 4·42　北半球 1 月(a)和 7 月(b)西风急流的平均位置和速度
(据 R.G. 巴里，R.J. 乔里. 大气、天气和气候)

环流比较平直,并在平直的西风带上多小槽、小脊,很少有大槽、大脊。经向环流型,即 500hPa 西风带上发展出深槽大脊,能引起强烈冷、暖空气活动。纬向型和经向型环流经常交替出现,其交替周期大约 2—6 周。这种交替演变规律一般用环流指数来表示。

环流指数分纬向环流指数(I_Z)和经向环流指数(I_M)两种。纬向环流指数又称西风指数,表示平均地转风速中西风分量的一个指标。可以定量地表述纬向环流的强弱,它是在所取范围(一般取 35°—55° 或 45°—65° 为南北范围,经度范围根据需要而定,可取自然天气区,也可取东半球或西半球,但范围不宜过大)各点上地转西风分量的总平均值。

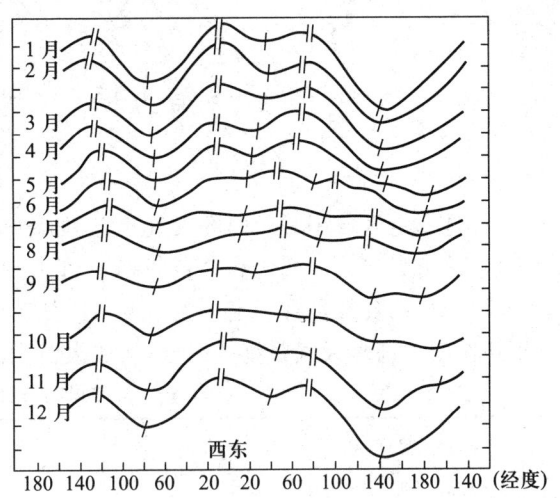

图 4·43 沿 50°N 的 500 百帕平均槽脊位置和强度的年变化图(纵坐标每格代表 100 位势米)

一般在 500hPa 等压面图上计算西风指数,我国经常使用亚洲地区的西风指数,所选范围是 45°—65°N,60°—150°E,其计算公式为

$$I_Z = \frac{1}{\Delta\varphi \cdot n} \sum_1^n (\Phi_{45} - \Phi_{65})$$

式中 Φ 为位势高度,n 为计算范围内所取点的数目,φ 为纬度。计算西风指数的时间单位可以是季节,也可以是月、候。西风环流指数并不能完全反映出纬向、经向环流特征,比如经向环流明显、锋区很强时,西风指数可能很高;相反经向环流很弱,锋区也弱时,西风指数可能很低。因而需引进经向环流指数作为补充。

经向环流指数是用某一经度范围内,沿经圈上地转风的平均南北分量表示经向环流的一个指标。其计算公式为

$$I_M = \frac{1}{\Delta\lambda \cdot n} \sum_1^n \frac{\Delta\Phi}{R\cos\varphi}$$

式中 λ 为经度,$\Delta\lambda$ 为沿纬圈上每个小区的固定距离。

西风指数的高低、振幅大小和演变特征,基本上能反映出环流形势的特征及其转换趋势。

第五章 天气系统

天气是一定区域短时段内的大气状态（如冷暖、风雨、干湿、阴晴等）及其变化的总称。天气系统通常是指引起天气变化和分布的高压、低压和高压脊、低压槽等具有典型特征的大气运动系统。各种天气系统都具有一定的空间尺度（表5·1）和时间尺度，而且各种尺度系统间相互交织、相互作用。许多天气系统的组合，构成大范围的天气形势，构成半球甚至全球的大气环流。

表5·1 常见的各种尺度的天气系统

尺度(km) 地带	大尺度 （>2 000）	中间(天气)尺度 （2 000—200）	中尺度 （200—2）	小尺度 （<2）
温带	超长波、长波	气旋、锋	背风波	雷暴
副热带	副热带高压	副热带低压切变线	飑线、暴雨	龙卷风
热带	赤道辐合带季风	台风、云团	热带风暴对流群	对流单体

天气系统总是处在不断新生、发展和消亡过程中，在不同发展阶段有其相对应的天气现象分布。因而一个地区的天气和天气变化是同天气系统及其发展阶段相联系的，是大气的动力过程和热力过程的综合结果。

各类天气系统都是在一定的大气环流和地理环境中形成、发展和演变着，都反映着一定地区的环境特性。比如极区及其周围终年覆盖着冰雪，空气严寒、干燥，这一特有的地理环境成为极区低空冷高压和高空极涡、低槽形成、发展的背景条件。赤道和低纬地区终年高温、潮湿，大气处于不稳定状态，是对流性天气系统产生、发展的必要条件。中高纬度是冷、暖气流经常交绥地带，不仅冷暖气团你来我往交替频繁，而且其斜压①不稳定，是锋面、气旋系统得以形成、发展的重要基础。天气系统的形成和活动反过来又会给地理环境的结构和演变以深刻影响。因而认识和掌握天气系统的形成、结构、运动变化规律以及同地理环境间的相互关系，对于了解天气、气候的形成、特征、变化和预测地理环境的演变都是十分重要的。

第一节 气团和锋

天气现象和天气变化是由大气的物理属性和大气的运动过程所决定的。而大气的物理属性是大气在运动过程中同地理环境不断作用下形成的。地球表面十分辽阔，地表性质错综复杂，在地表运动着的大气具有多种多样的物理属性。但从全球来看，在一定范围内存在着水平方向上物理属性相对均匀的大块空气和物理属性很不均匀的狭窄空气带。

---

① 斜压：大气中等压面和等温面相交的大气。等压面上的等温线越密集，反映斜压性越强；反之，等压面上等温线越稀疏，反映斜压性越弱。

一、气团

是指气象要素(主要指温度、湿度和大气静力稳定度)在水平分布上比较均匀的大范围空气团。其水平范围从几百千米到几千千米,垂直范围可达几千米到十几千米。同一气团内的温度水平梯度一般小于 1—2℃/100km,垂直稳定度及天气现象也都变化不大。

(一) 气团的形成

气团形成的源地需要两个条件:一是范围广阔、地表性质比较均匀的下垫面。空气中的热量、水分主要来自下垫面,因而下垫面性质决定着气团的属性。在冰雪覆盖的地区往往形成冷而干的气团。在水汽充沛的热带海洋上,常常形成暖而湿的气团。在沙漠或干燥大陆上形成干而热的气团。所以,大范围性质比较均匀的下垫面,可成为气团形成源地。二是有一个能使空气物理属性在水平方向均匀化的环流场。比如缓行的高压(反气旋)系统(高纬地区的准静止冷高压和副热带高压等),在其控制下不仅能使空气有充足时间同下垫面进行热量和水分交换,以获得下垫面属性,而且高压中的低空辐散流场利于空气温度、湿度的水平梯度减小,趋于均匀化,成为有利于气团形成的环流条件。

气团的形成是在具备了上述两个条件下,主要通过大气中各种尺度的湍流、大范围系统性垂直运动以及蒸发、凝结和辐射等动力、热力过程而与地表间进行水汽和热量交换,并经过足够长的时间来获得下垫面的属性影响。

此外,空气中的平流作用也伴随着热量和水分的输送,影响着气团中某一部分热量和水分的增减和分布,并可能引起气团稳定度的变化。

(二) 气团的变性

气团形成后,随着环流条件的变化,由源地移行到另一新的地区时,由于下垫面性质以及物理过程的改变,气团的属性也随之发生相应的变化,这种气团原有物理属性的改变过程称为气团变性。气团的变性过程同气团的形成过程一样,也是通过湍流、大范围垂直运动和蒸发、凝结、辐射等物理过程来实现的。变性的快慢和变性程度的大小,取决于流经地区下垫面性质与气团源地下垫面性质差异的大小,离开源地时间的长短以及空气运动状态的变化等。同时,不同气团变性的难易也是不同的。一般来说,冷气团移向暖区时容易变暖,而暖气团移向冷区时则不易变冷,这是因为冷气团底层受热后,层结不稳定度增加,湍流、对流容易发展,能较快地把底层热量、水汽输送到大气上层,改变着气团物理属性;相反,暖气团移向冷区时,气团底层不断变冷,层结稳定度增加,限制了冷却效应的垂直发展,致使气团变冷主要通过辐射过程缓慢进行,因而变性较慢。从气团水分变性来看,干气团容易变湿,湿气团不容易变干。因为干气团只要通过海洋或潮湿下垫面的蒸发作用就可增加水汽而变湿,而湿气团则要通过大气中水汽凝结和降水过程才能把水分除去而变干,显然变干过程要比变湿过程缓慢。

气团总是随着大气的运动而不停地移动着,停滞或缓行的状态只是暂时的,相对的。因而气团的变性是经常的,绝对的。而气团的形成只是不断变性过程中的一个相对稳定阶段。日常所见到的气团大多是已经离开源地而有不同程度变性的气团。

(三) 气团的分类

为了分析气团的特性、分布、移动规律,常常对地球上的气团进行分类。分类的方法大多采用地理分类法和热力分类法。

1. 地理分类法

是根据气团源地的地理位置和下垫面性质进行分类。首先按源地的纬度位置把北(南)半球的气团分为四个基本类型,即冰洋(北极和南极)气团、极地(中纬度)气团、热带气团和赤道气团。再根据源地的海陆位置,把前三种基本类型又分为海洋型和大陆型。赤道气团源地主要是海洋,就不再区分海洋型和大陆型。这样,每个半球划分出7种气团(表5·2)。各种气团在地球上的分布见图5·1。地理分类法的优点是能够直接从气团源地了解气团的主要特征,但它不易区分相邻两个气团的属性,也无法表示气团离开源地后的属性变化。

表5·2 气团的地理分类

名　　称	符号	主要天气特征	主要分布地区
冰洋(北极、南极)大陆气团	Ac	气温低、水汽少、气层非常稳定,冬季入侵大陆时会带来暴风雪天气	南极大陆、65°N以北冰雪覆盖的极地地区
冰洋(北极、南极)海洋气团	Am	性质与Ac相近,夏季从海洋获得热量和水汽	北极圈内海洋上,南极大陆周围海洋
极地(中纬度或温带)大陆气团	Pc	低温、干燥,天气晴朗,气团低层有逆温层,气层稳定,冬季多霜、雾	北半球中纬度大陆上的西伯利亚、蒙古、加拿大、阿拉斯加一带
极地(中纬度或温带)海洋气团	Pm	夏季同Pc相近,冬季比Pc气温高,湿度大,可能出现云和降水	主要在南半球中纬度海洋上,以及北太平洋、北大西洋中纬度洋面上
热带大陆气团	Tc	高温、干燥、晴朗少云,低层不稳定	北非、西南亚、澳大利亚和南美一部分的副热带沙漠区
热带海洋气团	Tm	低层温暖、潮湿,且不稳定,中层常有逆温层	副热带高压控制的海洋上
赤道气团	E	湿热不稳定,天气闷热,多雷暴	在南北纬10°之间的范围内

2. 热力分类法

是依据气团与流经地区下垫面间热力对比进行的分类。凡是气团温度高于流经地区下垫面温度的,称暖气团。相反,气团温度低于流经地区下垫面温度的,称冷气团。冷、暖气团是相对比较而言,两者之间并没有绝对温度数量界限。日常天气分析中还常依据气团与相邻气团间的温度对比划分冷、暖气团,温度相对高的称暖气团,温度相对低的称冷气团。

暖气团一般含有丰富的水汽,容易形成云雨天气。但是,当其移向冷区(高纬度)时,不仅会引起流经地区地面增温,而且气团低层不断失热而逐渐变冷,气团温度直减率减小,气团趋于稳定,甚至有时可能发展成逆温层,以至暖气团中热力对流不易发展,往往呈现出稳定性天气。如果暖气团中湍流作用较强,也可能形成层云、层积云,甚至毛毛雨、小雨等天气。

冷气团一般形成干冷天气。如果从源地移向暖区(低纬度)时,气团低层因不断吸热而增温,气团温度直减率趋于增大,层结稳定度减小,对流运动容易发展,可能发展成不稳定天气。如果冷气团来自海洋,水汽较多,可能出现积状云,产生阵性降水天气。

冷暖气团的天气特征在不同季节、不同下垫面可能有所差别。例如夏季的暖气团,水汽含量丰富,如被地形或外力抬升时,可以出现不稳定天气。冬季的冷气团不仅水汽含量少而且气层非

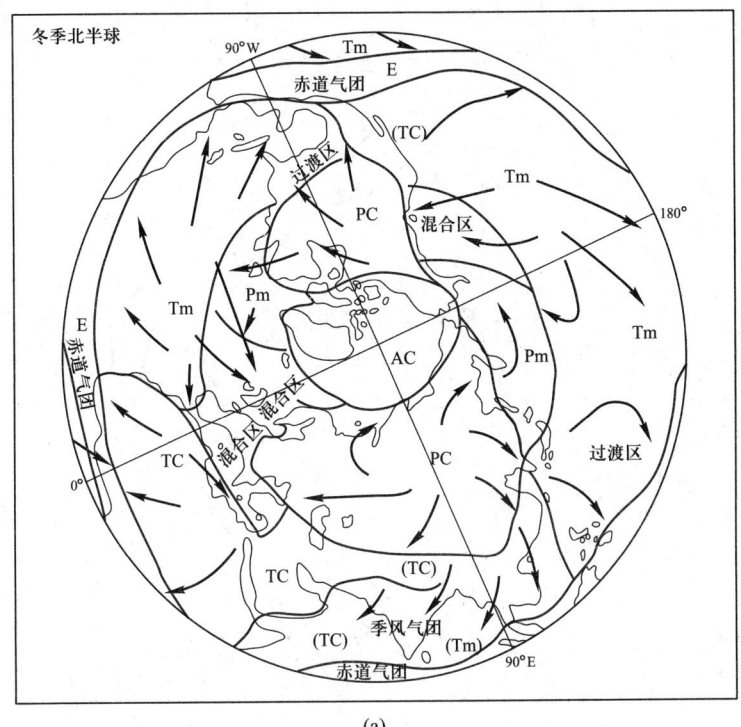

(a)

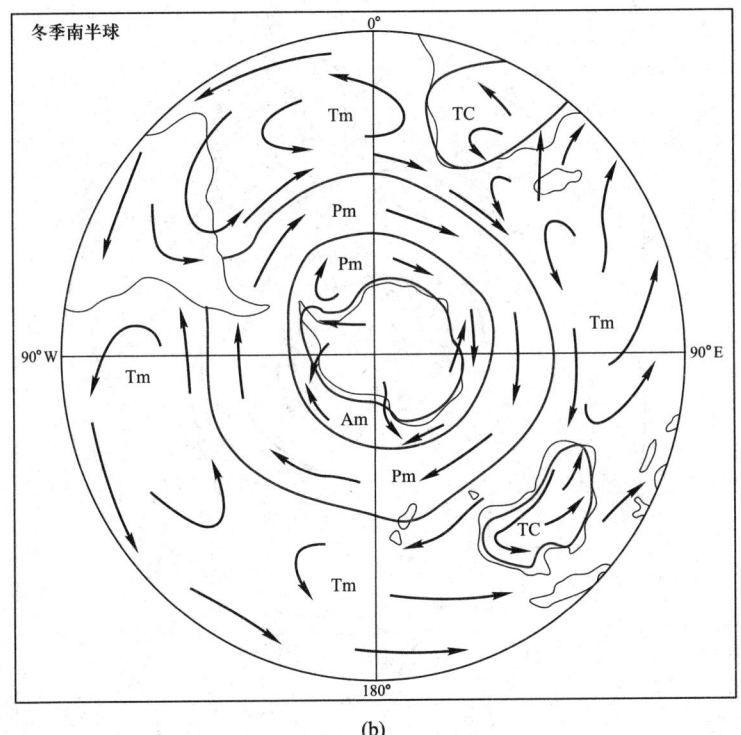

(b)

图 5·1 冬季气团

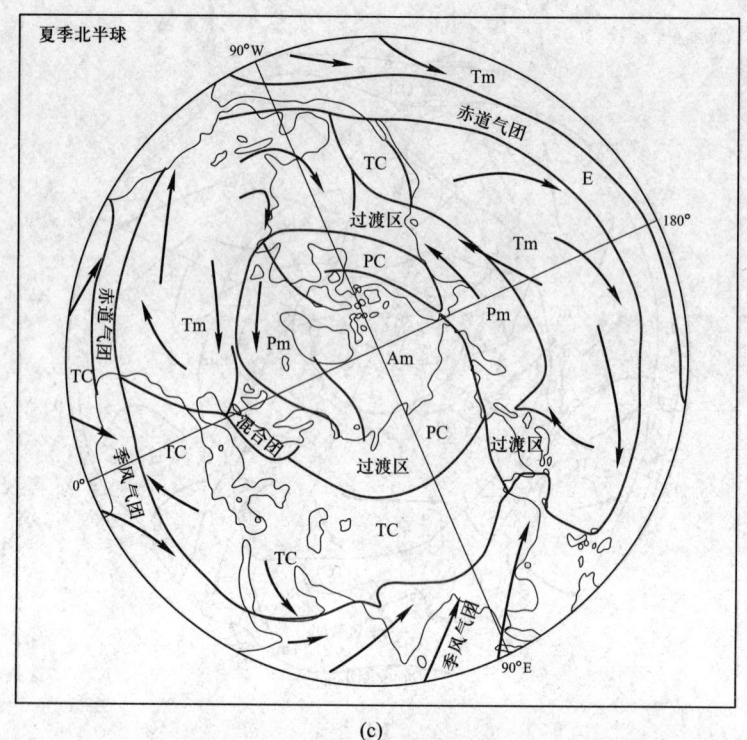

(c)

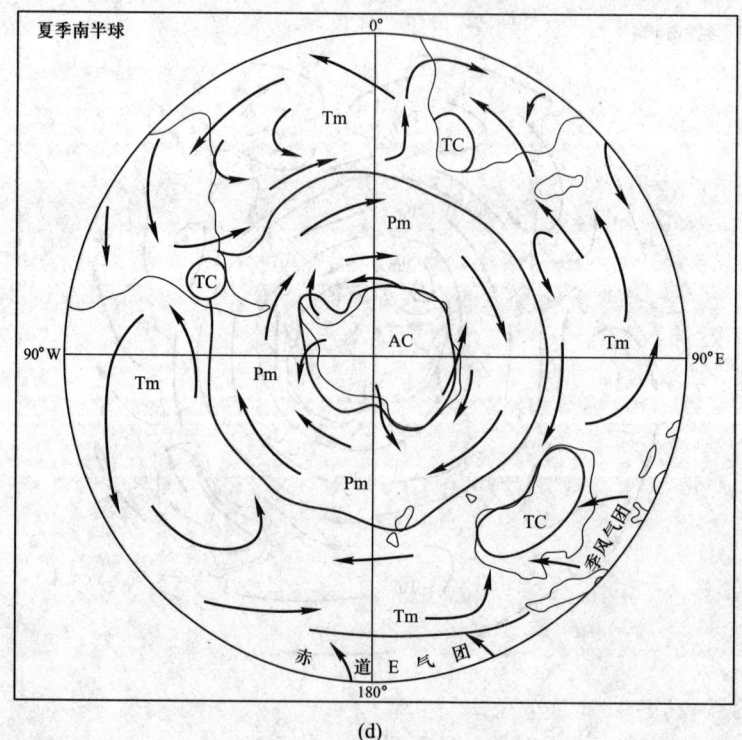

(d)

图 5·1 夏季气团

常稳定,可能出现稳定性天气。同时,冷暖气团在不同纬度所产生的天气也不完全一样。

我国的大部分地区处于中纬度,冷、暖气流交绥频繁,缺少气团形成的环流条件。同时,地表性质复杂,没有大范围均匀的下垫面作为气团源地。因而,活动在我国境内的气团,大多是从其它地区移来的变性气团,其中最主要的是极地大陆(变性)气团和热带海洋气团。

二、锋

锋是冷、暖气团相交绥的地带。该地带冷、暖空气异常活跃,常常形成广阔的云系和降水天气,有时还出现大风、降温和雷暴等剧烈天气现象。因此,锋是温带地区重要的天气系统。

(一) 锋的概念

锋由两种性质不同的气团相接触形成,由于气团占有三度空间,因而锋是三度空间的天气系统。其水平范围与气团水平尺度相当,长达几百千米到几千千米。水平宽度在近地面层一般为几十千米,窄的只有几千米,宽者也不过几百千米,到高空增宽,可达 200—400km,甚至更宽些。锋的宽度同气团宽度相比显得很狭窄,因而常把锋区看成是一个几何面,称为锋面。锋面与地面的交线称为锋线,锋面和锋线统称锋。锋向空间伸展的高度视气团的高度而有不同,凡伸展到对流层中上层者,称对流层锋,仅限于对流层低层(1.5km 以下)者,称近地面锋。

(二) 锋的特征

锋是冷、暖气间的过渡带,因而锋两侧的温度、湿度、稳定度以及风、云、气压等气象要素都有明显差异,故可以把锋看成是大气中气象要素的不连续面。

1. 锋面坡度

锋在空间呈倾斜状态是锋的一个重要特征。锋面倾斜的程度,称锋面坡度。锋面坡度的形成和维持是地球偏转力作用的结果。见图 5·2,锋的一侧是冷气团,另一侧是暖气团,由于冷暖气团密度不同,在两气团间便产生了一个由冷气团指向暖气团的水平气压梯度力(G),这个力迫使冷气团呈楔形伸向暖气团下方,并力图把暖气团抬挤到它的上方,使两者分界面趋于水平。然而,当水平气压梯度力开始作用时,地转偏向力(A)就随之起作用,并不断地改变着冷空气的运动方向,使其逐渐同锋线趋于平行。

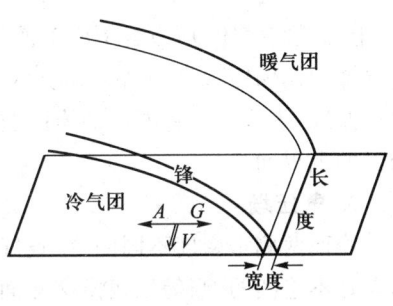

图 5·2 锋面坡度

当地转偏向力和锋面气压梯度力达到平衡时,气流平行于锋面作地转运动,这时冷、暖气团的分界面就不再向水平方向过渡而呈现为倾斜状态。当锋面保持稳定时,锋面与地平面的交角称锋面倾斜角(α),其简化的表达式为

$$\operatorname{tg}\alpha = \frac{f}{g} T_m \frac{\Delta V_g}{\Delta T}$$

式中 f 为地转参数,g 为重力加速度,$\Delta T = T_2 - T_1$(T_2、T_1 分别为暖、冷气团气温),$T_m = (T_1 + T_2)/2$,$\Delta V_g = V_{g_1} - V_{g_2}$($V_{g_1}$、$V_{g_2}$ 分别为冷暖气团平行于锋线的风速分量)。表达式说明锋面坡度角的大小与 T_m 成正比。而当 $\Delta T = 0$,$\Delta V_g = 0$,$f = 0$ 时,$\alpha = 90°$ 和 $\alpha = 0°$,即不会有锋出现。

表达式中略去了摩擦力和加速度项,因而锋面两侧气流可以看为是地转的,锋面是定常的。

但实际上,锋面往往是不定常的,这就说明表达式在理论上还是不完善的。但是表达式给出了锋面坡度与一些气象要素间的定量关系和锋面坡度的近似数值,仍有一定的实用价值。

2. 温度场

锋区的水平温度梯度比锋两侧的单一气团内的温度梯度大得多。锋附近区域内相距100km,气温差可达几度,有时达10℃左右,是气团内水平温度梯度的5—10倍,这是锋的又一重要特征。这一特征说明锋面是大气斜压性集中带,是大气位能的积蓄区。锋区温度场在天气图上表现为等温线非常密集,而且同锋面近于平行。由于锋面在空间呈倾斜状态,使得各等压面上的等温线密集区位置随高度升高不断向冷区一侧偏移。因而,高空锋区位于地面锋的冷空气一侧,锋伸展得高度愈高,锋区偏离地面锋线愈远,见图5·3。在锋区附近,因为锋的下部是冷气

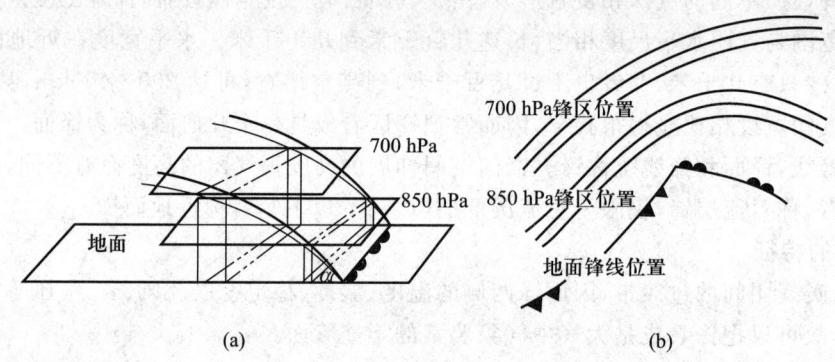

图5·3 空中等压面图上的锋区及其与地面锋线的相对位置

团,上部是暖气团,所以自下而上通过锋区时,出现气温随高度增高而增加的现象,称锋面逆温。如果锋面两侧冷暖气团的温差较小,锋区的温度垂直分布会表现出等温或微弱递减。图5·4的探空曲线,表明了三种不同的锋面逆温。逆温层的底部相当于锋面下界面,逆温层的上部相当于锋面的上界面。

3. 气压场

锋面两侧是密度不同的冷、暖气团,因而锋两侧的气压倾向是不连续的,当等压线横穿锋面时便产生折角,折角尖端指向高压一方,锋落在低压槽中。图5·5中平面上的实线是无锋时暖气团内气压分布状况。其水平气压梯度为G_z,锋面形成后,由于锋面是倾斜的,锋下冷气团中的气压值沿AA'线逐点升高,a点由1 000.0hPa升至1 002.5hPa,b点由1 000.0hPa升至1 005.0hPa,c点未改变。结果造成等压线不能维持原来走向,而变成虚线所示的形状,在锋面处产生折角,折角指向高压,即锋处于低压槽中。图5·6是锋

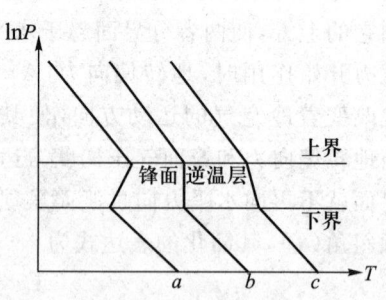

图5·4 锋面逆温形式

区常见的几种基本气压场和风场型式。上面三幅图是等压线与锋平行时的情况,锋处在低压槽中或相对低压槽(称隐槽,槽两侧水平气压梯度值不同,而方向相同,如右方两图情况)中,这时的锋呈准静止状态。下面三幅是锋处的等压线呈V型槽时的情况,这种锋是移动型锋。

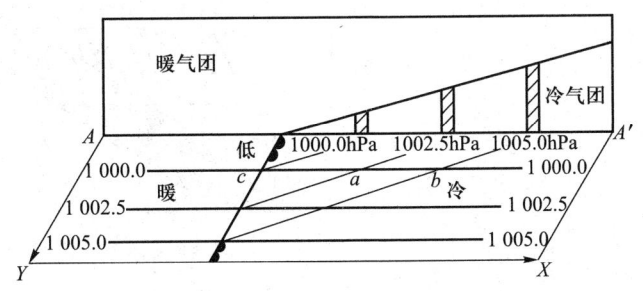

图 5·5 锋附近气压分布

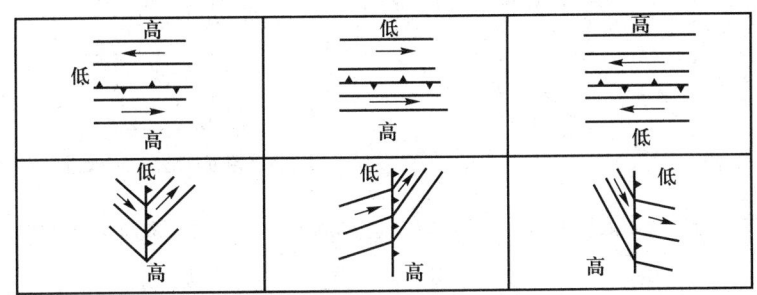

图 5·6 锋附近的气压场(矢线表示地转风)

4. 风场

锋附近的风场是同气压场相适应的。地面锋既然处于低压槽内,依据梯度风原理,锋线附近的风场应具有气旋性切变,尤其近地面层大气,由于摩擦作用,风向和风速的气旋性切变都很明显。如图5·7,当冷锋呈东北-西南走向时,锋前多为西南风,锋后多为西北风,表现出风向的气旋式切变。

锋附近风随高度变化状况需视锋的性质而有不同。一般而言,锋区是水平温度梯度很大的区域,通过锋面的热成风应该很大,即风的垂直切变很大。图5·8表明,在地面暖锋前面,锋上盛行暖平流,通过锋时,风随高度向右偏转。在地面冷锋后面,风随高向左偏转。在静止锋情况下,风向少变或反转,风速显著加大。

(三) 锋的类型和天气

1. 锋的类型

根据锋两侧冷、暖气团移动方向和结构状况,一般把锋分为冷锋、暖锋、准静止锋和锢囚锋四种类型。

冷锋是冷气团前缘的锋。锋在移动过程中,锋后冷气团占主导地位,推动着锋面向暖气团一侧移动的锋。冷锋又因移动速度快慢不同,分为一型(慢速)冷锋和二型(快速)冷锋。暖锋是暖气团前沿的锋,锋在移动过程中,锋后暖气团起主导作用,推动着锋面向冷气团一侧移动的锋。准静止锋是冷、暖气团势力相当或有时冷气团占主导地位,有时暖气团又占主导地位,锋面很少移动或处于来回摆动状态的锋。锢囚锋是当冷锋赶上暖锋,两锋间暖空气被抬离地面锢囚到高空,冷锋后的冷气团与暖锋前的冷气团相接触形成的锋。

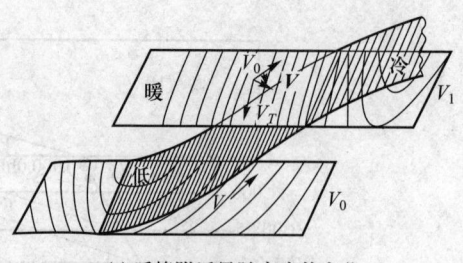

(a) 暖锋附近风随高度的变化

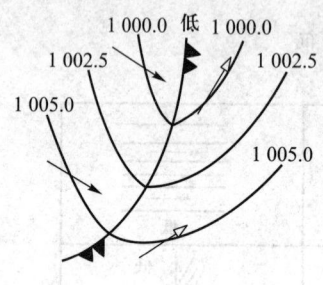

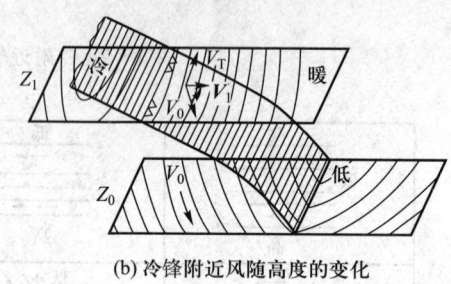

(b) 冷锋附近风随高度的变化

图 5·7 锋附近的风场　　　图 5·8 锋附近风随高度的变化

2. 锋面天气

主要指锋附近的云系、降水、风、能见度等气象要素的分布和演变状况。而这些气象要素的分布和演变主要决定于锋面坡度大小、锋附近空气垂直运动状态、气团含水量和稳定度等因素。这些因素的不同组合状况构成了多种多样的锋面天气。这里介绍的各种锋面天气，都是典型模式。

（1）暖锋天气

如图 5·9 所示，暖锋的坡度较小，约在 1/150 左右。暖锋中暖气团在推挤冷气团过程中缓慢沿锋面向上滑行，滑行过程中绝热冷却，当升到凝结高度后在锋面上产生云系，如果暖空气滑行的高度足够高，水汽又比较充足时，锋上常常出现广阔的、系统的层状云系。典型云序为：卷云（Ci）、卷层云（Cs）、高层云（As）、雨层云（Ns）。云层的厚度视暖空气上升的高度而异，一般可达几千米，厚者可到对流层顶，而且距地面锋线愈近，云层愈厚。暖锋降水主要发生在雨层云内，多是连续性降水。降水宽度随锋面坡度大小而有变化，一般 300—400km，暖锋云系有时因空气湿度和垂直速度分布不均匀而造成不连续，可能出现几千米甚至几百千米的无云空隙。

暖锋下面的冷气团中，由于空气比较潮湿，在气流辐合和湍流作用下常产生层积云和积云，如果从锋上暖空气中降下的雨滴在冷气团中蒸发，使冷气团中水汽含量增多并达饱和时，经扰动会产生碎积云和碎层云。如果饱和凝结现象出现在锋线附近的地面层时，将形成锋面雾。

夏季暖空气不稳定时，可能出现积雨云、雷雨等阵性降水。春季暖气团中水汽含量较少时，可能仅仅出现一些高云，很少有降水。

在我国明显的暖锋出现得较少，大多伴随着气旋出现。春、秋季一般出现在江淮流域和东北地区，夏季多出现在黄河流域。

（2）冷锋天气

冷锋根据移动速度的快慢分为两种类型，一型冷锋和二型冷锋。

一型冷锋（缓行冷锋）移动缓慢、锋面坡度较小（在 1/100 左右），其天气模式见图 5·10。当

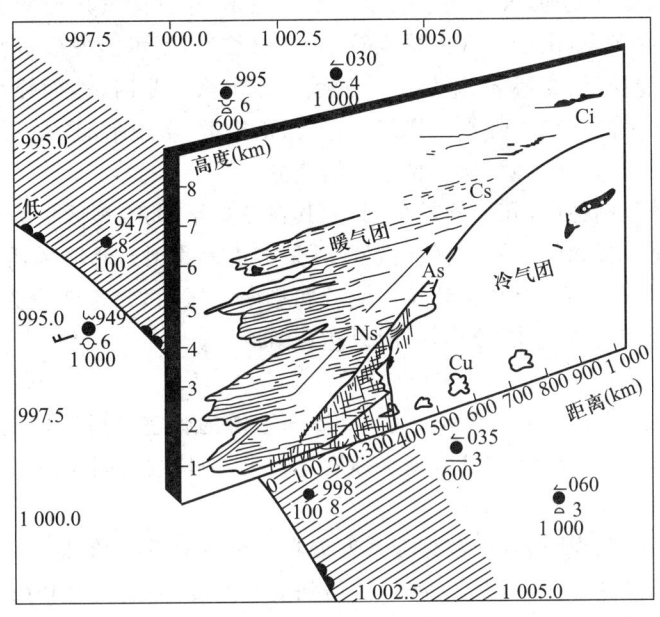

图 5·9 暖锋天气模式

暖气团比较稳定、水汽比较充沛时,产生与暖锋相似的层状云系,只是云系的分布序列与暖锋相反,而且云系和雨区主要位于地面锋后。由于锋面坡度大于暖锋,因而云区和雨区都比暖锋窄些,且多稳定性降水。但当锋前暖气团不稳定时,在地面锋线附近也常出现积雨云和雷阵雨天气。这类冷锋是影响中国天气的重要天气系统之一,一般由西北向东南移动。

二型冷锋(急行冷锋)移动快、坡度大(1/40—1/80),其天气模式见图 5·11。冷锋后的冷气团势力强,移速快,猛烈地冲击着暖空气,使暖空气急速上升,形成范围较窄、沿锋线排列很长的积状云带,产生对流性降水天气。夏季时,空气受热不均,对流旺盛,冷锋移来时常常狂风骤起、

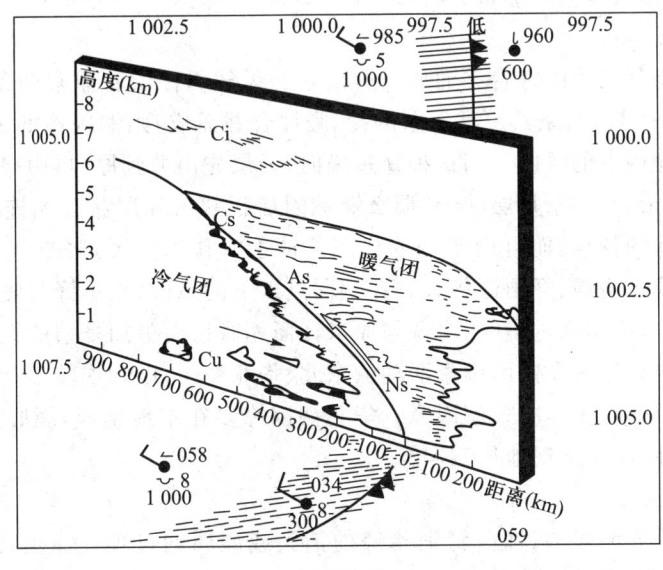

图 5·10 第一型冷锋天气模式

· 127 ·

乌云满天、暴雨倾盆、雷电交加，气象要素发生剧变。但是，这种天气历时短暂，锋线过后气温急降，天气豁然开朗。在冬季，由于暖气团湿度较小、气温较低，不可能发展成强烈不稳定天气，只在锋前方出现卷云、卷层云、高层云、雨层云等云系。当水汽充足时，地面锋线附近可能有很厚、很低的云层和宽度不大的连续性降水。锋线一过，云消雨散，出现晴朗、大风、降温天气。这种冷锋在我国较少，春季见于长江流域，秋季见于黄河流域。

冷锋在我国活动范围甚广，几乎遍及全国，尤其在冬半年，北方地区更为常见，它是影响我国天气的重要天气系统。我国的冷锋大多从俄罗斯、蒙古进入我国西北地区，然后南下。冬季时多二型冷锋，影响范围可达华南，但其移到长江流域和华南地区后，常常转变为一型冷锋或准静止锋。夏季时多一型冷锋，影响范围较小，一般只达黄河流域。

(3) 准静止锋天气

同暖锋天气类似，只是坡度比暖锋更小，沿锋面上滑的暖空气可以伸展到距锋线很远的地方，所以云区和降水区比暖锋更为宽广，降水强度比较小，但持续时间长，可能造成绵绵细雨连日不止的连阴天气。

准静止锋天气一般分为两类：一类是云系发展在锋上并有明显降水。例如我国华南准静止锋，大多由冷锋南下过程中冷气团消弱、暖气团增强演变而成，因而天气和第一型冷锋相似，只是锋面坡度更小、云雨区更宽，而且降水区不限于锋线地区，可以延伸到锋后很大范围内，降水强度较小，为连续性降水。由于准静止锋移动缓慢，并常常来回摆动，使阴雨天气持续时间长达10天至半个月，甚至一个月以上，"清明时节雨纷纷"就是江南地区这种天气的写照。初夏时，如果暖气团湿度增大、低层升温，气层可能呈现不稳定状态，锋上也可能形成积雨云和雷阵雨天气。另一类是主要云系发展在锋下，并无明显降水的准静止锋。例如昆明准静止锋，它是南下冷空气被山脉所阻而呈现准静止状态、锋上暖空气比较干燥而且滑升缓慢，产生不了大规模云系和降水，而锋下冷气团变性含水汽较多，沿山坡滑升，再加上湍流、混合作用容易形成层积云或不厚的雨层云，并常伴有连续性降水。这类准静止锋主要出现在我国华南、西南和天山北侧，以冬半年为多，对这些地区及其附近天气影响很大。

(4) 锢囚锋天气

锢囚锋是由两条移动着的锋合并而成。所以它的天气仍保留着原来两条锋的天气特征，见图5·11。如果锢囚锋是由两条具层状云系的冷、暖锋合并而成，则锢囚锋的云系也呈现层状，并近似对称地分布在锢囚点的两侧。当这种锋过境时，云层先由薄到厚，再由厚到薄。如果两锋锢囚时，一条锋是积状云，另一条是层状云，那么锋锢囚后积状云和层状云相连。锢囚锋降水不仅保留着原来锋段降水的特点，而且由于锢囚作用促使上升作用发展，暖空气被抬升到锢囚点以上，利于云层变厚、降水增强、降雨区扩大。在锢囚点以下的锋段，根据锋是暖式或冷式而出现相应的云系。由上可知，锢囚锋过境时，出现与原来锋面相联系而更加复杂的天气。

在中国锢囚锋主要出现在锋面频繁活动的东北、华北地区，以春季较多。东北地区的锢囚锋大多由蒙古、俄罗斯移来，多属冷式锢囚锋。华北锢囚锋多在本地生成，属暖式锢囚锋。冬半年在西北、华北、华东地区，还出现地形锢囚锋。

(四) 锋生和锋消

锋生指锋的生成或加强的过程，锋消指锋的消失或减弱的过程。锋生、锋消的主要标志是冷、暖气团间水平温度梯度的大小和变化。当某些大气物理过程促使空气的水平温度梯度沿着

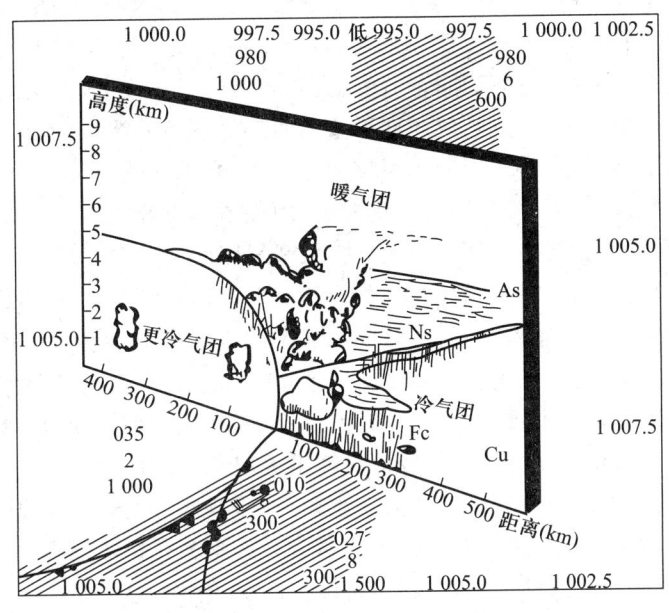

图 5·11 冷锋锢囚锋天气模式

一条线附近迅速加大时,可以说这条线附近有锋生。反之,有锋消。在自由大气中大气的水平运动、垂直运动和非绝热过程都可能造成锋生或锋消。

1. 水平气流辐合、辐散

相向或同向速度不同的气流,在辐合过程中,可促使冷、暖气团接近,水平温度梯度增大,利于锋生。反之,水平气流辐散则促使冷、暖气团远离,水平温度梯度减小,利于锋消。图 5·12 表示在直线等压线中水平气流的辐合、辐散对锋生、锋消的作用。T_1、T_2、T_3 表示等温线。t_0 时表示锋尚未形成时两气团间有宽阔的过渡区,等温线稀疏,气温梯度较小。t_1 时表示已出现辐合气流,冷、暖气团接近,温度梯度增大。t_2 时等温线更加密集,锋生成。反之,在锋区里出现水平辐散气流,等温线愈来愈稀疏,锋减弱以至消失。

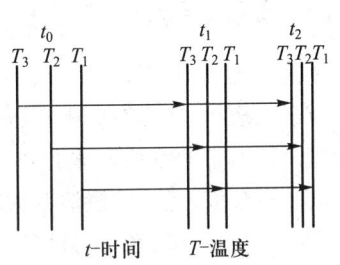

图 5·12 等压面上温度场的锋生现象

2. 空气垂直运动

上升运动使上升空气发生绝热降温,下沉运动使下沉空气发生绝热增温。这种绝热增温和降温对锋生、锋消所起作用如何,还要看当时大气中温度垂直分布状态。当大气温度直减率(γ)小于干绝热直减率(γ_d)时,不论锋面冷空气一侧的气流上升或暖空气一侧的空气下沉,或者两者同时发生,都能引起原有温度梯度增大,利于锋生。当大气温度直减率大于干绝热直减率时,结果相反。实际大气中,特别是对流层中层的垂直运动都是暖空气上升,冷空气下沉,在无凝结现象发生的情况下,一般是不利于锋生而利于锋消。

3. 空气的热量交换

锋两侧的冷、暖气团同下垫面间时刻进行着热量交换,影响着锋两侧温度水平梯度的变化。

如果冷、暖气团各停留在更冷和更暖的下垫面上，热量交换的结果可能使冷气团变得更冷，暖气团变得更暖，冷、暖气团间的温度梯度比原来增大，锋得到加强。但是这种情况在自然界是很少有的，大多数情况是锋两侧的气团都移行到性质大致相似的下垫面上，不论地表温度是低于冷气团或高于暖气团，或者介于两者之间，气团同下垫面间热量交换的结果，不是暖气团失热更多，就是冷气团得热更多，都会使冷、暖气团间的温度梯度减小，利于锋消。

大气中暖气团含水汽较多，冷气团含水汽较少，因而成云致雨主要发生在暖气团中，所释放的潜热也主要集中在锋区暖气团一侧，这样会使冷、暖气团间温度梯度增大，有利于锋生。

上述三种因素中有的利于锋生，有的又利于锋消，在实际大气中往往三种或两种因素共同起作用，其共同效应是利于锋生还是利于锋消，要看那个因素居主导地位。实践证明，在对流层低层气流水平辐合、辐散是锋生、锋消的一种主要因素；在对流层高层，垂直运动是一个重要因素，而水平气流辐合、辐散也是一个重要因素；在对流层中层，气流水平辐合、辐散和垂直运动往往同等重要，但两者所起作用相反。凝结潜热释放对锋生也起着一定作用。

我国大部分地区处于温带，冷、暖气团活动频繁，锋生现象十分明显。据统计锋生地带主要有两个：一个在东北、内蒙一线，并与北支锋区相对应。另一个在长江以南地区，并与南支锋区相对应。华南地区凝结潜热释放的数量比较多，对锋生所起作用不容忽视。

第二节 中高纬度天气系统

一、高空主要天气系统

中高纬度的对流层上空盛行着波状西风气流，由于高空大气满足地转平衡，所以波状流型的波谷对应于低压槽，波峰对应于高压脊。这种流型在对流层上、中层表现得十分明显，而向下层逐渐不清楚。西风带的波动大体上分为两类：一是波长比较长的长波；二是叠加在长波上的波长比较短的短波。在长波、短波发展演变过程中，有时形成闭合的高压和低压。这些长波、短波和闭合高压、低压系统不仅相互联系，而且可以相互转化，共同构成了中高纬度高空的主要天气系统。

（一）大气长波

是指波长较长、波幅较大、移动较慢、维持时间较长的波动。其波长一般在 5 000—7 000km，因而围绕着中高纬的纬圈可出现 3—6 个长波，而经常维持着 4—5 个长波。长波振幅大多在 10—20 个纬距以上。长波自西向东移动，移速较慢，通常 1 天不超过 10 个经度，有时呈准静止状态，也有时表现出不连续的向后"倒退"现象。长波维持的时间一般 3—5 天以上。

长波在高空图上同等高线的波状型相对应，等温线也呈波形，一般情况下等温线的位相稍稍落后于等高线，具有冷槽、暖脊的温压场结构。槽前是暖平流，槽后是冷平流。槽前对应着大范围辐合上升运动和云雨区，槽后对应着大范围辐散下沉运动区和晴朗天空。长波的强度随高度增加，到对流层顶处达到最强。

长波槽和脊的活动不仅是维持大气环流的一种重要机制，而且是中高纬度较小尺度天气系统产生和发展的背景条件。因而长波的稳定和调整往往引起与其相联系的天气系统的变化，甚至造成环流形势的转换。

短波叠加在长波之中,并在长波中穿行。当温度场与气压场配置适当时(槽后有冷平流,脊后有暖平流),短波可以逐渐发展成长波。反之,长波也可减弱并分裂成短波。短波的槽前是上升气流,常出现云雨天气,尤以槽线附近为甚,槽后为下沉气流,多晴好天气。

(二) 阻塞高压和切断低压

阻塞高压和切断低压是大气长波在发展过程中槽脊加强、振幅加大演变而成的闭合系统,是中高纬度高空的重要天气系统。

1. 阻塞高压

简称阻高,是温压场比较对称的深厚的暖性高压。它具有以下特征:①有闭合的高压中心,并位于50°N以北。②维持的平均时间为5—7天,有时可达20天以上。③沿纬向移动每天不超过7—8个经度,常呈准静止状态,有时甚至向西倒退。

阻高是西风带长波槽和脊在经向度不断增大,直至暖脊被冷空气包围,并与南面暖空气主体分离,所形成的闭合高压区。由于它占据范围很大,又稳定少动,因而它的出现和维持阻碍着西风气流和天气系统的东移,并常常引起西风气流分支和绕流现象,故称阻塞高压。它发生在暖空气活跃,冷空气也较强的地区和季节,因而有明显的地区性和季节性。最常出现在北大西洋东北部和北太平洋东部阿拉斯加地区,以春秋季最多。在乌拉尔山和鄂霍次克海地区也常有阻塞高压,其强度不大,但对中国的天气影响很大。当其稳定时,中国长江中下游多连阴雨天气。减弱崩溃时,常引起中国的寒潮爆发。

阻高控制下的天气一般是晴朗的,但阻高的不同部位由于运行气流属性的差异,形成的天气有所不同。高压东部盛行偏北气流,有冷平流和下沉运动,天气以冷晴为主。西部盛行偏南气流,有暖平流和上升运动,天气较暖且多云雨。南北两侧多稳定的西风气流,并常伴有短波活动,天气时阴、时晴。由上可知,阻高的建立、维持和崩溃过程在其控制区以及其周围地区形成着不同的天气过程。如果阻高维持时间过长或过短都可能造成大范围天气反常现象。

2. 切断低压

是温压场结构比较对称的冷性气压系统。切断低压是西风带长波槽不断加深、南伸,直至槽南端冷空气被暖空气包围并与北方冷空气主体脱离而形成的闭合低压。它常常和阻塞高压相伴生成,并位于阻高的东南或西南侧,与阻高共同构成了大气环流中阻塞形势,见图5·13。也有的切断低压单独出现,并没有显著的阻高存在,只西侧有一较强的高压脊或闭合高压。切断低压形成后,能维持2—3天或更长时间,它往往由于无冷空气继续补充而逐渐填塞、消失。切断低压大多发生在冷、暖空气都比较活跃的季节和地区,以春、秋季较多,北美、西欧地区较多,北太平洋、北大西洋以及亚洲大陆上空也有形成。我国东北地区春末夏初出现的切断低压,称东北冷涡。

——等温线;——等压线

图5·13 阻塞形势图

切断低压内的天气因部位不同而有差异。低压前部(东和东南侧)因低层有冷暖空气交汇,常有锋面气旋波动发生,有云雨天气出现。后部(西侧)因不断有冷空气南下,常有冷锋和切变线生成,有阵性降水出现。

(三) 极地涡旋

简称极涡,是极地高空冷性大型涡旋系统,是极区大气环流的组成部分。其位置、强度以及移动不仅对极区,而且对高纬地区的天气都有明显影响。

极地是地球的冷极,也是大气的冷源,因而在极地低空形成冷性高压,在极地上空则形成冷性低压。关于冷性低压(极涡)的形成过程和演变、活动规律,科学界了解得不多。根据资料统计,1月北半球500hPa等压面图上,极涡断裂为两个闭合中心,一个在格陵兰至加拿大之间,另一个在亚洲东北部,极地是一个槽区。7月北半球500hPa等压面图上的极涡强度明显减弱,中心退至极点附近。极涡的位置和活动范围时有变化,尤其冬半年活动演变比较复杂,最长的活动过程达35天之久。极涡闭合中心有时分裂为2个或3个,甚至3个以上,当偏离极地向南移动时,常导致锋区位置比平均情况偏南,寒潮活动增多、增强。据统计,在10个冬半年影响我国的171次寒潮中,有102次是亚洲上空出现持久极涡,其中6次强寒潮过程都与极涡在亚洲上空的位置明显偏南相关。

(四) 高空低压槽和切变线

1. 高空低压槽

又称高空槽,是活动在对流层中层西风带上的短波槽。一年四季都有出现,以春季最为频繁。高空槽的波长大约1 000多km,自西向东移动。槽前盛行暖湿的西南气流,常成云致雨。槽后盛行干冷的西北气流,多晴冷天气。一次高空槽活动反映了不同纬度间冷、暖空气的一次交换过程,给中、高纬地区造成阴雨和大风天气。

高空槽一般都有高空温度槽相配合,当温度槽落后于高空槽时,低压槽线随高度升高逐渐向冷区倾斜(移动方向的相反方向),称后倾槽。后倾槽随着温度槽位置的前移,平流作用加强,槽将继续加深发展,槽前广阔范围内盛行辐合上升气流,如果水汽充沛,将产生稳定性云系和降水。当温度槽与高空槽相重合时,低压槽线垂直,称为垂直槽,这时高空槽发展到最盛阶段,天气也发展得最强盛。当温度槽超前时,高空槽线随高度升高向前倾斜,称前倾槽。前倾槽的槽后冷空气将置于槽前暖空气之上,导致低槽很快消失,产生不稳定云系和阵性降水。

活动于我国的高空槽有西北槽、青藏槽和印缅槽,它们大多从上游移来,很少产生于我国。在纬向环流比较平直时,高空槽一个接一个的东移,易造成阴晴相间周期变化的天气。如果移动过程中受高压所阻,将减速或停滞,可能造成持续性降水。

2. 切变线

是指风向或风速分布的不连续线,是发生在850hPa或700hPa等压面上的天气系统。切变线两侧风向构成气旋式切变,但两侧的温度梯度却很小,这是切变线与锋的主要差别。根据切变线附近的风场形式一般划分为三种类型,见图5·14。图中a为冷锋式切变线,b为暖锋式切变线,c为准静止锋式切变线。三者随着切变线两侧气流的强弱变化可以相互转化。切变线上的气流呈气旋式环流,水平气流辐合明显,利于发展上升气流,产生云雨天气。一般而言,冷锋式切变线以偏北风为主,水汽含量少,移动速度快,降水时间不长,降水量不大。暖锋式切变线上气旋性环流强,偏南风含有水汽多,云层厚,降水时间较长,降水量较多,有时还形成雷阵雨和阵性大风。准静止锋式切变线上虽然风向切变很强,但气流辐合较弱,云层相对较薄,降水时间较长,但降水量不大。

切变线在一年中各个季节都可能出现,但以冷、暖空气频繁活动的晚春、初夏为多。是我国暖季重要的降水天气系统。

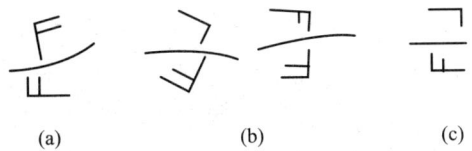

图 5·14　冷锋式切变(a)、暖锋式切变(b)和准静止锋式切变(c)

3. 低涡

又称冷涡,是出现在中纬度中层大气中的一种强度较弱、范围较小的冷性低压。它在 700hPa 图上比较明显,有时在 500hPa 图上也有反映,常常只能给出一条,甚至给不出闭合等高线,只有风场上的气旋式环流。低涡范围较小,一般只有几百千米。它存在和发展时,在地面图上可诱导出低压或使锋面气旋发展加强。低涡中有较强的辐合上升气流,可产生云雨天气,尤其东部和东南部上升气流最强,云雨天气更为严重。低涡经常出现在我国西北和西南地区,分别称为西北涡和西南涡,前者以夏半年多见,后者一年四季都可出现。低涡形成后大多在原地减弱、消失,只引起源地和附近地区的天气变化。而有的低涡随低槽或高空引导气流东移,并不断得到加强和发展,雨区扩大,降水增强,往往形成暴雨,成为影响江淮流域甚至华北地区的天气系统。

二、温带气旋和反气旋

(一) 概述

气旋是占有三度空间的中心气压比四周低的水平空气涡旋,又称低压。反气旋是占有三度空间的、中心气压比四周高的水平空气涡旋,又称高压。气旋和反气旋的名称是从大气流场而来,而高压和低压名称是从气压场而来。

气旋和反气旋的大小是以地面图上最外一条闭合等压线的范围来量度。气旋的水平尺度一般为 1 000km,大者可达 2 000—3 000km,小者只有 200—300km。而反气旋的水平尺度一般比气旋大得多,发展强盛时可达数千千米。气旋和反气旋的强度用中心气压值的大小来表示,气旋中心气压愈低,表示强度愈大;反气旋中心气压值愈高,强度愈大。一般地面气旋中心气压值在 1 010—970hPa,发展强大的可低于 935hPa,海洋上曾有的低到 920hPa。地面反气旋中心气压值一般为 1 020—1 030hPa,发展强大的可达 1 079.1hPa。在北半球,气旋中空气绕中心作逆时针方向旋转,反气旋中空气绕中心作顺时针方向旋转。南半球,气流方向相反。

气旋按发生地区分温带气旋和热带气旋,反气旋分极地反气旋、温带反气旋和副热带反气旋。气旋和反气旋是引起天气变化的两类重要天气系统。

温带气旋和反气旋是发生在中、高纬度地区与高空锋区相伴出现的。它们的发生、发展和移动同高空天气系统有密切关系。

(二) 温带气旋

温带气旋是指具有锋面结构的低压,因而又称锋面气旋,它主要活动在中高纬度,更多见于温带地区,是温带地区产生大范围云雨天气的主要天气系统。

1. 结构

锋面气旋的结构因形成条件和发展阶段的不同,有很大差异,但从发展成熟的锋面气旋的温压场、流场和天气现象来看,又具有一些共同特征。图5·15是发展成熟的锋面气旋模式。从平面看,锋面气旋是一个逆时针方向旋转的涡旋,中心气压最低,自中心向前方伸展一个暖锋,向后方伸出一条冷锋,冷、暖锋锋之间是暖空气,冷、暖锋以北是冷空气。锋面上的暖空气呈螺旋式上升,锋面下冷空气呈扇形扩展下沉。从垂直方面看,气旋的高层是高空槽前气流辐散区,低层是气流辐合区。按质量守恒原理,空气如在高层辐散、在低层辐合,则其间必有上升运动。因而在气旋前部和中心区有上升气流,气旋后部有下沉气流。由于气旋自底层到高层是一半冷、一半暖的温度不对称系统,因而其低压中心轴线自下而上向冷区偏斜。

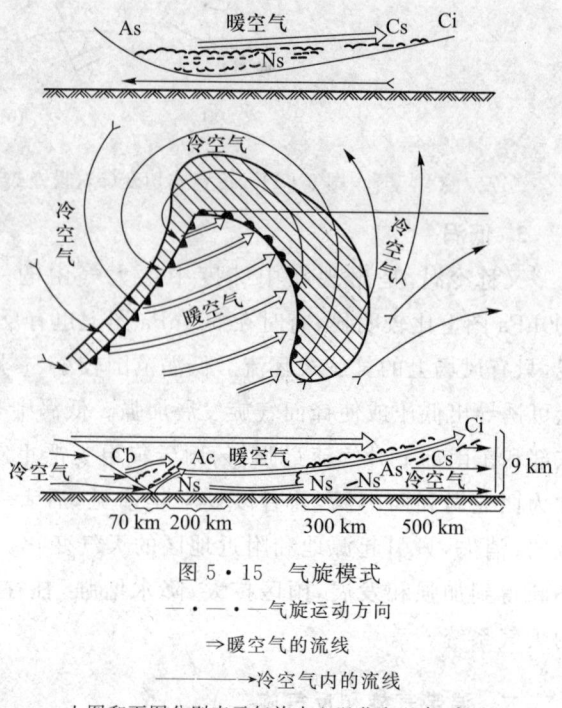

图5·15 气旋模式
—·—·— 气旋运动方向
⇒ 暖空气的流线
——→ 冷空气内的流线

上图和下图分别表示气旋中心以北和以南(穿过暖区)剖面上的云系和空气运动状况,剖面的取向与气旋运动方向一致。

2. 天气

锋面天气不仅决定于气旋温压场结构,还与空气的稳定度、水汽条件、高空环流形势以及气旋发展阶段等因素有关,而且随地区、季节而有差异。一个发展成熟的锋面气旋的天气模式(图5·14)表明:气旋前方是宽阔的暖锋云系及相伴随的连续性降水天气;气旋后方是比较狭窄的冷锋云系和降水天气,气旋中部是暖气团天气,如果暖气团中水汽充足而又不稳定,可出现层云、层积云,并下毛毛雨,有时还出现雾,如果气团干燥,只能生成一些薄云而没有降水。

3. 发生和发展

锋面气旋的发生、发展与高空锋区密切联系。当高空锋区上出现波状扰动并达到一定尺度(几千千米),而且具有明显风速切变时,波动可演变成不稳定波,振幅继续增大,终于形成气旋和反气旋,这种由锋面波动发展成的气旋,称第一类(A类)气旋。而由地面弱低压(或倒槽)与高空槽相遇并在高空槽作用下,地面低压得到发展并产生锋面,这样发展起来的锋面气旋称第二类(B类)气旋。两类气旋在起始发生条件上虽有区别,但形成后的发展过程却有某些相似,都同高空温压场结构和演变密切相关。

锋面气旋发展的高空温压场理想模式是:高空温度槽落后于高度槽以及气旋始终处于高空槽的前方。前者导致高空槽前出现暖平流,槽后出现冷平流,后者引起高空槽前气流辐散,槽后气流辐合。根据静力平衡和质量守恒原理,暖平流会引起

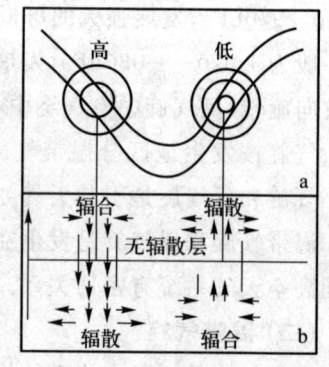

图5·16 气旋与反气旋
上空的辐散、辐合分布

地面系统热力减压,冷平流引起热力加压,气流辐散会造成地面系统动力减压,气流辐合会造成动力加压。因而高空槽前的下方既是热力减压区又是动力减压区,是有利于地面气旋发生、发展的区域。而高空槽后方是热力和动力加压区,有利于地面反气旋的发生发展(见图5·16)。大量资料证明,只有发生在高空槽前的气旋和高空槽后的反气旋才能得到发展和壮大,否则,气旋和反气旋难以形成,即使形成也将不断减弱以至消失。

每个锋面气旋的生命史和演变过程,因所处条件不同而有差别,但是气旋的演变阶段和各个阶段的主要特征又有许多共同之处。根据实际经验(主要是西欧的),通常把锋面气旋的演变过程分为四个阶段。

(1) 初生(波动)阶段:图5·17 a、b、c,高空温压场结构是温度槽落后于高度槽,而且高空槽位于地面气旋中心的后方。随着锋面波动的开始和发展,冷空气逐渐向暖空气方向侵袭,暖空气向冷空气方向扩展,在波动前方形成暖锋,波动后方形成冷锋。围绕着波动产生了气旋式环流,环流中心气压下降,地面图上出现一根闭合等压线,锋面上生成波状的带状云系。卫星云图上出现与高空槽相对应的逗点云系。

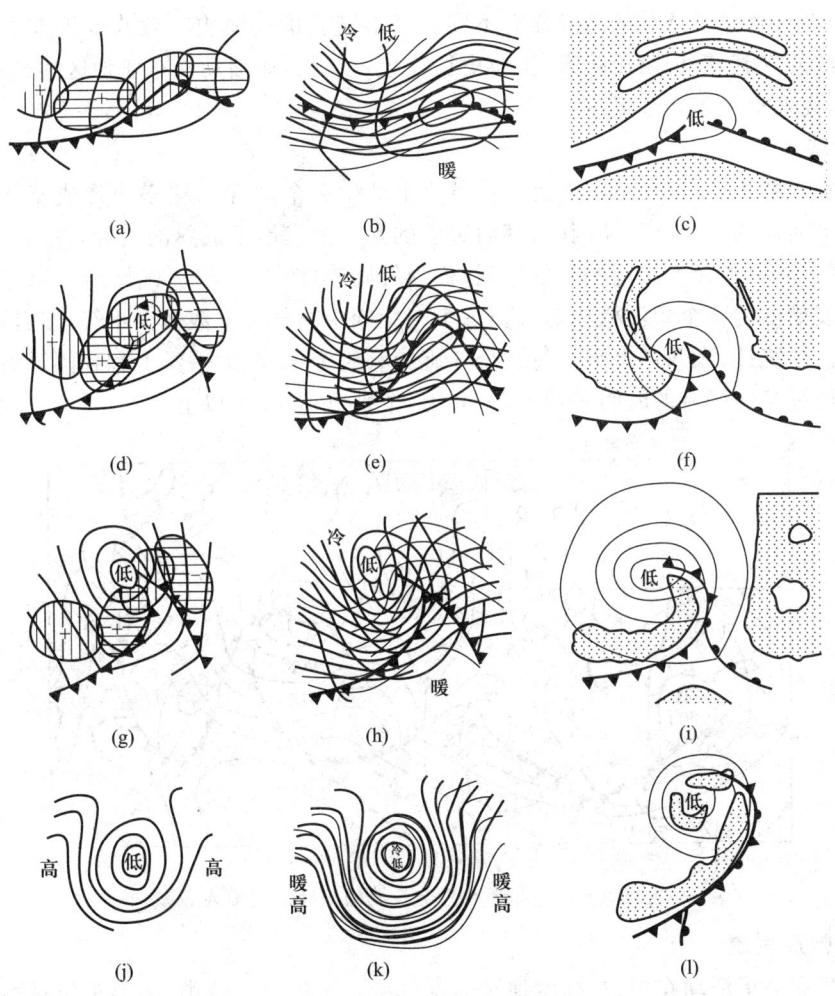

图 5·17 气旋发展的各阶段高空温压场地面变压区和卫星云图

(2) 成熟阶段：图5·17 d、e、f，高空温压场波动振幅增大，温度槽进一步接近高度槽，气旋中心气压继续下降，气旋式环流不断加强，冷暖锋进一步发展，出现系统性云系和降水。卫星云图上云带突出部分更加明显，并在移动方向的一侧边缘处有纤维状卷曲结构，表明高空有辐散气流，气旋在发展。气旋后部（箭头处）有凹向中心的曲率，预兆将出现干舌。

(3) 锢囚阶段：图5·17 g、n、i，高空槽进一步发展，出现闭合中心。高空温度槽更移近高度槽，地面图上冷锋较强并与暖锋相遇形成锢囚锋。这阶段气旋中心气压值降至最低，气旋环流达到最强，云雨范围扩展，风力增大，天气发展到最盛期。卫星云图上，云系出现螺旋状结构，锋面云带北侧出现一条从冷区伸向气旋中心的干舌，当干舌伸到气旋中心时，水汽供应被切断，气旋不再发展。

(4) 消亡阶段：图5·17 j、k、l，高空温压场近于重合，成为一个深厚的冷低压。气旋低层被冷空气所占据，与锋面脱离成为冷涡旋，环流减弱、气压升高、范围扩大，云雨随之减少。在卫星云图上螺旋状云系消散，成为零乱的对流性云区。

上述锋面气旋发展阶段是比较典型的情况。实际上有些气旋在生成后并未经历全部发展阶段就消亡了，也有的气旋发展到锢囚之后，又有冷空气加入并未消亡，反而又重新加强起来。因而，气旋的发展过程由于条件的差异而有不同。锋面气旋的生命史一般是5天左右。活动在北大西洋和欧洲的气旋，锢囚阶段缓慢，生命史往往超过5天，而活动在东亚地区的气旋，波动和成熟阶段较短，生命史大多在3天左右。

4. 气旋族

锋面气旋一般不是单个出现，而是在一条锋上产生2个、3个或更多个形成家族并沿锋线顺次移动。当最前面的一个已经锢囚时，其后跟着的是一个发展不成熟的气旋，再后面跟着一个初生气旋，这种在同一条锋上出现的气旋序列，称为气旋族（图5·18）。气旋族中每一个锋面气旋都同高空长波槽前的一个短波槽相对应。每个气旋族中的气旋个数多少不等，多者可达5个，少者只有2个。据统计，大西洋上平均每一个气旋族有4个气旋，太平洋上和我国沿海是2—3个。一个气旋族经过某一区域的时间平均为5—6天，个别可达10天以上。

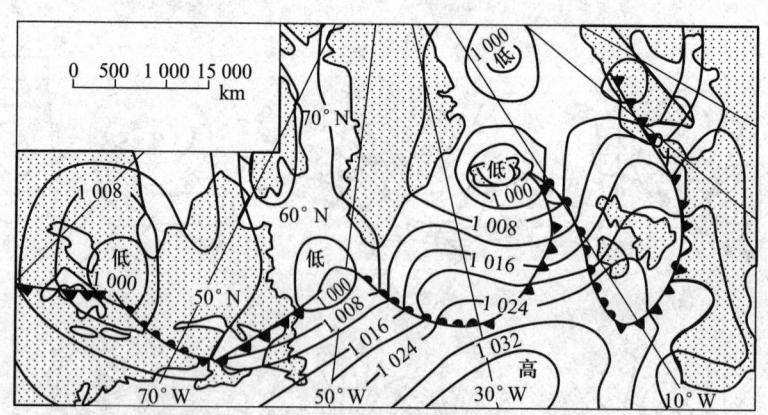

图5·18 北半球高空长波槽与锋面气旋族

(三) 温带反气旋

温带反气旋是指活动在中、高纬度地区的反气旋。一般分为两类：一类是相对稳定的冷性反气旋；另一类是与锋面气旋相伴移动的反气旋，称移动性反气旋。

1. 冷性反气旋和寒潮

冷性反气旋发生于极寒冷的中纬度和高纬度地区,如北半球的格陵兰、加拿大、北极、西伯利亚和蒙古等地,以冬季最多见。其势力强大、影响范围广泛,往往给活动地区造成降温、大风和降水,是中、高纬地区冬季最突出的天气过程。

冷性反气旋出现在近地面层内,由冷空气组成,势力十分强大,中心气压值达1 030—1 040 hPa,强时达1 080hPa。根据静力学原理,它随高度而减弱,到高空变为冷低区,因而冷高压是一种浅薄天气系统,平均厚度不到3—4km,700hPa以上踪迹不清,500hPa以上就完全不存在了。冷性反气旋的水平范围很大,直径达数千千米,几乎可以和大陆、海洋的面积相比拟。

亚洲大陆面积广大,北部地区冬半年气温很低,南部又有青藏高原和东西走向的高大山脉阻挡冷空气南下,因而成为北半球冷性反气旋活动最为频繁、发展最为强大的地区。冷性反气旋在其发展、增强时期常常静止少动,但当高空形势改变时,会受高空气流引导而移动。当其南移时,就造成一次冷空气袭击,如果冷空气十分强大,如同寒冷潮流滚滚而来,给流经地区造成剧烈降温、霜冻、大风等等灾害性天气,这种大范围的强烈冷空气活动,称为寒潮。

我国国家气象局规定,由于冷空气侵袭,使气温在24h内下降10℃以上,最低气温降至5℃以下时,作为发布寒潮警报的标准。但从危害性来看,此标准略高,尤其在南方往往最低气温并未下降到5℃以下时,就会对农作物造成很大危害。同时,这个规定并未说明气温下降10℃的范围大小。因此,国家气象局又对上述标准作了补充规定:长江中下游及其以北地区48h内降温10℃以上,长江中下游最低气温≤4℃(春秋季改为江淮地区最低气温≤4℃),陆上3个大行政区有5级以上大风,渤海、黄海、东海先后有7级以上大风,作为寒潮警报标准。如果上述地区48h内降温达14℃以上,其余同上,则为强寒潮警报标准。根据以上标准统计,我国1951—1976年寒潮共有138次,平均每年5次左右,各月分配见表5·3。

表5·3说明寒潮主要出现在11—4月间,秋末、冬初及冬末、春初较多,隆冬反而较少,这主要是寒潮定义只考虑降温幅度的缘故。春、秋季正是大型平均环流调整期间,冷暖空气更替频繁,因而冷空气活动次数较多,而冬季冷空气在我国大部分地区居于绝对优势地位,天气形势稳定,冷空气活动相对减少。夏季冷空气退居高纬度,我国很少受其侵袭。寒潮各年出现的次数不等,以我国为例,1965—1966、1968—1969年均各10次,而1974—1975年则仅有1次,1970—1971、1972—1973年也只有2次。60年代后期平均每年7次,而70年代初期平均每年只有3次,相差很多。

表5·3 1951—1976年寒潮次数和百分数

月份	10	11	12	1	2	3	4	5	年
次数	3	29	16	17	22	27	20	1	135
百分比(%)	2.2	21.5	11.9	12.6	16.2	20.0	14.8	0.7	100

寒潮天气过程表现为由纬向环流转变为经向环流形势的调整,这种环流形势的调整是冷空气积聚、冷却和大举南下的背景条件。侵入我国的寒潮,虽然源地、侵入时流场不同,但是绝大多数寒潮天气过程是由经向环流发展而来。图5·19是寒潮形成的高空和地面环流形势图。

寒潮南下侵入我国时,其前缘有一条冷锋作为前导,锋后气压梯度很大,造成大风天气,伴随着大风而来的是温度的骤降,常达10℃以上,降温还可引起霜冻、结冰。降水主要产生在寒潮冷锋附近,在我国淮河以北,由于空气比较干燥,很少降水,移到淮河以南后,暖空气比较活跃,含有水分增多,大多能形成雨雪。

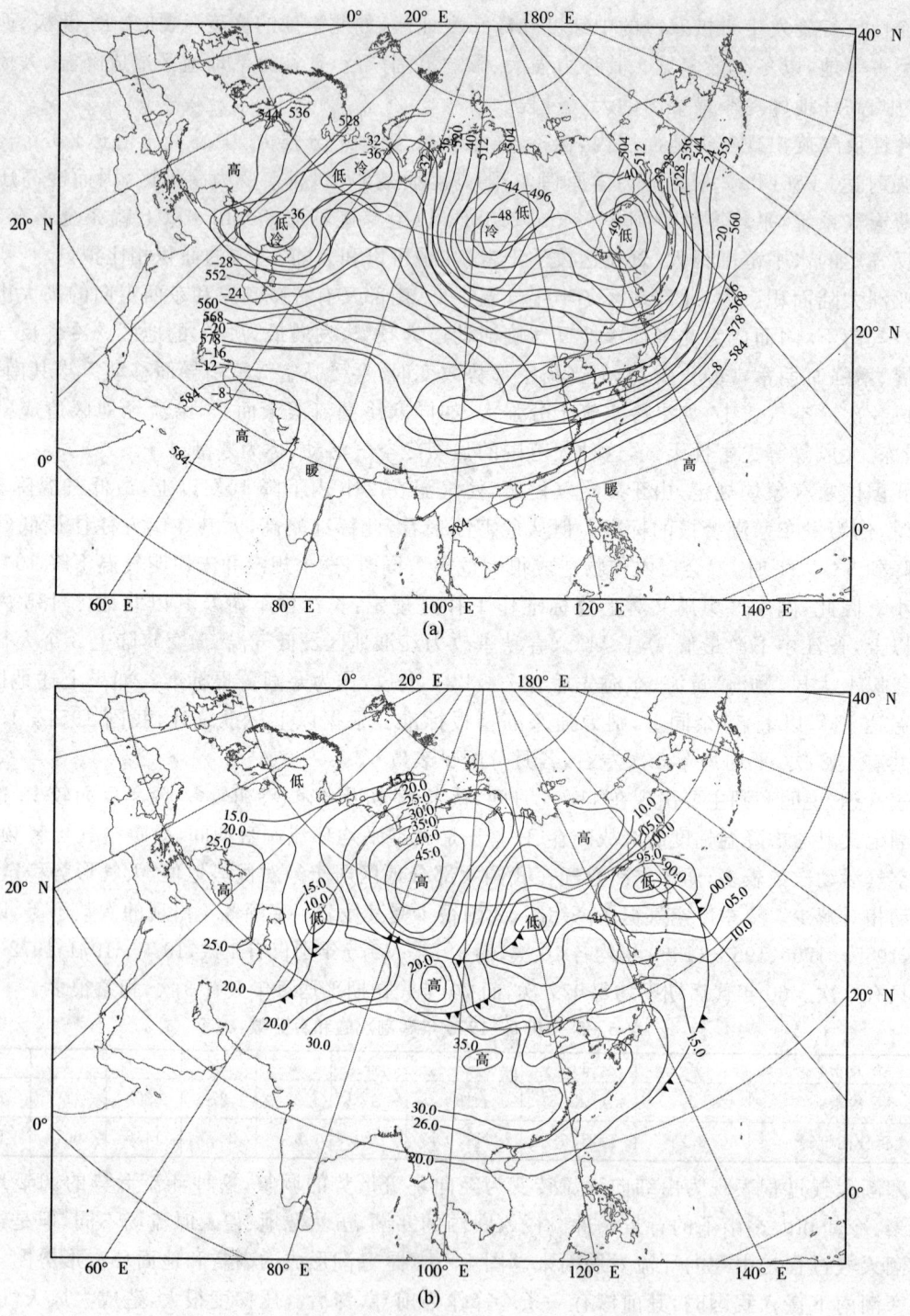

图 5·19 1971年12月16日08时的500hPa等压面状况图(a)和地面天气图(b)

2. 移动性反气旋

是形成于高空锋区下方与锋面气旋相伴出现的水平范围较小、强度不大的反气旋。它随同锋面气旋一起自西向东移动。当出现气旋族时，它位于两个气旋之间，又称居间反气旋。移动反气旋的天气是：其东部（前部）具有冷锋天气特征，西部（后部）具有暖锋天气特征，中心区附近天气晴朗、风力不大。移动性反气旋当其发展强大时可转变成强大的冷性反气旋。

无论是冷性反气旋或移动性反气旋，当其向低纬移动后，冷气团变性增暖，强度减弱，最后前缘锋面消失，并入副热带高压。

第三节　低纬度天气系统

一、副热带高压

在南、北半球副热带地区，经常维持着沿纬圈分布的高压带，称副热带高压带。副热带高压带受海陆沿纬圈分布的影响，常断裂成若干个高压单体，称副热带高压，简称副高。副高呈椭圆形，长轴大致同纬圈平行，是暖性动力系统。它主要位于大洋上，常年存在，在北半球主要分布在北太平洋西部、北太平洋东部、北大西洋中部、北大西洋西部墨西哥湾和北非等地。南半球分布在南太平洋、南大西洋和南印度洋等。此外，夏季大陆高原上空出现的青藏高压和墨西哥高压，也属副热带高压。这些高压并不是同时都很明显，而是有强、有弱，有分有合。由于副高占据广大空间，稳定少动成为副热带地区最重要的大型天气系统。它的维持和活动对低纬度地区与中高纬度地区之间的水汽、热量、能量、动量的输送和平衡起着重要的作用，对低纬度环流和天气变化具有重大影响。

（一）结构和天气

1. 结构

副高处于低纬环流和中纬环流的汇合带，是由于对流层中上层气流辐合、聚积形成。副高结构比较复杂，在不同高度以及不同季节、不同地区有所不同。从垂直剖面看，600—100hPa层以质量辐合为主，尤以200hPa附近质量辐合最突出。600hPa层以下质量辐散占优势，整层空气质量辐合大于辐散，有净质量堆积。

在对流层的中、下层，副高的强度是随高度升高而增强的，高压的中心位置随高度向暖区偏移，因而高压中心与高温中心并不完全重合，高压脊线也不垂直。夏季时，陆地增温显著，下层暖中心便移向高压脊线的陆地一侧（在北半球是北侧），冬季时，陆地冷却明显，暖中心便移到高压脊线的南侧。到对流层中、上层（500hPa以上），地表海陆热力差异的影响已大为减弱，高压中心与暖中心基本重合，高压脊线也大体垂直。副高的强度和规模随季节而有变化。夏季时北半球副高的强度、范围迅速增大，盛夏时增至最强，范围几乎占北半球的1/5—1/4。冬季时，北半球副高强度减弱，范围缩小，位置南移、东退。南半球副高的季节变化状况与北半球相反。

副高区内的温度水平梯度一般都比较小，而高压边缘由于同周围系统相交绥，温度梯度明显增大，尤其北部和西北部更大。这种温度梯度分布特点造成了副高脊线附近气压梯度小、水平风速小，而南北两侧气压梯度增大、水平风速增大的现象。

副高范围内盛行下沉气流,因而在低层普遍形成逆温层,尤其高压东部逆温层较厚、较低。逆温层阻挡着对流运动的发展和水分垂直输送,导致逆温层以下空气潮湿,相对湿度达80%以上;而逆温层以上空气干燥,相对湿度在50%以下。

2. 天气

副高内的天气,由于盛行下沉气流,以晴朗、少云、微风、炎热为主。高压的北、西北部边缘因与西风带天气系统(锋面、气旋、低槽)相交绥,气流上升运动强烈,水汽比较丰富,因而多阴雨天气。高压南侧是东风气流,晴朗少云,低层潮湿、闷热,但当热带气旋、东风波等热带天气系统活动时,也可能产生大范围暴雨和中小尺度雷阵雨及大风天气。高压东部受北来冷气流的影响,形成较厚逆温层,产生少云、干燥、多雾天气,长期受其控制的地区,久旱无雨,出现干旱,甚至变成沙漠气候。

(二)西太平洋副高

1. 西太平洋副高的活动

太平洋副高多呈东西扁长形状,中心有时只有1个,有时有数个。夏季时一般分裂为东、西两个大单体,位于西太平洋的称西太平洋高压,位于东太平洋的称东太平洋高压。西太平洋高压除在盛夏时偶呈南北狭长形状外,一般呈东西向的椭圆形。

西太平洋副高的活动位置有多年变化。据分析,1880—1890年间,副高中心偏向平均位置的东南;1890—1920年偏向西北;1920—1930年又偏向东南。这种中心位置的变动必然会引起东亚甚至全球性气候振动。

西太平洋副高的季节性活动具有明显的规律性。冬季位置最南,夏季最北,从冬到夏向北偏西移动,强度增大;自夏至冬则向南偏东移动,强度减弱。图5·20给出了500hPa等压面上西太平洋副高脊多年平均位置。冬季,副高脊线位于15°N附近。随着季节转暖,脊线缓慢地向北移动。大约到6月中旬,脊线出现第一次北跳过程,越过20°N,在20°—25°N间徘徊。7月中旬出现第二次跳跃,脊线迅速跳过25°N,以后摆动于25—30°N之间,约在7月底至8月初,脊线跨过30°N到达最北位置。9月以后随着西太平洋副高势力的减弱,脊线开始自北向南迅速撤退,9月上旬脊线第一次回跳到25°N附近,10月上旬再次跳到20°N以南地区,从此结束了一年为周期的季节性南北移动。副高的季节性南北移动并不是匀速进行的,而表现出稳定少动、缓慢移动和跳跃三种形式,而且在北进过程中有暂时南退,在南退过程中有短暂北进的南北振荡现象。同时,北进过程持续的时间较久、移动速度较缓,而南退过程经历时间较短、移动速度较快。上述西太平洋副高季节性变动的一般规律,在个别年份可能有明显出入,而且这种移动特征在大西洋、亚洲大陆、北非大陆、北美大陆上的副高也同样存在,表明是全球性现象,是太阳辐射季节变化和副高强度的纬向不均匀分布以及随时间非均速变化的反映。

西太平洋副高还有非季节性的中短期变动,主要表现为半个月左右的副高偏强或偏弱趋势及一周左右的副高西伸东退、北进南缩的周期变化。非季节性中、短期变动大多是受副高周围天气系统活动影响而引起的,例如夏季青藏高压、华北高压东移并入西太平洋副高时,副高产生西伸,甚至北跳,而当热带风暴或台风移至西太平洋副高的西南边缘时,副高随之东退,热带风暴沿副高西缘北移时,副高继续东退,当风暴越过高压脊线进入西风带时,副高又开始西伸。此外,西风带的小槽小脊、长波槽、脊都对副高变动有不同程度的影响,同时副高又对周围天气系统有明显影响,彼此相互联系、相互制约。

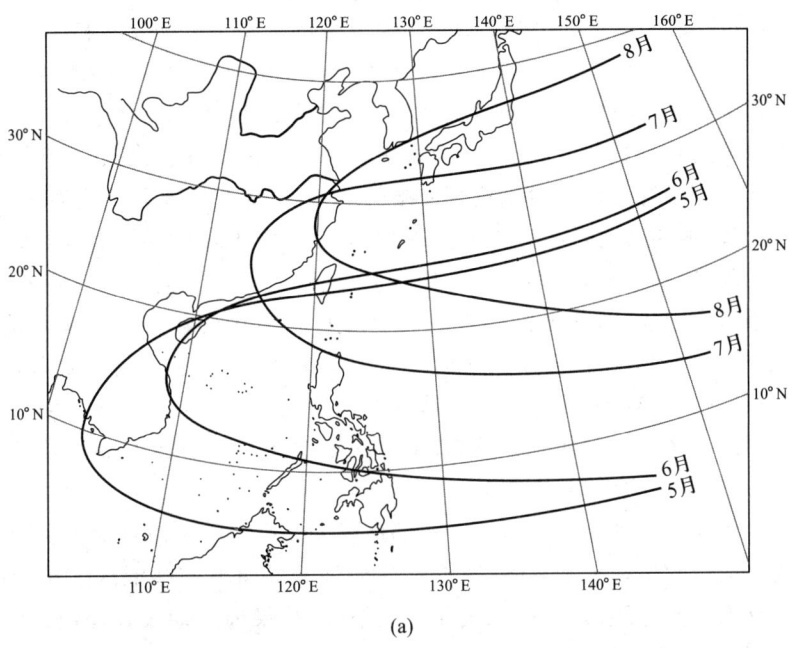

(a)

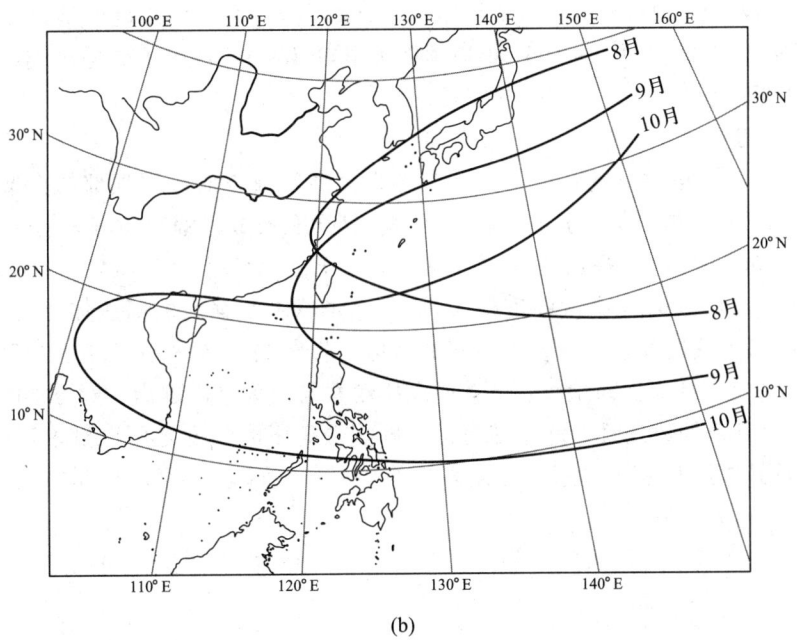

(b)

图 5·20 西太平洋副高压脊 5—8 月(a)和 8—10 月(b)500hPa 平均位置

2. 西太平洋副高对我国天气的影响

西太平洋副高是对我国夏季天气影响最大的一个天气系统。在它控制下将产生干旱、炎热、无风天气。它还通过与周围天气系统相互作用形成其它类型天气。因而,西太平洋副高的位置、强度的变化对我国(主要是东部)的雨季、旱涝以及台风路径等产生重大影响。

西太平洋副高是向我国输送水汽的重要天气系统。我国夏季降水的水汽来源,虽然主要是依靠西南气流从孟加拉湾、印度洋输送来,但西太平洋副高的位置和强度关系着东南季风从太平洋向大陆输送水汽的路径和数量,而且还影响着西南气流输送水汽的状况。同时,西太平洋副高北侧是北上暖湿气流与中纬度南下冷气流相交绥的地带,气旋和锋面系统活动频繁,常常形成大范围阴雨和暴雨天气,成为我国东部地区的重要降水带。通常该降水带位于西太平洋副高脊线以北 5—8 个纬距,并随副高作季节性移动。平均而言,每年 2—5 月,主要雨带位于华南;6 月份雨带位于长江中下游和淮河流域,使江淮一带进入梅雨期;7 月中旬雨带移到黄河流域,而江淮流域处于高压控制下,进入伏旱期,天气酷热、少雨,如果副高强大,控制时间长久,将造成严重干旱。副高南侧为东风带,常有东风波、热带风暴甚至台风活动,产生大量降水,因此 7 月中旬后,华南又出现一次雨期。从 7 月下旬到 8 月初,主要雨带移至华北、东北地带。从 9 月上旬起副高脊线开始南撤,降水带也随之南移。

上述情况仅是西太平洋副高活动对我国东部地区天气影响的一般规律。实际上西太平洋副高的季节性南北移动经常出现异常,往往造成一些地区干旱而另一些地区洪涝。例如 1956 年,西太平洋副高压脊第一次北跳偏早,第二次北跳又偏晚,结果梅雨期较长,致长江中下游雨量过多。1954 年副高持久地稳定在 20°—25°N 间,长江流域梅雨持续时间长达 40 天之久,造成江淮流域几十年罕见的大水。1958 年副高脊线第一次北跳偏晚,第二次北跳偏早,形成了这一年的空梅,造成江淮流域干旱。1959—1961 年梅雨期都很短,结果长江中下游地区连续几年(1958—1961 年)严重干旱(表 5·4)。

(三) 青藏高压

又称南亚高压,是暖季出现在亚洲大陆南部青藏高原上空对流层顶部的大型暖高压系统。它主要是由于高原的加热作用形成的,因而其结构、性质和形成过程都与海洋上的副热带高压有很大差异。它在 500hPa 以下是热低压,在 500hPa 以上的高空才表现为高压,而且越向高空高压强度越大,到 200—100hPa 高度强度最大,成为北半球上空强大的高压体。其中心区有上升气流,多对流活动,是我国夏季雷暴发生最多的地区。青藏高压的水平尺度达万千米以上,属超长波系统。高压中心常作东西向摆动,当其向东摆动并与西太平洋副高压脊叠加时,可使西太平洋副高加强,导致其西伸或北跳。北半球海洋上副热带高压的强度之所以夏季强于冬季是同青藏高压的存在及其作用有密切关系。青藏高压的中心位置和它在我国东部的脊线位置对长江中、下游梅雨异常也有影响。

墨西哥高压是形成于美洲大陆南部高原上空的暖性高压,其形成、结构、特性与青藏高压相类似。

二、热带天气系统

气象上的热带是指南、北半球副热带高压脊线之间的地带。由于副热带高压脊线随季节有南北移动,因而热带的边缘位置和范围也有季节性变动,通常把南、北纬 30°以内的地区称为热带,

表 5·4 江苏梅雨统计表

年 份	入梅月、日	出梅月、日	梅雨期(天)	梅雨量(mm)	备 注
1954	6.23	7.30	38	623.4	
1955	6.23	7.13	21	191.2	
1956	6.3	7.1	29	391.7	
1957	6.20	7.12	23	190.4	
1958	6.26	6.29	4	59.3	空 梅
1959	6.27	7.6	10	115.4	
1960	6.18	6.29	12	104.4	
1961	6.6	6.17	12	154.9	
1962	6.16	7.9	24	232.6	
1963	6.22	7.13	22	146.0	
1964	6.24	7.1	8	124.7	
1965	6.30	7.8	9	50.4	
1966	6.24	7.13	20	132.7	
1967	6.24	7.5	12	127.5	
1968	6.23	7.20	28	208.5	
1969	6.30	7.18	19	593.7	
1970	{6.17 / 7.12}	{7.3 / 7.20}	26	251.5	两段梅雨
1971	6.9	6.22	18	229.0	
1972	6.20	7.5	16	410.0	
1973	6.16	6.29	14	155.9	
1974	{6.9 / 7.8}	{6.13 / 7.18}	16	268.8	两段梅雨
1975	6.17	7.17	31	483.0	
1976	6.16	7.15	30	265.0	
1977	6.28	7.21	24	145.8	
1978	6.23	6.25	3	24.1	空 梅
1979	6.19	7.9	21	229.9	
1980	6.9	7.21	43	467.0	
1981	6.22	7.3	12	66.8	
1982	7.9	7.25	17	307.0	
1983	6.9	7.18	40	294.9	
1984	6.12	7.6	25	266.0	
1985	6.12	7.7	15	115.0	
1986	6.10	7.9	21	140.0	
1987	{6.19 / 7.1}	{6.23 / 7.27}	32	369.0	两段梅雨
1988	6.15	7.3	18	95.0	
1989	6.6	7.14	39	277	

这一地区约占全球面积的一半,绝大部分是海洋,是地球上热量的净得区,大气低层经常处于高温、高湿和条件不稳定状态。同时,热带地区又是气流辐合、上升带。这样的热力和动力条件有利于对流云系旺盛发展和对流云系聚集成巨大云团。是强烈天气系统发生、活动的背景和条件。

(一) 热带辐合带

热带辐合带是南、北半球信风气流汇合形成的狭窄气流辐合带,又称赤道辐合带。由于辐合带区的气压值比附近地区低,曾称赤道槽。热带辐合带环绕地球呈不连续带状分布,是热带地区重要的大型天气系统之一,其生消、强弱、移动和变化,对热带地区长、中、短期天气变化影响极大。

热带辐合带按其气流辐合的特性分为两种类型:一种是在北半球夏季,由东北信风与赤道西风相遇形成的气流辐合带,因为这种辐合带活动于季风区,称季风辐合带;另一种是南、北半球信风直接交汇形成的辐合带,称信风辐合带,见图5·21。

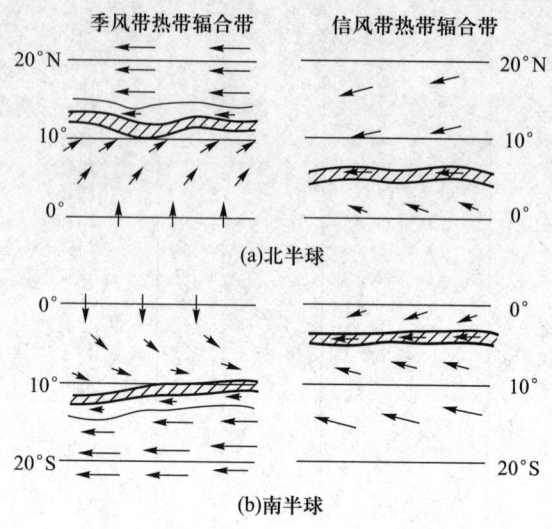

图5·21 典型的热带辐合带模式图

热带辐合带的位置随季节而有南北移动,但在各地区移动的幅度并不相等。主要活动于东太平洋、大西洋和西非的信风辐合带,移动幅度较小,而且一年中大部分时间位于北半球;而活动在东非、亚洲、澳大利亚的季风辐合带,季节位移较大,冬季位于南半球,夏季又移至北半球,而且有的年代10月份南、北半球各出现一个季风辐合带(双重热带辐合带),这种季节变化是同活动地区的海陆分布和地形特征密切相关的。

热带辐合带一般只存在于对流层的中、下层。季风辐合带的轴线随高度向南或西南倾斜,这是因为赤道西风带在大多数情况下出现在500hPa层以下的缘故。而位于海洋上的信风辐合带,由于相交汇的两支气流之间几乎没有温度和湿度的差异,以及临近赤道带地转作用的消失,结果辐合带在不同高度上几乎是重合的。

热带辐合带,特别是季风辐合带是低纬度地区水汽、热量最集中的区域,其月平均降水量达300—400mm。水汽凝结释放的大量潜热成为最重要的热源。而热带辐合带被加热之后又激发对流云、热带气旋等热带天气系统的产生。在卫星云图上,季风辐合带常表现为一条绵延数千千米的东西向的、由离散云团组成的巨大云带。

(二) 东风波

是副高南侧(北半球)深厚东风气流受扰动而产生的波动。波动的波长一般1 000—1 500km,长者达4 000—5 000km,伸展的高度一般为6—7km,有的达对流层顶。最大强度出现在700—500hPa之间。周期3—7天。移速约20—25km/h。

东风波一般表现为东北风与东南风间的切变。其结构因地区而有不同。在西大西洋加勒比海地区,东风波呈倒V形模式,波轴随高度向东倾斜,槽前吹东北风,槽后吹东南风,槽前为辐散下沉气流区,湿层较薄,只生成一些小块积云或晴朗无云,槽后为辐合上升气流区,有大量水汽向上输送,湿层较厚,形成云雨。这种模式的形成是因为这里对流层中低层的偏东风风速是随高度减小的。

西太平洋东风波大多产生于西太平洋东部地区,平均波长约 2 000km,移速约 25—30km/h。由于西太平洋东部地区的低空为东风,高空常为西风,以致东风波波轴向东倾斜,云雨天气发生在槽后气流辐合上升。当东风波移到西太平洋西部和南海地区时,因为低层经常有赤道西风,5km 以上才是东风,因而东风波向上可伸到对流层中上层,在 400—200hPa 间最清楚,而且东风波风速随高度增大,其波轴逐渐变为向西倾斜,结果槽前气流辐合上升,湿层厚,多云雨天气,槽后气流辐散下沉,湿层浅,多晴好天气。西太平洋西部的东风波往往影响到我国华南、长江中下游和东亚地区,带来大雨和大风天气,发展较强的东风波可能出现闭合环流,使气压降低,中心风力增大和降水加强。东风波在适当条件下还可以发展成热带气旋。

(三) 热带云团

从卫星云图上发现,热带地区存在着大量深厚的由对流云组成的直径在 100—1 000km 范围内的云区,称为云团。在天气图上很难分析出与云团相对应的天气系统,但东风波、热带气旋等天气系统大多是在云团基础上发展起来的。云团经过地区常常发生大风和暴雨。

云团根据其尺度、产生的地区分为三种类型:①季风云团,因同西南季风活动相联系而得名,是地球上规模最大的云团。其南北宽达 10 个纬距,东西长 20—40 个纬距,主要发生在热带的印度洋和东南亚地带。冬季时云团位于 5°—10°N,6 月中旬开始随季风向北推进,8 月份进到 20°—30°N。云团中常产生季风低压,有时可发展成孟加拉湾风暴,形成特大暴雨。②普通云团,常发生在海洋上的热带辐合带中,尺度在 4 个纬距以上,常常是热带气旋、东风波等天气系统最初始的胚胎。这种云团对我国华南、华东等沿海地区有较大影响,能形成暴雨天气。③小尺度云团(爆玉米花状云团),是由一些水平尺度为 50×50km 的积雨云群组成,而每个积雨云群又由约 10 个积雨云单体组成,多发生在南美大陆的热带地区和我国西藏南部地区,有明显的日变化。

云团是由尺度 10—100km、生命期数小时到一天的中对流云系和尺度 4—10km、生命期 30min 到数小时的小对流云系组成。中、小对流云系在随盛行风移动过程中,常常在上风侧形成,到下风侧消亡,不断新陈代谢,但在温度较高的海面上常保持不动,有时还发生云系积聚,出现暴雨。

(四) 热带气旋

热带气旋是形成于热带海洋上、具有暖心结构、强烈的气旋性涡旋。它来临时往往带来狂风、暴雨和惊涛骇浪,具有很大的破坏力,威胁着人民生命、财产安全,是一种灾害性天气。同时,热带气旋也带来充沛雨水,有利于缓和或解除盛夏旱象,是热带地区最重要的天气系统。

1. 分类

热带气旋的强度有很大差异。据此,国际规定热带气旋名称和等级标准为:

(1) 台风(飓风):地面中心附近最大风速≥32.6m/s(即风力 12 级以上)。

(2) 热带风暴:地面中心附近最大风速 17.2—32.6m/s(即风力 8—11 级)。其中地面中心附近最大风速 24.5—32.6m/s(风力 10—11 级)者,称强热带风暴。

(3) 热带低压:地面中心附近最大风速 10.8—17.1m/s(风力 6—7 级)。

我国从 1989 年起采用国际规定。此前我国气象部门曾规定热带气旋中地面中心附近最大风速 17.2—32.6m/s(即风力 8—11 级)称台风;最大风速≥32.6m/s(风力 12 级以上)称强台风;最大风速 10.8—17.1m/s(风力 6—7 级)称热带低压。

为了更好地识别和追踪风力强大的热带风暴和台风,常对其进行命名或编号。我国气象部门规定,凡出现在东经150°以西,赤道以北的热带风暴和台风,按每年出现顺序进行编号。例如,9306热带风暴、9304强热带风暴、9302台风,表示1993年出现在东经150°以西的第6号热带风暴、第4号强热带风暴、第2号台风。

2. 台风

台风的范围通常以其最外围闭合等压线的直径度量,大多数台风范围在600—1 000km,最大的达2 000km,最小的仅100km左右。台风环流伸展的高度可达12—16km,台风强度以近台风中心地面最大平均风速和台风中心海平面最低气压值来确定。大多数台风的风速在32—50m/s,大者达110m/s,甚至更大。台风中心气压值一般为950hPa,低者达920hPa,有的仅870hPa。

台风大多数发生在南、北纬5°—20°的海水温度较高的洋面上,主要发生在8个海区(图5·22),即北半球的北太平洋西部和东部、北大西洋西部、孟加拉湾和阿拉伯海5个海区,南半球的南太平洋西部、南印度洋西部和东部3个海区。每年发生的台风(包括热带风暴)总数约80次,其中半数以上发生在北太平洋(约占55%),北半球占总数的73%,南半球仅占27%。南大西洋和南太平洋东部没有台风发生。

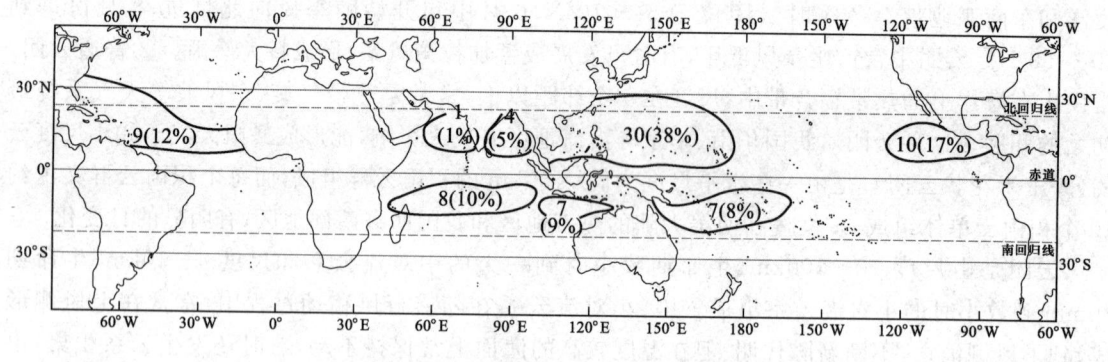

图5·22 全球台风发生区域分布

北半球台风(除孟加拉湾和阿拉伯海以外)主要发生在海温比较高的7—10月,南半球发生在高温的1—3月,其它季节显著减少(表5·7)。

(1)结构:台风是一个强大而深厚的气旋性涡旋,发展成熟的台风,其低层按辐合气流速度大小分为三个区域:①外圈,又称大风区,自台风边缘到涡旋区外缘,半径约200—300km,其主要特点是风速向中心急增,风力可达6级以上。②中圈,又称涡旋区,从大风区边缘到台风眼壁,半径约100km,是台风中对流和风、雨最强烈区域,破坏力最大。③内圈,又称台风眼区,半径约5—30km。多呈圆形,风速迅速减小或静风。

台风流场的垂直分布,大致分为三层:①低层流入层,从地面到3km,气流强烈向中心辐合,最强的流入层出现在1km以下的行星边界层内。由于地转偏向力作用,内流气流呈气旋式旋转,而且在向内流入过程中愈接近台风中心,旋转半径愈短,等压线曲率愈大,惯性离心力也相应增大。结果在地转偏向力和惯性离心力作用下,内流气流并不能到达台风中心,而在台风眼壁附近强烈螺旋上升。②上升气流层,从3km到10km左右,气流主要沿切线方向环绕台风眼壁上升,上升速度在700—300hPa之间达到最大。③高空流出层,大约从10km到对流层顶(12—16km),气流在上升过程中释放大量潜热,致台风中部气温高于周围,台风中的水平气压梯度力便随着高度而逐渐减小,当达到某一高度(约 10—12km)时,水平梯度力小于惯性离心力和水平地转偏向力的合力时,便出现向四周外流的气流。空气的外流量同低层的流入量大体相当,否则台风会加强或减弱。

台风各个等压面上的温度场是近于圆形的暖中心结构。由图 5·23 可见,台风低层温度水平分布是自外围向眼区逐渐增高的,但温度梯度很小。这种水平温度场结构随着高度逐渐明显,这是眼壁外侧雨区释放凝结潜热和眼区空气下沉增温的共同结果。

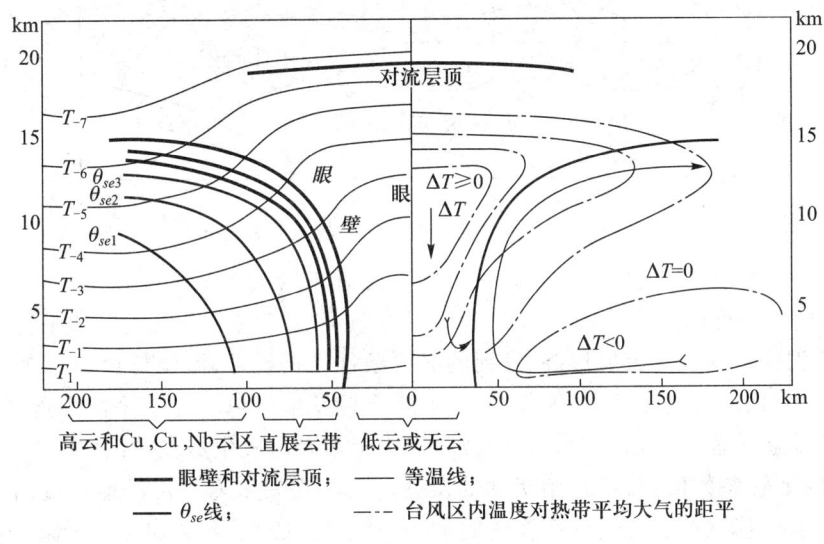

图 5·23 台风热力场垂直剖面

(2) 天气:依据台风卫星云图和雷达回波,发展成熟的台风云系(图 5·24),由外向内有:①外螺旋云带,由层积云或浓积云组成,以较小角度旋向台风内部。云带常常被高空风吹散成"飞云"。②内螺旋云带,由数条积雨云或浓积云组成,直接卷入台风内部,并有降水形成。③云墙,由高耸的积雨云组成的围绕台风中心的同心圆状云带。云顶高度可达 12km 以上,好似一堵高耸云墙,形成狂风、暴雨等恶劣天气。④眼区,气流下沉,晴朗无云天气。如果低层水汽充沛,逆温层以下也可能产生一些层积云和积云,但垂直发展不盛、云隙较多、一般无降水。

(3) 形成和消亡:台风形成及发展机制,至今尚无完善的结论。大多数学者认为台风是由热带弱小扰动发展起来的。当弱小的热带气旋性系统在高温洋面上空产生或由外区移来时,因摩擦作用使气流产生向弱气旋内部流动的分量,把洋面上高温、高湿空气辐合到气旋中心,并随上升运动输送到中、上部凝结,释放潜热,加热气旋中心上空的气柱,形成暖心。暖心的反馈作用又使空气变轻,地面气压下降,气旋性环流加强。环流加强进一步使摩擦辐合量加大,向上输送的水汽增多,继续促使对流层中上部加热,地面气压继续下降,如此反复循环,直至增强成台风。由上可见,台风形成和发展的重要机制是台风暖心的形成,而暖心的形成、维持和发展需要有合适的环境条件以及产生热带扰动的流场,这两者既是相互关联的,又是缺一不可的。一般认为台风形成的合适环境条件和流场是:

① 广阔的高温洋面:台风是一种十分猛烈的天气系统,具有相当大的能量,这些能量主要由大量水汽凝结、释放的潜热转化而来,而潜热释放又是大气层结不稳定发展的结果。所以大气层

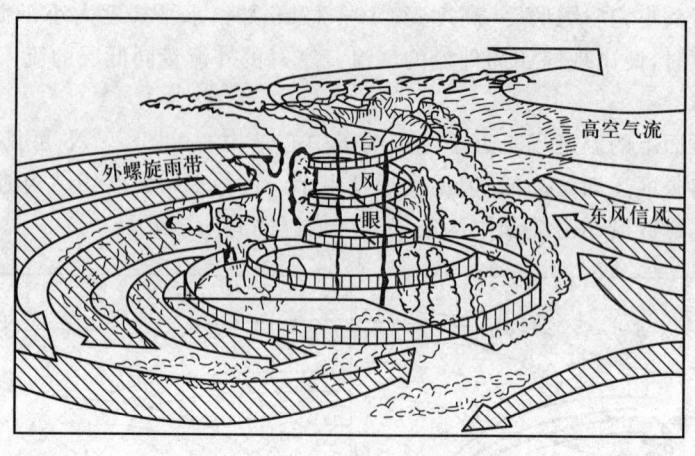

图 5·24　台风的三度空间流场及云系分布

结不稳定就成为台风形成、发展的重要前提条件。而对流层低层大气层结不稳定程度主要取决于大气层中温度、湿度的垂直分布。大气低层温度愈高、湿度愈大，大气层结不稳定程度愈强。因而广阔的高温洋面就成为台风形成、发展的必要条件。据统计，海温低于 26.5℃ 的洋面，一般不会有台风发生，而海温高于 29°—30℃ 的洋面则极易发生台风。北太平洋西部的低纬洋面暖季（7—10 月）海温可达 30℃ 以上，水汽又充沛，成为全球台风发生最多的区域。

② 合适的地转参数值：热带初始扰动的发展、壮大，需要依靠一定的地转偏向力的作用，才能不断地使辐合气流逐渐变为气旋性旋转的水平涡旋，使气旋性环流加强。否则，若无地转偏向力或地转偏向力过小，达不到一定数值时，水平辐合气流可径直到达低压中心，发生空气堆积，中心填塞，致使气旋性涡旋减弱或不能形成。据计算，只有在距赤道 5 个纬距以外的地区，f 值才达到一定数值，利于台风形成。事实上，大多数台风发生在纬度 5—20 度之间。

③ 气流铅直切变要小：为使潜热聚积在同一铅直气柱中而不被扩散出去，基本气流的铅直切变要小。否则高、低空风速相差过大或风向相反，潜热会迅速平流出去，而不利于暖心形成和维持，因而也不利于发展成台风。据统计，台风多形成于 200hPa 和 850hPa 等压间，风速差小于 10m/s 的地区。西太平洋风速垂直切变一年都很小，夏季更小，因而台风发生多。印度洋北部的孟加拉湾和阿拉伯海地区，盛夏时低层是西南季风，高层是青藏高压南侧的强东风急流，铅直风速切变很大，台风发生的可能性很小，而春、秋季时铅直风速切变变小，台风发生较多。

④ 合适的流场：大气中积蓄的大量不稳定能量能否释放出来转化为台风的动能，是同有利流场的起动和诱导关系甚大。卫星云图资料表明，台风发生之前都有一个扰动系统存在，并由扰动发展、演变成台风。这是因为大气低层扰动中有较强的辐合流场，高空有辐散流场，利于潜热释放，尤其当高空辐散流场强于低空辐合流场时，低空扰动就得以加强，逐渐发展成台风。热带辐合带、东风波都是气流辐合系统，极易产生弱涡旋，成为台风形成、发展的有利流场。

从全球来看，台风生成有一定的地区性和季节性。

台风的消亡条件主要是高温、高湿空气不能继续供给，低空辐合、高空辐散流场不能维持以及风速铅直切变增大等。造成这些条件的途径一般有两个：一是台风登陆后，高温、高湿空气得不到源源补充，失去了维持强烈对流所需能源。同时低层摩擦加强，内流气流加强，台风中心被逐渐填塞、减弱以至消失。二是台风移到温带后，有冷空气侵入，破坏了台风的暖心结构，变性为温带气旋。

(4) 移动和路径

台风移动的方向和速度取决于作用于台风的动力。动力分内力和外力两种。内力是台风范围内因南北纬度差距所造成的地转偏向力差异引起的向北和向西的合力,台风范围愈大,风速愈强,内力愈大。外力是台风外围环境流场对台风涡旋的作用力,即北半球副热带高压南侧基本气流东风带的引导力。内力主要在台风初生成时起作用,外力则是操纵台风移动的主导作用力,因而台风基本上自东向西移动。由于副高的形状、位置、强度变化以及其它因素的影响,致台风移动路径

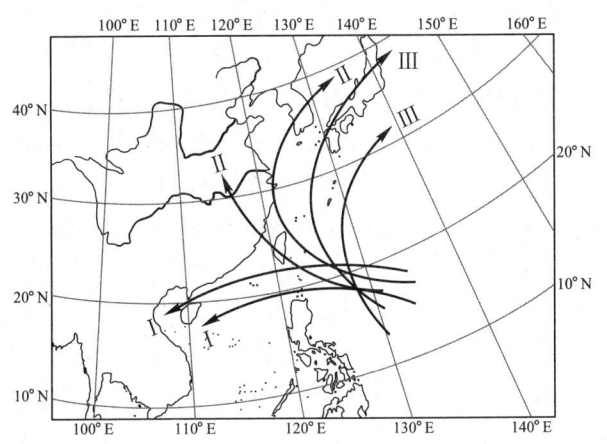

图 5·25　北太平洋西部台风移动路径

并非规律一致而变得多种多样。以北太平洋西部地区台风移动路径为例,其移动路径大体有三条(见图5·25)。

① 西移路径:当北太平洋高压脊呈东西走向,而且强大、稳定时,或北太平洋副高不断增强西伸时,台风从菲律宾以东洋面向西移动,经过南海在我国海南岛或越南一带登陆。

② 西北路径:当北太平洋高压脊线呈西北-东南走向时,台风从菲律宾以东洋面向西北方向移动,穿过硫球群岛,在我国江浙或横穿台湾海峡在浙、闽一带登陆。这条路径对我国影响范围较大,尤其华东地区。

③ 转向路径:北太平洋副高东退海上时,台风从菲律宾以东海区向西北方向移动,然后转向东北方向移去,路径呈抛物线型。对我国东部沿海地区及日本影响较大。

此外,有的台风在移动过程中有左右摆动或打转等特殊路径。显然这同当时的环流形势有关。

台风移动的速度平均20—30km/h。当发生转向时速度有所减缓,转向以后又有所增快。

第四节　对流性天气系统

在暖季,当大气层结处于不稳定状态、空中有充沛水汽、并有足够对流冲击力的条件下,大气中对流运动得到强劲发展,其所形成的天气系统称对流性天气系统,如雷暴、龙卷、飑线、冰雹等。这些天气系统不仅尺度小、生命期短,而且气象要素水平梯度很大、天气现象剧烈,具有很大破坏力,往往是一种灾害性天气系统。

一、雷暴

雷暴是由旺盛积雨云所引起的伴有闪电、雷鸣和强阵雨的局地风暴。没有降水的闪电、雷鸣现象,称干雷暴。雷暴过境时,气象要素和天气现象会发生剧烈变化,如气压猛升,风向急转,风速大增,气温突降,随后倾盆大雨。强烈的雷暴甚至带来冰雹、龙卷等严重灾害。

通常把只伴有阵雨的雷暴称一般雷暴,把伴有暴雨、大风、冰雹、龙卷等严重灾害性天气现象之一者,称强雷暴。两者都是由发展强烈的积雨云形成的,这类积雨云称雷暴云。一次雷暴过程并不只是一块雷暴云,而往往是由几个或更多个处于不同发展阶段的雷暴单体所组成。这些雷暴单体虽然处于同一个雷暴云中,而每个单体都具有独立的云内环流,都经历发展阶段(云中贯穿上升气流)、成熟阶段(云中出现降水以及降水拖曳的下沉气流)和消散阶段(云中为下沉气流),并处于不断新生和消失的新陈代谢过程中。

雷暴活动具有一定的地区性和季节性。据统计,低纬度雷暴出现的次数多于中纬度,中纬度又多于高纬度。这是由于低纬度终年高温、多雨,空气处于暖湿不稳定状态,容易形成雷暴。中纬度夏半年,近地层大气增温、增湿,大气层结不稳定度增大,同时经常有天气系统活动,雷暴次数也较多。高纬度气温低、湿度小,大气比较稳定,雷暴很少出现。就同纬度来说,雷暴出现次数,一般是山地多于平原,内陆多于沿海。一年中雷暴出现最多的是夏季,春秋次之,冬季除暖湿地区外,极少出现。

雷暴移动受地理条件影响很大。在山区受山地阻挡,雷暴常沿山脉移动,如果山地不高,发展强盛的雷暴可越山而过。在海岸、江河、湖泊地区,白天因水面温度较低,常有局部下沉气流产生,致使雷暴强度减弱甚至消失,而一些较弱雷暴往往不能越过水面而沿岸移动,但在夜间,雷暴可能增强。

二、飑线

飑线是带状雷暴群所构成的风向、风速突变的狭窄的强对流天气带。飑线过境时,风向突变、风速急增、气压骤升、气温剧降,同时伴有雷暴、暴雨,甚至冰雹、龙卷等天气现象。因而飑线是一种很具破坏力的严重灾害性天气。

飑线的水平范围很小,长度由几十千米到几百千米,一般为150—300km。宽度从半千米到几千米,最宽几十千米。垂直范围只有3km左右。维持时间多为4—10h,短的只有几十分钟(图5·26)。

飑线同积雨云集合体相伴出现,是在气团内有深厚不稳定层,低层有丰富水汽,以及有引起不稳定能量释放的触发机制的条件下产生的,大多发生在暖湿的热带气团内。同时还同一定的天气形势相关,例如高空槽后、冷锋前常有飑线出现。雷暴高压前缘下沉的强冷空气与其前方暖湿气流间的强辐合带上也可形成飑线。

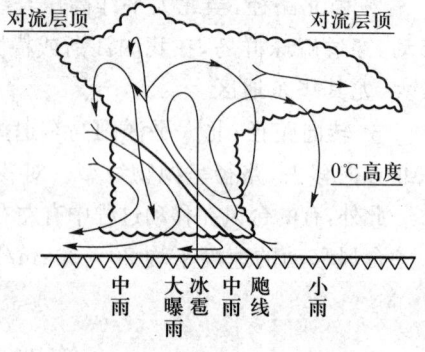

图5·26 飑线垂直剖面

三、龙卷

龙卷是自积雨云底部伸出来的漏斗状的涡旋云柱。龙卷伸展到地面时引起的强烈旋风,称龙卷风。龙卷有时悬挂在空中,有时伸延到地面。出现在陆地上的,称陆龙卷,出现在海面上的,称海龙卷。

龙卷的水平尺度很小,近地层直径一般几米到几百米,空中直径可达3—4km,甚至10km。垂直范围在3—15km间。生存时间几分钟到几十分钟。

龙卷是一种强烈旋转的小涡旋,中心气压很低,一般比同高度四周低几十百帕。强龙卷中心附近的地面气压可降至 400hPa 以下,极端情况可达 200hPa。由于中心气压很低、气压梯度极大,引发出强大风速和上升速度。据估计,龙卷中心附近的风速达几十到一百米/秒,极端情况可达 150m/s 以上,最大上升速度达几十米至上百米/秒。中心气压急剧降低造成了水汽迅速凝结,形成漏斗状云柱。这种极强的上升和水平气流具有巨大破坏力,能摧毁建筑物并能将上千、上万吨重物卷入空中。

龙卷中心附近有下沉气流,自中心向外是强盛的上升气流,组成漏斗状云体,其外围被水或尘土所包围。漏斗状云体轴一般是垂直的,当有垂直风切变时,也可能倾斜或折曲。龙卷通常单个出现,也有时成对出现。而成对龙卷的旋转方向往往相反,一个是气旋式,另一个是反气旋式(图 5·27)。

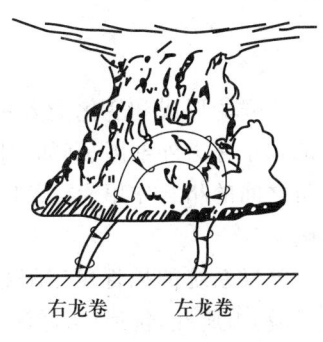

图 5·27 左龙卷和右龙卷

从世界范围看,龙卷主要发生在中纬度(20°—50°)地区。美国是龙卷出现最多的国家,平均每年出现 500 次左右。澳大利亚、日本次之。我国也有出现,主要在华南、华东一带。以春季、夏初为多。

龙卷生成在很强的热力不稳定性大气中,其生成机制仍没有完善的解释。一种说法认为龙卷生成与积雨云中强烈升降气流有关。另一种说法认为龙卷形成在两条飑线的交点上。

第六章 气候的形成

气候的形成和变化受多种因子的制约。近代气候学将那些能够影响气候而本身不受气候影响的因子称为外部因子（如太阳辐射、地球轨道参数的变化、大陆飘移、火山活动等），气候系统各成员之间的相互作用为内部因子，而外部因子又必须通过系统内部的相互作用，才能对气候产生影响。

气候系统的属性可以概括为以下四个方面：①热力属性，包括空气、水、冰和陆地表面的温度；②动力属性，包括风、洋流及与之相联系的垂直运动和冰体运动；③水分属性，包括空气湿度、云量及云中含水量、降水量、土壤湿度、河湖水位、冰雪等；④静力属性，包括大气和海水的密度和压强、大气的组成成分、大洋盐度及气候系统的几何边界和物理常数等。这些属性在一定的外因条件下，通过气候系统内部的物理过程、化学过程和生物过程而相互作用着，关联着，并在不同时间尺度内变化着，形成不同时期的气候特征。

太阳辐射是气候形成和变化的最主要的外部因子，也是气候系统的能源。大气成分如二氧化碳、水汽、臭氧和气溶胶等可以影响大气中的辐射传输。云对辐射过程，通过反射、散射、吸收和透射等过程产生影响。太阳辐射在通过大气圈到达地表的过程中已经有不同程度的削弱。又由于下垫面的性质有海洋、冰雪覆盖和陆地（具有不同地形、植被、土壤和各种土地利用方式等）的差异，对太阳辐射的反射、吸收以及导致的自身增温作用大不相同，产生不同的热力属性。同时它们又通过长波辐射等方式将热量传输给大气。大气对来自太阳的辐射（短波辐射）的吸收率很低，对来自气候系统内部的长波辐射却易于吸收而增温。整个气候系统再以地球长波辐射形式将辐射能返回宇宙空间。

气候系统的动力属性与气候系统内部的能量转换密切相关。投射到地球表面的太阳辐射能，绝大部分为下垫面所吸收，这一热能成为促使大气运动的基础能源。图6·1给出在大气运动中能量转换的级联①（cascade）图解。这种能量传递的起始点是强烈受热的下垫面。由于下垫面的增热不均，形成大尺度的水平气温梯度和大尺度的对流性不稳定。气团从下垫面增热（能量输入），空气发

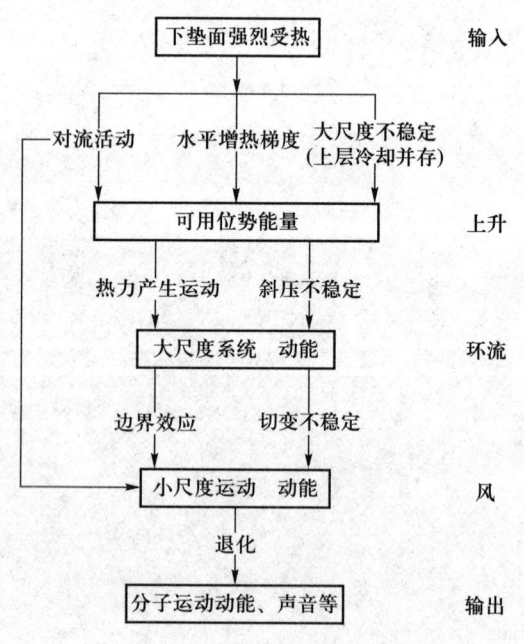

图6·1 大气中能量转换图解

---

① 级联：英文 cascade 之直译，即逐级转换之意。

生铅直上升运动,增加其可用位能(available potential energy)。这种位能产生大气的对流活动,或通过水平能量梯度,产生大尺度的大气水平运动和天气尺度扰动,转换为大尺度的环流动能。风在经过海洋表面时,由于风应力作用产生波浪并推动洋流,将大尺度能量直接传输给海洋。在经过崎岖不平和热力性质不均的陆地表面时,产生切变不稳定和其它边界效应,在能量上转换为小尺度运动的动能。这种动能因摩擦作用而逐渐消耗,使风速减小,能量逐级退化,最后转变成分子运动的动能和声能等(输出)。如此周而复始,下垫面不断吸收太阳辐射能,为大气各种运动提供持续的能源。

气候系统内部进行着复杂的物质交换,最突出的例子是水分循环。海洋、潮湿陆地、植被通过蒸发和蒸腾作用将水汽输送给大气,在一定的条件下,水汽在大气中凝结成云致雨,释放出潜热。大气中的最大热源就是这种潜热。雨水降落除直接返回海洋外,在陆上影响土壤湿度、河湖水位和冰雪等。气候系统的水分属性与水分循环关系极为密切。

人类活动对气候系统的属性有明显的影响。例如在城市中,由于燃煤量大,排放至空气中的污染物质多,可能改变局地大气的组成成分。据研究[①]在排放的污染物质中,如果酸性物质与碱性物质的总量比值较大,在一定的降水条件下,通过有关的物理化学过程,会形成酸雨降落。在长期受强酸雨影响的地区,可导致土壤和湖泊酸化,植物和鱼类受到严重危害,气候和生态环境恶化。

在气候系统内部发生的相互作用中,存在着大量的反馈过程,它们起着从内部调节气候系统的作用。其中有些反馈过程有使系统变化振幅加大的作用,称之为正反馈。另一类反馈过程则有对系统变化的阻尼作用,称之为负反馈。反馈过程表明气候系统各组成部分之间的耦合或相互补偿作用。

例如当地面温度升高时,蒸发加大,使大气中水汽含量增多,由于水汽对地面长波辐射的不透明性,产生了"温室效应",从而使地表进一步增暖,蒸发进一步加大,这是一种正反馈过程。另一方面,当大气中水汽含量增多时,往往产生更多的云,云量的增多,将会减少地面吸收的太阳辐射,使地表降温,因此这是一种阻尼性负反馈过程。此外,云也有阻挡地表向外放射长波辐射的作用,如果这种影响胜过其对短波辐射的影响,也可以产生一类正反馈过程。不同高度、不同类型的云,对辐射的影响是不同的,必须针对具体情况,作具体分析。

从气候的自然变化中可以看出,任何正反馈作用必将由于另一些调节过程的介入而稳定在某一水平上,否则地球气候将失去控制而变得一发不可收拾。如地面温度因水汽、二氧化碳以及其它微量温室气体的增加而升高,地球气候变得越来越暖,但是火山活动所喷发出来的大量火山灰,能有效地削弱太阳辐射的强度,产生"阳伞效应",使地面温度降低。因此气候的自然变化总趋势有可能在某一时期维持在某一"平均"状态,并在这个水平线上来回振荡。

气候的形成和变化可归纳为以下诸因子:①太阳辐射,②宇宙地球物理因子,③环流因子(包括大气环流和洋流),④下垫面因子(包括海陆分布、地形与地面特性、冰雪覆盖),⑤人类活动的影响。本章着重阐明①、③、④因子在气候形成中的作用,在第八章中再论述全部外因和内因在气候变化中的作用。

---

① 童思文等. 对影响酸雨因子的初步研究. 酸雨文集. 北京:中国环境科学出版社,1989,1—9.

第一节 气候形成的辐射因子

一、太阳辐射与天文气候

太阳辐射在大气上界的时空分布是由太阳与地球间的天文位置决定的,又称天文辐射。由天文辐射所决定的地球气候称为天文气候,它反映了世界气候的基本轮廓。

(一)天文辐射的计算

除太阳本身的变化外,天文辐射能量主要决定于日地距离、太阳高度和白昼长度。

1. 日地距离

地球绕太阳公转的轨道为椭圆形,太阳位于两焦点之一上。因此日地距离时时都在变化,这种变化以一年为周期。地球上受到太阳辐射的强度是与日地间距离的平方成反比的,在某一时刻,大气上界的太阳辐射强度 I 应为

$$I = \frac{a^2}{b^2} I_0 \tag{6·1}$$

式中 b 为该时刻的日地距离,a 为地球公转轨道的平均半径,I_0 为太阳常数 1 370W/m²[①],假使取 $a=1$(1个天文单位),b/a 用 ρ 表示,则

$$I = \frac{I_0}{\rho^2} \tag{6·2}$$

一年中地球在公转轨道上运行,就近代情况而言,在1月初经过近日点,7月初经过远日点,按上式计算,便得到各月一日大气上界太阳辐射强度变化值(给出与太阳常数相差的百分数,如表6·1所示):

表6·1 大气上界太阳辐射强度的变化

月份	1	2	3	4	5	6	7	8	9	10	11	12
%	3.4	2.8	1.8	0.2	−1.5	−2.8	−3.5	−3.1	−1.7	−0.3	1.6	2.8

由上表可见,大气上界的太阳辐射强度在一年中变动于+3.4%——−3.5%之间。如果略去其它因素的影响,北半球的冬季应当比南半球的冬季暖些,夏季则比南半球凉些。但因其它因素的作用,实际情况并非如此。

2. 太阳高度

太阳高度是决定天文辐射能量的一个重要因素。利用天球的地平坐标和赤道坐标来表示太阳在天球上的位置,用球面三角公式可以求出任意时刻太阳高度的表达式如下

$$\sin h = \sin\varphi \sin\delta + \cos\varphi \cos\delta \cos\omega \tag{6·3}$$

[①] 根据1981年和1982年卫星观测太阳常数分别为 1 368W/m² 和 1 372W/m²。近年气候文献则多采用 1 370W/m²。见 A. Henderson-sellers & P. J. Robinson. Contemporary Climatology. 1987。

(6·3)①式是计算太阳高度角的基本方程，式中 h 为太阳高度，φ 为所在地的纬度。δ 为太阳赤纬，赤纬在赤道以北为正，在赤道以南为负，一年内在北半球夏至日 δ 为 $+23°27'$，冬至日为 $-23°27'$，春、秋分日 $\delta = 0°$。ω 为时角，在一天中正午时 $\omega = 0°$，距离正午每差 1 小时，时角相差 $15°$，午前为负值，午后为正值。

由第二章(2·15)式已知，在太阳高度为 h 时，单位面积上所获得的太阳能为 $I\sin h$。再考虑到日地距离的影响，那么每单位时间落到大气上界任意地点的单位水平面上的天文辐射能量为

$$\frac{dQ_s}{dt} = \frac{I_0}{\rho^2}\sin h \tag{6·4}$$

将(6·3)式代入(6·4)式，则得

$$\frac{dQ_s}{dt} = \frac{I_0}{\rho^2}(\sin\varphi\sin\delta + \cos\varphi\cos\delta\cos\omega) \tag{6·5}$$

由(6·5)式可以求出任一地点、任一天太阳辐射在大气上界流入量（天文辐射）的日变化，以及一年中任一天白昼时任一时刻，地球表面水平面上天文辐射的分布。

3. 白昼长度

指从日出到日没的时间间隔。日出和日没太阳正好位于地平圈上，太阳高度 $h = 0°$，以 $-\omega_0$ 为日出的时角，ω_0 为日没的时角，根据(6·3)式可以求得

$$\sin h = \sin\varphi\sin\delta + \cos\varphi\cos\delta\cos\omega_0 = 0$$
$$\cos\omega_0 = -\mathrm{tg}\varphi\,\mathrm{tg}\delta \tag{6·6}$$

因日出、日没的时角绝对值相等，所以 $2\omega_0$ 就是白昼长度，也就是天文辐射中的可照时间。它是随地理纬度和太阳赤纬而变化的。

要计算任一地点在一天内，$1\mathrm{m}^2$ 水平面上天文辐射的总能量，可按下式推算。由(6·5)式可知

$$dQ_s = \frac{I_0}{\rho^2}(\sin\varphi\sin\delta + \cos\varphi\cos\delta\cos\omega)dt \tag{6·5}'$$

考虑到时间 t 与时角 ω 具有如下关系

$$dt = \frac{T}{2\pi}d\omega$$

式中 T 为 1 日长度(24h＝1 440min)将上式代入(6·5)′式，则

---

① 此式的推导如下：在附图天球中，HH' 为观测地的地平圈，Z 为天顶，S 为当地某一瞬时太阳在天球上的位置，以 $\overset{\frown}{ZS}$ 度量的角度 Z 为太阳的天顶距，以 $\overset{\frown}{SD}$ 度量的角度 h 为太阳高度，AA' 为天球赤道平面，P 表示天北极，$\overset{\frown}{SB}$ 是太阳的赤纬 δ，球面角 ZPS 就是太阳的时角 ω，如以 φ 表示纬度，则在球面三角形 PZS 中，$\overset{\frown}{PS} = \frac{\pi}{2} - \delta$，$\overset{\frown}{ZP} = \frac{\pi}{2} - \varphi$，$\overset{\frown}{ZS} = z$，$<\overset{\frown}{ZPS} = \omega$。根据球面三角学公式可以写成：

$$\cos z = \sin\varphi\sin\delta + \cos\varphi\cos\delta\cos\omega$$

显然，$\cos z = \sin h$，上式又可写作

$$\sin h = \sin\varphi\sin\delta + \cos\varphi\cos\delta\cos\omega$$

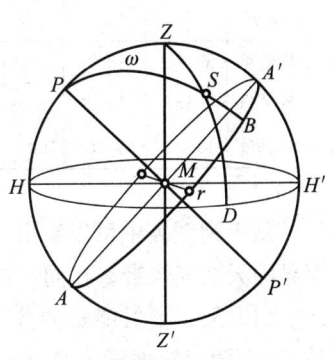

附图　天球

$$dQ_s = \frac{T}{2\pi}\frac{I_0}{\rho^2}(\sin\varphi\sin\delta + \cos\varphi\cos\delta\cos\omega)d\omega \tag{6·7}$$

对(6·7)式从日出到日没，即从 $-\omega_0 — +\omega_0$ 进行积分，于是得到

$$Q_s = \frac{T}{2\pi}\frac{I_0}{\rho^2}\int_{-\omega_0}^{+\omega_0}(\sin\varphi\sin\delta + \cos\varphi\cos\delta\cos\omega)d\omega$$

$$= \frac{T}{\pi}\frac{I_0}{\rho^2}(\omega_0\sin\varphi\sin\delta + \cos\varphi\cos\delta\sin\omega_0) \tag{6·8}$$

上式中 $\frac{T}{\pi} = 458.4$，太阳赤纬 δ，日地相对距离 ρ 和时角 ω_0 都可由天文年历中查得，因此根据(6·8)式可以计算出某纬度 φ 在某日（查出该日的 ρ、δ 和 ω_0）天文辐射的日总量 Q_s。

（二）天文气候

由(6·8)式计算出的若干纬度上天文辐射的年变化如图6·2所示。全球天文辐射的立体模式如图6·3所示。北半球水平面上天文辐射的分布则如表6·2所示。

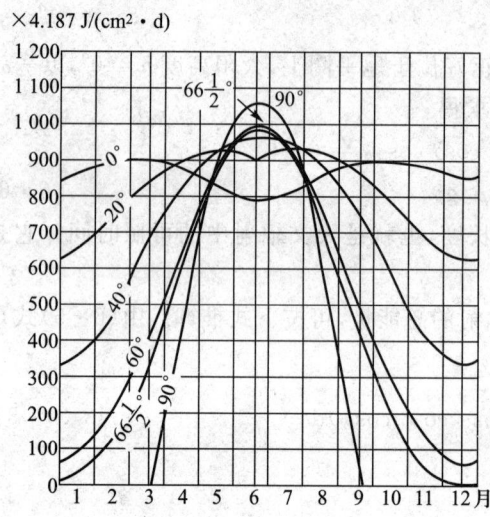

图6·2 不同纬度天文辐射的年变化

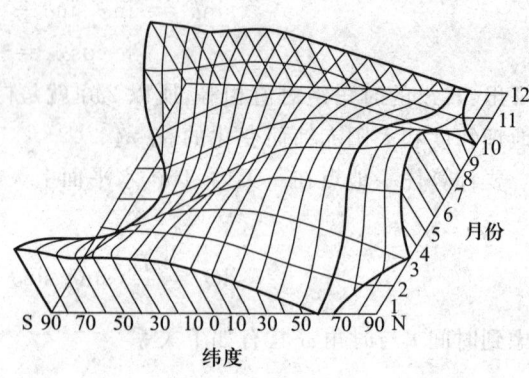

图6·3 各纬度天文辐射的立体模式

表6·2 大气上界水平面天文辐射的分布（MJ/m²）

纬度	0	10	20	23.5	30	40	50	60	66.5	70	80	90
夏半年	6 585	6 970	7 161	7 182	7 157	6 963	6 601	6 118	5 801	5 704	5 519	5 476
冬半年	6 585	6 019	5 288	4 998	4 418	3 443	2 406	1 376	779	556	120	0
年总量	13 170	12 989	12 449	12 179	11 575	10 406	9 007	7 494	6 580	6 260	5 639	5 476

$I_0 = 1\,367\ \text{W/m}^2$

从上列图表中可以看出，天文辐射的时空分布具有以下一些基本特点，这些特点构成了因纬度而异的天文气候带。在同一纬度带上，还有以一年为周期的季节性变化和因季节而异的日变化。

（1）天文辐射能量的分布是完全因纬度而异的。就表6·2看来，全球获得天文辐射最多的是赤道，随着纬度的增高，辐射能渐次减少，最小值出现在极点，仅及赤道的40%。这种能量的不均衡分布，必然导致地表各纬度带的气温产生差异。地球上之所以有热带、温带、寒带等气候

带的分异,与天文辐射的不均衡分布有密切关系。

(2) 夏半年获得天文辐射量的最大值在 20°—25°的纬度带上,由此向两极逐渐减少,最小值在极地。这是因为在赤道附近太阳位于或近似位于天顶的时间比较短,而在回归线附近的时间比较长。例如在 6°N 与 6°S 间,在春分和秋分附近,太阳位于或近似位于天顶的时间各约 30 天。在纬度 17.5°—23.5°的纬度带上,在夏至附近,位于或近似位于天顶的时间约 86 天。赤道上终年昼夜长短均等,而在 20°—25°纬度带上,夏季白昼时间比赤道长,这是"热赤道"北移(就北半球而言)的一个原因。又由于夏季白昼长度随纬度的增高而增长,所以由热带向极地所受到的天文辐射量,随纬度的增高而递减的程度也趋于和缓,表现在高低纬度间气温和气压的水平梯度也是夏季较小。

(3) 冬半年北半球获得天文辐射最多的是赤道。随着纬度的增高,正午太阳高度角和每天白昼长度都迅速递减,所以天文辐射量也迅速递减下去,到极点为零。表现在高低纬度间气温和气压的水平梯度也是冬季比较大。

(4) 天文辐射的南北差异不仅随冬、夏半年而有不同,而且在同一时间内随纬度亦有不同。在两极和赤道附近,天文辐射的水平梯度都较小,而以中纬度约在 45°—55°间水平梯度最大,所以在中纬度,环绕整个地球,相应可有温度水平梯度很大的锋带和急流现象。

(5) 夏半年与冬半年天文辐射的差值是随着纬度的增高而加大的。表现在气温的年较差上是高纬度大,低纬度小。再从图 6·2 和图 6·3 上可以看出,在赤道附近(约在南北纬 15°间),天文辐射日总量有两个最高点,时间在春分和秋分。在纬度 15°以上,天文辐射日总量由两个最高点逐渐合为一个。在回归线及较高纬度地带,最高点出现在夏至日(北半球)。辐射年变化的振幅是纬度愈高愈大,从季节来讲,则是南北半球完全相反。

(6) 在极圈以内,有极昼、极夜现象。在极夜期间,天文辐射为零。在一年内一定时期中,到达极地的天文辐射量大于赤道。例如,在 5 月 10 日到 8 月 3 日期间内,射到北极大气上界的辐射能就大于赤道。在夏至日,北极天文辐射能大于赤道 0.368 倍,南极夏至日(12 月 22 日)天文辐射量比北极夏至日(6 月 22 日)大。这说明南北半球天文辐射日总量是不对称的,南半球夏季各纬圈日总量大于北半球夏季相应各纬圈的日总量。相反,南半球冬季各纬圈的日总量又小于北半球冬季相应各纬圈的日总量。这是日地距离有差异的缘故。

二、辐射收支与能量系统

太阳辐射自大气上界通过大气圈再到达地表,其间辐射能的收支和能量转换十分复杂,因此地球上的实际气候与天文气候有相当大的差距。

(一) 辐射能收支的地理分布

地-气系统的辐射能收支差额(R_s),可按第二章(2·23)式计算

$$R_s = (Q+q)(1-a) + q_a - F_\infty \tag{2·23}$$

式中 Q 和 q 分别为到达地表的太阳直接辐射和散射辐射,合称总辐射 Q_0,a 为地表的反射率,q_a 为大气所吸收的太阳辐射能,F_∞ 为包括透过大气的地面辐射和大气本身向宇宙空间放射的长波辐射,又合称长波射出辐射。在(2.23)式中收入部分为短波辐射,支出部分为长波辐射,R_s 又称净辐射。

根据实际观测,到达地表的年平均总辐射(W/m^2)如图 6·4 所示。由图可见,年平均总辐

射最高值并不出现在赤道,而是位于热带沙漠地区。例如在非洲撒哈拉和阿拉伯沙漠部分地区年平均总辐射高达 293W/m² ,而处在同纬度的我国华南沿海只有 160W/m² 左右。再例如美国西部干旱区年平均总辐射高达 239—266W/m² ,而其附近的太平洋面只有 186W/m² 左右。空气湿度、云量和降水等的影响,破坏了天文辐射的纬圈分布,只有在广阔的大洋表面,年平均总辐射等值线才大致与纬线平行,其值由低纬向高纬递减,在极地最低,降至 80W/m² 以下。

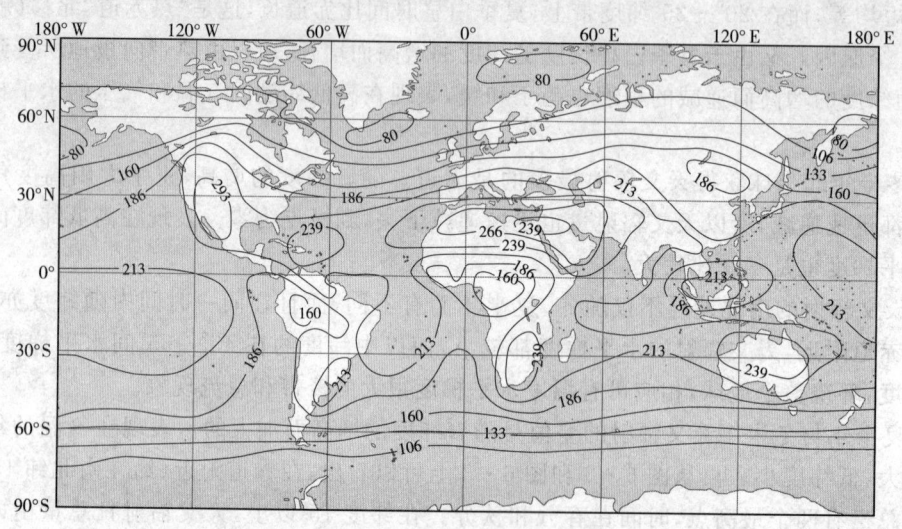

图 6·4 全球到达地表的年平均总辐射(W/m²)图

根据美国 NOAA 极轨卫星在 1974 年 6 月至 1978 年 2 月,共 45 个月,扫描辐射仪的观测资料,经过处理分析,绘制出在此期间全球地-气系统冬季(12、1、2月)和夏季(6、7、8月)的平均反射率、长波射出辐射(W/m²)和净辐射(W/m²)的分布图,图中反映出,在极地冰雪覆盖区地表反射率最大,可达 0.7 以上。其次在沙漠地区反射率亦甚高,常在 0.4 左右。大洋水面反射率较低,特别是在太阳高度角大时反射率最小,小于 0.08。但如洋面为白色碎浪覆盖时,反射率会增大。

地-气系统的长波射出辐射 F_∞ 以热带干旱地区为最大,夏季尤为显著。如北非撒哈拉和阿拉伯等地夏季长波射出辐射达 300W/m² 以上。极地冰雪表面 F_∞ 值最低,冬季北极最低值在 175W/m² 以下,南极最低值在 125W/m² 左右。

在地-气系统净辐射的分布图可见,除两极地区全年为负值,赤道附近地带全年为正值外,其余大部分地区是冬季为负值,夏季为正值,季节变化十分明显。

就全球地-气系统全年各纬圈吸收的太阳辐射和向外射出的长波辐射的年平均值而言(图 6·5),对太阳辐射的吸收值,低纬度明显多于高纬度。这一方面是因为天文辐射的日辐射量本身有很大的差别,另一方面是高纬度冰雪面积广,反射率特别大,所以由热带到极地间太阳辐射的吸收值随纬度的增高而递减的梯度甚大。在赤道附近稍偏北处因云量多,减少其对太阳辐射的吸收率。

就长波射出辐射而言,高低纬度间的差值却小得多。这是因为赤道与极地间的气温梯度不完全是由各纬度所净得的太阳辐射能所决定的。通过大气环流和洋流的作用,可缓和高、低纬度间的温度差(后详)。长波辐射与温度的 4 次方成正比,南北气温梯度减小,其长波辐射的差值亦必随之减小。因此在图 6·5 上所呈出的长波射出辐射的经向差距远比所吸收的太阳辐射为小。

从图 6·5 中可明显地看出,在低纬度地区太阳辐射能的收入大于其长波辐射的支出,有热量的盈余。而在高纬度地区则相反,辐射能的支出大于收入,热量是亏损的。这种辐射能收支的差异是形成气候地带性分布,并驱动大气运动,力图使其达到平衡的基本动力。

(二) 地面能量平衡

当地面收入短波辐射能大于其长波支出辐射,辐射差额为正值时,一方面要升高温度,另一方面盈余的热量就以湍流显热和水分蒸发潜热的形式向空气输送热量,以调节空气温度,并供给空气水分。同时还有一部分热量在地表活动层内部交换,改变下垫面(土壤、海水等)温度的分布。当地面辐射差额为负值时,则地面温度降低,所亏损的热量由土壤(或海水等)下层向

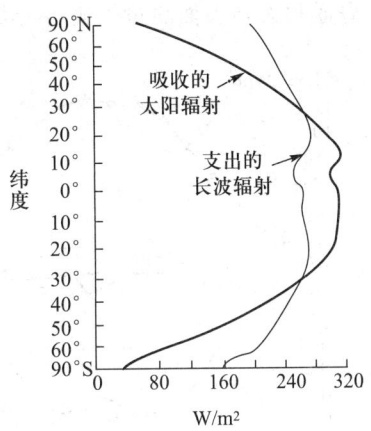

图 6·5 地球不同纬度间太阳辐射的收入与长波辐射的支出(根据 NOAA 极轨卫星扫描辐射仪于 1974 年 6 月到 1978 年 2 月所测得的资料,计算出的纬圈平均值 (W/m^2)

上层输送,或通过湍流及水汽凝结从空气获得热量,使空气降温。根据能量守恒定律,这些热能是可以转换的,但其收入与支出的量应该是平衡的,这就是地面能量平衡。地面能量平衡决定着活动层以及贴近活动层空气的增温和冷却,影响着蒸发和凝结的水相变化,是气候形成的重要因素。

地面能量平衡方程可写成下列形式

$$R_g + LE + Q_p + A = 0 \tag{6·9}$$

式中 R_g 为地面辐射差额,LE 为地面与大气间的潜热交换($L =$ 蒸发潜热,$E =$ 蒸发量或凝结量),Q_p 为地面与大气间湍流显热交换,A 等于地面与下层间的热传输量(B)、平流输送量(D)两者之和。

(6·9)式中,地面得到热量的各项为正值,地面失去热量的各项为负值(图 6·6)。在形成地面能量平衡中,这四者是最主要的,其它如大气的湍流摩擦使地面得到的热量,植物光合作用消耗的能量,以及与地面温度不同的降水使地面得到或损失的热量等,数值都很小,一般可以忽略不计。在组成地面能量平衡的四个分量中,由于辐射差额有明显的昼夜变化和季节变化,因此其它分量也发生类似的周期性变化,而这种变化又因纬度和海陆分布而不同。地面净辐射的地理分布形势已经远较天文辐射为复杂,而其它分量如地面蒸发失热的年总量分布及地-气显热交换的分布,则更为复杂[①]。

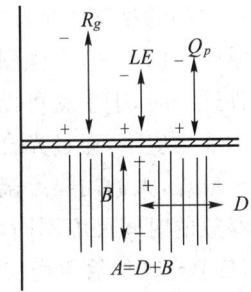

图 6·6 下垫面能量平衡示意图

[①] 见 M. N. 布德科主编. 地球热量平衡. 北京:气象出版社. 1980,28—32.

海洋和大陆表面热量平衡各分量的纬度年平均分布如图6·7和图6·8所示：

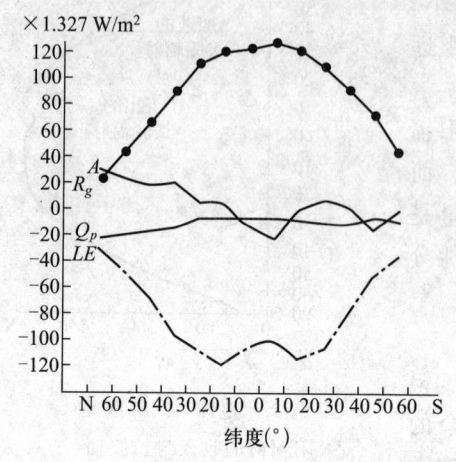

图6·7 海洋表面的热量平衡（A示海洋内部的热交换）　　图6·8 大陆表面的热量平衡

（三）全球能量级联

太阳辐射在全年投射到整个地球大气圈上界的总能量，在日地平均距离处，等于在太阳直射下以地球平均半径 r 为大圆的表面所获得的总能量，即为 $I_0\pi r^2$，$I_0=1370W/m^2$，地球赤道半径为6 378.140km，极半径为6 356.755km。由此求得此总能量为 $175\,000\times10^{12}$ W，进入地球大气圈到达下垫面后，被大气和下垫面直接反射回宇宙空间 $53\,000\times10^{12}$ W（占30%），下垫面吸收太阳辐射而增温，再转换成长波红外辐射放射出 $75\,000\times10^{12}$ W（占43%）的能量。下垫面通过蒸发将水汽和潜热能输送给大气，在大气中通过一定过程凝云致雨，再下落至地面成为径流，耗去潜热能 $39\,000\times10^{12}$ W（占22%）。地-气能量交换中耗于风、波浪、对流、平流等的能量（参见图6·9）为 370×10^{12} W。到达下垫面的太阳能还被耗于：①植物光合作用为 40×10^{12} W；②有机体腐烂；③潮汐、潮流等，3×10^{12} W；④对流、火山和温泉的能量为 0.3×10^{12} W；⑤原子能、热能和重力能等等。在图6·9的下部方框内，表示与地表生命活动密切有关的能量级联。

由图6·9可见，太阳辐射能是整个气候系统的主要能源。在太阳辐射能的驱动下，通过气候系统内部的相互作用，产生能量的交换和转移。这种相互作用在不同时间尺度内进行。例如在暖季晴天的上午，在强烈阳光照射下，水面有大量水汽蒸发，气流上升将水汽输送至上空，在天气条件适合时，下午就可以形成云和降水，从下垫面带去的潜热和位能，很快就释放出来。树木在太阳能供应下，通过光合作用，构成其机体组织。后经死亡腐烂，埋藏在地下，经过漫长的地质时期形成煤，人们用煤燃烧释放出光和热，这是经过漫长时间太阳能转换的实例。虽然太阳能储存和释放的时间尺度不同，它们对气候都产生显著的影响。

（四）全球能量平衡模式

综上所述，可以概括出一年中全球能量平衡模式如图6·10所示。从短波辐射来讲，太阳辐射在地球表面大气上界单位时间、单位面积上的平均值 i 应为

$$i = I_0\pi r^2/4\pi r^2 \qquad (6\cdot10)$$

式中 $I_0\pi r^2$ 即如前所述太阳到达大气上界的总能量，$4\pi r^2$ 为地球表面积。由（6·11）式算出 $i=$

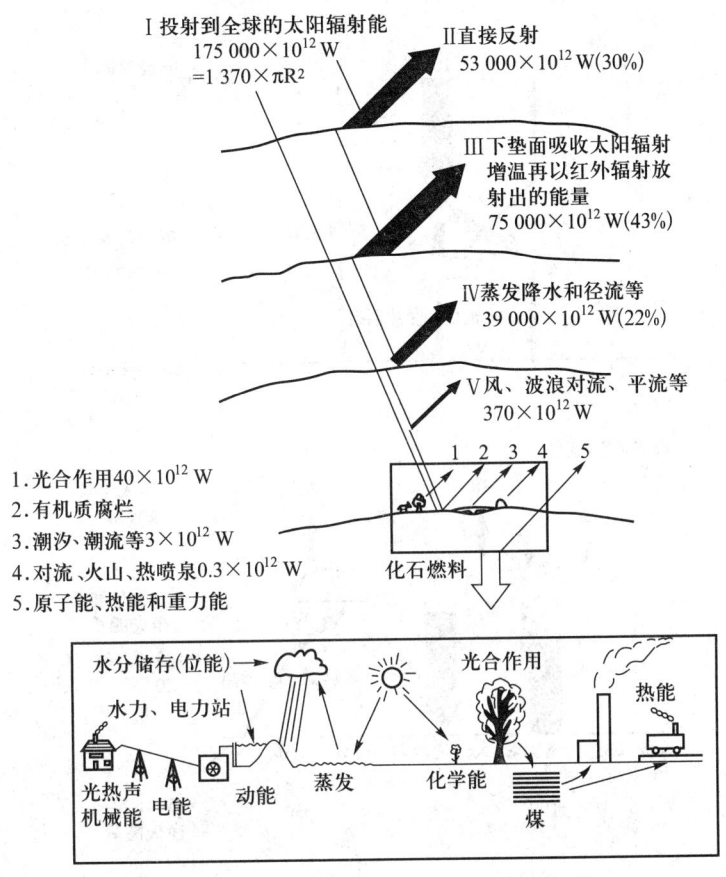

图 6·9　全球能量级联(energy cascade)图[①]

342.8W/m²。为了论述简便,将此值算做100个单位,此100个单位进入大气圈时被大气吸收了18个单位(主要是被水汽、臭氧、微尘、CO_2 等选择吸收),云滴吸收2个单位,二者共吸收20个单位。云层反射20个单位,大气散射返回宇宙空间6个单位,地面反射4个单位,地-气系统共反射30个单位(又称地球反射率)。地面吸收直接辐射22个单位、散射辐射28个单位(其中来自云层漫射16,大气散射12),合计吸收总辐射50个单位。

地面因吸收总辐射而增温。根据全球年平均地面温度 T,其长波辐射能量 $E_g = \delta\sigma T^4$(见2·12式)相当于115个单位。地面长波辐射进入大气圈时有109个单位为大气(主要为 CO_2、水汽、云滴等)所吸收,只有6个单位透过"大气窗"逸入宇宙空间。

大气吸收了20个单位的太阳辐射和109个地面长波辐射而增温,它本身也根据其温度进行长波辐射。大气和云长波辐射一部分为射向地面的逆辐射,其值相当于95个单位,另一部分射向宇宙空间为64个单位(其中大气38,云层26个单位)。因此通过辐射过程,大气总共吸收129个单位,而大气长波辐射支出 $95+64=159$ 个单位。全球大气的年平均辐射差额为 -30 个单位。这亏损的能量,由地面向大气输入的潜热23个单位和湍流显热7个单位来补充,以维持大

---

① A. Henderson-Sellers and P. J. Robinson. Contemporary Climatology. 1987,30.

气的能量平衡。

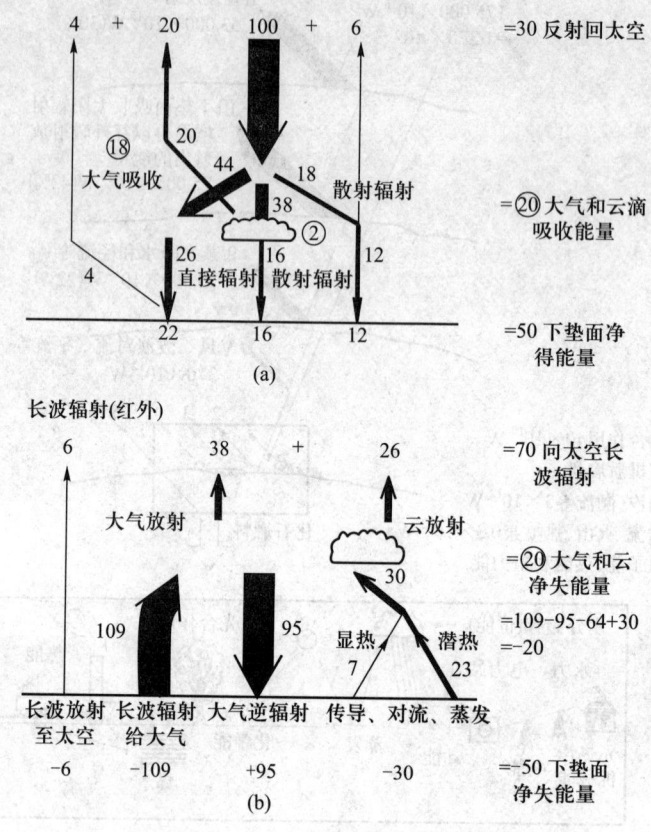

图 6·10 地球能量平衡模式[①]

整个地球下垫面的能量收支为±145个单位,大气的能量收支为±159个单位,从宇宙空间射入的太阳辐射100个单位,而地球的反射率为30个单位,长波辐射射出70个单位,各部分的能量收支都是平衡的。这些估算的数值是很粗略的,它们仅仅提供一个地-气系统中能量收支的梗概。这里因为是全球全年平均,季节变化和地区间的能量输送都被略去。在这种能量收支下,形成并维持着现阶段的地球气候状态。

第二节 气候形成的环流因子

气候形成的环流因子包括大气环流和洋流,这二者间有密切的关联。本节首先阐明海气相互作用与环流,再依次论述环流在热量交换和水分循环中的作用。最后以厄尔尼诺事件为例,说明环流变异导致气候的变异。

[①] 地球能量平衡模式各个学者算法不一,此处采用 A. Henderson－Sallers, P. J. Robinson. Contemporary Climatology 1987:32.

一、海气相互作用与环流

海洋与大气之间通过一定的物理过程发生相互作用,组成一个复杂的耦合系统。海洋对大气的主要作用在于给大气热量及水汽,为大气运动提供能源。大气主要通过向下的动量输送(风应力),产生风生洋流和海水的上下翻涌运动,两者在环流的形成、分布和变化上共同影响着全球的气候。

海洋占地球表面积的 70.8%,海洋的比热(4 186.8J/kgK)约为空气比热(718J/kgK)的 6 倍,全球 10m 深的海洋水的总质量就相当于整个大气圈的质量。如前所述,到达地表的太阳辐射能约有 80% 为海洋所吸收,且将其中 85% 左右的热能储存在大洋表层(约自表面至 100m 深处),这部分能量再以长波辐射、蒸发潜热和湍流显热等方式输送给大气。图 6·11 给出年平均逐日从海洋输入大气的总热量。海洋还通过蒸发作用,向大气提供大约 86% 的水汽来源。在图 6·11 的总热量中,平均而言,潜热约占显热的 8 倍强。这种热量的输送,不仅影响大气的温度分布,更重要的是它是驱使大气运动的能源,在大气环流的形成和变化中有极为重要的作用。由此可见,海洋是大气环流运转的能量和水汽供应的最主要源地和储存库。

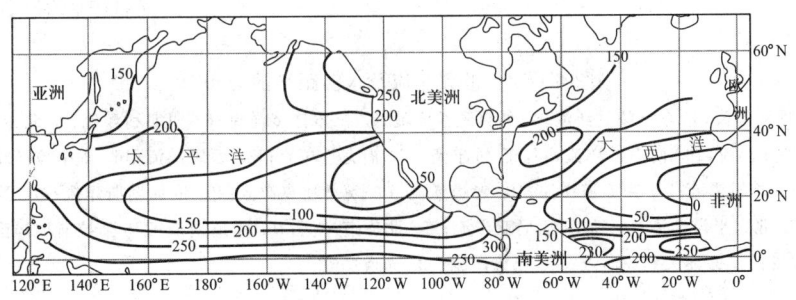

图 6·11　年平均每日从海洋输入大气的总热量(单位:×0.484W/m²)

此外,在 CO_2 循环中,海洋是 CO_2 的巨大贮存库,它也通过调节大气中的 CO_2 含量来影响气温和环流。

海洋是从大气圈的下层向大气输送热量和水汽,而大气运动所产生的风应力则向海洋上层输送动量,使海水发生流动,形成"风生洋流",亦称"风海流"[①]。由图 6·12 可见,世界洋流分布与地面风向分布密切相关。

在热带、副热带海洋,北半球洋流基本上是围绕副热带高压作顺时针向流动,在南半球则作反时针向流动。由图 6·12 可见,因信风的推动,在赤道具有由东向西的洋流,在北半球称北赤道洋流,在南半球称南赤道洋流。为维持海水的连续,于是在南北赤道洋流间自然就发展一种补偿洋流,方向与赤道洋流相反,由西向东流,称赤道逆流。

在副热带高压西侧,具有流向中高纬度方向的洋流。因海水来自低纬度,其温度比流经地区的水温高,所以是暖流。例如,大西洋中的湾流水温就很高,势力也很强,它不仅有北赤道洋流的

---

① 洋流形成的原因很多,除风生洋流外,还有因海洋水温、盐分及密度不均引起的"密度流"以及因某地海水流去,相邻海区的海水流入补充的"补偿流"等。但以风生海流最为重要。

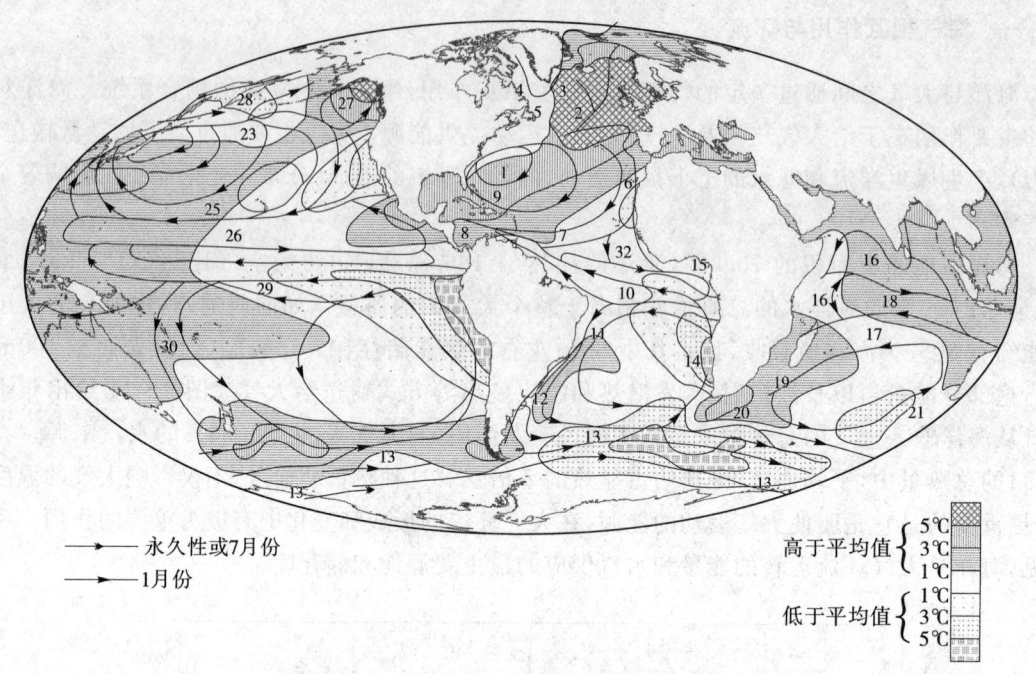

——— 永久性或7月份
——— 1月份

高于平均值 { 5℃ 3℃ 1℃
低于平均值 { 1℃ 3℃ 5℃

图 6·12 世界洋流及水温距平的分布

1.湾流;2.北大西洋漂流;3.东格陵兰洋流;4.西格陵兰洋流;5.拉布拉多洋流;6.加那利洋流;7.北赤道洋流;8.加勒比洋流;9.安的列斯洋流;10.南赤道洋流;11.巴西洋流;12.福克兰洋流;13.西风漂流;14.本格拉洋流;15.几内亚洋流;16.西南和东北季风漂流;17.南赤道洋流;18.赤道逆流;19.莫桑比克洋流;20.厄加勒斯洋流;21.西澳大利亚洋流;22.黑潮洋流;23.北太平洋漂流;24.加利福尼亚洋流;25.北赤道洋流;26.赤道逆流;27.阿拉斯加洋流;28.堪察加洋流;29.南赤道洋流;30.东澳大利亚洋流;31.秘鲁洋流;32.赤道逆流

水流汇入墨西哥湾,而且还有一部分南赤道洋流注入,然后出佛罗里达海峡,沿美国东岸北流。这支暖洋流流量大,对沿岸气候影响特别显著。与此相对应,在北太平洋西部有黑潮暖流,在南太平洋有东澳大利亚暖流、在南印度洋有莫桑比克暖流,南大西洋有巴西暖流。

在副热带高压北侧盛行西风,上述暖洋流在副高西侧向极地方向流到纬度 40°附近,乃受西风影响折向东流,遇到大陆,分向南北流动,在北半球向南的一支沿副高东侧南流,因为这种洋流是从高纬向赤道方向流动,其温度比流经地方的水温低,所以是冷流。例如,在北大西洋沿北非西岸有加那利冷流,在北太平洋沿美国西岸有加利福尼亚冷流,在南太平洋有秘鲁冷流。

在纬度 40°以上的洋面,洋流绕着副极地低压流动,这在北半球表现最显著。例如,北大西洋的湾流受冰岛低压东南部西南风的影响,就有一支长驱向东北方向流动,称北大西洋暖流,沿欧洲海岸伸入到巴伦支海。在冰岛低压的西部盛行北风和西北风,形成格陵兰冷流和拉布拉多冷流。这些冷流来自北冰洋,携有冰块和巨大的冰山,冷流的密度大,当它与湾流相遇时,就潜入湾流之下。

北太平洋副极地低压中心位于阿留申群岛附近,环绕此低压也有类似北大西洋的逆时针向洋流。在北美西岸有阿拉斯加暖流,在亚洲东岸有堪察加冷流。不过由于阿留申低压没有冰岛低压强,再加上北太平洋的地形与北大西洋不同,所以这里东西岸洋流强度比较弱。

南半球中高纬度的洋面是开阔的,它的西风漂流很强,水温亦较低。

印度洋季风盛行,洋流也随着发生季节的改变。在北半球冬季,印度洋中盛行东北季风,因此在阿拉伯海具有西向洋流,称东北季风洋流;在北半球夏季因西南季风盛行,所以洋流方向转变180°,称西南季风洋流。

综上所述,海洋提供给大气大量的潜热和显热,成为大气运动的能源,使大气环流得以形成和维持。而大气环流又推动海水流动,产生风生洋流。这里必须指出:洋流的流向除受风力作用外还受地转偏向力和海水摩擦力的作用,因此洋流的流向并不和风向一致,在北半球要向右偏,南半球要向左偏。洋流的流速远比风速小。从铅直方向而言,洋流的速度以海洋表面为最大,因摩擦力的影响,愈向下层流速愈小,至一定深度减弱为零。

由于海洋不是无界的,风场也是不均匀的,风生洋流会产生海水质量的辐合和辐散,特别是在海岸附近,由于侧边界的作用这种辐合和辐散作用尤为明显。例如在热带、副热带大陆西岸,因离岸风的作用,把表层海水吹流而去造成海水质量的辐散,必然引起深层海水上翻(Upwelling),由于深层海水水温比表层水温低,因此在上翻区海水水温要比同纬度海洋表面的平均水温为低。相反,如果风向改变,海水质量在此辐合,必然引起海水下翻(downwelling),海面水温将显著增高,厄尔尼诺事件(后详)就与此有密切关系。

在暖海水表面一般是水温高于它上面的气温,海面向空气提供的显热和潜热都比较多,不仅使空气增温,且使气层处于不稳定状态,利于云和降水的形成。热带气旋大都源出于低纬度暖洋流表面即系此故。在冷洋流表面,空气层结稳定,有利于雾的形成而不易产生降水,因此在低纬度大陆西岸往往形成多雾沙漠。

二、环流与热量输送

大气环流和洋流对气候系统中热量的重新分配起着重要作用。它一方面将低纬度的热量传输到高纬度,调节了赤道与两极间的温度差异,另一方面又因大气环流的方向有由海向陆与由陆向海的差异和洋流冷暖的不同,使同一纬度带上大陆东西岸气温产生明显的差别,破坏了天文气候的地带性分布。

(一) 赤道与极地间的热量输送

由前所述地球约在南北纬 35°间,地-气系统的辐射热量有盈余,在高纬则相反。但根据多年观测的温度记录,却未见热带逐年增热,也未见极地逐年变冷,这必然存在着热量由低纬度向高纬度的传输,这种传输是由大气环流和洋流来进行的。根据南北方向上的风速矢量 V,当时的气温 T,空气的比湿 q,可以按下式计算显热(Q_P)和潜热(LE)在南北方向上的水平输送。

取与 V 垂直的一小块面积 $ABCD$(图6·13),高为 δz,底边长为 δx,设空气在单位时间内由 $ABCD$ 流到 $A'B'C'D'$。以 ρ 示空气的密度,C_P 示其定压比热。则单位时间通过 $ABCD$ 截面积的空气质量为:$\rho V\delta x\delta z$,通过的显热为:$\rho V\delta x\delta z C_P T$。

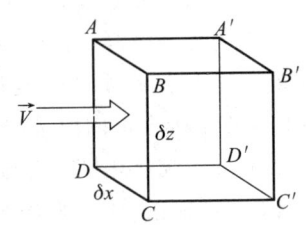

图 6·13 单位时间通过截面 $ABCD$ 的空气质量示意图

根据静力学方程

$$\frac{\partial P}{\partial z} = -\rho g$$

因 $(\frac{\partial P}{\partial z})\delta z = \delta P = -\rho g \delta z$,则在水平方向为单位长度($\delta x = 1$),铅直方向气压差为 δP(负值)的面内,单位时间输送的显热为:$-\frac{1}{g}VC_P T\delta P$

若计算从地面(气压为 P_0)到大气上界($P = 0$)的铅直剖面,在南北方向单位时间的显热输送量(Q_P),则应对上式积分,即

$$Q_P = -\int_{P_0}^{0} \frac{1}{g}VC_P T\mathrm{d}P = \frac{C_P}{g}\int_{0}^{P_0} VT\mathrm{d}P \tag{6·11}$$

在实际计算时,常把大气分成 n 层,(6·11)式可近似地改写成

$$Q_P = \frac{C_P}{g}\sum_{i=1}^{n} T_i V_i \Delta P_i \tag{6·12}$$

其中 T_i(℃)和 V_i(m/s)为从地面到第 i 层的平均温度和平均风速,ΔP_i 为其间平均气压差值(hPa),Q_P 的单位为(J/ms)。

类似推导,从地面到大气上界潜热(LE)在南北方向上的水平输送公式可写成

$$LE = \frac{L}{g}\int_{0}^{P_0} Vq\mathrm{d}P \tag{6·13}$$

具体计算时写成

$$LE = \frac{L}{g}\sum_{i=1}^{n} V_i q_i \Delta P_i \tag{6·14}$$

上式中 L 为蒸发潜热,q_i 是从地面到第 i 层的平均比湿,其单位与显热相同。

图 6·14 是用上述公式计算所得的全球由低纬到高纬通过大气环流输送的显热、潜热及洋流输热的年平均值。

由赤道到极地的热量传输随纬度和季节而异。就年平均而论,热赤道约在 5°N 左右,其中显热的传输即从此热赤道分别向北、南输送。从图 6·14 中的曲线看,其输送在纬度分布上有两个高点,一在 20°附近,一在 50°—60°间;在高度分布上亦有两个高点,一在近地面层,一在 200hPa 等压面上。潜热的输送几乎全在近地面 2—3km 的大气底层,约在回归线附近潜热分别向高、低纬度输送。向高纬度输送的潜热通量以 40°附近为最高峰,向低纬度输送的潜热通量以 10°附近为另一高峰。由南半球回归线向北输送的潜热可跨越赤道直至 5°N 附近。洋流热通量约自 2°N 左右的洋面分别向南北输送,在 20°附近达最高峰。据气象卫星探测的资料计算,图 6·14 中所表示的数量均太低,最新卫星资料表明在此高峰处,洋流由低纬向高纬传输的热量约占地-气系统总热量传输的 74%,在 30°—35°N 间洋流传输的热量占传输量的 47%。综合以上各种热通量的输送,从年平均来讲,以纬度 40°附近为最大。从季节来讲,冬季高低纬度间温度差异最大,环流亦最强,由低纬向高纬输送的热量亦最大。夏季南北温差小,热的传送强度也较小。

从大气环流输送形式来讲,有平均经圈环流输送和大型涡旋输送两种。在显热输送上,两者具同一量级。潜热的经向输送在 30°—70°N 地带,则以大型涡旋输送为主,平均经圈环流次之,但在低纬度则基本上由信风与反信风的常定输送来完成。

大型涡旋指的是移动性气旋、反气旋、槽和脊等。气旋移动的方向一般具有向北的分速,且在气旋的前部(反气旋的后部)常有暖平流,槽前(脊后)亦常有暖平流,所以能把热量由低纬度输

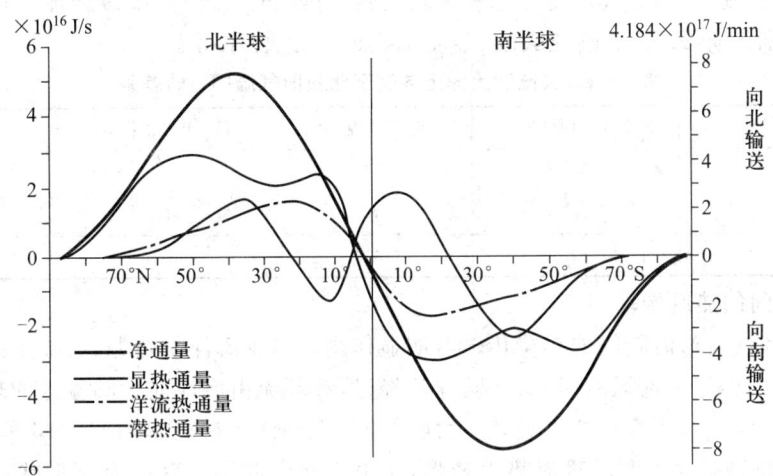

图 6·14 地-气系统中热量的平均经向输送
实线表示海-气系统中每年经向的平均净能量通量,其它曲线分别表示大气显热能量通量、
大气潜热通量和海洋流热通量(根据 Sellers,1965)

送到高纬度。反气旋的移动方向一般具有向南的分速,且在反气旋的前部(气旋的后部)常有冷平流,脊前(槽后)亦常有冷平流,它们能把冷空气从高纬度输送到低纬度,这是调节高低纬度间热量的一个重要途径。

据最新估计[1]在环流的经向热量输送中,洋流的作用占 33%,大气环流的作用占 67%。在赤道至纬度 30°(低纬度地带)洋流的输送超过大气环流的输送。在 30°N 以北,大气环流的输送超过了洋流的输送。这样海洋-大气"接力式"的经向热量输送是维持高低纬度能量平衡的主要机制。由于环流的作用调节了高低纬度间的温度,表 6·3 列出了各纬圈上辐射差额温度与实际温度的比较。

表 6·3 各纬度上辐射差额温度与实际温度的比较

温度(℃,平均值)	纬度									
	0°	10°	20°	30°	40°	50°	60°	70°	80°	90°
辐射差额温度 (对于不流动大气的计算)	39	36	32	22	8	−6	−20	−32	−41	−44
观测温度 (流动大气)	26	27	25	20	14	6	−1	−9	−18	−22
温度差数	−13	−9	−7	−2	+6	+12	+19	+23	+23	+22

由上表可见,由于环流经向输送热量的结果,低纬度降低了 2—13℃,中高纬度却升高了 6—23℃。据最新资料,赤道实测温度比辐射差额温度降低了 14℃,而极地则提高了 25℃,因此大气环流和洋流在缓和赤道与极地间南北温差上,确实起了巨大的作用。这种作用在海洋表面上比

---

[1] 叶笃正等主编.当代气候研究.北京:气象出版社.1991,212.

大陆上更为显著(见表6·4),尤其是冬季在北大西洋(经度0°线)上因暖洋流强度大,赤道至北极圈的气温差别只有22℃,比欧亚大陆(经度130°E线)上要小得多。

表6·4 大陆和大洋上赤道至北极圈气温(℃)的差别

经度(地区)	0°(大西洋)	130°E(欧亚大陆)	170°W(太平洋)	90°W(北美大陆)
1月	22°	74°	47°	58°
7月	16°	8°	25°	25°
平均	19°	41°	36°	41°

(二) 海陆间的热量传输

大气环流和洋流对海陆间的热量传输有明显作用。冬季海洋是热源,大陆是冷源,在中高纬度盛行西风,大陆西岸是迎风海岸,又有暖洋流经过,故环流由海洋向大陆输送的热量甚多,提高了大陆西岸的气温。从图6·12可见,北大西洋和北太平洋东岸(大陆西岸)暖洋流水温正距平均在5℃以上,特别是北大西洋暖流势力最强,又由于北大西洋洋盆的有利形状,使得这支暖洋流流经冰岛、挪威的北角,一部分能远达巴伦支海,在盛行西到西南风的作用下,使西北欧的气温特别暖和。从1月海平面等温线图上可以明显地看出,这里的等温线向极地凸出,并几乎与海岸线平行,愈靠近大西洋海岸气温愈暖,愈向内陆,气温乃逐渐变低,到了东西伯利亚维尔霍扬斯克附近,1月平均气温降到-50℃,成为世界"寒极",在鄂霍次克海海面因位于亚欧大陆东侧,受西来大陆冷空气的影响,温度甚低,成为世界"冰窖",北美大陆也有类似的西岸暖、东岸冷的现象,但海陆温差不像亚欧大陆那样突出。

在夏季,大陆是热源,海洋是冷源,这时大陆上热气团在大陆气流作用下向海洋输送热量。从7月海平面等温线图上可见,在热带、副热带大陆上气温最高,在大陆热风影响下,使红海海面气温显得特别高(大于32℃)。这时大陆通过大气环流向海洋输送热量,但输送值远比冬季海洋向大陆的输送量小。夏季在迎风海岸气温比较凉,在冷洋流海岸因系离岸风,仅贴近海边处,受海洋上翻水温的影响,气温比大陆内部要低得多。

这种海陆间的热量交换是造成同一纬度带上,大陆东西两岸和大陆内部气温有显著差异的重要原因。

三、环流与水分循环

水分循环的过程是通过蒸发、大气中的水分输送、降水和径流(含地表径流和地下径流)四者来实现的。如图6·15所示,由于太阳能的输入,从海洋表面蒸发到空中的水汽,被气流输送到大陆上空,通过一定的过程凝结成云而降雨。地面的雨水又通过地表江河和渗透到地下的水流,再回到海洋,这称为水分的外循环(又称大循环),也就是海陆之间的水分交换。水分从海洋表面蒸发,被气流带至空中凝结,然后以降水形式回落海中,以及水分从陆地表面的水体、湿土蒸发及植物蒸腾到空中凝结,再降落到陆地表面,这就是水分内循环(又称小循环)。无论是在水分外循环或是水分内循环中,大气环流都起着重要作用。

就全球而论,水分循环各个分量的估计值如下:全球平均年降水量为1 040mm,以此值为100个单位,由海洋蒸发的水汽相当于86个单位,降回到海洋的降水量约为80个单位,海洋蒸发的水汽有6个单位由大气径流输送到大陆上空,陆地表面从河流湖泊、潮湿土壤和植物等蒸发、蒸腾出来的水汽有14个单位,降落到陆地的降水约有20个单位,多出的6个单位由地表和

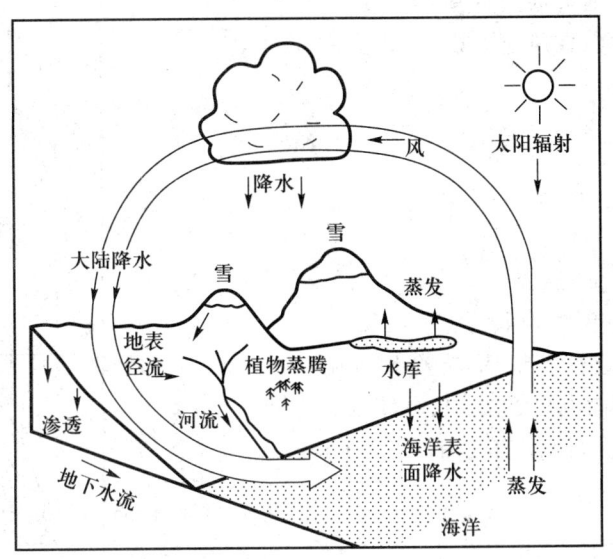

图 6·15　全球水分循环示意图

地下径流流到海洋,以保持各自的水分平衡,全球水的总量约有 97.2% 储存在世界大洋之中,其次冰原、冰川和海冰约占 2.15%,地下水占 0.62%,大气圈中水分仅占 0.001%[①]。

据长期观测,地球上的总水量是不变的,B.N.维尔纳茨基认为,甚至在地球整个地质历史时期的总水量也是不变的,因而水分的收入与支出是平衡的,这就叫做地球上的水量平衡。

水量平衡是水分循环过程的结果,而水分循环又必须通过大气环流来实现。现根据水分循环中三个分量:蒸发、降水和大气中的水分输送(大气径流)的平均经向分布(图 6·16)可说明大气环流与它们的关系。首先在蒸发过程中,在水源充足的条件下(如海洋),蒸发的快慢和蒸发量的多寡要受环流方向和速度的影响。从图 6·16b 可以看出海洋上年平均蒸发量最高峰出现在 15°—20°N 和 10°—20°S 的信风带,这是风向和风速都很稳定的地带。信风又来自副热带高压,最有利于海水的蒸发,而赤道低压带因风速小,海面蒸发量反而相形见绌。云和降水的形成以及降水量的大小与大气环流的形势更是息息相关,图 6·16a 明显地表示出世界降水的纬度带分布有两个高峰,一在赤道低压带,这里有辐合上升气流,产生大量的对流雨,一个在中纬度西风带,在冷暖气团交绥的锋带上,气旋活动频繁,降水量因之亦较多,是次于赤道的第二个多雨带。在这两个高峰之间,是副热带高压带,盛行下沉气流,因此即使在海洋表面,降水却甚稀少,如果将图 6·16(b)中全球年平均蒸发量曲线与(a)图年平均降水曲线相重叠,则可见在 13°—37°N 地带及 7°—40°S 地带蒸发量大于降水量,水汽有盈余,在赤道带和中、高纬度降水量大于蒸发量,水汽有亏损,因此要达到水分平衡,则需大气径流将水汽从盈余的地区输送到水汽亏损的地区。从图 6·16c 中可以看出,以副热带高压为中心,通过信风和盛行西南风(北半球)将水汽分别向南和向北作经向的输送(见图中箭头方向)。

大气中水汽的输送可用类似(6·11)和(6·12)式的方法计算。因单位质量湿空气内包含的

---

① A. N. Strahler, A. H. Strahler. Elements of Physical Geography, 1979.

水汽质量为 q（比湿），通过底边为单位长度，从地面到大气上界的铅直剖面，在风速矢量（V）方向单位时间的水汽输送量为

$$Q_V = \frac{1}{g}\int_0^{P_0} Vq\,dP \qquad (6\cdot 15)$$

实际计算时可写成

$$Q_V = \frac{1}{g}\sum_{i=1}^{n} V_i q_i \Delta P_i \qquad (6\cdot 16)$$

其单位为 g/cm·s，就年平均而言则为 kg/m·a。

就全球的水分输送计算证明，在低纬度哈特莱环流对水汽输送起的作用甚大，在中、高纬度也主要是通过大型涡旋运动进行水汽输送的，图 6·16c 是计算出的水汽经向输送值。

四、环流变异与气候[①]

如上所述，环流因子在气候形成中起着重要作用。当环流形势在某些年份出现异常变化时，就会直接影响某些时期内的天气和气候，出现异常。近年来频繁出现的厄尔尼诺/南方涛动（ENSO）就是一个显著的实例。

厄尔尼诺一词源出于西班牙文"El Nino"，原意是"圣婴"。最初用来表示在有的年份圣诞节前后，沿南美秘鲁和厄瓜多尔附近太平洋海岸出现的一支暖洋流，后来科学上用此词表示在南美西海岸（秘鲁和厄瓜多尔附近）延伸至赤道东太平洋向西至日界线（180°）附近的海面温度异常增暖现象。

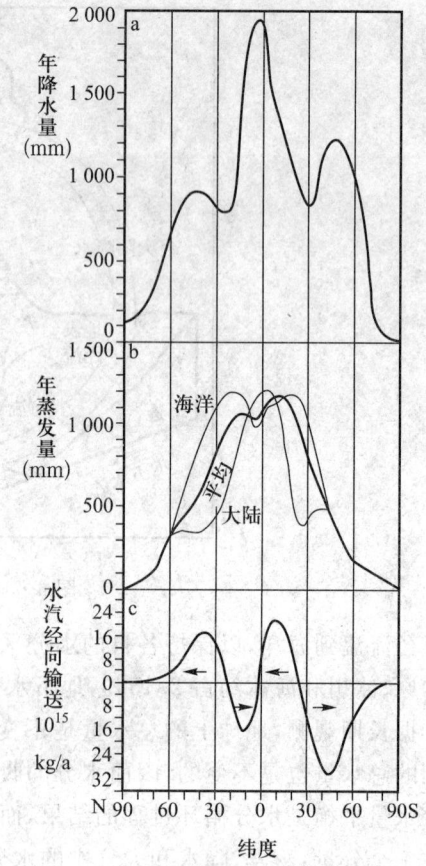

图 6·16 年平均降水量（a），年蒸发量（b）和水汽的经向输送（c）随纬度的分布
a 平均状况，b 强信风，c 信风张驰

在常年，此区域东向信风盛行，在平均风速下，沿赤道太平洋海平面高度呈西高东低的形势。西太平洋斜温层深度约 200m，东太平洋仅 50m 左右，这种结构与西暖东冷的平均海温分布相适应（图 6·17a）。但是在东风异常加强的情况下（图 6·17b），赤道表面东风应力把表层暖水向西太平洋输送，在西太平洋堆积，那里的海平面就不断抬升，积累大量位能，斜温层加深。而东太平洋在离岸风的作用下，表层海水产生强的离岸漂流，造成这里持续的海水质量辐散，海平面降低，次层冷海水上翻，导致这里成为更冷的冷水带。此冷水带有丰富的营养盐分，使得浮游生物大量繁殖，为鱼类提供充足的饵料，鱼类又为鸟类提供丰盛的食物，所以这里鸟类甚多，鸟粪堆积甚厚，成为当地一项重要资源。在冷水带上，气温高于水温，空气层结稳定，对流不易发展，雨量偏少，气候干旱。可是每隔数年，东向信风发生张驰（即减弱），此处的冷水上翻现象消失，并使西太平洋原先积累的位能释放，表层暖水向东回流，导致赤道东太平洋海平面升高，海面水温增暖，秘

[①] 环流变异与气候这方面内容甚多，本书因限于篇幅，仅举一例，以示梗概。

鲁、厄瓜多尔沿岸由冷洋流转变为暖洋流,海水温度出现正距平(图6·17c),下层海水中的无机盐类不再涌向海面,导致当地的浮游生物和鱼类大量死亡,大批鸟类亦因饥饿而死,形成一种严重灾害,与此同时,原来的干旱气候突然转变为多雨气候,甚至造成洪水泛滥,这就称为厄尔尼诺事件。

与厄尔尼诺事件密切相关的环流还有南方涛动(Southern Oscillation,简作SO)、沃克(Walker)环流和哈德莱(Hadley)环流。南方涛动是指南太平洋副热带高压与印度洋赤道低压这两大活动中心之间气压变化的负相关关系。即南太平洋副热带高压比常年增高(降低)时,印度洋赤道低压就比常年降低(增高),两者气压变化有"跷跷板"现象,称之为涛动。为了定量地表示涛动振幅的大小,不少学者采用南太平洋塔希堤岛(143°05′W,17°53′S)的海平面气压(代表南太平洋副热带高压)与同时期澳大利亚北部的达尔文港(130°59′E,12°20′S)的海平面气压(代表印度洋赤道低压)差值,经过一定的数学处理来计算南方涛动指数(SOI),将历年赤道东太平洋海面水温SST(指在纬度0°—10°S,经度180°W向东至90°W)与同时期南方涛动指数SOI进行

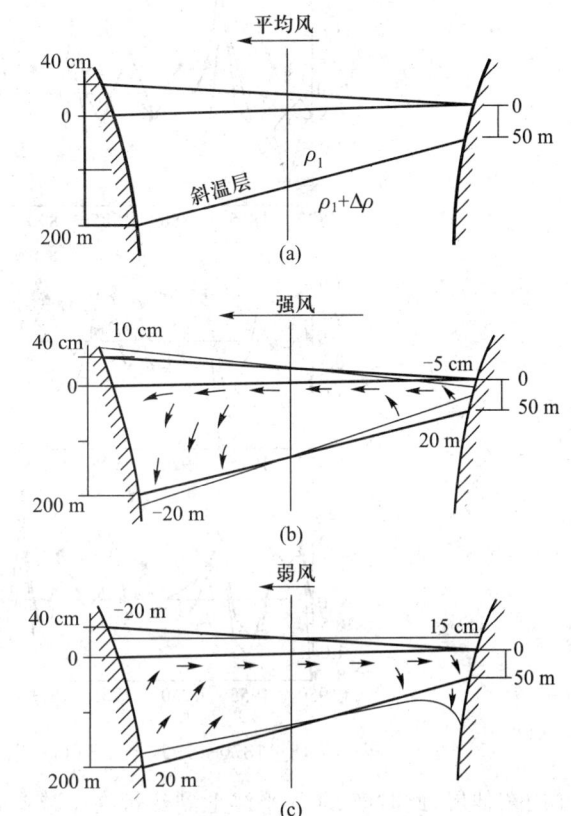

图6·17 赤道太平洋热结构对海面风场变化的响应[①]
a 平均状况,b 强信风,c 信风张驰

对比,发现厄尔尼诺/南方涛动(合称为ENSO)事件的主要特征是当赤道东太平洋海水温度(SST)出现异常高位相(增暖)时,南方涛动指数SOI却出现异常低位相(塔希堤岛气压与达尔文气压差值减小)。图6·18给出1870—1990年的SST(0°—10°S,90°—180°W)与SOI的年平均距平曲线,为了便于比较,图中SOI的坐标向上为负,以适应两者的负相关。关于赤道东太平洋海水温度SST达到怎样的正距平,才算厄尔尼诺出现,目前尚无公认的统一标准,但大体上连续三个月SST正距平在0.5℃以上或其季距平达到0.5℃以上,即可认为出现一次厄尔尼诺事件,达到上述数值的负距平时,则为反厄尔尼诺事件。[②]

厄尔尼诺/南方涛动现象是低纬度海气相互作用的强信号,近年观测研究表明,在低纬度太平洋上不仅在南半球存在着以180°日界线为零线的东西气压的反相振荡,在北太平洋亦有类似的振荡称为"北方涛动"(其强度比南方涛动小),可总称为"低纬度涛动"。它是由两种基本状态和其间的过渡状态所组成(图6·19)。在涛动的低指数时期(图6·19a),赤道低气压主体减弱,但

[①] 转引自叶笃正等.当代气候研究.北京:气象出版社,1991:217.
[②] 符淙斌,叶笃正.低纬度涛动——全球热带的甚低频振荡现象.大气科学.Vol.13,No.3.1989.

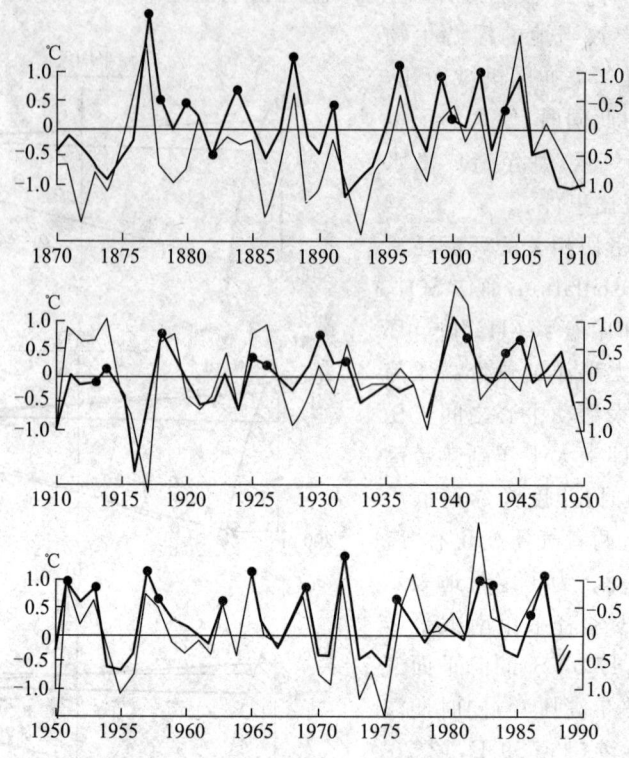

图 6·18 1870—1990 年 SST(虚线)及 SOI(实线)的年平均距平

前端向东伸展,此时南、北太平洋上副热带高压减弱,并向较高纬度移动,其结果必然导致信风减弱,赤道西风发展,在这样的大气环流条件下,有利于赤道西太平洋暖水的向东扩展和输送,同时赤道东太平洋冷水上翻的现象亦相应减弱乃至停止,造成中、东太平洋海面水温升高,出现厄尔尼诺事件。在海面高水温作用下,低层大气湿度加大,湿不稳定得以发展,因此沃克环流发生变化[①],其上升分支向东移,西太平洋对流减弱,中、东太平洋对流发展。原先的赤道太平洋干旱带变为多雨带,印度洋和西太平洋的雨量却大为减少。

在低纬度涛动的高指数时期,情况完全相反(图 6·19c),南北太平洋副高加强且向赤道靠拢,赤道低压主体加强,但其东端西撤,由于经向气压梯度大,必然导致信风加强。在强离岸风作用下,赤道东太平洋海水上翻现象强烈发展,且向西平流,造成大范围海面降温,低层大气变干,层结稳定,赤道主要对流区萎缩在西太平洋,沃克环流上升分支西移,东太平洋又出现少雨气候。

这两种状态之间的转换主要通过副热带高压强度和位置变化这个重要环节。

如图 6·19b 所示,在低纬度涛动低指数时期,在海面温度增暖作用下,副热带与赤道间海水温度的经向差别增大,必然导致哈德莱环流加强,这个加强环流的下沉分支,将产生副热带高压由弱变强的趋势。这种过程发展到一定程度时,将出现南方涛动(低纬度涛动)由低指数向高指数转变。同样在高指数时期,低的赤道水温又使海面经向温度梯度变小,促使哈德莱环流减弱,

---

① 沃克环流是赤道海洋表面因水温的东西向差异而产生的一种纬圈热力环流。在常年赤道东太平洋表面水温低(又称"冷舌")气压高,沃克环流是下沉的(图 4·41)在赤道西太平洋表面水温高(又称"暖池")气压低,沃克环流是上升的。

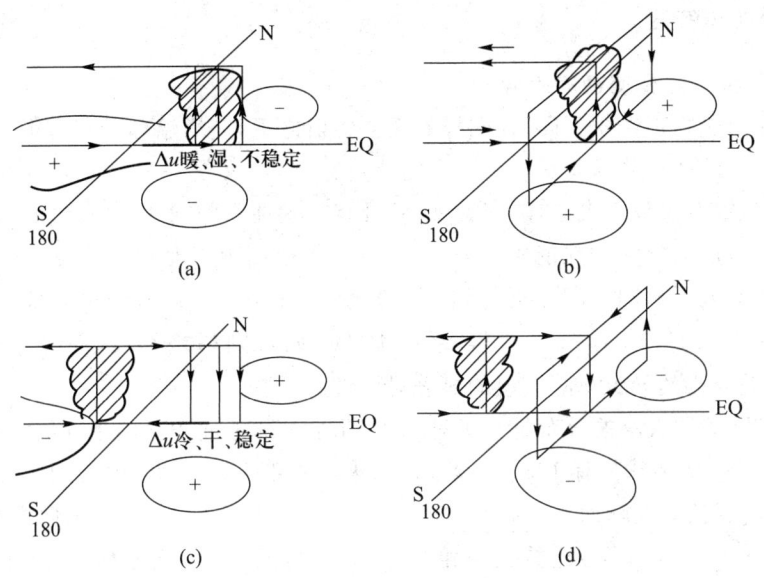

图 6·19　低纬度涛动的物理图解[1]

a 低指数时期，b 由 a 向 c 过渡时期，c 高指数时期，d 由 c 向 a 过渡时期（图中"—"示降压，"+"示增压）

从而使副热带高压减弱，产生由高指数向低指数的转变（图 6·19d），实现整个过程转变所需要的时间，即南方涛动（低纬度涛动）的平均周期，约为 40 个月左右。近百年来出现的 ENSO 主要振荡周期在 2—7 年内变化，峰值为 4 年左右。

由以上分析可见，所谓 ENSO 现象，并不是哪一个半球的行为，而是两半球大气环流作用下，低纬度大气-海洋相互作用的现象，其形成原因尚有待于进一步的研究。

厄尔尼诺对气候的影响以环赤道太平洋地区最为显著。在厄尔尼诺年，印度尼西亚、澳大利亚、印度次大陆和巴西东北部均出现干旱，而从赤道中太平洋到南美西岸则多雨。许多观测事实还证明，厄尔尼诺事件通过海气作用的遥相关，还对相当远的地区，甚至对北半球中高纬度的环流变化亦有一定的影响。据研究当厄尔尼诺出现时，将促使日本列岛及我国东北地区夏季发生持续低温，并在有的年份使我国大部分地区的降水有偏少的趋势。[2]

第三节　海陆分布对气候的影响

下垫面是大气的主要热源和水源，又是低层空气运动的边界面，它对气候的影响十分显著。就下垫面差异的规模及其对气候形成的作用来说，海陆间的差别是最基本的，并主要影响气温、大气水分和环流。

---

[1] 符淙斌，叶笃正，低纬度涛动——全球热带的甚低频振荡现象．大气科学．VOL.13,NO.3,1989．
[2] 见中国科学技术蓝皮书第 5 号：气候．北京：科学技术文献出版社．1990；310—320．

一、海陆分布与气温

(一) 海陆与大气热量交换的差异

海洋和大陆由于物理性质不同,在同样的天文辐射之下,其增温和冷却有很大差异。海洋具有热惰性,它增温慢降温亦慢,既是一个巨大的热量存储器,又是一个温度调节器。大陆与之相反,它吸收的太阳辐射仅限于表层,热容量又小,具有热敏性。与同纬度海洋相比,大陆具有夏热冬冷的特性。对流层大气中的热能主要得自下垫面,下垫面由于海陆不同,海-气热量交换与陆-气热量交换的情况大不相同。海洋提供给大气的年平均潜热为 $293.08 \times 10^3 J/cm^2 a$,比提供给大气的湍流显热 $50.24 \times 10^3 J/cm^2 a$ 大得多,而大陆上两者则相差不大,各约为 $104.67 \times 10^3 J/cm^2 a$,上述这些差异必然导致海陆气温的显著对比性。

地球表面海陆面积大小的分布是很不对称的,北半球陆地面积比南半球约大一倍(北半球陆地覆盖率为 39.3%,南半球只有 19.2%),而北半球东半部的陆地面积又比西半部大两倍。就北半球东半部而言,亚欧非大陆面积(约为 $7.34 \times 10^7 km^2$)同邻近的太平洋、大西洋和印度洋(以一半面积计,约为 $9.34 \times 10^7 km^2$)比较大小相当。北半球的西半部则不然,海洋面积(约 $8.24 \times 10^7 km^2$)远比陆地面积($2.42 \times 10^7 km^2$)大,因此由于海陆物理性质差异而引起的海陆气温对比,在亚欧非大陆和附近海洋就显得特别的突出(见表 6·5)。

表 6·5 1、7 月沿 30°N 上各经度辐射、蒸发、降水及各种热通量

	月份	北非、阿拉伯 0°—55°E	我国西藏高原 85°E	我国西藏高原 90°E	我国西藏高原 95°E	我国东部 115°E	我国东部 120°E	太平洋中部 135°—180°E 平均
太阳总辐射 (W/m^2)	1	174.3	242.1	198.5	154.9	87.2	106.5	116.2
	7	375.7	338.9	303.1	266.3	180.6	116.1	233.4
辐射差额 (W/m^2)	1	43.6	−9.7	21.3	32.4	40.2	24.2	58.1
	7	121.5	103.1	118.1	101.7	108.0	105.1	193.7
蒸发量 (mm/d)	1	0.3	0.05	0.02	0.01	1.1	1.3	8.0
	7	0.23	1.36	2.70	1.50	2.5	2.43	3.0
显热通量 (W/m^2)	1	36.3	48.4	12.1	48.4	8.2	11.1	67.8
	7	127.5	84.7	48.4	60.5	60.5	60.5	0.82
潜热通量 (W/m^2)	1	7.3	2.9			42.1		96.8—193.7
	7	2.9—4.8	146.2			154.9		104.1
潜热通量+显热通量 (W/m^2)	1	43.6	33.9			38.7—48.4		216.9
	7	130.4—132.3	231.0			215.5		106.5
降水量 (mm/d)	1	0.2	0.05	0.03	0.03	2.20	2.50	5.0
	7	0.17	1.98	4.85	4.95	4.77	4.77	2.81

表 6·5 中,同在 30°N 地带天文辐射应是完全相等的,但因海陆性质不同就出现冷热源的差异。从辐射差额来讲,在表中所列举的四个区域,除西藏高原部分地区外,皆获得正值净辐射,其中无论冬夏皆以海洋上为最多。通过显热输送供给空气直接增温的热量,在冬季(1 月)以海洋表面为最大,平均有 $67.8W/m^2$,比同纬度的大陆上其他三个区域大 1—7 倍。这时海洋上水温比气温高,冬季海上风速大,因此蒸发强,提供给大气的潜热量更多,比大陆上其他三地区大 1—65.8 倍。由此可以看出,这时相对于大陆来讲,海洋是大气的"热源",大陆是"冷源"。可是到了夏季(7 月),海洋上获得的正值净辐射在四个地区中虽属最大,但通过显热方式供给空气增温的热量却最少(只有 $0.82W/m^2$)。而这时北非、阿拉伯干旱区提供空气增温的显热最多(达 127.5 W/m^2),相当于同纬度海洋上的 155 倍。夏季海水温度比空气温度低,风力又较冬季弱,海上蒸

发反而比冬季小得多,提供给空气的潜热远较冬季为小。从表6·5中可以看出,在7月份除北非、阿拉伯干旱区外,太平洋中部提供给空气的潜热量亦比我国大陆东部和西藏高原小。再从潜热通量加显热通量看来,夏季太平洋中部提供给空气的总热量亦比同纬度的大陆区域为小,因此相对于大陆来讲,夏季海洋是个"冷源",大陆是"热源"。

(二)海陆气温的对比

海陆冷热源的作用反映在海陆气温的对比上是十分明显的。由表6·6可见,在纬度30°N上,从海平面到对流层上层,1月亚非大陆上气温都比太平洋上气温低;7月相反,都是大陆上气温比海洋上高,二者的差值,7月比1月大。从全年来讲,在500hPa等压面上,每年10月到次年4月都是海上气温比陆上高;6—9月相反,海上气温比陆上要低;5、10月为转变月(图6·20)。

表6·6 在30°N不同高度上海陆气温及其差值(℃)

等压面(hPa)	月份	(1)亚非大陆	(2)太平洋	(1)-(2)
海平面	1月	9.2	12.5	-3.3
	7月	31.0	24.7	6.3
850	1月	5.5	6.5	-1.0
	7月	24.0	16.4	7.6
700	1月	-1.3	-0.3	-1.0
	7月	13.9	8.6	5.3
500	1月	-16.5	-14.5	-2.0
	7月	-4.3	-6.8	2.5
300	1月	-41.8	-38.5	-3.3
	7月	-28.1	-33.0	4.9
200	1月	—	-51.5	—
	7月	-46.5	-53.4	7.1

为了定量地明确同纬度地带海陆气温的差异性,可用气温等距平线图来表示。气温的距平值是该地气温与同纬圈平均气温之差值,在相同纬度、相同海拔高度的各站气温距平值,主要决定于海陆分布。从1月气温等距平线图(图6·21a)看,在中高纬度,北半球海陆气温差别十分显著,在北大西洋上有最大的正距平(+24℃),亚洲北部有最大的负距平(-24℃),约在同一纬度带上气温相差达48℃以上,它相当于赤道与极地年平均气温差值。

由图6·21b可见,7月气温等距平线与纬线偏差亦很显著,这时海陆气温最突出的差异出现在副热带纬度的冷洋流表面与大陆沙漠上。例如北非撒哈拉沙漠上7月平均气温达35℃以上,等温线呈封闭形式,其气温距平为+12℃,而太平洋东岸(冷洋流)表面7月在20℃上下,其最大负距平为-8℃,在同一副热带纬度气温相差20℃。

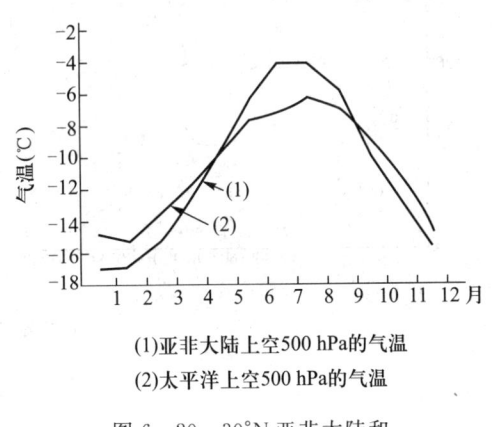

(1)亚非大陆上空500hPa的气温
(2)太平洋上空500hPa的气温

图6·20 30°N亚非大陆和太平洋上空500hPa气温(℃)

综上所述可见,海陆气温的差异,在冬季的高纬度为最突出,在夏季则以副热带纬度最显著,就全球而言,由于北半球海洋面积相对地比南半球小,所以北半球冬季比南半球冷,夏季比南半球热。

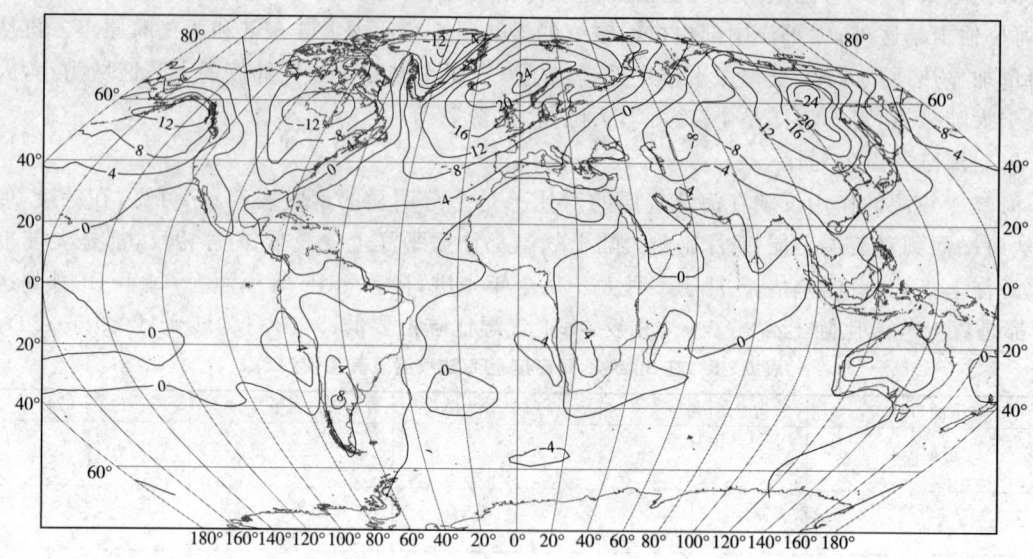

(a) 世界1月气温距平(℃)图

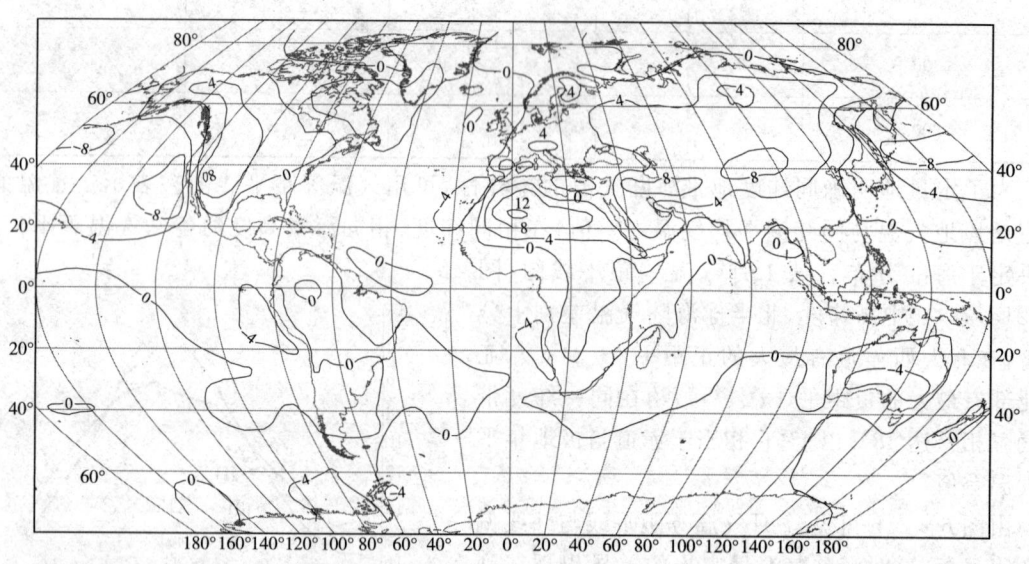

(b) 世界7月气温距平(℃)图

图 6·21

二、海陆分布对大气水分的影响

(一)对蒸发和空气湿度的影响

大气中的水分主要得自下垫面的蒸发,海洋的蒸发量远比大陆为多。仍以 30°N 的亚非大陆和太平洋为例来说明,无论冬、夏太平洋中部的蒸发量都比同纬度的大陆为多,特别是在冬季太平洋上的蒸发量比我国东部约大 7 倍,比北非、阿拉伯大 26—27 倍,因此冬季海洋是大气的"水汽源",大陆相对于海洋来讲,则为"水汽汇"。夏季太平洋上的蒸发量与我国东部相差无几,但和北非、阿拉伯干旱地区相比,则仍超过 20 余倍,这时海洋仍为大气的"水汽源",但强度远较冬季为小(表 6·5)。

从湿度场的情况来看,无论在那一个层次,每年从 12 月到次年 2 月,亚非大陆是北半球上比湿最小的地区,比大西洋、太平洋小,也比北美大陆小;盛夏期间 6—9 月,东亚一带,尤其南亚一带是北半球湿度最大的地区,而太平洋却为相对干区,4、5 月和 9 月则是转换月,这与海陆蒸发作用的年变化密切关联。

(二) 对雾的影响

海上空气潮湿,只要有适当的平流将暖湿空气吹送到比较冷的海面,下层空气变冷,极易达到饱和而凝结成平流雾,所以在海上,尤其是冷洋流表面,雾日极多。在纬度 40°以上的大陆东岸和低纬度的大陆西岸都是冷洋流经过地区,不但海面多雾,大陆近岸受海风影响,雾日也多。像日本北海道沿岸,北美纽芬兰沿岸和加利福尼亚沿岸,南美秘鲁和智利沿岸,北非加那利冷流沿岸,以及南非本格拉冷流沿岸,都是世界著名的多雾区域。

大陆上除了沿海地区受海风影响,雾日较多外,一般大陆内部都是雾少霾多。陆地雾与海上雾有很多差异,主要表现在:陆地雾以辐射冷却形成为主,盛行于冬季晴夜和清晨,近午时因日照强而蒸发消散,海面雾的形成以平流冷却为主,春夏出现频率最大,正午日照虽强也不能消散,只有当风向改变,风力增强,使气流上下扰动时才被吹散。在大陆沿海地区多平流辐射雾,它是由湿空气平流至陆上,再经夜晚辐射冷却,空气达到饱和时而形成的。

(三) 对降水的影响

海陆分布对降水量的影响比较复杂,海洋表面空气中水汽含量虽多,但要造成降水还必须有足够的抬升作用,使湿空气上升凝云致雨。从降水的成因来讲,可分为对流雨、地形雨、锋面雨和气旋雨(包括温带气旋和热带气旋)数种。由于海陆物理性质不同,这几种降水出现的时间和降水量有显著的差异。

1. 对流雨

形成对流雨的一个重要条件是空气层结的不稳定性。在大陆上夏季午后空气层结最易达到不稳定,在水汽充足和其它条件适宜时,就会产生对流雨。海洋表面在夏季午间水温往往比海面气温低,空气层结很稳定,尤其是冷洋流表面逆温现象很显著,只利于雾的形成,不会产生对流雨,只有在暖洋流表面,在冬季夜间,水温比气温高,当天空有低云时,夜间云的上部空气辐射散热变冷,云下空气有效辐射不强,下层又与暖水面接触,因此下层气温较高,气温直减率大,才有利于对流雨的形成,或者在冬季大陆冷气团移到暖洋流表面,气团下层增暖,也会产生对流雨,但总的来讲,海洋上的对流雨比大陆上为少,出现时间多在冬季夜间和清晨。

2. 地形雨

地形雨只会在大陆上出现,在盛行海洋气流的迎风坡上最易形成。最著名的例子是印度的乞拉朋齐,它位于喜马拉雅山的南坡,年平均雨量为 11 429mm,是世界上少有的多雨地区。

3. 锋面雨和气旋雨

海洋上的降水绝大多数是锋面雨和气旋雨。从图 6·22 上可以看出,在副热带高压盛行的洋面上,空气中多下沉气流,空气层结又很稳定,所以年雨量很少,年平均值在 300mm 以下,在海

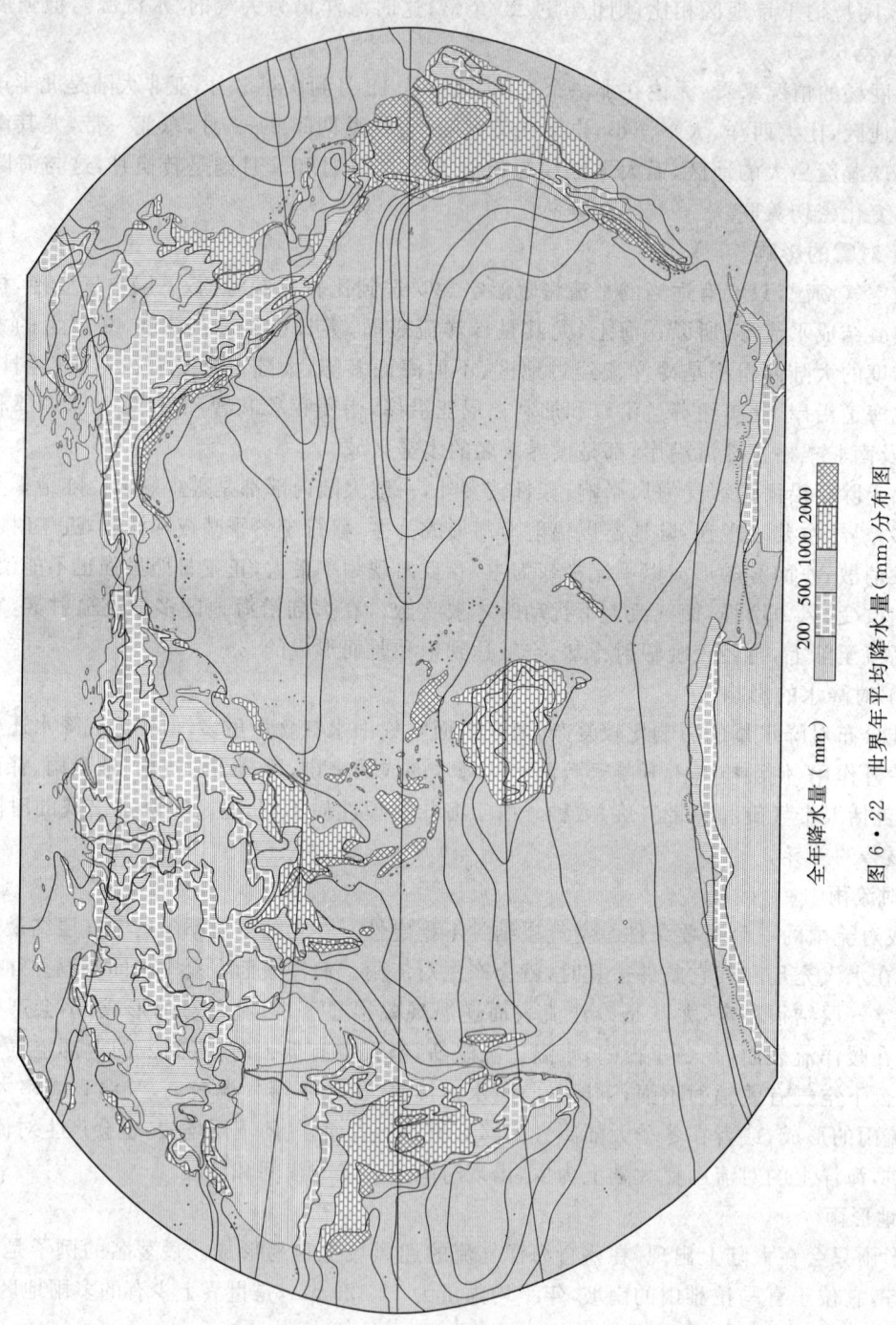

图 6·22 世界年平均降水量（mm）分布图

岸的冷洋流地带年雨量甚至在100mm以下,是海洋上的"干旱"气候区。可是在纬度40°—60°的海洋表面年降水量却在1 000mm以上,这是锋面和温带气旋经常在这里经过所产生的降水,海面平滑,气旋中的旋转气流不易遭到破坏,水汽又甚充足,在冬季锋面气旋发达,所以海上气旋雨冬季特别丰富,在热带暖洋流表面热带气旋盛行,是海洋上另一多雨地带。

在温带大陆西岸,气旋活动频繁,尤其是在冬季,南北气温差异大,锋面气旋最强,所以气旋雨也很多。愈向内陆,海洋气团变性愈甚,空气愈来愈干燥,降水量就逐渐减少,到了大陆中心就形成干旱沙漠气候。北半球大陆面积大,特别是亚欧大陆东西延伸范围很广,内陆地区受不到海洋气团影响,所以出现大片干旱、半干旱气候;在南半球由于大陆面积较小,内陆干旱区域也相应地比北半球小。

三、海陆分布与周期性风系

由于海陆分布引起气温差异而造成的周期性风系有以一日为周期的海陆风和以一年为周期的季风。

(一) 海陆风

白天,风从海洋吹向陆地;夜晚,风从陆地吹向海洋,这种风称为海陆风。

海陆风的形成是当白天在日射下,陆地增温快,陆上气温比邻近海上高,陆上暖空气膨胀上升,到某一高度上,因其气柱质量增多,气压遂比海上同一高度平面上为高,等压面便向海洋倾斜(图6·23a),空气由大陆流向海洋。因此在下层地面上陆地的空气质量减少,地面气压因而下降,而海洋因上层有大陆空气的流入,空气质量增多,海面气压升高,于是在下层便产生自海洋指向陆地的水平气压梯度力形成海风。夜间,陆地辐射冷却比海面快,陆上空气冷却收缩,致使上层气压比海面上同高度的气压低,等压面由海洋向陆地倾斜(图6·23b),地面气压比海面气压高,于是形成了同白天相反的热力环流,下层风由陆地吹向海洋,这就是陆风。这种由于海陆热力差异而产生的气压梯度是比较小的,只有当大范围水平气压场比较弱时才能显现出来。

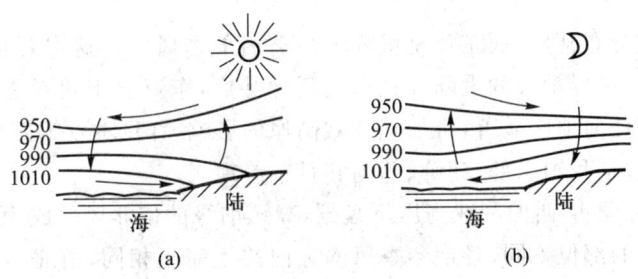

图6·23 海风a和陆风b

在热带地区,气温日变化较大,特别是冷洋流经过的海岸地带,海陆风最强烈,全年都可出现。温带地区海陆风较弱,主要在夏季出现。海陆风深入陆地的距离因地而异,一般为20—50km。

海陆风对滨海地区的气候有一定的影响,白天吹海风,海上水汽输入大陆沿岸,往往形成雾或低云,甚至产生降水,同时还可以降低沿岸的气温,使夏季不致于十分炎热。

(二) 季风

大范围地区的盛行风随季节而有显著改变的现象,称为季风。所谓有显著改变有各种不同的说法，目前比较流行的观点是：1月与7月盛行风向的变移至少有120°，1月与7月盛行风向的频率超过40%，至少在1月或7月中有1个月的盛行风的平均合成风速超过3m/s。这种随季节而改变的风，冬季由大陆吹向海洋，夏季由海洋吹向大陆，随着风向的转变，天气和气候的特点也跟着发生变化。

季风的形成与多种因素有关，但主要的是由于海陆间的热力差异以及这种差异的季节变化，其它如行星风带的季节移动和广大高原的热力、动力作用亦有关系，而这几者又是互相联系着的。在夏季大陆上气温比同纬度的海洋高，气压比海洋上低，气压梯度由海洋指向大陆，所以气流分布是从海洋流向大陆的（图6·21a），形成夏季风，冬季则相反，因此气流分布是由大陆流向海洋，形成冬季风（图6·24b）。

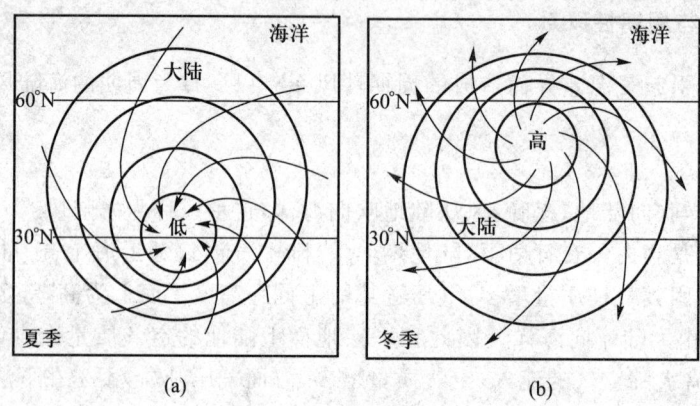

图6·24 因海陆热力差异而引起的夏季风a和冬季风b

季风形成的原理与海陆风基本相同，但海陆风是由海陆之间气压日变化而引起的，仅出现在沿海地区。而季风是由海陆之间气压的季节变化而引起的，规模很大，是一年内风向随季节变化的现象。

世界上季风区域分布甚广，而东亚是世界上最著名的季风区。这主要是由于太平洋是世界最大的大洋，亚欧非是世界最大的大陆并且东西延伸甚广，东亚居于两者之间，海陆的气温对比和季节变化都比其它任何地区显著，再加上青藏高原的影响（详见本章第四节），所以东亚季风特别显著，其范围大致包括我国东部、朝鲜、韩国和日本等地。

冬季，亚洲大陆为蒙古-西伯利亚高压所盘据，高压前缘的偏北风就成为亚洲东部的冬季风。由于各地处于高气压的部位不同，各地冬季风的方向并不完全相同，由北而南依次为西北风、北风和东北风。由于蒙古-西伯利亚高压比较强大，由陆向海，气压比较陡峻，所以风力较强。

夏季，亚洲大陆为热低压所控制，同时太平洋副热带高压西伸北进，因此高低压之间的偏南风就成为亚洲东部的夏季风，由于此时气压梯度比冬季小，所以夏季风比冬季风弱。

东亚季风对我国、朝鲜半岛、日本等地区的天气和气候影响很大，在冬季风盛行时，这些地区是低温、干燥和少雨，而在夏季风盛行时是高温、湿润和多雨。

亚洲南部的季风，主要是由行星风带的季节移动而引起的，但也有海陆热力差异的影响，以印度季风为例，冬季行星风带南移，赤道低压移到南半球，亚洲大陆冷高压强大，高压南部的东北风就成为亚洲南部的冬季风。夏季行星风带北移，赤道低压移到北半球，再加上大陆热力因子的作用，低压中心出现在印度半岛。而此时正是南半球的冬季，澳大利亚是一个低温高压区，气压梯度由南向北，南来气流跨越赤道后，受北半球地转偏向力的作用，形成西南风，这就是南亚的夏季风。

在季风的影响下，南亚也是冬干夏湿，但是它和东亚季风有一个明显差别，即南亚夏季风比冬季风强。这是因为冬季亚洲南部远离蒙古-西伯利亚高压中心，并有西藏高原的阻挡，再加上印度半岛面积较小，纬度较低，海陆之间的气压梯度较弱，因此冬季风不强。相反，夏季印度半岛气温特别高，是热低压中心所在，它与南半球副高之间的气压梯度大，因此南亚的夏季风强于冬季风。

四、海洋性气候与大陆性气候

由于海陆分布对气候形成的巨大作用，使得在同一纬度带内，在海洋条件下和在大陆条件下的气候具有显著差异。前者称为海洋性气候，后者称为大陆性气候。区别海洋性气候与大陆性气候的指标很多，最主要表现在气温和降水两方面。

（一）气温指标

海洋性气候与大陆性气候在气温上的标志一般用气温日较差、气温年较差、年温相时、春秋温差值和大陆度等几个指标表示，气温较差还和所在地纬度有关（图 6·25）。

在赤道附近 A_C 与 A_M 都很小，只有 D_C 与 D_M 差别显著。在南半球因大陆面积小，只有在中纬度 A_C、A_M 间和 D_C、D_M 间的差值都很大，这和海陆分布的形势关系十分密切。

海洋上气温年较差比大陆上小，可从海-气热交换与陆-气热交换的年变程上得到最好的说明。图 6·26 和图 6·27 分别表示太平洋上 T 站（29°N，135°E）、重庆（29°N，106°E）的热量平衡年变化，这两个站的纬度相同，天文辐射是相等的。

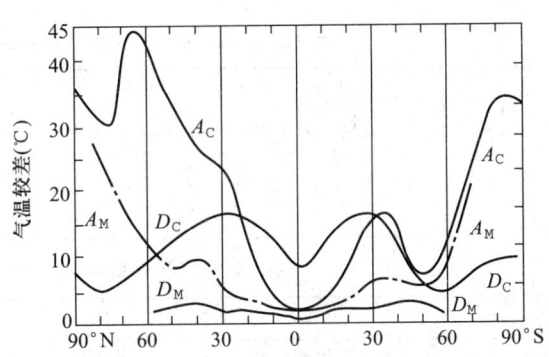

图 6·25　气温年较差、日较差随纬度和海陆的变化
A_C 大陆气温年较差；A_M 海洋气温年较差；
D_C 大陆气温日较差；D_M 海洋气温日较差

从辐射差额来讲，T 站所获得的正值净辐射比重庆多。从海-气的总能量交换看来，是冬季多、夏季少。无论是显热交换还是潜热交换，年变化曲线的起伏形势都与辐射差额相反。而重庆这两条曲线的起伏形势是相同的。再看表 6·7，太平洋上 T 站夏季供给空气的显热只有 $2.6W/m^2$，而重庆地面供给空气的显热却有 $12.7W/m^2$，相当于 T 站的 5 倍。显热是能直接使空气增温的，这就使得重庆夏季的气温比 T 站高。而冬季则相反，T 站提供的显热有 $48.7W/m^2$，而重庆为 $8.2W/m^2$。这必然使得重庆冬季的气温比 T 站低得多。相对于重庆来说，T 站是冬暖夏凉，气温的年较差小。重庆则夏热冬寒，气温年较差大。

海洋上云量一般比大陆上多，风速较陆上大，这也能减小海上气温的日较差和年较差。

再以中纬度西风带的亚欧大陆为例，凡伦西亚在爱尔兰西岸，有大西洋暖流经过，终年受海风影响，盛行海洋气团，具有典型的海洋性气候。沿 52°N 由西向东，海洋气团在大陆上逐渐变性，到了伊尔库次克就具有大陆性气候的特点，从表 6·8 可见：

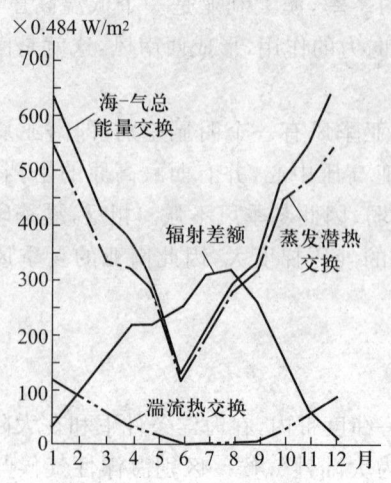
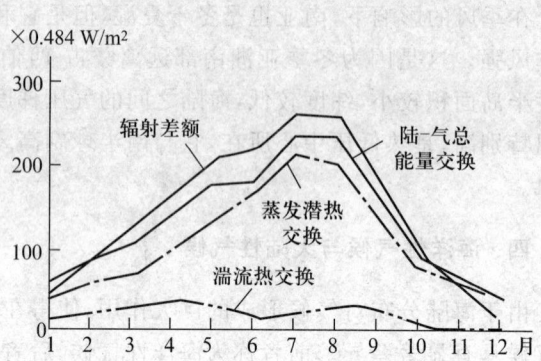

图 6·26 T站(29°N,135°E)热量平衡年变化　　图 6·27 重庆(29°N,106°E)热量平衡年变化

注：1cal/cm² · d = 0.484 2W/m²　　　　　　　　注：1cal/cm² · d = 0.484 2W/m²

表 6·7 海-气、陆-气显热交换与潜热交换的季节变化(W/m²)

站　名	冬		春		夏		秋		年平均	
	潜热	显热	潜热	显热	潜热	显热	潜热	显热	潜热	显热
T	247.4	48.7	157.5	18.9	97.7	2.6	196.9	17.1	149.8	46.0
重　庆	22.1	8.2	49.8	18.6	67.7	12.7	45.3	6.8	71.8	11.6

表 6·8 亚欧大陆自西向东沿 52°N 的平均气温(℃)和降水(mm)

月　份		1	2	3	4	5	6	7	8	9	10	11	12	总降水	年较差
凡伦西亚 51°56′N,10°15′W	气温	7.2	7.2	7.6	9.1	11.4	13.8	14.9	15.1	13.7	11.2	8.8	7.7	10.6	7.9
	降水	165	123	104	89	82	85	102	120	114	144	144	164	1 436	—
柏　林 52°30′N,13°20′E	气温	−0.1	−0.8	3.9	8.6	13.7	17.3	19.0	18.1	14.6	9.4	4.1	1.0	9.2	19.1
	降水	43	37	38	40	48	60	76	61	44	46	44	46	583	—
华　沙 52°13′N,21°01′E	气温	−3.3	−2.3	−1.4	7.5	13.6	17.3	18.8	17.7	13.6	8.0	−2.3	−1.7	7.7	22.1
	降水	32	29	33	39	51	65	80	73	45	42	39	36	564	—
伊尔库次克 52°16′N,104°19′E	气温	−20.7	−17.5	−9.3	1.4	8.6	14.9	18.0	15.5	8.7	0.3	−10.7	−17.8	−0.7	38.7
	降水	12	8	9	15	29	83	102	99	49	20	17	15	458	—

(1)气温年较差：以凡伦西亚为最小(7.9℃)，愈向内陆年较差愈大，到伊尔库次克竟达 38.7℃。

(2)年温相时：凡伦西亚因受海洋影响，降温、增温皆慢，最冷月(2月)和最热月(8月)出现时间比表 6·8 中其它三站皆落后 1 个月。

(3)春温与秋温差值：气候学上通常以 4 月和 10 月气温分别代表春温和秋温。海洋性气候气温变化和缓，春来迟，夏去亦迟，春温低于秋温(如凡伦西亚 $T_{4月} < T_{10月}$)。大陆性气候气温变化急剧，春来速，夏去亦速，春温高于秋温(如伊尔库次克 $T_{4月} > T_{10月}$)。

(4) 气温日较差：气温日较差一般在夏季比冬季大。凡伦西亚最大气温日较差 ΔT_M 为 4.1℃（6月），最小气温日较差 ΔT_n 为 1.2℃（1月）。而伊尔库次克的 ΔT_M 和 ΔT_n 分别为 14.1℃（6月）和 5.7℃（12月），皆比凡伦西亚为大。

（二）水分标志

从表 6·8 中还可以看出，海洋性气候年降水量比同纬度大陆性气候多，其一年中降水的分配比较均匀，而以冬季为较多。气旋雨的频率为最大，降水的变率小。大陆性气候以对流雨居多，降水集中于夏季，降水变率大。

此外，海洋性气候的绝对湿度和相对湿度一般都比大陆性气候大。相对湿度的年较差海洋性气候小于大陆性气候。

（三）气候大陆度

气候学上为了定量地表示各地气候大陆性程度，采用气候大陆度为指标来衡量。大陆度计算的方法很多，通常以气温年较差（消去纬度影响）和气温的纬度距平为依据。

伊凡诺夫（Н·Н·Иванов）则综合考虑当地气温年较差 A_y，年平均气温日较差 A_d，最干月湿度饱和差 D_0 和所在地纬度 φ，按下述经验公式来计算该地的气候大陆度。计算结果中如果 6·18 式的分子大于分母，

$$K = \frac{A_y + A_d + 0.25 D_0}{0.36\varphi + 14} \times 100\% \tag{6·18}$$

$K > 100\%$，则为大陆性气候，百分数愈大，大陆性愈强；反之，如分子值小于分母值，得出 K 值 $<100\%$，则为海洋性气候，百分数愈小，海洋性愈强。伊凡诺夫根据该式求出的 K 值把大陆度分为以下 10 个等级（表 6·9）

表 6·9 伊凡诺夫大陆度等级

等级	1.极端海洋性	2.强烈海洋性	3.中度海洋性	4.海洋性	5.微弱海洋性	6.微弱大陆性	7.中度大陆性	8.大陆性	9.强烈大陆性	10.极端大陆性
K 值(%)	<47	48—56	57—68	69—82	83—100	100—121	122—146	147—177	178—214	>214

波罗佐娃（Л.Г.Полозова）应用 1 月、7 月气温对纬圈距平值来分别计算该两月的大陆度。因为气温距平基本上是由于海洋和大陆以及海陆间热力相互作用所造成的，各个季节的不同温度差异可以引起海陆间不同的环流特征。环流情况不同，海陆间相互作用的强度也不相同，因此按季节计算的气温距平，特别是冬夏两季的气温距平来表征大陆度更有实际意义。波罗佐娃以 K_I 和 K_{VII} 分别表示 1 月和 7 月的大陆度，其计算式如下

$$K_I = \frac{A_{max}^+ - A_i}{A_{max}^+ - A_{max}^-} \times 100\% \tag{6·18a}$$

$$K_{VII} = \frac{A_i - A_{max}^-}{A_{max}^+ - A_{max}^-} \times 100\% \tag{6·18b}$$

式中 A_i 为某纬度上某地的气温距平值；A_{max}^+ 为该纬圈上该月的最大正距平值；A_{max}^- 为该纬圈上该月的最大负距平值。此式适用于 30°—70°N 范围内。K 值愈大，大陆度愈高。

除用气温较差和气温距平表示大陆度外，还有用降水和大陆气团出现的频率等来计算大陆度。但由于气候大陆度除受海陆分布影响外，还受大气环流、大陆面积、地形和海流等因素的影响，因此用一个或多个气候要素的简单组合，来表示复杂多变的大陆或海洋对气候影响的程度往往带有片面性。迄今尚没有一个公认的完善的计算大陆度公式。

第四节 地形和地面特性与气候

世界陆地面积占全球面积的29%,不仅分布形势很不规则,而且表面起伏悬殊,最高山峰——珠穆朗玛海拔8 848m,最低洼地——死海沿岸—392m。根据陆地的海拔高度和起伏形势,可分为山地、高原、平原、丘陵和盆地等类型,它们以不同规模错综分布在各大洲,构成崎岖复杂的下垫面。这些下垫面,又因沉积物、土壤、植被等的差异,具有不同的特性,使陆气相互作用的过程更为复杂。

一、地形与气温

地形与气温的关系十分复杂,大地形的宏观影响能对大范围内的气温分布和变化产生明显作用,局部地形的影响也能使短距离内的气温有很大的差别。

(一)高大地形对气温的影响

绵亘的高山山系和庞大的高原是气流运行的阻碍,它们对寒潮和热浪移动都有相当大的障壁作用,同时它们本身的辐射差额和热量平衡情况又具有其独特性,因此它们对气温的影响是非常显著而广泛的。现以我国青藏高原为例简述如下:

1. 机械阻挡作用

青藏高原海拔高、面积大、矗立在29°—40°N间,南北约跨10个纬度,东西约跨35个经度,有相当大的面积,海拔在5 000m以上,有一系列的山峰超过7 000—8 000m,占据对流层中低部,犹如大气海洋中的一个巨大岛屿,对于冬季层结稳定而厚度又不大的冷空气是一个较难越过的障碍。从西伯利亚西部侵入我国的寒潮一般都是通过准噶尔盆地,经河西走廊、黄土高原而直下东部平原,这就导致我国东部热带、副热带地区的冬季气温远比受西藏高原屏障的印度半岛北部为低。表6·10中A、C、E三站位于印度半岛北部,其冬季各月平均气温皆分别比同纬度、同高度的B、D、F三站为高,其中尤以C、D两站的差异最大。这是由于D站沅陵正位于高原以东的平原上,寒潮畅通无阻,而C站德里又位于高原以南的正中地位,屏障效应十分显著的缘故。

冬季西风气流遇到青藏高原的阻障被迫分支,分别沿高原绕行。从冬季北半球700hPa与500hPa月平均气温图上可以清楚地看出,在高原北部冬季各月都是西北侧暖于东北侧,高原南半部,则东南侧暖于西南侧,这显然是受到上述分支冷暖平流的影响所致。因西风在高原西侧发生分支,于是高原西北侧为暖平流,西南侧为冷平流,绕过高原之后,气流辐合,东北侧为冷平流,东南侧为暖平流。

夏季青藏高原对南来暖湿气流的北上,也有一定的阻挡作用,不过暖湿气流一般具有不稳定层结,比冷空气易于爬越山地。从夏季月平均气温分布图上可以看出,由巴基斯坦北部和东北部阿萨姆两个地区总是有两个伸向西藏方向的暖舌,其中有一部分暖湿气流越过高原南部的山口或河谷凹地,流入高原南部,这是形成雅鲁藏布江谷地由东向西伸展的暖区的重要原因。

青藏高原阻滞作用对气温的影响,不仅出现在对流层低层,并且波及到对流层中层。根据我国衢县与同纬度德里各高度上月平均气温的比较,可以看出在500hPa及其以下各层的气温皆是衢县低于德里,尤其是冬半年的差异更大。

表 6·10　印度半岛北部与我国同纬度地区冬半年气温(℃)的比较①

地　　点	北纬	高度(m)	10月	11月	12月	1月	2月	3月
A. 斯利那加	34°05′	1 585	14.1	7.7	3.5	1.1	3.5	8.5
B. 兰州	36°01′	1 508	10.1	1.7	−5.3	−6.5	−1.7	5.4
A−B			4.0	6.0	8.8	7.6	5.2	3.1
C. 德里	28°35′	220	25.9	20.2	15.7	14.3	17.3	22.9
D. 沅陵	28°30′	200	17.6	12.1	6.8	4.5	6.2	10.8
C−D			8.3	8.1	8.9	9.8	11.1	12.1
E. 加尔各答	22°32′	6	26.8	23.3	20.4	19.5	22.1	27.2
F. 香港	22°18′	33	24.6	20.9	17.3	15.7	15.2	17.4
E−F			2.2	2.4	3.1	3.8	6.9	9.8

2. 热力作用

将青藏高原地面的气温与同高度的自由大气相比，冬季高原气温偏低，夏季则偏高。根据观测资料分析计算表明，高原地-气系统逐月向四周大气输送的热量如表 6·11 所示。从 11 月至翌年 2 月是四周大气向高原地-气系统提供热量，这时青藏高原是个冷源，其强度以 12 月、1 月份为最大，向四周自由大气吸收热量 600 多 J/cm²d。春夏季青藏高原是个强大的热源，其强度以 6、7 月份为最大，向四周大气提供热量 850J/cm²d 以上。就全年平均而论，青藏高原地-气系统是一个热源。冬季青藏高原的冷区偏在高原的西部。夏季的暖区范围很广，整个对流层的温度都是高原比四周高，再往高层暖区范围扩大，到了 100hPa 层上，温度分布出现高纬暖、低纬冷的现象。

表 6·11　青藏高原地-气系统逐月向四周大气输送的热量②

月份	1	2	3	4	5	6	7	8	9	10	11	12	年平均
高原向大气输送的热量 J/cm²d	−615.5	−368.4	184.2	498.2	757.8	866.7	850.0	644.8	422.9	−37.7	−410.3	−636.4	184.2

从青藏高原的地面气温看来，具有如下特点：

(1) 地球的第三极地：青藏高原由于海拔高，气温特别低，它虽位于副热带、暖温带的纬度上，但在高原主体北部祁连山以及巴颜喀拉山东部 1 月平均地面气温出现 −16— −18℃ 的闭合等温线，盛夏 7 月尚有大片面积平均气温<8℃，冬夏皆比同纬度东部平原平均气温低 18—20℃。

(2) 气温日、年较差大：青藏高原上地面气温日较差比同纬度东部平原地区和四川盆地都大，比同高度的自由大气更大，气温年较差亦比同高度的自由大气为大，但因海拔高耸，比同纬度东部平原则稍小。

(3) 气温季节变化急，春温高于秋温：青藏高原上春季升温强度大，特别是当积雪消融之后，雨季未到之前，高原因受强烈的日射，增温甚快，秋季降温速度亦快，春温高于秋温，例如高原上的班戈 4—10 月气温差为 2.8℃，而汉口同时期温差为 −1.4℃。

以上这些情况都说明高原气温具有大陆性气候的特征。

---

① 青藏高原气象科研协作领导小组，中国科学院兰州高原大气物理研究所. 青藏高原论文集(1975—1976)，1977.
② 叶笃正、高由禧等. 青藏高原气象学. 北京：科学出版社. 1979:9. 单位经过换算由卡换成焦耳。

(二) 中小地形对气温的影响

中小地形对气温的影响也是相当复杂的。首先由于坡地方位不同，日照和辐射条件各异，导致土温和气温都有明显的差异。在我国，多数山地是南坡的温度高于北坡，古诗咏大庾岭的梅花，有"南枝向暖北枝寒，一样春风有两般"之句，就是山坡两侧气温殊异的极好写照。据庐山实测资料，南坡 1.5m 高度的气温在 6—9 月与同高度山顶相比，晴天平均高 2.1℃，多云天高 1.8℃，阴天高 1.5℃，雨天高 0.8℃，在有冷平流时可高 2.6—3.3℃；北坡的气温在 4—6 月与同高度的山顶相比，晴天平均低 0.8℃，多云天低 0.6℃，阴天低 0.4℃。再以小地形南京方山（一个相对高差约 190m 的孤立山岗）为例，在冬季晴天，距坡地 1.5m 高的日平均气温，南坡比北坡高 1℃ 左右，比东坡和西坡高 0.6—0.7℃，最高气温南坡比北坡约高 2℃，比东坡和西坡高 0.7—1.6℃，最低气温各方位之间的差异较小，最多不超过 0.7℃。

其次，地形凹凸和形态的不同，对气温也有明显的影响。在凸起地形如山顶，因与陆面接触面积小，受到地面日间增热、夜间冷却的影响较小，又因风速较大，湍流交换强，再加上夜间地面附近的冷空气可以沿坡下沉，而交换来自由大气中较暖的空气，因此气温日较差、年较差皆较小；凹陷地形则相反，气流不通畅，湍流交换弱，又处于周围山坡的围绕之中，白天在强烈阳光下，地温急剧增高，影响下层气温，夜间地面散热快，又因冷气流的下沉，谷底和盆地底部特别寒冷，因此气温日较差很大。图 6·28 表示三种不同地形的气温日变化曲线，从图上可以看出，无论冬、夏都是山顶气温日振幅小，谷地气温振幅大，陡崖介乎二者之间。

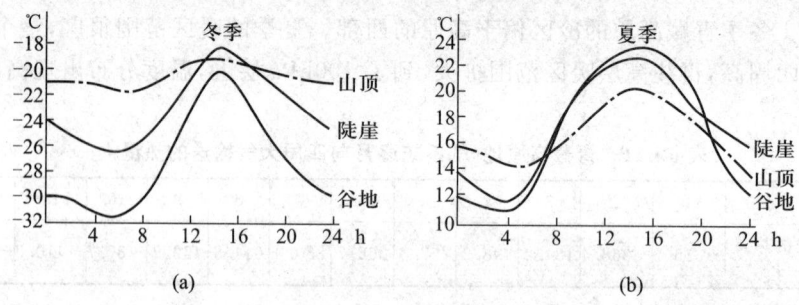

图 6·28 不同地形的气温日变化（黑龙江）

此外，在同样的地形条件下，由于海拔高度不同，山地气温有很大的差异，一般情况都是随着地方海拔高度的加大，气温下降。根据我国多数山区实测资料看来，大都是夏季气温递减率大，冬季递减率小，这与我国季风气候有关。冬季大陆偏北风盛行，海拔低的地方冬温不高，其气温随高度递减率乃较小。夏季偏南风盛行，加以低层日射增温比较强烈，因此气温随海拔高度增加的递减率乃相形增大。但亦有部分地区因局部气候条件的特殊，山地气温随高度递减率的季节变化有所不同。各山区在不同坡向不同高度阶段内，气温递减率亦有差异，情况比较复杂。

二、地形与地方性风

因地形而产生的局部环流主要有高原季风、山谷风，因经过山区而形成的地方性风有焚风和峡谷风等。

(一) 青藏高原季风

在青藏高原由于它与四周自由大气的热力差异，所造成冬夏相反的盛行风系，称为高原季风。冬季高原上出现冷高压,夏季出现热低压,其水平范围低层大,高层小,其厚度夏季比冬季大。风的季节变化,一般是高原北侧开始最早,高原上次之,高原东侧再次,高原南部最迟。

高原季风对环流和气候影响很大,首先它使我国冬夏对流层低层的季风厚度增大。我国西南地区冬夏季分别处在青藏冷高压环流和热低压环流的东南方,应分别盛行东北季风和西南季风,这与由海陆热力差异所形成的低层季风方向完全一致,两者叠加起来,遂使我国西南部地区季风的厚度特别大。

高原季风的更大影响还在于它破坏了对流层中部的行星气压带和行星环流。由于高原冬季冷高压和夏季热低压相当强大,冬季厚度可达 5km,夏季可达 5—7km,因此从海平面至 5—7km 高度,冬季空气由高原向外辐散,夏季向高原辐合,加之高原大地形的强迫作用,造成高原上深厚气层的升降运动,形成强的季风经圈环流。冬季出现与哈德莱环流圈相似的环流。夏季则出现与哈德莱环流圈相反的环流,空气在高原上升,到了高空转向低纬,下沉,到达地面后折向较高纬度流去,这对南北半球间空气质量的调整亦有很大的作用。

(二)山谷风

当大范围水平气压场比较弱时,在山区白天地面风常从谷地吹向山坡,晚上地面风常从山坡吹向谷地,这就是山谷风。山谷风是由于山地热力因子形成的,白天因坡上的空气比同高度上的自由大气增热强烈,于是暖空气沿坡上升,成为谷风,谷地上面较冷的自由大气,由于补偿作用从相反方向流向谷地,称为反谷风(图 6·29a)。夜间由于山坡上辐射冷却,使邻近坡面的空气迅速变冷,密度增大,因而沿坡下滑,流入谷地,成为山风,谷底的空气因辐合而上升,并在谷地上面向山顶上空分流,称为反山风,形成与白天相反的热力环流(图 6·29b)。

图 6·29 a 谷风和 b 山风

山谷风是山区经常出现的现象,只要周围气压场比较弱,这种局地热力环流就表现得十分明显。一般在早晨日出后 2—3h 开始出现谷风,并随着地面增热,风速逐渐加强,午后达到最大,以后因为温度下降,风速便逐渐减小,在日没前 1—1.5h 谷风平息而渐渐代之以山风。山谷风还有明显的季节变化,冬季山风比谷风强,夏季则谷风比山风强。

(三)焚风

沿着背风山坡向下吹的热干风叫焚风。当气流越过山脉时,在迎风坡上升冷却,起初是按干绝热直减率降温,当空气湿度达到饱和状态时,水汽凝结,气温就按湿绝热直减率降低,大部分水分在山前降落,过山顶后,空气沿坡下降,并基本上按干绝热率(即 1℃/100m)增温,这样过山后的空气温度比山前同高度的气温要高得多,湿度也小得多。如图 6·30 所示,山前原来气温 20℃,水汽压 12.79hPa,相对湿度为 73%,当气流沿山上升到 500m 高度时,气温为 15℃,达到饱和，水汽凝结，然后按湿绝热率平均0.5℃/100m降温，到山顶(3 000m)时气温在2℃左右，过山后沿坡下降，按干绝热率增温，当气流到达背风坡山脚时，气温可增加到32℃，而相对湿度减小到15%。由此可见，焚风吹来时，确有干热如焚的现象。

焚风是山地经常出现的一种现象，白天夜晚都可出现，例如偏西气流经过太行山下降时，位于太行山东麓的石家庄就会出现焚风。其它如亚洲的阿尔泰山、欧洲的阿尔卑斯山、北美的落基山等都是著名的焚风出现区。

（四）峡谷风

当空气由开阔地区进入山地峡谷口时，气流的横截面积减小，由于空气质量不可能在这里堆积，于是气流加速前进（流体的连续性原理），从而形成强风（图6·31），这种风称为峡谷风。在我国的台湾海峡、松辽平原等地，两侧都有山岭，地形像喇叭管。当气流直灌管口时，经常出现大风，就是由于这个缘故。

此外，气流经过不同地形尚可产生一些其它地方性风。

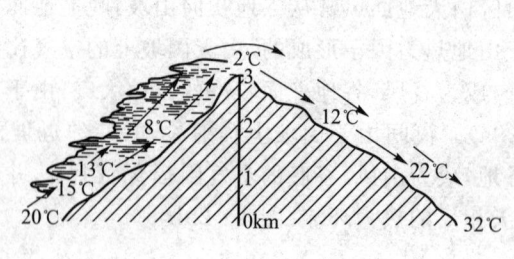

图6·30　焚风的形成

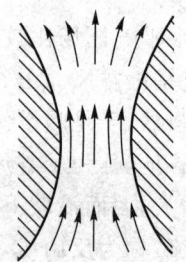

图6·31　峡谷风

三、地形与降水

地形既能影响降水的形成，又影响降水的分布和强度。一山之隔，山前山后往往干湿悬殊，使局地气候产生显著的差异。

（一）地形与降水的形成

迎风山地对降水的形成有促进作用，这主要是由于①原来空气层结是对流性不稳定或条件性不稳定的，风经过山地的机械阻障作用，引起气流的抬升运动，空气达到凝结高度后，在上述层结条件下，能加速上升运动的继续发展，凝云致雨；②当低压系统或锋面移到山地时，因地形的阻障作用，使低压系统或锋面移动滞缓，因而导致气旋雨或锋面雨雨时延长，强度增大；③当气流进入谷地时，由于喇叭口效应，引起气流辐合上升，如果空气潮湿，层结条件又适宜时，就会产生降水；④在大陆性气候区，夏季由于山坡南北增温情况不同，或由于谷底与山坡增温比谷上空气增温快，会产生局部热力对流，形成对流雨或雷暴雨；⑤气流经过崎岖不平的地形区域，因摩擦力的影响产生湍流上升运动，在其它条件适宜时，往往形成低层云或层积云，产生小量降水，如毛毛雨、小雨等。

总之，地形虽对降水的形成有一定的促进作用，但是如果气流很干燥，即使遇到山地有抬升作用，也不能产生降水。而且气流在运行时遇到山地，是爬过去或者是绕山而过，这还要视气流的方向与山脉的交角以及空气的层结稳定度而异，如果气流方向与山脉垂直则抬升的机会大，与山脉平行则以绕行为主。如果空气层结十分稳定,有抑制垂直运动的作用,也难形成降水。

(二) 地形对降水分布的影响

地形对降水分布的影响十分复杂,高大地形如青藏高原对亚洲降水分布影响范围极广,据最新气候模式研究结果[①]:如果没有青藏高原存在,夏季的西南季风只能到达印度洋的南部,我国大部分地区都是偏西风和西北风,受下沉气流控制。因此大陆将是水汽很少的干燥气候,即使印度和缅甸,也不会有现在这样的充沛雨量。而青藏高原的存在,对大规模气流的影响,首先诱使热带西南季风向印度、缅甸侵袭,造成高原雨季,同时西南季风的一部分长驱深入,到达我国东部形成江南雨区。如果没有青藏高原,那我国西部的干旱将更为严重,东部也将属于干旱气候。在青藏高原隆起之前,大约距今几千万年以前,从我国北方到长江流域都是广阔的干旱气候带,在喜马拉雅造山运动以后,距今几百万年时,大高原抬升,才建立了亚洲的季风气候(图6·32,图6·33)。[②]

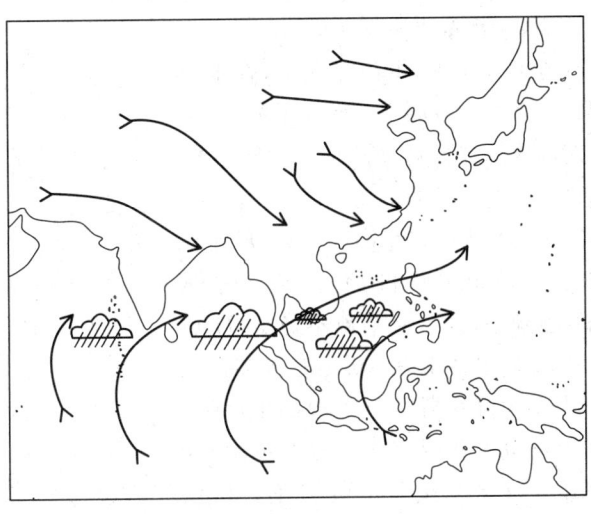

图6·32 无青藏高原时的东亚气候

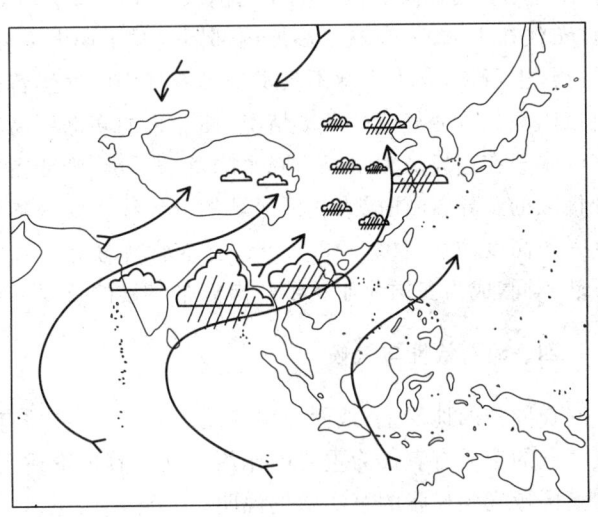

图6·33 有青藏高原时的东亚气候

地形对降水分布的影响还与坡向和高度有密切关系。当海洋气流与山地坡向垂直或交角较大时,则迎风坡多成为"雨坡",背风坡则成为"雨影"区域,这可以从北美洲加利福尼亚海岸的圣克鲁斯附近到内华达高原一线地形与年降雨量之间的关系看出(图6·34)。当地盛行西风,自太平洋吹来,正好与南北行的海岸山脉垂直相交,在迎风坡气流上升,至山顶降水量达第一高峰。背风坡气流下沉,降水量即锐减。从图6·34中可见,图上部的年降水量分布形势与当地地形的起伏十分相似。当西来气流翻越内华山脉后已经变得很干燥,因此内华达高原所获得的降水量只有170mm,比迎风坡少90%以上。再例如在夏季在青藏高原南坡正当来自印度洋的西南季风的迎风坡,降水量特丰,最著名的如乞拉朋齐其年平均降水量超过11 000mm,最多年降水量高达26 461.2mm,其中7月

---

①② 朱抱真.青藏高原对我国气候的影响.中国科学技术蓝皮书第5号,《气候》.北京:科学技术文献出版社.1990,P320—324.

份的降水量就有9 300mm。西南季风到达高原上空时,水分已经大大减少,因此高原夏季雨量不大。例如地处喜马拉雅山脉主峰北麓的定日,海拔约为4 300m,年降水量仅为318.5mm,再跨过高原,降水量更少于100mm。

在迎风山地,由山足向上,降水量起初是随着高度的增加而递增的,达到一定高度降水量最大。过此高度后,降水量又随着高度的增加而递减,此一定高度称为最大降水量高度(H)。H所在的高度因气候条件和地区而异,一般是气候愈潮湿,大气层结愈不稳定,H愈低。例如印度西南沿海山地空气异常潮湿,其最大降水高度H一般都在500—700m之间。我国皖浙山地如黄山、天目山其H大致在1 000m左右。气候

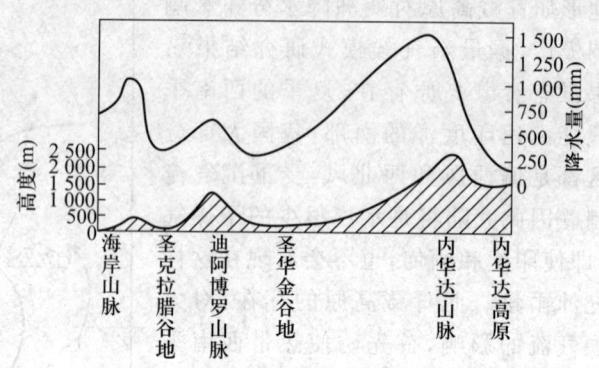

图6·34 北加利福尼亚的年平均降水量与地形之间的关系①

干燥的新疆山地H则出现在2 000—4 000m间。西藏高原H从高原外围向内部逐渐增高。在几个主要水汽来向的迎风面H皆在2 000m以下,其中喜马拉雅山西端和印度北部最大降水高度H仅在1 500m左右。高原内部因气候干燥大部分地区H都在5 000m左右(图略)。

综上所述,高大山脉不仅本身具有特别的气候特征,而且还影响邻近地区的气候。有些山脉可以阻障或改变气流的活动情况,使北来的寒潮不易南下,南来的暖流滞缓北上,又可使湿润气团的水分在迎风坡大量成为降水降落,背风坡则变得异常干燥。所以在山脉两侧的气候可以出现极大的差异,往往成为气候区域的分界线。我国秦岭山脉就是一个佳例。秦岭山脉横亘东西,其一般高度约在2 000—3 000m,使冬季风的南下与夏季风的北上受到阻障,使华北、华中气候显然不同,成为我国北亚热带与南温带气候的重要分界线。

四、地面特性与气候

在同样的地形上,地面土壤性质的差异、植被的有无、植被的种类等不同对局地小气候和区域气候的形成有着极为重要的作用。这里着重论述土壤特性在小气候形成中的物理基础,并就沙漠区域气候扩张的事实举例说明。

小气候指的是由于下垫面结构不均一性所引起的小尺度的近地层局地气候②。土壤、植被、人工铺砌的道路等等都能借辐射作用吸热和放热,从而调节空气层和下垫面表层的温度,这种表面称为活动面(又称作用面)。由于活动面的性质不同,具有不同的能量平衡和水分平衡,再加上湍流作用的差异,乃产生各种各样的小气候。

从地面能量平衡表达式(6·9)看来
$$R_g + LE + Q_p + A = 0 \tag{6·9}$$

---

① Miller A. et al. Elements of Meteorology (4th ed). Charies E. Merrill Publishing Company. A. Bell & Howell Company, Columbus, 1982.
② 关于小气候的内容涉及面甚广,可参看萨鲍日尼科娃.С.А. 小气候与地方气候. 科学出版社, 1955. 傅抱璞等编著. 小气候学. 气象出版社, 1994.

在同一纬度、同一季节、同样的天气条件下，到达地面上的直接辐射 Q，就会因小土丘、田埂等斜坡方位和倾斜坡度不同而异。又因活动面土壤性质不同，具有不同的反射率 a，一般干休闲地 a 为 16%，湿开垦地为 8%。这就使得湿土吸收的太阳总辐射比干土大。再从有效辐射 F 项看来，在其它条件相同时，又因物体性质不同具有不同的长波辐射本领，干土为 95%，湿土为 96%。因此湿土所获得的净辐射能比干土多。活动面辐射差额的不同是造成小气候差异的一个基本因子。

在白天，活动面吸收了一定的正值净辐射后，这个热量一方面用来增加它自己的温度，另一方面则分别通过土壤内部热交换向下层传热。另外也与贴地层的空气间进行湍流热交换，使空气增温，还蒸发水分将潜热向空气层输送。这三者在 (6·10) 式中分别为 A、Q_P 与 LE。在夜间，没有太阳辐射，活动面通过有效辐射而散失热量，净辐射为负值，活动面将降低温度，这时活动层下部向土表输送热量，空气湍流热交换的方向，将由空气指向活动面，如果有露水凝结，活动面上将通过水汽凝结而获得潜热。

A、Q_P 和 LE 可分别由 (6·19)、(6·20) 和 (6·21) 三式求得

$$A = \lambda' \frac{\alpha T'}{\alpha Z'} \tag{6·19}$$

$$Q_P = C_P \rho K \frac{\alpha T}{\alpha Z} \tag{6·20}$$

$$LE = L K \rho \frac{\alpha q}{\alpha Z} \tag{6·21}$$

就土壤内部的热量交换而言，在深度 Z' 处，一秒钟内经过 1cm² 的水平面的土壤热通量 A，取决于土壤上下层间的温度梯度 $\frac{\alpha T'}{\alpha Z'}$，和土壤的导热系数 λ'。当白天土表受热，土壤上下层间温差愈大，则向下传输的热能愈多，夜晚土表辐射冷却，下层土温比表层高，热量乃由下层向表层传送。在土内温度梯度相同时，土壤导热系数（单位 W/m℃）愈大，土内热量交换的速度就愈快，至于土壤温度上下层分布的情况，还要看导温系数 K' 而定。

$$K' = \frac{\lambda'}{\rho' C'} \tag{6·22}$$

上式中 ρ' 为土壤密度，C' 示土壤的比热（J/g℃），K' 值为单位体积的土壤收入热量（λ'）时所增高的温度（单位 cm²/min）。

由于构成土壤的成分并非单一物质，土壤的比热和热容量各不相同（见表 6·12），不同土壤的导热系数和导温系数亦互有差异（见表 6·13），从表 6·12 可见，水的热容量平均要比土壤中矿物质的热容量大 2 倍，比空气热容量大 3 000 多倍，所以土壤的热容量也随着其孔隙度（孔隙度大于土内含空气量多）和湿度为转移。当孔隙度增大时，干土的热容量要减小，但随着土壤湿度的增加，热容量便迅速增加。这就使得在同样条件下，白天表层干土的温度比湿土高，夜间则相反，湿土温度高于干土。

表 6·12　土壤各种成分的热容量

土壤成分	粘土矿物	土壤有机质	花岗岩	水	空气(20℃)	冰(0℃)
比热(J/g℃)	0.75—0.96	2.50	0.837	4.18	1.003	2.101
热容量(J/cm³℃)	2.048—2.424	2.708	2.177	4.18	0.001	1.900

由表 6·13 可见,导温系数小的干沙土表层增温快,减温亦快,活动面的温度日振幅和年振幅都较大,但昼夜与年温度变幅在较浅的深度就消失了。湿沙土表层温度日振幅和年振幅都比较小,但其有温度日变幅和年振幅所及的深度却比干沙土厚。因此由于土壤的热容量和导温系数不同,就会产生小气候的差异。

表 6·13 几种物质的导热系数 (λ) 和导温系数 (K)

土壤种类	干沙土	湿沙土	壤土	花岗岩	水(20℃)	空气	冰
导热系数(W/m℃)	0.152 4	2.257 2	0.188 0	4.054 6	0.628 1	0.020 9	2.173 6
导温系数(cm²/s)	0.001 3	0.012	0.007 0	0.019	0.001 5	0.161 0	0.012 0

土壤活动面与下层空气间的湍流显热交换 Q_P(6·21式) 主要决定于土壤表面与贴近地面空气层中的温度梯度 $\frac{\alpha T}{\alpha Z}$,和空气定压比热 C_P,空气密度 ρ 及空气湍流系数 K 之间的乘积。白天土温远比气温高,活动面向空气输送的显热比较多。夜间土温与气温差值较小,地气间的显热交换比白天小,甚至出现相反的方向,气温高于土温,空气反而有显热向土表输送。表 6·14 中列举了阿鲁西(在沙漠中)和科尔土希(气候较湿润)两地土壤-空气湍流显热交换和潜热交换的日变化情况。表中负值表示土壤向空气输送热量,正值则相反。

土壤与贴地空气层间伴随着水分蒸发、凝结而产生的潜热交换 LE(6·22式) 主要决定于贴近地面层的比湿梯度 $\frac{dq}{dZ}$、蒸发潜热 L、空气密度 ρ、湍流系数 K 之间的乘积。显然,湿土和有植被覆盖的活动面,蒸发耗热量要比裸露的干土多,$\frac{dq}{dZ}$ 值前者要比后者大。在活动面上形成露或霜时,则伴有潜热的释放,使活动面增温,这种潜热的释放量远比蒸发耗热量小得多(表 6·14)。

表 6·14 土壤-空气湍流显热交换 (Q_P) 和潜热交换 (LE)

时间	1	3	5	7	9	11	13	15	17	19	21	23
显 热 交 换 (W/m²)												
阿鲁西	6.978	6.978	6.978	−13.956	−104.67	−139.56	−139.56	−118.63	−48.45	−6.978	20.934	13.956
科尔土希	6.978	6.978	0.000	−27.91	−83.74	−139.56	−139.56	−104.67	−20.93	0.000	6.978	6.978
潜 热 交 换 (W/m²)												
阿鲁西	—	—	—	−20.93	−41.868	−34.89	−48.846	−34.89	−20.93	—	—	—
科尔土希	6.978	6.978	0.000	−48.85	−118.63	−188.41	−188.41	−160.49	−104.67	−6.978	6.978	6.978

从(6·21)和(6·22)式可见,活动面与贴地空气层的显热交换和潜热交换,除取决于活动面的性质外,都和空气的湍流系数 K 密切相关。湍流系数是因时间、地点、天气条件而异的。一般情况是,中午大于子夜,夏季大于冬季(表 6·15),粗糙的活动面大于平滑的活动面。就天气条件而言,晴天的湍流系数大于阴天,风力强时大于风力弱时,不稳定型天气时大于稳定型天气时。就距地高度而言,愈贴近地面湍流系数愈小。据观测,在贴地气层中,与1m高处的湍流系数相

表 6·15 伏耶科夫站 1m 高处湍流系数 K_1 (m²/s)

季节	冷季			暖季							年		
时间	1	13	平均	1	7	10	13	16	19	平均	1	13	平均
$\overline{K}_1$	0.058	0.084	0.071	0.044	0.077	0.106	0.114	0.110	0.072	0.080	0.051	0.099	0.076

比较,在 10cm 高处 K 就要小到 1/10,而在 1cm 高处则要小到 1/100,在几毫米或紧贴土表的一层中,湍流交换就消灭了,地-气间的热传导主要靠分子接触传导,而空气分子的导热系数又极小,要比一般土壤小数十倍至百倍。湍流系数的这些差异,在小气候形成中起着极其重要的作用。小气候的很多特点往往与湍流强弱有关。以小气候的气温为例,由于贴近地面层的空气湍流混合作用很弱,所以气温的垂直差异特别显著。又由于贴近地面层的风速较小,空气的水平混合作用也很弱,因此在短距离内气温的水平差异也非常突出。

必须指出,地面特性不仅对小气候的形成有重要作用,在某些条件下对区域气候亦有显著影响。例如在干旱少雨的地带,植被极其稀少,地面为大范围的干涸裸地(砂、岩石等),砂、石的颜色又甚浅淡,对太阳辐射有很高的反射率(可达 0.35—0.40)。因此地面所吸收的太阳辐射能比湿润地区少得多,但由于砂、石的比热小,在白天阳光照射下,地面强烈增温,使地面长波辐射很强。又因空气干燥无云,大气逆辐射弱,地面散失的热量很多,成为热辐射的汇。在缺少平流热量输入的情况下,为了要维持热量平衡,那里的空气一定要下沉,压缩增温。由于下沉的空气十分干燥,使得沙漠地区进一步变干,植被进一步破坏,导致沙漠化的范围进一步扩展。这种生物地球物理反馈机制特别适用于撒哈拉—阿拉伯—印度—巴基斯坦一带沙漠区,尤其对撒哈拉南部边缘的萨赫勒地区最为适合。这是地面辐射特性影响气流下沉,从而导致沙漠区域气候扩展的一个实例。

第五节　冰雪覆盖与气候

冰雪覆盖(冰雪圈)是气候系统组成部分之一,它包括季节性雪被、高山冰川、大陆冰盖、永冻土和海冰等。由于它们的物理性质与无冰雪覆盖的陆地和海洋不同,形成一种特殊性质的下垫面。它们不仅影响其所在地的气候,而且还能对另一洲,另一半球的大气环流、气温和降水产生显著的影响,并能影响全球海平面的高低。在气候形成和变化中冰雪覆盖是一个不可忽视的因子。

一、世界冰雪覆盖概况

冰雪覆盖既需要冰点以下的低温,还必须有充足的固态降水,以维持雪和冰的供应。图 6·35 给出全球平均气温、平均降水量和雪线高度随纬度的变化。所谓雪线是指某一高度以上,

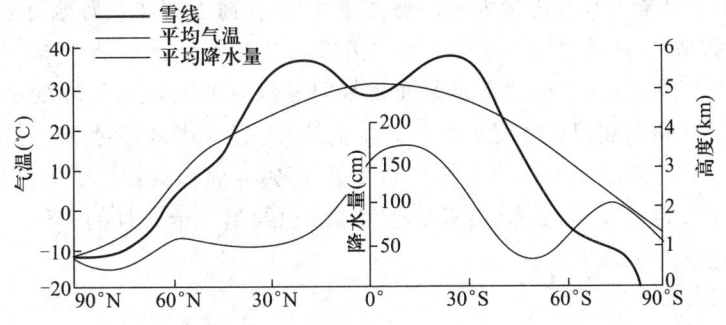

图 6·35　气温、降水量和雪线高度随纬度的变化

周围视线以内有一半以上为积雪覆盖且终年不化时的高度(Snow line)。雪线高度主要因纬度而异。由图 6·35 可见,全球最大雪线高度并不出现在赤道,而出现在南北半球的热带和副热带,特别是在其干旱气候区。因为这些干旱气候区降水供应少,晴天多,又多下沉气流,积雪比较容易融化,而赤道地区降水量大、云量多,日照百分率不如热带、副热带干旱区大的缘故。随着纬度的继续增高,气温愈益降低,在总降水量中雪量的比例逐渐增大,冬长夏短,雪线乃逐渐降低。到了高纬度,长冬无夏,地面积雪终年不化,雪线也就降到地平面上。

在同纬度的山地,雪线高度可因种种条件各不相同。例如在冬季,降雪多的地区雪线比较低,在降水集中于夏季的地区,雪线就比较高;向阳坡的积雪比背阳坡易于融化,向风坡的积雪易被吹散,背风坡积雪易于积存;向海洋的湿润坡降雪量大于向内陆的干旱坡;这些都会导致不同坡向雪线高低不同。例如喜马拉雅山南坡雪线高度平均位于 3 900 m,北坡平均位于 4 200 m,个别地区雪线高达 6 000 m。

地球上各种形式的总水量估计为 $1 384\times10^6 km^3$,其中约有 2.15% 是冻结的。就淡水而言,几乎有 80%—85% 是以冰和雪的形式存在的。自 1966 年秋季开始,人造卫星提供了连续的、大范围的冰雪覆盖资料。从平均值看来,全地球约有 10% 的面积为冰雪所覆盖,其在南北半球的分布如图 6·36(a)、(b)两图所示[①]。现代地球冰雪圈各组成部分所占面积的年平均值如表 6·16 所示。

大陆雪盖以季节性积雪为主,夏季亦有积雪,但面积大为缩小,有时有的地区积雪可维持数年之久,但不稳定。如果积雪长期维持则会转变为大陆冰盖又称大陆冰原。南极冰原是世界上最大的冰原,面积达 $13.6\times10^6 km^2$,格陵兰冰原面积约为 $1.8\times10^6 km^2$,山岳冰川的面积合计约为 $0.5\times10^6 km^2$,三者冰体的体积之比约为 90∶9∶1。永冻土分布在高纬,欧亚大陆和北美大陆的高纬地区,其最大深度在西伯利亚为 1 400m,在北美为 600m。

表 6·16 现代地球冰雪圈

组成	面积 ($10^6 km^2$)	占地球面积%			存留时间(年)
		全球	陆地	海洋	
大陆雪盖	23.7	4.7	15.9		$10^{-2}—10^1$
海冰	24.4	4.8		6.7	$10^{-2}—10^1$
大陆冰盖	15.4	3.0	10.3		$10^3—10^5$
山岳冰川	0.5	0.1	0.3		$10^1—10^3$
永冻土	32.0	6.2	21.5		$10^1—10^3$

海冰主要指在北冰洋及环绕南极大陆的海洋中,漂浮在海上的冰。海冰覆盖在海面并不结成一个整体,而是分裂成块,冰块之间为水体。愈接近极区水体愈少,愈到低纬冰块所占比例愈小。

根据人造卫星探测资料,全球冰雪覆盖面积有明显的季节变化和年际变化。表 6·17 列出南北半球及全球海冰和大陆积雪各月平均值。由此表可见,北半球海冰和雪盖面积均以 2 月为最大,8 月为最小。2 月海冰面积相当于 8 月的 2 倍强,雪盖面积更相当于 8 月的 10 倍有余。南半球海冰面积以 9 月为最大,2 月最小,其 9 月海冰面积约相当于 2 月的 4 倍多。可见南半球海冰面积的季节变化比北半球更大。

---

① A. Henderson-Sellers and P. J. Robinson. Contemporary Climatology. Longman Scientific & Technical. 1987, 193—194.

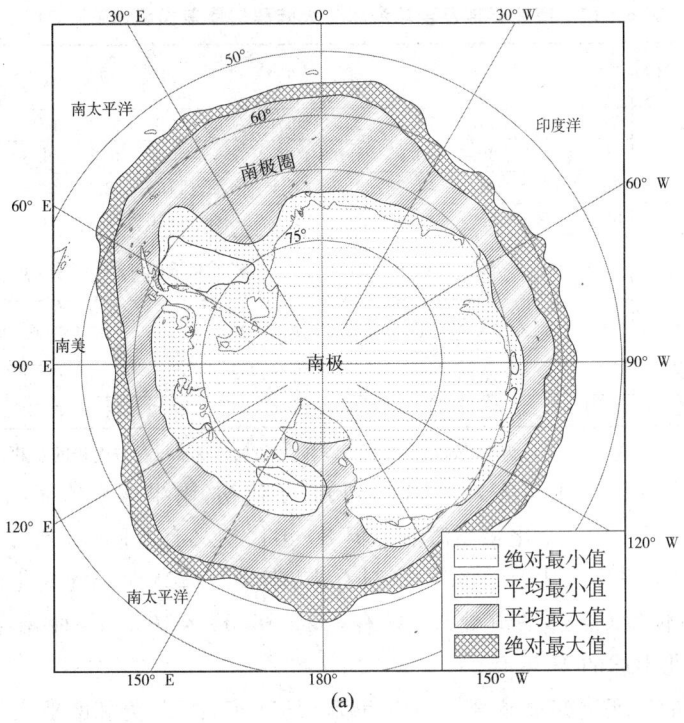

(a)

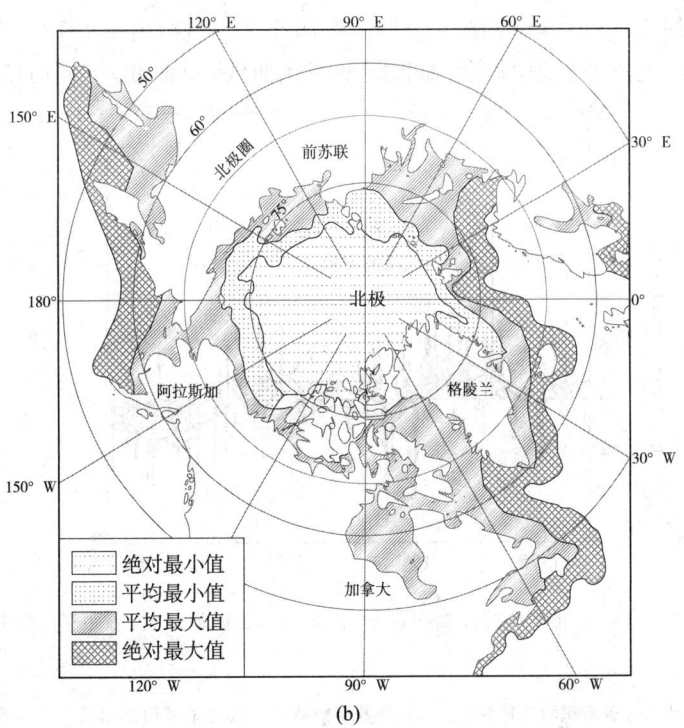

(b)

图 6·36 现今(a)南半球和(b)北半球冰雪覆盖的分布

表 6·17　南北半球及全球海冰与大陆积雪覆盖面积（$10^6 km^2$）[①]

	月份 项目	1	2	3	4	5	6	7	8	9	10	11	12	年
北半球	海 冰	14.3	14.7	14.7	13.8	12.5	10.9	8.8	7.2	7.3	9.8	11.7	13.4	11.6
	雪 盖	46.2	46.7	39.6	30.9	21.0	10.5	5.4	4.3	5.5	19.8	32.0	41.5	25.3
	冰 雪	60.5	61.4	54.3	44.7	33.5	21.4	14.2	11.5	12.8	29.6	43.7	54.9	36.9
	冰 雪*	58.5	60.1	53.7	41.5	32.0	21.5	14.3	11.0	12.4	23.8	39.6	53.5	35.2
南半球	海 冰	6.6	4.5	5.3	8.4	11.5	14.5	17.2	19.0	19.6	19.4	16.2	10.8	12.8
	冰 雪*	19.6	17.3	18.6	21.6	24.6	27.6	29.6	31.1	33.1	34.0	31.9	25.6	26.3
全球	海 冰	20.9	19.2	20.0	22.2	24.0	20.4	26.0	26.2	26.9	29.2	27.9	24.2	24.4
	冰 雪*	78.1	77.4	72.3	63.4	56.6	49.1	44.0	42.3	46.4	57.8	71.5	79.1	61.5

* 为 Kukal(1978 年)资料，其余均为 Robock(1980 年)资料。冰雪指海冰与雪盖面积的总和。

海冰还有明显的年际变化。从 70 年代初到 80 年代初，南半球海冰面积平均减少了 $2.4 \times 10^6 km^2$，即大约减少了 20%，变化相当激烈。但 80 年代初又有所回升，此后一直到 90 年代初，比较平稳，年际变化不明显。从近 20 年的资料看来，南半球海冰面积的变化远大于北半球。20 年中北半球变化的幅度（经过平滑处理）只有 $(0.4—0.5) \times 10^6 km^2$，而南半球则达到 $2.2 \times 10^6 km^2$ 以上，约为北半球的 4—5 倍。

大陆雪盖面积的年变化亦很显著[②]。在 1967—1979 年中，北美和欧亚大陆雪盖面积分别增加了 $2.0 \times 10^6 km^2$ 和 $4.0 \times 10^6 km^2$（图略）。但从 70 年代末至 90 年代的十余年间，北半球大陆雪盖面积减少了大约 $4.0 \times 10^6 km^2$（图 6·37）。在图 6.37 中，给出从 1973—1991 年北半球逐月雪盖面积距平值和经过滤波处理的雪盖面积距平变化曲线（粗曲线）。同时给出北半球 30°N 以

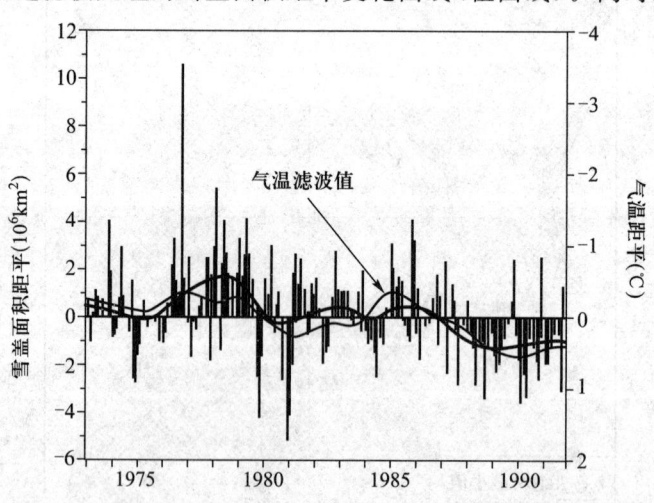

图 6·37　1973—1991 年北半球雪盖面积距平（粗曲线示滤波值）和气温距平（细曲线示滤波值）

[①] 关于冰雪圈及海冰与雪盖面积的逐月变化各家统计数字颇有出入。这里采用王绍武．气候系统引论．气象出版社，1994：150.
[②] 雪盖主要分布在北半球欧亚大陆和北美大陆。虽然在南半球澳大利亚、新西兰、南美西岸和南非等处的部分高地也有雪盖，但面积较小，研究者甚少。其雪盖的变化尚不详。

北陆地气温的滤波曲线（细曲线）。可见两者的关系是十分密切的。

冰雪的另一种特征是新陈代谢率，亦即固态降水在冰体上的停留时间。由表6·16可见，大陆冰盖（冰原）存留的时间最长（10^3—10^5年），山岳冰川和永冻土其次（10^1—10^3年），以大陆雪盖和海冰存留时间较短（10^{-2}—10^1年）。后二者对气候的异常影响特别显著。

二、冰雪覆盖与气温

冰雪覆盖是大气的冷源，它不仅使冰雪覆盖地区的气温降低，而且通过大气环流的作用，可使远方的气温下降。冰雪覆盖面积的季节变化，使全球的平均气温亦发生相应的季变。图6·38为1、4、7、10月全球及两个半球平均气温。如果不考虑一年中日地距离的变化，作为全球平均，一年四季接受到的太阳辐射应该是一个常数，全球平均气温也应该接近为一个常数，而没有显著的季节变化。但事实却不然。在图6·38中，全球平均的1月气温远低于7月。根据近年日地距离的情况看来，1月接近近日点，1月的天文辐射量比7月约高7%（见表6·1）。全球平均气温出现上述情况，显然与冰雪覆盖面积有关。在图6·38中还可见到北半球和南半球各自的月平均气温均与冰雪覆盖面积呈反相关关系，冰雪面积大，平均气温低。

再从图6·37可见，北半球大陆雪盖面积的年际变化与大陆平均气温的对应关系亦很明显。出现雪盖面积正距平的年份，大陆气温即为负距平。而雪盖面积为负距平时，大陆气温即呈现出正距平。

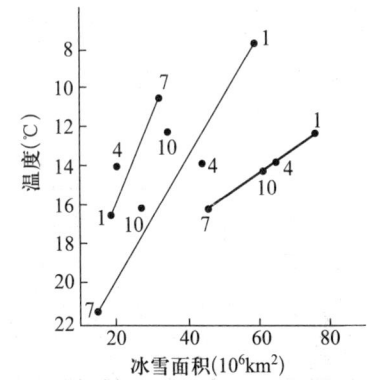

图6·38 北半球、南半球和全球月平均气温与冰雪覆盖面积对应值的分布
…… 南半球
----- 北半球
—— 全球

冰雪表面的致冷效应是由于下列因素造成的：

（一）冰雪表面的辐射性质

冰雪表面对太阳辐射的反射率甚大，一般新雪或紧密而干洁的雪面反射率可达86%—95%；而有孔隙、带灰色的湿雪反射率可降至45%左右。大陆冰原的反射率与雪面相类似。海冰表面反射率为40%—65%。由于地面有大范围的冰雪覆盖，导致地球上损失大量的太阳辐射能。这是冰雪致冷的一个重要因素。

地面对长波辐射多为灰体，而雪盖则几乎与黑体相似，其长波辐射能力很强，这就使得雪盖表面由于反射率加大而产生的净辐射亏损进一步加大，增强反射率造成的正反馈效应，使雪面愈益变冷。

（二）冰雪-大气间的能量交换和水分交换特性

冰雪表面与大气间的能量交换能力很微弱。冰雪对太阳辐射的透射率和导热率都很小。当冰雪厚度达到50cm时，地表与大气之间的热量交换基本上被切断。在北极，海冰的厚度平均为3m，在南极，海冰的厚度为1m，大陆冰原的厚度更大。因此大气就得不到地表的热量输送。特别是海冰的隔离效应，有效地削弱海洋向大气的显热和潜热输送，又是一个致冷因素。

冰雪表面的饱和水汽压比同温度的水面低，冰雪供给空气的水分甚少。相反地，冰雪表面常出现逆温现象，水汽压的铅直梯度亦往往是冰雪表面比低空空气层还低。于是空气反而要向冰雪表面输送热量和水分(水汽在冰雪表面凝华)。所以冰雪覆盖不仅有使空气致冷的作用,还有致干的作用。冰雪表面上形成的气团冷而干,其长波辐射能因空气中缺乏水汽而大量逸散至宇宙空间,大气逆辐射微弱,冰雪表面上辐射失热更难以得到补偿。

此外,当太阳高度角增大,太阳辐射增强时,融冰化雪还需消耗大量热能。在春季无风的天气下,融雪地区的气温往往比附近无积雪覆盖区的气温低数十度。

综合上述诸因素的作用,冰雪表面使气温降低的效应是十分显著的。而气温降低又有利于冰面积的扩大和持久。冰雪和气温之间有明显的正反馈关系。

三、冰雪覆盖与大气环流和降水

冰雪覆盖使气温降低,在冰雪未全部融化之前,附近下垫面和气温都不可能显著高于冰点温度。因此冰雪又在一定程度上起了使寒冷气候在春夏继续维持稳定的作用。它往往成为冷源影响大气环流和降水。现举例说明如下:

表 6·18 鄂霍茨克海东南角表层水温与雅库次克气温(℃)

月份 项目	1	2	3	4	5	6	7	8	9	10	11	12
鄂海东南角表层水温	1.42	0.16	−0.09	1.03	3.33	8.31	2.98	16.73	15.60	11.55	10.13	8.56
雅库次克气温	−43.5	−35.3	−22.2	−7.9	5.6	15.5	19.0	14.5	6.0	−8.0	−28.0	−40.0
差 值	44.9	35.5	22.1	8.9	−2.3	−7.2	−6.1	2.2	9.6	19.6	38.1	48.6

亚洲东海岸外的鄂霍茨克海在初夏期间是同纬度地带中最寒冷的地区,比亚洲内地寒极附近的雅库次克还要寒冷(见表6·18),其差值在6、7两月最显著,而这两月正是我国长江流域的梅雨期。梅雨实质上是从南方来的暖湿空气同北方来的寒冷空气在长江流域一带持续冲突影响的结果。鄂霍茨克海表面的寒冷使得该海区成为向南移动的主要冷空气源地之一,在梅雨的形成中起了主要的作用。

鄂霍茨克海冰的形成与西伯利亚内陆冬季寒冷的气候有关,整个冬半年寒冷的空气顺着西风气流到达鄂霍茨克海区,使这里温度降低,并逐渐冰冻。这一寒冷效应一直贮存到初夏,发挥它的冷源作用。在对梅雨的长期预报时,必须考虑鄂霍茨克海年初的冰雪覆盖面积。

再例如青藏高原冬春的积雪与我国华南5—6月的降水有很好的相关。大量统计资料表明:冬春高原多雪,则华南夏季降水偏多,冬春积雪日数与华南6月降水为正相关(图6·39)。

冰雪覆盖面积对降水的影响还可涉及遥远的地区。据研究,南极冰雪状况与我国梅雨亦有密切关系。从大气环流形势来看,当南极海冰面积扩展的年份,其后期南极大陆极地反气旋加强,绕极低压带向低纬扩展,整个行星风带向北推进,从而使赤道辐合带北移,并导致北半球的副热带高压亦相应地北移。又由于南极冰况分布有明显的偏心现象,最冷中心偏在东半球(70°—90°E),由此向北呈螺旋状扩展至澳大利亚,由澳大利亚向北推进的冷空气势力更强,因此对北太平洋西部环流的影响更大。以1972年为例,这一年南极冰雪量正距平值甚大,自南半球跨越赤道而来的西南气流势力甚强。西太平洋赤道辐合带位置偏东、偏北,副热带高压弱而偏东,东亚沿岸西风槽很不明显,而在80°E附近却有低槽发展,这种形势不利于冷暖空气在江淮流域交绥,因此是年梅雨季短、量少,为枯梅年。相反,在1969年南极冰雪量少,行星风带位置偏南,北半球

表 7·1　柯本气候分类法（表中 r 示年降水量（cm），t 示年平均气温℃）

气候带	特征	气候型	特征
A 热带	全年炎热，最冷月平均气温 ≥18℃	Af 热带雨林气候	全年多雨，最干月降水量 ≥6cm
		Aw 热带疏林草原气候	一年中有干季和湿季，最干月降水量小于 6cm 亦小于 $10-\frac{r}{25}$ cm
		Am 热带季风气候	受季风影响，一年中有一特别多雨的雨季，最干月降水量<6cm 但大于 $10-\frac{r}{25}$ cm
B 干带	全年降水稀少，根据一年中降水的季节分配，分冬雨区、夏雨区和年雨区来确定干带的界限	Bs 草原气候	冬雨区*　　年雨区*　　夏雨区* $r<2t$　$r<2(t+7)$　$r<2(t+14)$
		Bw 沙漠气候	$r<t$　　$r<t+7$　　$r<t+14$
C 温暖带	最热月平均气温>10℃，最冷月平均气温在 0—18℃ 之间	Cs 夏干温暖气候（又称地中海气候）	气候温暖，夏半年最干月降水量<4cm，小于冬季最多雨月降水量的 1/3
		Cw 冬干温暖气候	气候温暖，冬半年最干月降水量小于夏季最多雨月降水量的 1/10
		Cf 常湿温暖气候	气候温暖，全年降水分配均匀，不足上述比例者
D 冷温带	最热月平均气温在 10℃ 以上，最冷月平均气温在 0℃ 以下	Df 常湿冷温气候	冬长、低温，全年降水分配均匀
		Dw 冬干冷温气候	冬长、低温，夏季最多月降水量至少 10 倍于冬季最干月降水量
E 极地带	全年寒冷，最热月平均气温在 10℃ 以下	ET 苔原气候	最热月平均气温在 10℃ 以下，0℃ 以上，可生长苔藓、地衣类植物
		EF 冰原气候	最热月平均气温在 0℃ 以下，终年冰雪不化

* 夏雨区指一年中占年降水总量≥70%的降水，集中在夏季 6 个月（北半球 4—9 月）中降落者；
　冬雨区指一年中占年降水量≥70%的降水，集中在冬季 6 个月（北半球 10 月至次年 3 月）中降落者；
　年雨区指降水全年分配均匀，不足上述比例者。

上表列出柯本所划分的几个主要气候带和气候型。为了再详细地区分气候副型，柯本又在上述主要气候类型符号后再加上第三个、第四个字母，这种符号有 20 余个，其中较重要的如表 7·2 所示。

图 7·1 是假设的平坦、表面性质均匀的理想大陆上，柯本气候分类法中主要气候类型的分布图。

图 7·2 是由柯本与盖格尔联合编制的世界气候分布图。

二、斯查勒气候分类法

斯查勒认为天气是气候的基础，而天气特征和变化又受气团、锋面、气旋和反气旋所支配。因此他首先根据气团源地、分布、锋的位置和它们的季节变化对全球气候分为三大带（图 7·3），再按桑斯维特气候分类原则中计算可能蒸散量 E_P（又称需水量）和水分平衡的方法，用年总可能蒸散量 E_P、土壤缺水量 D、土壤储水量 S 和土壤多余水量 R 等项

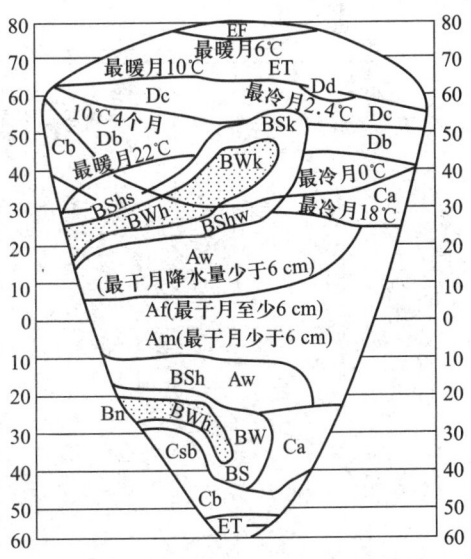

图 7·1　柯本气候分类在平坦均匀的理想大陆上的分布模型

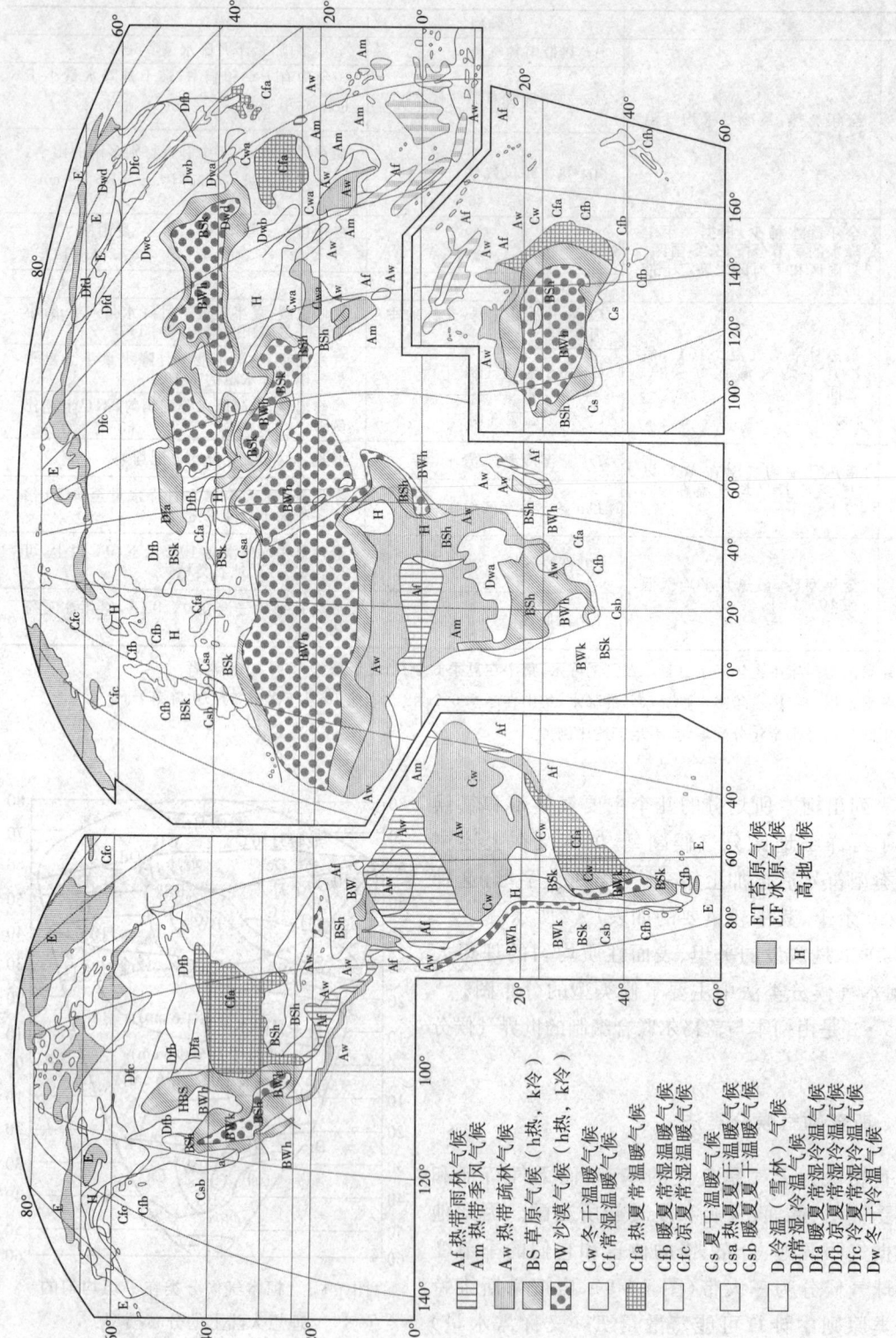

图 7·2 柯本-盖格尔-波年分类系统的世界气候图

西太平洋赤道辐合带位置比 1972 年偏南约 15 个纬距(在 160°E 以西),副热带高压西伸,且偏南,我国大陆东部有明显的西风槽,有利于锋区在此滞留,是年梅雨期长,梅雨量高达 2 800mm,约相当于 1972 年的三倍。

此外,冰雪覆盖面积和厚度的变化还影响海水水平面的高低。在寒冷时期,降雪多而融化少,这样大陆就把水分以冰雪形式留在大陆上,不能通过河川径流等水分外循环形式如数(海洋表面蒸发数量)还给海洋,导致海洋支出的水分多,收入的水分少,海水就会变少,海平面就会下降。相反,在温暖时期,大陆上的积雪就会融化,这时海洋收入的水分又会多于支出的水分,引起海水增多和海平面上升。据估算如果目前南极大陆冰原全部融化,则世界海洋的海平面要抬升 70—80m。

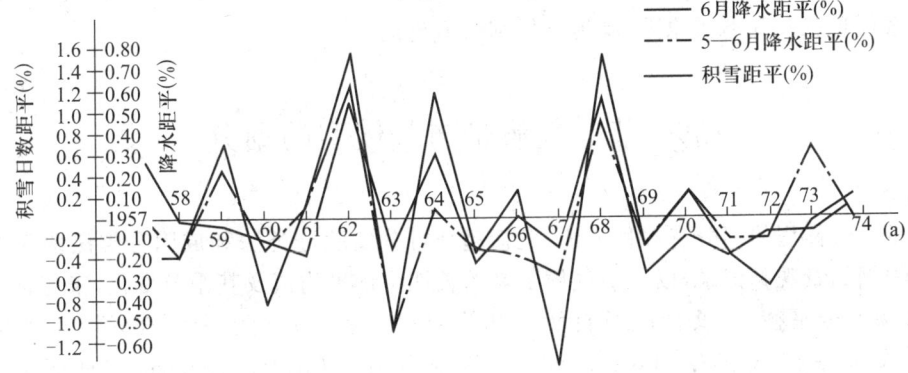

图 6·39 青藏高原冬春积雪与华南 5—6 月降水的关系①

---

① 陈烈庭,阎志新.青藏高原冬春季节对大气环流和我国南方汛期降水的影响.中长期水文气象预报文集,1981:185—194.

第七章 气候带和气候型

世界各地区的气候错综复杂,各具特点。但是从形成气候的主要因素和气候的基本特点来分析,可以舍其小异,取其大同,把全世界分成若干气候带和气候型。这样就可以使错综复杂的世界气候系统化,便于研究、比较与了解各地气候的主要特点和形成规律,有利于对气候资源的认识、开发和利用。

本章首先论述世界气候带与气候型的划分原则和方法,然后分低、中、高纬度带扼要说明各气候型的气候现状及其形成原因,高地气候则另节论述。

第一节 气候带与气候型的划分

气候带与气候型的划分有多种方法,概括起来可分实验分类法和成因分类法两大类。实验分类法是根据大量观测记录,以某些气候要素的长期统计平均值及其季节变化,来与自然界的植物分布、土壤水分平衡、水文情况及自然景观等相对照来划分气候带和气候型。柯本(W. P. Köppen)、桑斯威特(C. W. Thornthwaite)、沃耶伊柯夫(А. И. Воейков)和杜库洽夫 В. В. докучасв 等分别为这一大类的代表。成因分类法是根据气候形成的辐射因子、环流因子和下垫面因子来划分气候带和气候型。一般是先从辐射和环流来划分气候带;然后再就大陆东西岸位置、海陆影响、地形等因子与环流相结合来确定气候型。这一派的学者很多,最著名的有阿里索夫(В. Л. Агисов)、弗隆(H. Flohn)、特尔真(W. H. Terjung)和斯查勒(A. N. Strahler)等[①]。

确定气候带与气候型的界限是很不容易的。因为某一气候带或某一种气候型是逐渐转变为另一气候带或气候型的,两者之间的分界是渐变的过渡带,不能截然划清。所以地图上画的气候界限是相对的气候过渡带,而不是绝对的界限,但这个界线还是必要的。

另外,必须指出,一地的气候是在不断变化着的。各个气候带和气候型的特征,仅仅是其近代气候的平衡状态。围绕着平衡状态的扰动是客观存在的。必须注意其气候距平和气候异常,特别是大气环流的变化,在地区之间有一定的"遥相关型",如厄尔尼诺现象即其一例。目前这方面的研究在气候分类上的应用尚未成熟,但这是一个值得进一步探索的重要课题。本节主要介绍国内外地学上应用最广的三种气候分类法,并提出编者所采用的气候带和气候型。

一、柯本气候分类法

柯本气候分类法是以气温和降水两个气候要素为基础,并参照自然植被的分布而确定的。他首先把全球气候分为 A、B、C、D、E 五个气候带,其中 A、C、D、E 为湿润气候,B 带为干旱气候,各带之中又划分为若干气候型,如表 7·1 所示。

---

① 详见周淑贞. 世界气候分类刍议. 城市气候与区域气候. 上海:华东师范大学出版社,1989,407—417.

表 7·1　柯本气候分类法（表中 r 示年降水量(cm)，t 示年平均气温℃）

气候带	特征	气候型	特征
A 热带	全年炎热，最冷月平均气温 ≥18℃	Af 热带雨林气候	全年多雨，最干月降水量≥6cm
		Aw 热带疏林草原气候	一年中有干季和湿季，最干月降水量小于 6cm 亦小于 $10-\dfrac{r}{25}$ cm
		Am 热带季风气候	受季风影响，一年中有一特别多雨的雨季，最干月降水量<6cm 但大于 $10-\dfrac{r}{25}$ cm
B 干带	全年降水稀少，根据一年中降水的季节分配，分冬雨区、夏雨区和年雨区来确定干带的界限	Bs 草原气候	冬雨区*　　年雨区*　　夏雨区* $r<2t$　$r<2(t+7)$　$r<2(t+14)$
		Bw 沙漠气候	$r<t$　　$r<t+7$　　$r<t+14$
C 温暖带	最热月平均气温>10℃，最冷月平均气温在 0—18℃ 之间	Cs 夏干温暖气候（又称地中海气候）	气候温暖，夏半年最干月降水量<4cm，小于冬季最多雨月降水量的 1/3
		Cw 冬干温暖气候	气候温暖，冬半年最干月降水量小于夏季最多月降水量的 1/10
		Cf 常湿温暖气候	气候温暖，全年降水分配均匀，不足上述比例者
D 冷温带	最热月平均气温在 10℃ 以上，最冷月平均气温在 0℃ 以下	Df 常湿冷温气候	冬长、低温，全年降水分配均匀
		Dw 冬干冷温气候	冬长、低温，夏季最多月降水量至少 10 倍于冬季最干月降水量
E 极地带	全年寒冷，最热月平均气温在 10℃ 以下	ET 苔原气候	最热月平均气温在 10℃ 以下，0℃ 以上，可生长些苔藓、地衣类植物
		EF 冰原气候	最热月平均气温在 0℃ 以下，终年冰雪不化

* 夏雨区指一年中占年降水总量≥70% 的降水，集中在夏季 6 个月（北半球 4—9 月）中降落者；

冬雨区指一年中占年降水量≥70% 的降水，集中在冬季 6 个月（北半球 10 月至次年 3 月）中降落者；

年雨区指降水全年分配均匀，不足上述比例者。

上表列出柯本所划分的几个主要气候带和气候型。为了再详细地区分气候副型，柯本又在上述主要气候类型符号后再加上第三个、第四个字母，这种符号有 20 余个，其中较重要的如表 7·2 所示。

图 7·1 是假设的平坦、表面性质均匀的理想大陆上，柯本气候分类法中主要气候类型的分布图。

图 7·2 是由柯本与盖格尔联合编制的世界气候分布图。

二、斯查勒气候分类法

斯查勒认为天气是气候的基础，而天气特征和变化又受气团、锋面、气旋和反气旋所支配。因此他首先根据气团源地、分布、锋的位置和它们的季节变化对全球气候分为三大带（图 7·3），再按桑斯维特气候分类原则中计算可能蒸散量 E_P（又称需水量）和水分平衡的方法，用年总可能蒸散量 E_P、土壤缺水量 D、土壤储水量 S 和土壤多余水量 R 等项

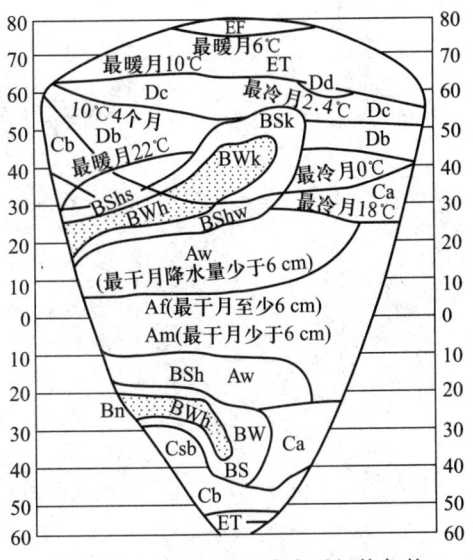

图 7·1　柯本气候分类在平坦均匀的理想大陆上的分布模型

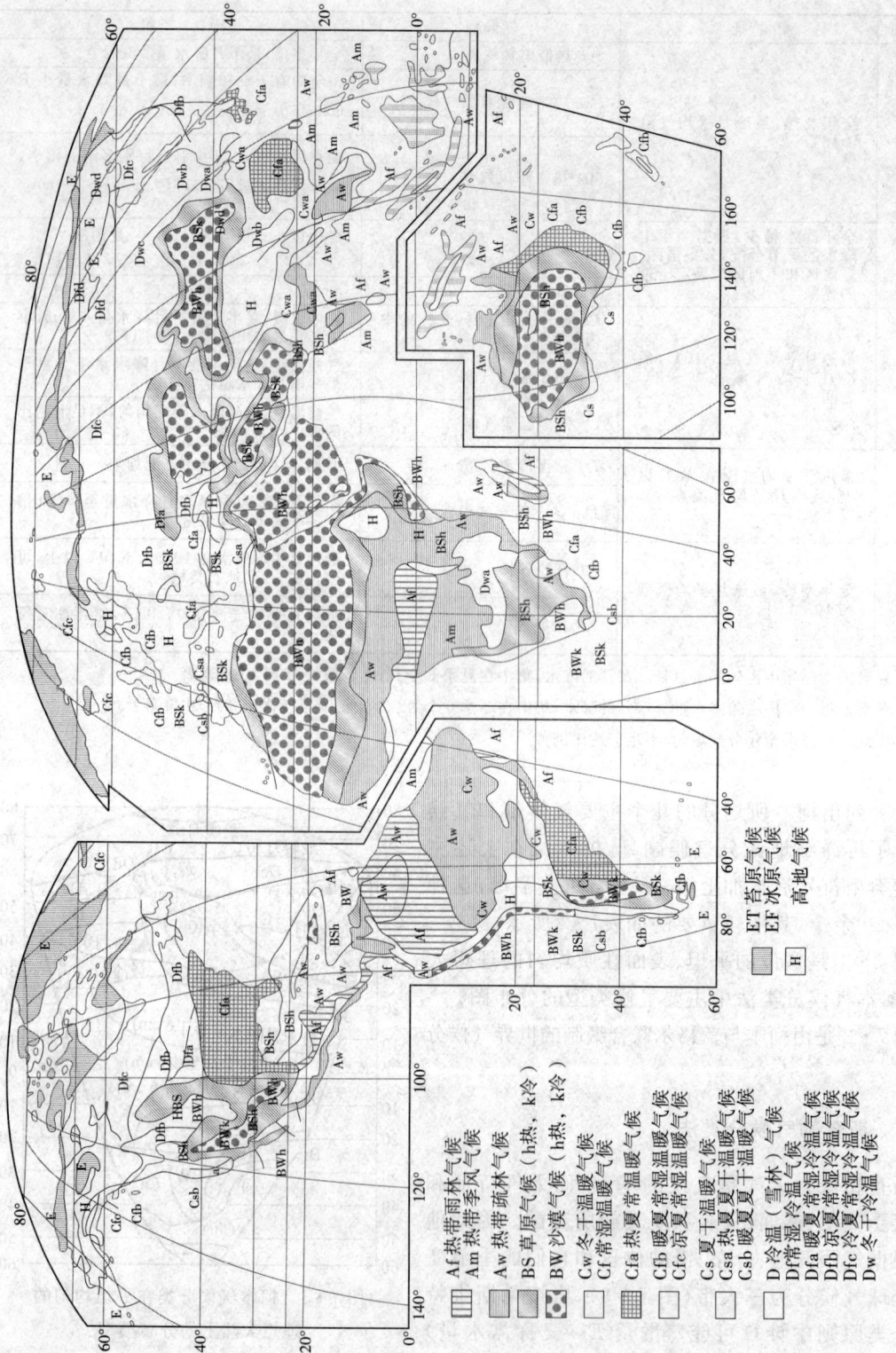

图 7·2 柯本-盖格尔-波年分类系统的世界气候图

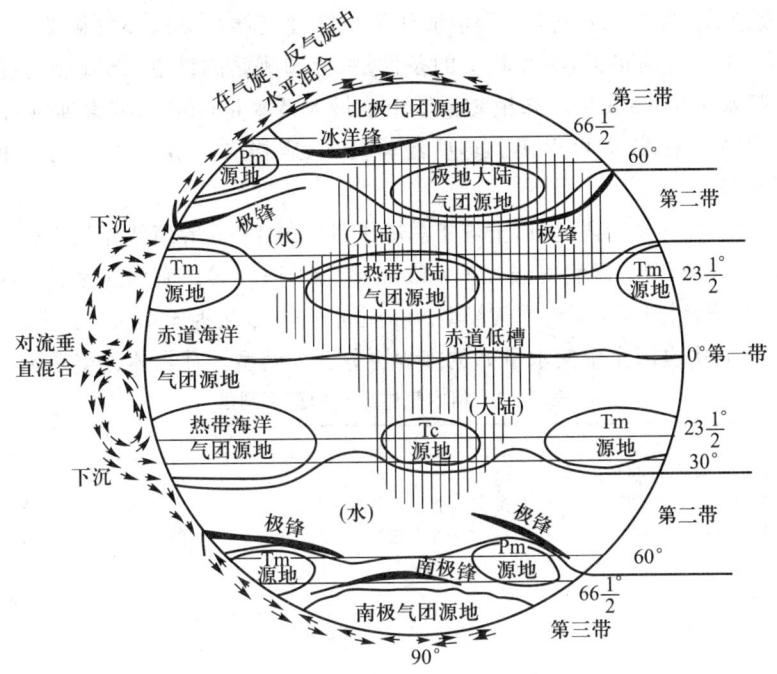

图 7·3　斯查勒气候分带简明图式

Pm:极地海洋气团;Tm:热带海洋气团;Tc:热带大陆气团

纬度 / 可用热量	干燥气候：土壤储水量S 极低	低	中等	湿润气候：土壤多余水量R 小	中	大	E_P(cm)	
	13							高纬气候
高 小			12s	12*Sh*	12h		35	
↑ ↑			11s	11*Sh*	11h	11p	52.5	
	9d	9*Sd*	9s	10*Sh*	10h	10p		中纬气候
纬度 可用热量				8*Sh*	8h	8p		
			干←	7	→	湿		
↓ ↓	5d	5*Sd*	5s	6*Sh*	6h	6p	130	
			干←	3	→	湿		低纬气候
低 大	4d	4*Sd*	4s			1.2		

D=15(cm)

图 7·4　按年可能蒸散量 E_P 和土壤干湿度划分的气候带和气候型

来确定气候带和气候型的界限(图 7·4),将全球气候分为三个气候带,13 个气候型和若干副型,高地气候则另列一类。

可能蒸散量 E_P 系指在水分供应充足的条件下,下垫面(指有同等高度植物覆盖的地面)最大可能蒸散的水分。桑斯维特根据他在美国中西部和墨西哥等地进行灌溉试验时所得数据,确定 E_P 值的大小与当地气温和日照时数两者关系最密切,也就是该值主要取决于所在地的热量条件。全球年总可能蒸散量 E_P 等值线分布基本上与纬线平行。根据世界 13 000 多个测站的测算资料,对照图 7·3,确定以年总可能蒸散量 E_P 为 130cm 这条等值线作为低纬度气候与中纬度气候的分界线,

以年总可能蒸散量 E_P 为 52.5cm 这条等值线作为中纬度气候与高纬度气候的分界线。

要计算图 7·4 中各项指标，必须具备的条件是：已知测站的纬度；已知测站逐月和年的平均气温（T℃），及降水量 P（mm）；已知植物根层土壤最大持水量（mm）；依桑斯维特制定的有关表格，然后根据有关经验公式，即可得出。这些经验公式、表格和计算方法等在本书实习教材[①]中都已列入，兹不复赘。

斯查勒在上述三大气候带内，再以土壤年总缺水量（D）15cm 等值线作为干燥气候与湿润气候的分界线。凡 $D>15$cm 者为湿润气候，$D\leqslant 15$cm 者为干燥气候。有的地区一年中有的季节很潮湿，有的季节则非常干燥，则属于干湿季气候型。在湿润气候中，又因土壤多余水量 R 的不同分为三个副型。在干燥气候中也因土壤储水量 S 的多少再分三个副型。其具体分类系统如表 7·3 所示。

表 7·2 柯本气候分类的重要副型

符 号	气 候 特 征	说 明
a	最热月平均气温高于 22℃	用于 C、D 两类
b	最热月平均气温低于 22℃，一年中至少有 4 个月气温>10℃	同 上
c	最冷月平均气温>−38℃，一年中有 1—4 个月气温>10℃	同 上
d	最冷月平均气温<−38℃	用于 Dw、Df
h	炎热，年平均气温>18℃	用于 B 类
k	寒冷，年平均气温<18℃	同 上
i	气温年较差<5℃	
n	多雾	
n′	少雾，湿度高而少雨，最热月平均气温<24℃，相当凉爽	
n″	少雾，最热月平均气温在 24℃—28℃	
x	早夏多雨，晚冬少雨，晚夏晴朗，最热月平均气温>22℃，或<22℃但至少有 4 个月>10℃	适用于 C、D 两类
G	山地气候，海拔至少在 500m 以上	用于 C 后
H	高地气候，海拔至少在 2 500m 以上	用于 E 后

表 7·3 斯查勒气候分类法

气候带	特征	气候型及其副型	特 征
（一）低纬度气候带	年总可能蒸散量在 130cm 以上，这里是热带气团（包括 Tm 和 Tc）与赤道气团的源地，并受其控制，在副热带高压控制区气流下沉，气候干燥，在热带气流辐合带，对流旺盛，气候潮湿，极地气团虽有时侵入，但已变性，势力锐减，影响天气气候的主要因子是赤道低压槽的季节移动和热带气旋的活动	1. 赤道潮湿气候	每个月的 $E_P>10$cm，至少有 10 个月 $R>20$cm
		2. 热带季风和信风气候	每个月的 $E_P>4$cm，$R>20$cm 的持续期有 6—9 个月，若超过 10 个月，则 $E_P\geqslant 10$cm 的持续期至少连续 5 个月
		3. 热带干湿季气候	土壤缺水量 $D>20$cm，土壤多余水量 $R>10$cm，每个月的 $E_P>4$cm，土壤储水量 $S>20$cm 的持续期 5 个月，或 S 最小月份小于 3cm
		4. 热带干旱气候	土壤缺水量 $D>15$cm，没有水分多余。每个月 $E_P>4$cm。至多有 5 个月土壤储水量 $S>20$cm 或者最少的月份小于 3cm
		4s 热带半干旱（或草原）气候	至少有 2 个月土壤储水量 $S>6$cm
		4sd 热带半沙漠气候	一年中不到 2 个月 $S>6$cm，但至少有一个月 $S>2$cm
		4d 热带沙漠气候	一年中没有一个月 $S>2$cm

[①] 周淑贞主编．气象学与气候学实习，第二版．北京：高等教育出版社，1988，185—214．

续表

气候带	特征	气候型及其副型	特　征
（二）中纬度气候带	年总可能蒸散量介于52.5—130cm之间。这是热带气团和极地气团交绥角逐的地带，极锋出现在此带，由西向东移动的温带气旋活动频繁，夏秋季节亦有热带气旋侵入，天气的非周期性变化和一年四季的变化都很明显	5. 副热带干旱气候	这是热带干旱气候向较高纬度方向的延伸，土壤缺水量 $D\leqslant15cm$，没有水分盈余。有1个月可能蒸散量小于4cm，但每个月都超过0.8cm
		5s 副热带半干旱（或草原）气候	至少有2个月土壤储水量 $S>6cm$
		5sd 副热带半沙漠气候	一年中不到2个月 $S>6cm$，但至少有1个月 $S>2cm$
		5d 副热带沙漠气候	一年中没有一个月 $S>2cm$
		6. 副热带湿润气候	土壤缺水量 $<15cm$，至少有1个月 E_P 小于4cm，但每个月都超过0.8cm
		6sh 半湿润副型	当 $R=0$ 时，D 大于0，但小于15cm，当 $R\neq0$ 时，$D>R$
		6h 湿润副型	R 大于0.1cm 但小于60cm，R 恒大于 D
		6p 充分湿润型	$R\geqslant60cm$
		7. 副热带地中海气候（或副热带夏干气候）	土壤缺水量 $D>15cm$，$R>0$，每个月 $E_P>0.8cm$，水分贮存指数（土壤储水量在一年内的相对较高）大于75%，或最热月的降水量与实际蒸散量之比小于40%
		7sd 半沙漠副型	土壤储水量小于6cm的时期不足2个月，至少有1个月大于2cm
		7s 半干旱副型	土壤储水量至少有2个月超过6cm
		7sh 半湿润副型	土壤储水量为0—15cm，$D>R$
		7h 湿润副型	土壤水分盈余量 $>15cm$
		8. 温带海洋性气候	土壤缺水量小于15cm，年 E_P 大于80cm，每个月可能蒸散量都超过0.8cm
		8sh 半湿润副型	当 $R=0$ 时，D 大于0但小于15cm，当 $R\neq0$ 时，$D>R$
		8h 湿润副型	R 大于0.1cm，但小于60cm，R 恒大于 D
		8p 充分湿润型	$R\geqslant60cm$
		9. 温带干旱气候	土壤缺水量大于15cm，没有水分盈余，可能蒸散量至少有1个月小于0.7cm
		9s 半干旱副型	至少有2个月土壤储水量 $S>6cm$
		9sd 半沙漠副型	一年中不到2个月 $S>6cm$，但至少有1个月 $S>2cm$
		9d 沙漠副型	一年中没有1个月 $S>2cm$
		10. 温带湿润大陆性气候	土壤缺水量小于15cm，没有水分盈余，可能蒸散量至少有1个月小于0.7cm
		10sh 半湿润副型	当 $R=0$ 时，D 大于0，但小于15cm，当 $R\neq0$ 时，$D>R$
		10h 湿润副型	R 大于0.1cm，但小于60cm，R 恒大于 D
		10p 充分湿润副型	$R\geqslant60cm$

续表

气候带	特征	气候型及其副型	特　征
（三）高纬度气候带	年总可能蒸散量小于52.5cm，这带盛行极地气团、冰洋气团和南极气团（南半球）且系这些气团的源地。在北半球极地海洋气团 Pm 与冰洋气团交绥，形成冰洋锋，在南半球极地海洋气团 Pm 与南极气团交绥形成南极锋在这些锋带经过地区产生一定量的降水。	11. 副极地大陆性气候	年总可能蒸散量介于 52.5cm 和 35cm 之间，可能蒸散量等于零的时间至多持续 7 个月
		11s 干旱副型	土壤缺水量大于 15cm
		11sh 半湿润副型	当 $R=0$ 时，D 大于 0，但小于 15cm，当 $R\neq 0$ 时，$D>R$
		11h 湿润副型	R 大于 0.1cm 但小于 60cm，R 恒大于 D
		12. 苔原气候	年总可能蒸散量小于 35cm，连续 8 个月以上出现可能蒸散量等于零
		12s 干旱副型	土壤缺水量大于 15cm
		12sh 半湿润副型	当 $R=0$ 时，D 大于 0，但小于 15cm，当 $R\neq 0$ 时，$D>R$
		12h 湿润副型	R 大于 0.1cm，但小于 60cm，R 恒大于 D
		13. 冰原气候	全年各月的可能蒸散量都等于零

此外尚有高地气候一类。斯查勒气候分类各气候型的全球地理分布图见本书实习教材第 261 页。

三、气候分类法评议

上述气候分类法，各有其优缺点。柯本气候分类法的优点是系统分明，各气候类型有明确的气温或雨量界限，易于分辨；符号简单，便于应用，便于借助计算机进行自动分类和检索；所用的气温和降水量指标是经过大量实测资料的统计分析，联系自然植被而制定的，与自然景观森林、草原、沙漠、苔原等对照比较符合；分类所依据的气温和降水资料是最基本的气候资料，易于获得，且来源广泛，记录时间长，有利于在全球范围内推广应用；各种气候特征用各级字母来代表，易于在图上表示，因此这种分类法曾被世界各国广泛采用，迄今未衰。但缺点主要表现在以下两个方面。

1. 关于干燥带的划分问题

柯本用年平均降水量与年平均温度的经验公式来计算干燥指标，这是十分牵强的，实际上气候的干燥程度与气温和降水的关系并不那么简单。再者，干燥气候并不能与 A、C、D、E 等四带相提并论，后者是按气温来分带的，大体上具有与纬线相平行的地带性，而干燥气候的形成有几种原因：①有的是在副热带高压控制下，受下沉气流的影响（如副热带沙漠）；②有的是因为处于信风带的背风面，受不到海风的影响（如热带沙漠）；③有的是因处在冷洋流海岸，逆温现象严重（如热带大陆西岸沙漠）；④有的是地处内陆，终年受大陆气团控制（如温带沙漠）。这些干燥气候在 A、C、D 几个气候带内都可出现。各种干燥气候的干燥程度虽然相似，但其昼夜长短、气温的年变化、日变化和其它天气条件并不相同，因它们各自所在的纬度带而异。因此，干燥气候只能作为 A、C、D 带内的一种气候型，并不能单独列为一个气候带。

2. 关于高度因素的问题

柯本在进行气候分类时只注意气温和降水量等数值的比较，忽视了高地气温、降水的垂直变化与水平纬度地带的差异。在柯本世界气候分类图上,除 A 类和 E 类气候完全适合纬度带原则外,其余的气候类型在很大程度上不是带状分布。例如在图 7·2 中,我国黄河下游、长江流域部分地区、云贵高原和印度德干高原等地都属于 Cwa 类,这样就把温带、副热带和热带三个不同纬度带的季风气候混为一谈了,这显然是不合理的。

总之,柯本气候分类法的一个最大缺点是只注意气候要素数值的分析和气候表面特征的描述,忽视了气候的发生发展和形成过程。

斯查勒分类法是一种动力气候分类法。他根据气团的源地和锋面的位置以及它们的移动来划分气候带和气候型。他的分类法重视气候的形成因素,把高地气候(H)与低地气候区分开来,照顾了气候的纬度地带性以及大陆东西岸和内陆的差异性。同时,又和土壤水分收支平衡结合起来,界限清晰,干燥气候与湿润气候的划分明确细致,在农业生产和农田水利建设上又具有实用价值,是目前比较好的一种世界气候分类法。但斯查勒气候法也有其不足之处,他对季风气候没有足够的重视。在东亚、南亚和澳大利亚北部是世界季风气候最发达的区域,在应用动力方法进行世界气候分类时,季风这个因子是不容忽视的。在斯查勒气候分类中把我国的副热带季风气候、温带季风气候与北美东部的副热带湿润气候、温带大陆性湿润气候等同起来。又把我国南方的热带季风气候与非洲、南美洲的热带干湿季候等同起来,这都是不妥当的。

编者认为,从环境地学角度来讲,世界气候分类应从发生学的观点出发,综合考虑气候形成诸因子,包括太阳辐射、大气环流、海陆、洋流、地形及地表覆盖物(冰雪、土壤、植被)等;同时也应从生产实践观点出发,根据各地气候的典型特征,舍小异,取大同,采取与人类生活和生产建设密切相关的要素来进行分类。气候带与气候型的名称应以气候条件本身来确定。

基于上述原则,根据地球上辐射能的收支和世界大气环流的形势,编者将世界气候分为低纬度、中纬度和高纬度三大气候带。由于下垫面的高度不同,对于大气的热量、水分和运动状况,影响极大,因此必须划分低地气候与高地气候两大系统。同时必须指出,高地气候亦因所处纬度带不同而具有其所在纬度的"烙印"。例如,赤道高山气候的垂直分异就远较中、高纬度的高山为复杂。

在各纬度带内,又因海陆物理性质的差异,特别是像亚、欧、非这样世界最大的大陆,它和其邻近的最大大洋太平洋之间的冬夏冷热源差异,以及行星风带的季节移动和地形(如青藏高原)等的综合影响,形成了季风环流,从而产生了东亚、南亚和澳大利亚北岸等地的季风气候。就全球来讲,季风气候的面积相当大,因此,这一极其重要的气候形成因子和气候现象,在气候分类中必须明确提出。季风气候的划分指标为:①当地冬夏盛行风向有明显的季节变化,其变移角度至少有 120°;②随着冬夏季风的更替,有干湿季的明显变化。必须具备上述两个条件,才能划为季风气候[①]。季风气候又因所在纬度不同而划分为热带、副热带和温带季风气候等类型。

编者以斯查勒的动力气候分类法为基础,按照上述原则,加以适当修改,将全球气候分为三个纬度带 16 个气候型,另列高地气候一大类(图 7·5)。

---

① 周淑贞主编.气象学与气候学实习.北京:高等教育出版社,1989,186—198.

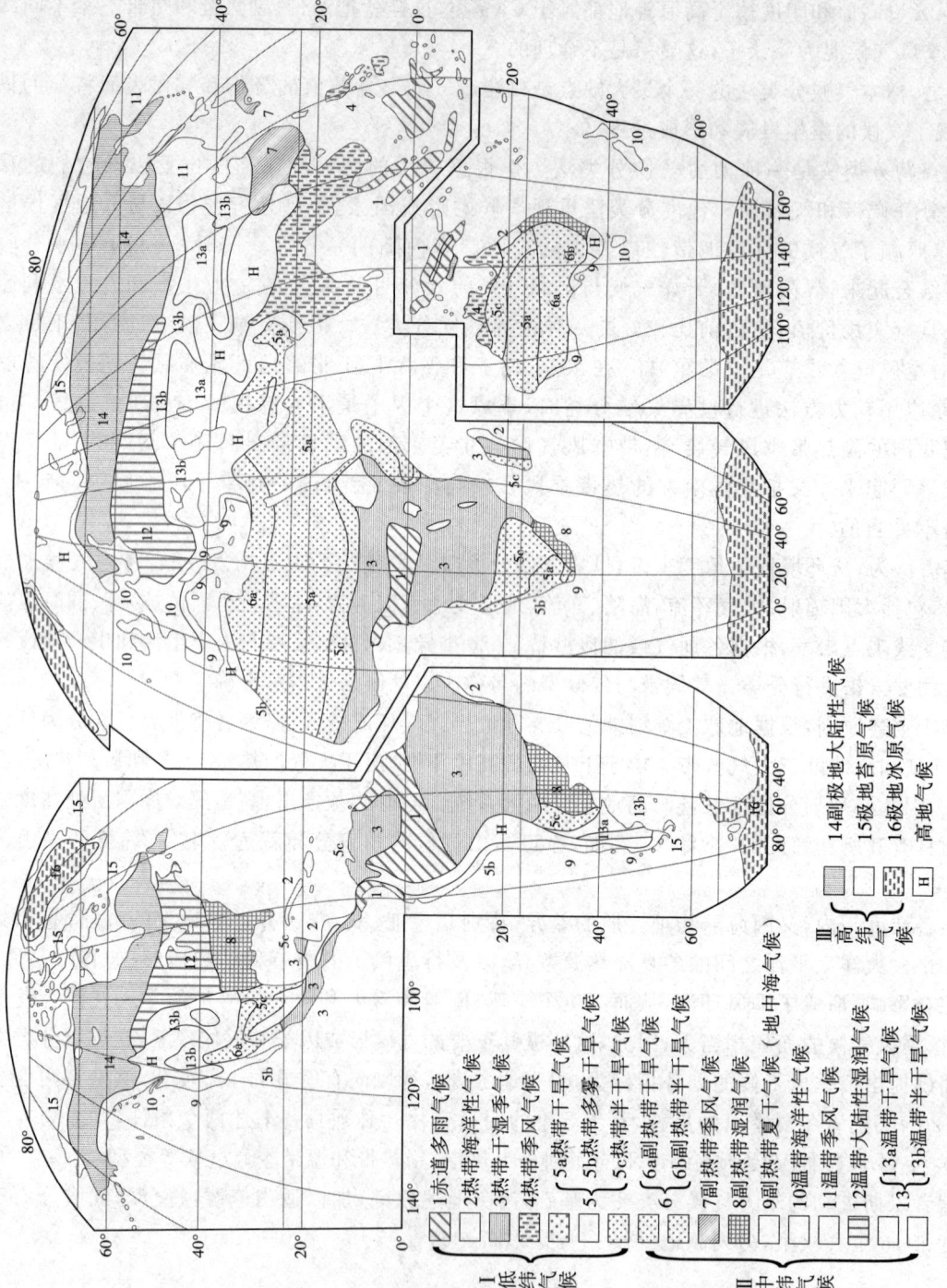

图 7·5 本书编著采用的世界气候分类图

第二节 低纬度气候

低纬度的气候主要受赤道气团和热带气团所控制。全年地-气系统的辐射差额是入超的,因此气温全年皆高,最冷月平均气温在15℃—18℃以上。影响气候的主要环流系统有赤道气流辐合带、沃克环流、信风、赤道西风、热带气旋和副热带高压,有的年份会出现厄尔尼诺现象。由于上述环流系统的季节移动,导致降水量的季节变化,在厄尔尼诺现象出现时,引起降水分布的明显异常,全年可能蒸散量在1 300mm以上。本带可分为五个气候型,其中热带干旱与半干旱气候型又可划分为三个亚型(图7·5)。

一、赤道多雨气候

一赤道多雨气候位于赤道及其两侧,大约向南、向北伸展到5°—10°左右,各地宽窄不一,主要分布在非洲扎伊尔河流域、南美亚马逊河流域和亚洲与大洋洲间的从苏门答腊岛到伊里安岛一带。典型台站:秘鲁的伊基托斯(图7·6)。这里全年正午太阳高度角都很大,因此长夏无冬,各月平均气温在25℃—28℃,年平均气温在26℃左右。绝对最高气温很少超过38℃,绝对最低气温也极少在18℃以下;气温年较差一般小于3℃,日较差可达6℃—12℃,全年多雨,无干季,年降水量在2 000mm以上,最少月在60mm以上。全年皆在赤道气团控制下,风力微弱,以辐合上升气流为主,多雷阵雨,天气变化单调,降水量的年际变化很大。这与赤道辐合带位置的变动有关,例如新加坡平均年降水量为2 282mm,最湿年(4 031mm)相当于最干年(831mm)的近5倍。由于全年高温多雨,各月平均降水量皆大于可能蒸散量,土壤储水量皆达最大值(300mm),适于赤道雨林生长。

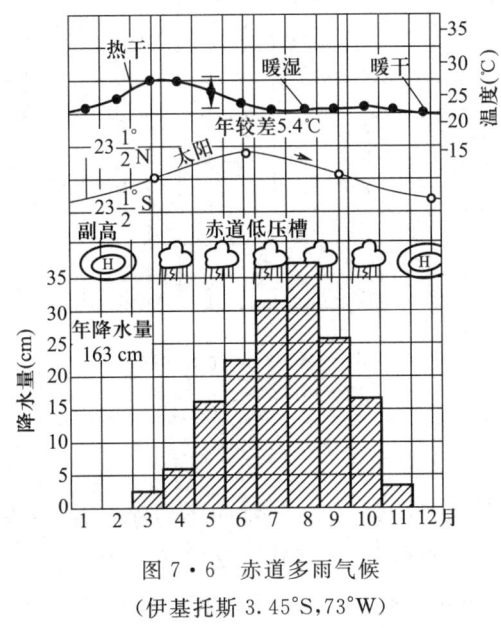

图7·6 赤道多雨气候
(伊基托斯 3.45°S,73°W)

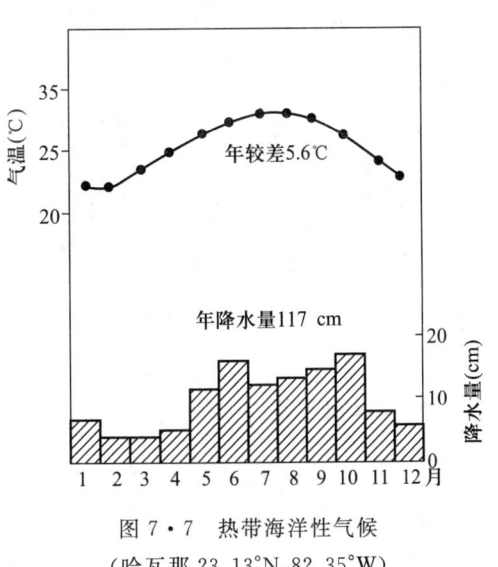

图7·7 热带海洋性气候
(哈瓦那 23.13°N,82.35°W)

二、热带海洋性气候

热带海洋性气候出现在南北纬 10°—25°信风带大陆东岸及热带海洋中的若干屿上,如加勒比海沿岸及诸岛、巴西高原东侧沿海、马达加斯加东岸、夏威夷群岛等。典型台站:哈瓦那。这里正当迎风海岸,全年盛行热带海洋气团(Tm),气候具有海洋性,最热月平均气温在 28℃ 上下,最冷月平均气温在 18℃—25℃ 间,气温年较差、日较差皆小,如哈瓦拉年较差仅 5.6℃,年降水量在 1 000mm 以上,一般以 5—10 月较集中,无明显干季,除对流雨、热带气旋雨外,沿海迎风坡还多地形雨。

三、热带干湿季气候

热带干湿季气候出现在纬度 5°—15°左右,也有伸达 25°左右的,主要分布在上述纬度的中美、南美和非洲。典型台站:廷博。这里当正午太阳高度角较小时,位于信风带下,受热带大陆气团控制,盛行下沉气流,是为干季。当正午太阳高度角大时,赤道气流辐合带移来,有潮湿的辐合上升气流,是为雨季。一年中至少有 1—2 个月为干季。湿季中蒸散量小于降水量。全年降水量在 750—1 600mm 左右,降水变率很大。近年来非洲热带干湿季气候区出现严重旱象,全年高温,最冷月平均气温在 16℃—18℃ 以上,热季出现在干季之末,如廷博最高温出现在 3 月。

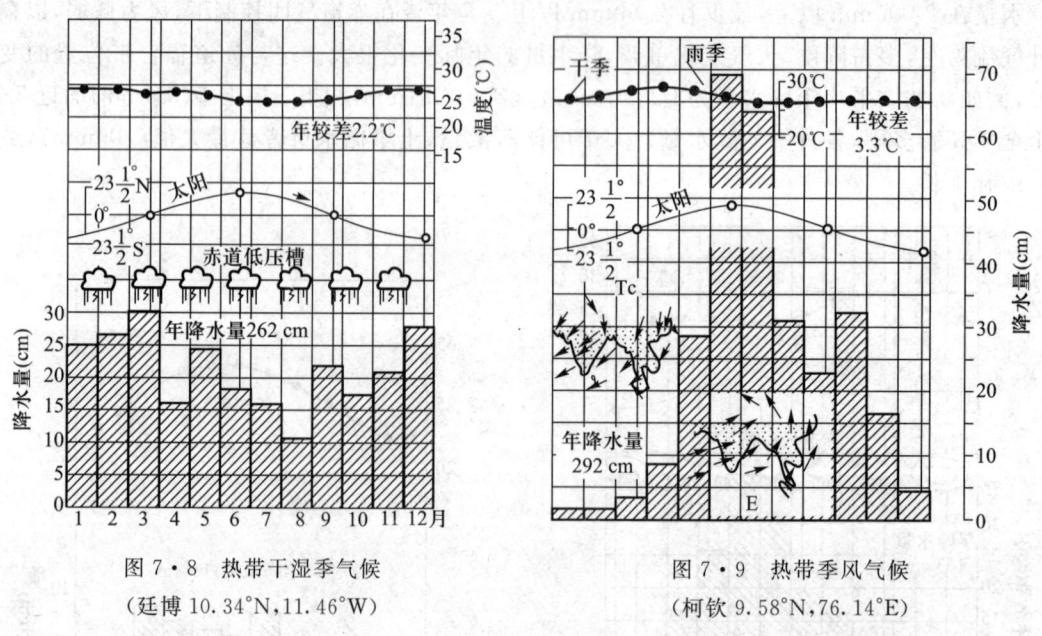

图 7·8　热带干湿季气候
（廷博 10.34°N,11.46°W）

图 7·9　热带季风气候
（柯钦 9.58°N,76.14°E）

四、热带季风气候

出现在纬度 10°到回归线附近的亚洲大陆东南部如我国台湾南部、雷州半岛和海南岛;中南半岛;印度半岛大部;菲律宾;澳大利亚北部沿海等地。典型台站:柯钦。这里热带季风发达,一年中风向的季节变化明显。在热带大陆气团(Tc)控制时,降水稀少。而当赤道海洋气团(E)控制时,降水丰沛,又有大量热带气旋雨,年降水量多,一般在 1 500—2 000mm,集中在 6—10 月

（北半球）。全年高温，年平均气温在20℃以上，年较差在3℃—10℃左右，春秋极短。

五、热带干旱与半干旱气候型

热带干旱与半干旱气候出现在副热带及信风带的大陆中心和大陆西岸。在南、北半球各约以回归线为中心向南北伸展，平均位置约在纬度15°—25°间。因干旱程度和气候特征不同，可分三个亚型：5a、5b和5c，其详见表7·4。

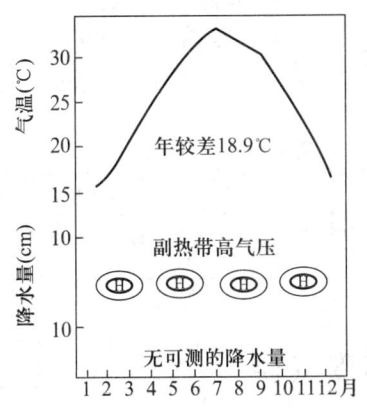

图7·10 5a热带干旱气候
（阿斯旺 24.7°N，32.58°E）

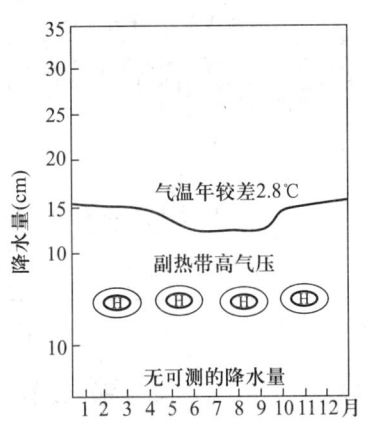

图7·11 5b热带西岸多雾干旱气候
（诺洛斯港 29.12°S，16.51°E）

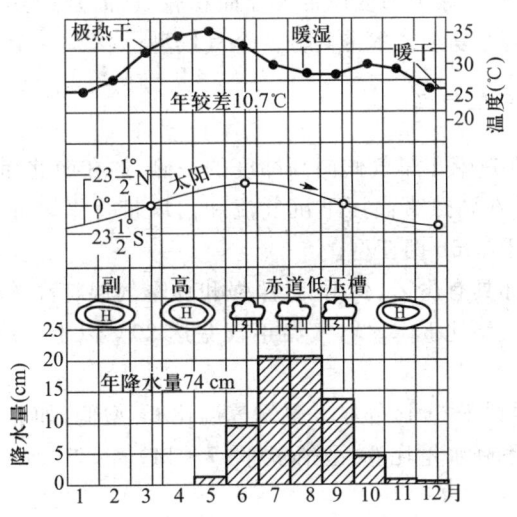

图7·12 5c热带半干旱气候（凯斯 14.28°N，11.31°W）

表7·4 热带干旱与半干旱气候的三个亚型(5a、5b、5c)

气候型	分布区域与典型台站	气候特征
5a 热带气候干旱	撒哈拉沙漠、阿拉伯大沙漠、塔尔沙漠、澳大利亚西部和中部沙漠、南美的阿特卡马沙漠等,典型台站:阿斯旺(图7·10)	终年受副热带高压下沉气流控制,又当信风带的背风海岸,是热带大陆气团的源地,离赤道低压槽和极锋都很远。因此降水量极少,像北非的阿斯旺经常是连续多年无雨,偶有降水多属暴发性阵雨,年雨量一般小于250mm,降水变率大都在40%以上,云量少,日照强,相对湿度极小。白昼气温特高,可达48℃以上,夜间最低气温可降至7℃—12℃左右。气温日较差甚大,最热月平均气温在30℃—35℃左右,年较差在10℃—20℃上下。
5b 热带干旱西岸气候多雾	热带大陆西岸、冷洋流经过的海滨地带,如北美加利福尼亚冷流沿岸、南美秘鲁冷流沿岸、北非加拉利冷流沿岸、南非本格拉冷流沿岸地带。纬度10°—30°附近,典型台站诺洛斯港(图7·11)	位于副热带高压下沉气流区,又受冷洋流影响,空气层结稳定,多雾而少雨,多低层云,常出现逆温,日照不强,相对湿度大,气温的年较差、日较差都小(见图7·11)。但在厄尔尼诺现象出现年份,由于赤道暖水流来,空气层结不稳定,有上升气流因此多雨。例如南美秘鲁的卡亚俄常年降水量仅30.5mm,但在厄尔尼诺现象中却出现大雨,造成洪涝灾害。
5c 热带气候半干旱	在热带干旱气候区的外缘,典型台站:凯斯(图7·12)	年雨量在250—750mm左右。一年中有一短暂雨季,它出现在正午太阳高度角大的季节。如北非马里的凯斯(图7·11),在5—10月因赤道低压槽北移,这里受到Tm气团和辐合上升气流的影响,有对流雨,其余大半年时间因受副热带高压下沉气流影响干燥无雨。气温的年较差、日较差都较大,降水的变率亦大

第三节 中纬度气候

中纬度气候主要存在于热带气团和极地气团相互角逐的地带。该地带一年中辐射能收支差额的变化比较大,春、夏、秋、冬四季分明,最冷月的平均气温在15℃—18℃以下,有4—12个月月平均气温在10℃以上。全年可能蒸散量在130—52.5cm之间,影响气候的主要环流系统有极锋、盛行西风、温带气旋和反气旋、副热带高压和热带气旋等。天气的非周期性变化和降水的季节变化都很显著。再加上北半球中纬度地带大陆面积较大,海陆的热力对比和高耸庞大地形的影响,使得本带气候更加错综复杂。本带共分8个气候型。

六、副热带干旱与半干旱气候

该气候型位于热带,在热带干旱气候向高纬度的一侧,约在南北纬25°—35°的大陆西岸和内陆地区(图7·5)。它也是在副热带高压下沉气流和信风带背岸风的作用下形成的。因干旱程度不同可分干旱6a,与半干旱6b两亚型。

6a 副热带干旱气候:亦具有少云、少雨、日照强和夏季气温特高等特征。如尤马最热月平均最高温高达33℃,但凉季气温比5a型低,气温年较差达20℃以上。凉季有少量气旋雨,土壤蓄水量略大于5a型。

6b 副热带半干旱气候位于6a区外缘。夏季气温比6a型低,如北非利比亚的班加西盛夏最热月平均气温为26℃,冬季降水量比6a型稍多(图7·14)。

七、副热带季风气候

副热带季风气候位于副热带亚欧大陆东岸,约以30°N为中心,向南北各伸展5°左右。它是热带海洋气团与极地大陆气团交绥角逐的地带,夏秋间又受热带气旋活动的影响。典型台站:上在 0℃ 以下,南北气温差别大。夏季盛行东南风,温暖湿润,最热月平均气温在 20℃ 以上,南北温差小[①]。气温年较差比较大,全年降水量集中于夏季,降水分布由南向北,由沿海向内陆减少。天气的非周期性变化显著,冬季寒潮爆发时,气温在 24h 内可下降 10 余度甚至 20 余度。

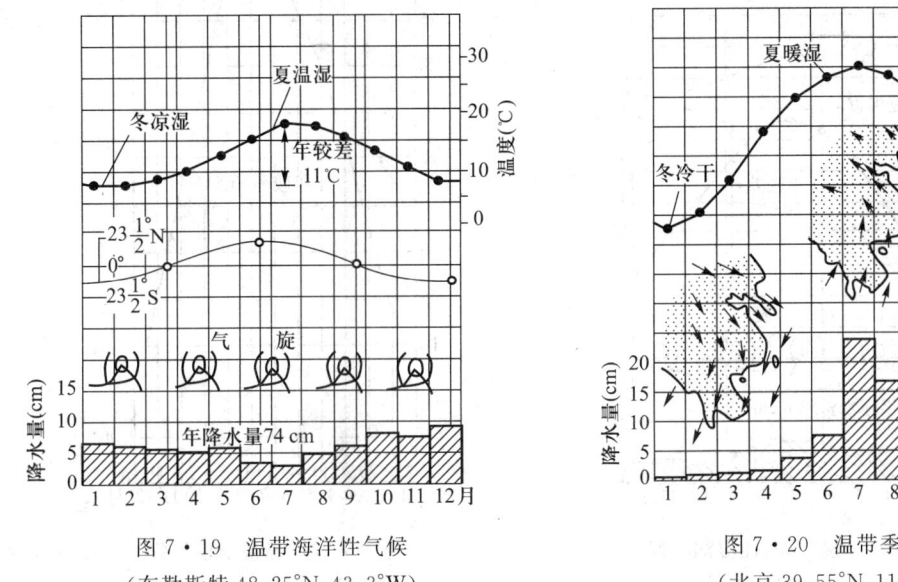

图 7·19 温带海洋性气候
(布勒斯特 48.25°N,43.3°W)

图 7·20 温带季风气候
(北京 39.55°N,116.25°E)

十二、温带大陆性湿润气候

出现在亚欧大陆温带海洋性气候区的东侧,北美 100°W 以东的温带地区。典型台站:莫斯科。冬季寒冷,有少量气旋性降水,这是由于由海洋吹来的西风入陆较深,海洋气团已经变性的缘故。夏季降水量较多,但不像季风区那样高度集中(图 7·21)。

十三、温带干旱与半干旱气候

温带干旱与半干旱气候区在北半球占有很大面积,分布在 35°—50°N 的亚洲和北美大陆中心部分。终年在大陆气团控制下,因此气候干燥。在南半球南美洲南端阿根廷的大西洋冷洋流沿岸,正当西风带的雨影区域,又有安第斯山脉屏峙,西风过山后下沉,因此全年少雨形成巴塔哥尼亚干旱气候区。因干旱程度不同又可分两个亚型,如表 7·5 所示。

在中纬度的副热带季风气候和湿润气候中,以常绿阔叶林较多。在地中海气候中,因夏季干燥,树叶多是坚硬革质化的,自然景观以硬叶常绿灌木林为主。在温带海洋性气候、温带季风气候和温带大陆性湿润气候三种气候类型区域中,自然植被在偏南地区以夏绿阔叶林为主,愈向北方因冬温愈低,阔叶树较难生长,乃逐渐混有大量针叶树种,因此称为针阔混交林。在干旱气候区,只有耐旱力极强的小灌木和草类能够生长,自然景观为各种性质的荒漠。在半干旱气候区,因水分条件较好,自然景观为草原(矮草)。

[①] 以北京和齐齐哈尔为例,1 月份平均气温两地分别为 $-4.7℃$ 和 $-20.5℃$,相差 15.8℃,7 月份平均气温两地分别为 26.1℃ 和 23℃,两地仅相差 3.1℃。

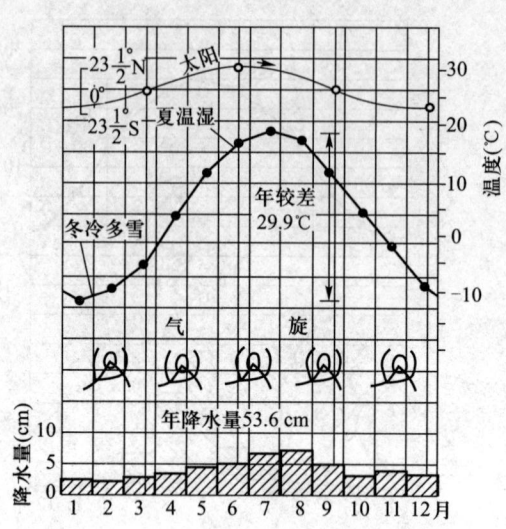

图 7·21 温带大陆性湿润气候
（莫斯科 55.45°N,37.4°E）

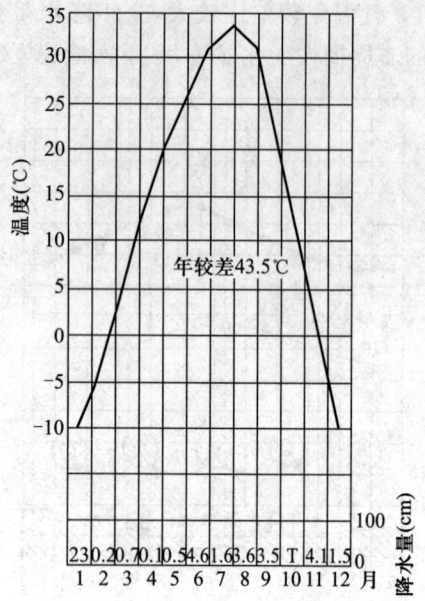

图 7·22 温带干旱气候
（吐鲁番 42.97°N,89.23°E）

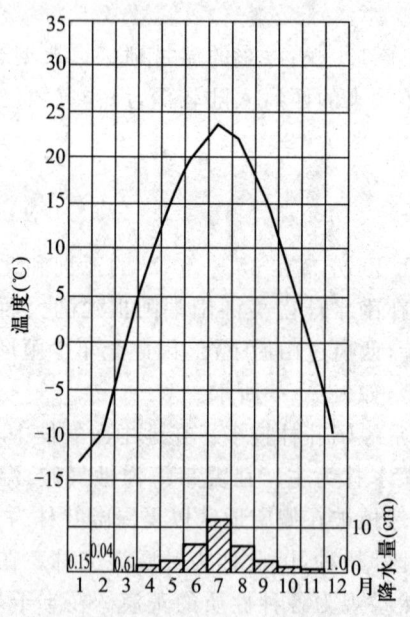

图 7·23 温带半干旱气候
（赤峰 42.27°N,118.49°E）
夏雨型

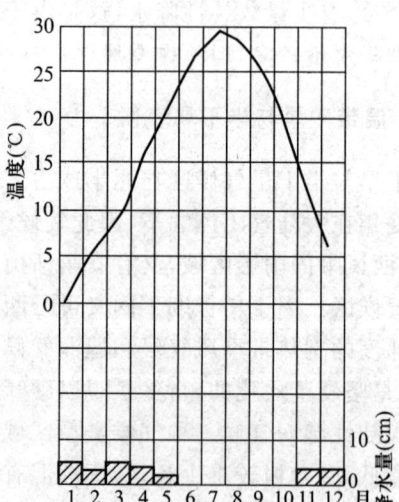

图 7·24 温带半干旱气候
（德黑兰 35.7°N,51.45°E）
冬雨型

表 7·5 温带干旱与半干旱气候

气候型	分布区域与典型台站	气候特征
温带干旱气候、热夏型 13a₁	西南亚、中亚、中国内蒙古、新疆、甘肃等地，美国内华达州、犹他州和加利福尼亚州东南部，典型台站：吐鲁番（图7·22）	年降水量小于250mm，年降水变率大于40%，冬寒，有少量降雪，夏季酷热，如吐鲁番，6—8月平均气温皆在30℃以上，极端最高温曾达48.9℃，有"火洲"之称，日照强烈，偶有对流性阵雨，气温年较差、日较差甚大。春温升高快，秋温降低亦快，春温高于秋温，天气的非周期变化显著
温带干旱气候、凉夏型 13a₂	南美阿根廷，典型台站：圣卡洛斯	年降水量稀少，一般小于200mm，因大陆面积小且滨临冷洋流沿岸，因此夏季气温不高，最热月平均气温小于15℃，冬季最冷月平均气温在0℃以上，气温的年较差和日较差均小
温带半干旱气候、夏雨型 13b₁	在温带干旱气候区与温带季风气候区之间，典型台站：赤峰	年降水量比温带干旱气候区稍多，如赤峰年降水量为363.7mm，雨量有70%集中于夏季6—8三个月（图7·23）气温是夏热冬寒，年较差仅次于温带干旱气候
温带半干旱气候、冬雨型 13b₂	在温带干旱气候区与地中海气候之间，典型台站：德黑兰	年降水量在250mm以上，冬季受到气旋活动影响，雨量集中在冬半年降落，如德黑兰（图7·24）6—10月几乎无雨，11月至次年4月为雨季

第四节 高纬度气候

高纬度气候带盛行极地气团和冰洋气团。在冰洋气团与极地气团交绥的冰洋锋上有气旋活动，自西向东移进。这里地-气系统的辐射差额为负值，所以气温低，无真正的夏季。空气中水汽含量少，降水量小，但因蒸发弱，年可能蒸散量小于52.5cm，又因有冻土，排水不畅，所以没有干旱型。随着纬度的变化，可分为三个气候型。

十四、副极地大陆性气候

分布在50°N或55°N到65°N地区，包括亚欧大陆的斯堪的纳维亚半岛（南部除外），芬兰和前苏联大部（图7·5）以及北美从阿拉斯加经加拿大到拉布拉多和纽芬兰的大部。年可能蒸散量在35cm到52.5cm之间。这里冬季长而严寒，一年中至少有9个月为冬季。加拿大的沃米利恩堡和俄罗斯的雅库次克（图7·25）一年中分别有6、7个月月平均气温在0℃以下，在10℃以上的只有3个月，植物生长期一般只有50—75天左右。该气候型所在地区冬季黑夜时间长，正午高度角小，在亚欧大陆中部和偏东地区又为冷高压中心，风小、云少、地面辐射冷却剧烈，大陆性最强，冬温极低。在西伯利亚的维尔霍扬斯克1月平均气温竟低到-50℃，而附近的绝对最低气温曾降至-73℃，有世界"寒极"之称。夏季白昼时间长，7月平均气温在15℃以上，气温年较差特大。全年降水量甚少，在东西伯利亚不超过380mm，在加拿大不超过500mm，集中于暖季降落，冬雪较少，但蒸发弱，融化慢，每年有5—7个月的积雪覆盖，积雪厚度在600—700mm左右，土壤冻结现象严重。由于暖季温度适中（在10℃以上）又有一定降水量，适宜针叶林生长，又称为雪林气候（Boreal forest climate）。

十五、极地长寒气候(苔原气候)

分布在北美洲和亚欧大陆的北部边缘、格陵兰沿海的一部分和北冰洋中的若干岛屿中。在南

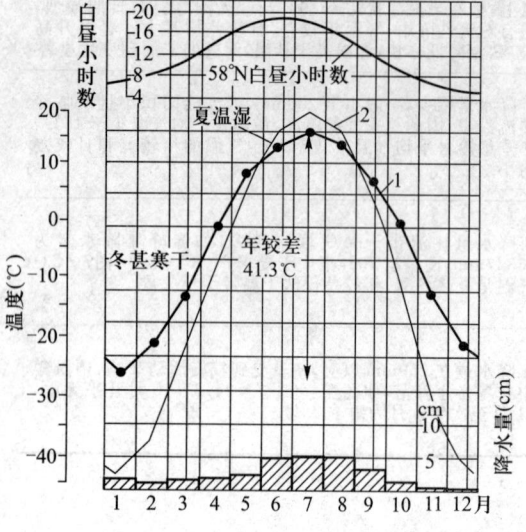

图 7·25 副极地大陆性气候
1. 沃米利恩堡 58.45°N,115.43°W
2. 雅库次克 62°N,129.7°E

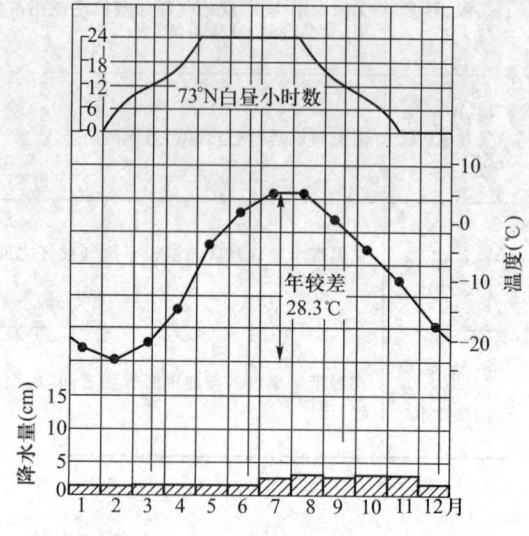

图 7·26 极地长寒气候
(乌佩尼维克,格陵兰 73°N,56°W)

半球则分布在马尔维纳斯群岛(福克兰群岛)、南设得兰群岛和南奥克尼群岛等地。年可能蒸散量小于35cm。全年皆冬,一年中只有1—4个月月平均气温在0°—10℃左右。其纬度位置已接近或位于极圈以内,所以极昼、极夜现象已很明显。在极夜期间气温很低,但因邻近海洋比前述的副极地大陆性气候尚稍高,如乌佩尼维克位于格陵兰西岸,其最冷月平均气温为−23.3℃。内陆地区比沿海更冷,一般可达−30℃至−40℃左右。最热月平均气温在1—5℃左右,个别晴暖天气中,气温能升到25℃,但在7、8月份,夜间气温仍可降到0℃以下。在冰洋锋上有一定降水,但因气温低,空气含水汽小,一般年降水量在200—300mm左右。在内陆地区尚不足200mm,大都为干雪,暖季为雨或湿雪。由于风速大,常形成雪雾,能见度不佳,地面积雪面积不大。这里冬季严寒程度虽稍逊于副极地大陆性气候,但因最热月平均气温低于10℃,冻土层接近地表,暖季水分不能下渗,引起土壤表层停滞积水,土温更加降低,限制了乔木的生长,自然植被只有苔藓、地衣及小灌木等,

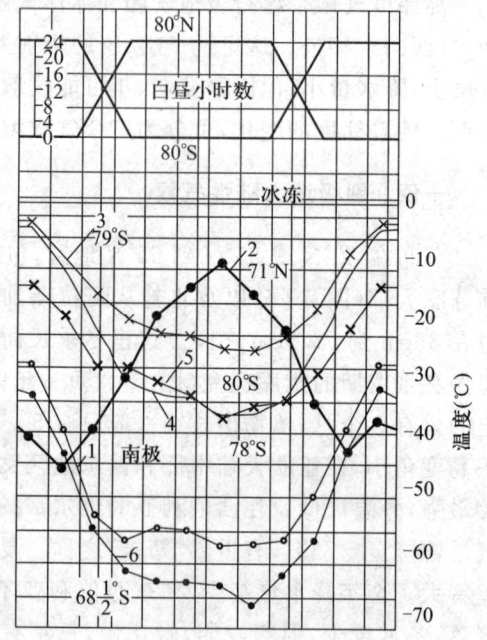

图 7·27 极地冰原气候
1. 南极某年观测资料
2. 艾斯米梯(Eismitte,格陵兰 71°N)
3. 麦克默多海峡(McMurdo Sound 75°S,167°W)
4. 小亚美利加(Little America 78°S,164°W)
5. 贝尔德站(Byrd station,80°S)
6. 沃斯托克(Uostok,68.5°S)

构成了苔原景观。这里又称为苔原气候区。

十六、极地冰原气候

极地冰原气候出现在格陵兰、南极大陆和北冰洋的若干岛屿上。这里是冰洋气团和南极气团的源地,全年严寒,各月平均气温皆在0℃以下,具有全球的最低年平均气温。北极地区年平均气温约为-22.3℃,南极大陆为-28.9℃至-35℃左右。一年中有长时期的极昼、极夜现象(图7·27)。全年降水量小于250mm,皆为干雪,不会融化,长期累积形成很厚冰原。长年大风,寒风夹雪,能见度恶劣。

第五节 高 地 气 候

在高山地带随着高度的增加,空气愈来愈稀薄,空气组成中的二氧化碳、水汽、微尘和大气中污染物质等逐渐减少,气压降低,风力增大,日照增强,气温降低。在一定坡向,一定高度范围内,降水量随高度而加大,过了最大降水带之后,降水又复随高度而减小。由于上述诸要素的垂直变化,遂导致高山气候具有明显的垂直地带性,这种垂直地带性又因高山所在地的纬度和区域气候条件而有所不同,这里举例加以说明。

一、热带高山气候举例

拉丁美洲的安第斯山脉纵贯大陆西岸,自北而南,中经赤道,在热带占有相当大的面积。由于温度随高度而递减,从山麓到山顶可分出热地带、暖地带、冷地带和冻地带等几个不同的垂直气候带。又由于从赤道多雨气候到热带荒漠气候因纬度的增高,在山麓湿润条件又有很大的差异,因此在热带安第斯山,垂直气候带和自然植被又随所在纬度的地表湿润状况而有明显的差异,其详如表7·6所示。图7·28给出在赤道处安第斯山由山麓到山顶的垂直气候带。

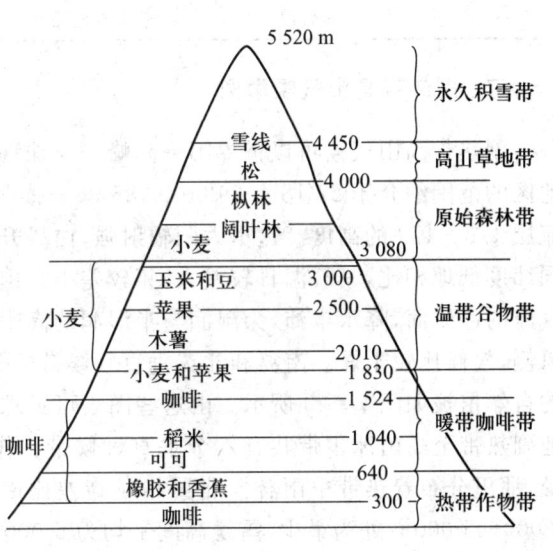

图7·28 安第斯山(赤道区)垂直气候带

(1)热带作物带:自地面向上约至640m高度左右,年平均气温为28℃—24℃左右,降水丰沛,全年湿润,自然植被为赤道雨林,农作物有橡胶,香蕉和可可等。

(2)暖带咖啡带:由640m至1 830—2 000m左右,年平均气温为24℃—18℃,盛产咖啡、稻米、茶、棉花、玉米等作物,以咖啡种植面积最广。

(3)温带谷物带:由暖带向上至海拔3 000—3 500m范围内,年平均气温为18℃—12℃左右。农作物有小麦、大麦、苹果和番薯等,畜牧业也很发达。

(4)原始森林带:由温带谷物带向上约至4 000m高度,由阔叶林逐渐变为针叶林。

(5) 高山草地带：约在 4 000m 以上，森林已不能生长，自然植被为高山草地。

(6) 永久积雪带：在海拔 4 450m 高度为雪线，由此向上为永久积雪带。

表 7·6　安第斯山不同湿润条件下的垂直气候带及其植物分布

湿润月数	热地带	暖地带	冷地带	冻地带
12	热带常绿林与			
11	半落叶林的过渡	热带山地森林	热带高地雾林	常绿高地
10	性地带			
9	热带湿润草原	热带湿润谷地植物	热带湿润山地植物	
8	（森林与草地）	（森林与草地）	（湿润山地灌丛）	湿润高地
7				
6	热带干草原	热带干谷地植物	热带干山地植物	
5	（森林与草地）	（森林与草原）	（干山地灌丛）	干燥高地
4	热带有刺草原	热带有刺谷地植物	热带有刺山地植物	
3	（森林与草地）	（森林与草地）	（有刺山地灌丛）	有刺植物高地
2				
1	热带半荒漠	热带谷地半荒漠		
0	热带荒漠	热带谷地荒漠	山地荒漠	荒漠高地

二、副热带高山气候举例

　　副热带高山气候可以世界第一高峰——珠穆朗玛峰（简称珠峰）为代表来说明其特征。珠峰地区的范围约介于 27°18′—29°00′N，85°06′—80°20′E 之间[①]，珠峰海拔 8 882m，整个山体占据对流层 1/3—1/2 的高度。这里太阳辐射强，白昼升温高，夜间地面辐射失热快，气温迅速下降。与同纬度低地相比，其气温日较差大，年较差小。山脉南北两翼气候有明显的差别，南翼正当暖湿气流的迎风面，降水丰沛，为湿润与半湿润的高山峡谷区。北翼高原湖盆区正当喜马拉雅山的背风侧，气候比较干燥。南翼和北翼垂直气候带的分异又显然不同，如表 7·7 所示，各垂直气候带的自然植被如图 7·29 所示。由这些图表可见珠峰南翼在我国境内由下向上从 1 600 余米的山地副热带至高山冰雪带共有六个垂直气候带。作为完整的珠峰南坡应延伸到国境外的山麓地带，那里分布着热带季雨林。北翼相对高差比南翼小，只有三个垂直气候带，其降雪量以山麓 4 000—5 000m 处为最少，雪线高度平均为 6 000m 比南翼为高（因降雪量较小）。

三、温带内陆干旱区高山气候举例

　　温带内陆干旱区的山地垂直气候带别具一格，如美国西南部从大峡谷（Grand Canyon）到圣弗兰西斯科峰（San Francisco Peak）可分五个垂直气候带，如图 7·30 所示。其特点是降水量随高度而增加，由山足的干旱气候（荒漠）逐渐递变为半干旱（草原），湿润（针叶林），再转为苔原和高山积雪带。其森林上限高度（约在 3 400m）和雪线高度（3 750m 左右）均比前述两例为低。

---

① 中国科学院西藏科学考察队．珠穆朗玛峰地区科学考察报告(1966—1968)．自然地理．北京：科学出版社，1975

表 7.7 珠峰地区我国境内南、北翼各垂直气候带的主要热量、水分状况[①]

地区	垂直气候带	海拔高度(m)	无霜期(天)	6—9月平均气温(℃)	最热月平均气温(℃)	日均温≥5℃持续期间的积温(℃)	最冷月平均气温(℃)	月均温<0℃的月数	年降水量(mm)	日均温≥5℃持续期间的干燥度[②]	冰雪等状况	相应的自然带
南翼湿润半湿润高山峡谷区	山地副热带	1 600—2 500	>250	19.0—15.0	20.0—16.0	5400—3 400	10.0—5.0	—	2 000—3 000(约1 000)	0.2—0.3(0.5—0.7)	很少霜和雪,无冻土,上段偶有结冰	山地副热带常绿阔叶林带
	山地暖温带	2 500—3 100	250—150	15.0—13.0	16.0—14.0	3 400—2 100	5.0—0.0	0—1	2 000—2 500(900—1 500)	0.2—0.3(0.4—0.6)	11—2月下雪,积雪30—100cm,融化较快	山地暖温带针阔叶混交林带
	山地寒温带	3 100—3 900	150—90	13.0—9.0	14.0—10.0	2 100—1 100	0.0—-5.0	1—5	500—1 500	0.2—0.4(0.4—0.7)	10—5月为积雪期 60—80cm,多者达150—200cm,有冻土	山地寒温带针叶林带
	亚高山寒带	3 900—4 700	<90	9.0—5.0	10.0—6.0	1 100—300	-5.0—-10.0	5—7	350—600	0.4—0.5	9—6月为雪期,季节性冻土交替明显	亚高山寒带灌丛草甸带
	高山寒冷带	4 700—5 500	—	5.0—1.0	6.0—2.0	<300	-10.0—-16.0	7—8	400—700	—	土壤水分经常处于融冻交替中	高山植被状草甸带;高山寒冻冰碛地衣带
	高山冰雪带	5 500以上	—	<1.0	<2.0	—	<-16.0	>8	≤700	—	冰雪覆盖	高原寒冻带
北翼半干旱高原湖盆区	高原寒冷带	4 000—5 000	120—40	12.0—5.0	13.0—5.0	2 000—400	-5.0—-16.0	5—7	200—300(400)	1.0—0.4	少降雪(冬半年雨量少),上段常有冰雪	高原寒冷半干旱草原带
	高山寒冻带	5 000—6 000	<40	5.0—-2.0	6.0—-2.0	<400	-16.0—-22.0	>7	300—600(700)	0.4	多降雪或雨雪交替,经常见融冻	高山植被被状草甸;高山寒冻冰碛地衣带
	高山冰雪带	6 000以上	—	<-2.0	<0.0(-1.0—-2.0)	—	<-22.0	—	≤600(700)	—	冰雪覆盖	高山冰雪带

① 由于区域差异,各垂直气候带的界线高度有变化,热量水分状况也有带间交错。本表所列仅代表各带的主要指标。
② 干燥度 K 是坡下式计算出来的 $K = \dfrac{0.16 \times \Sigma t_5}{r_5}$, Σt_5 为日平均气温≥5℃持续期间的积温, r_5 为同期降水量 mm。

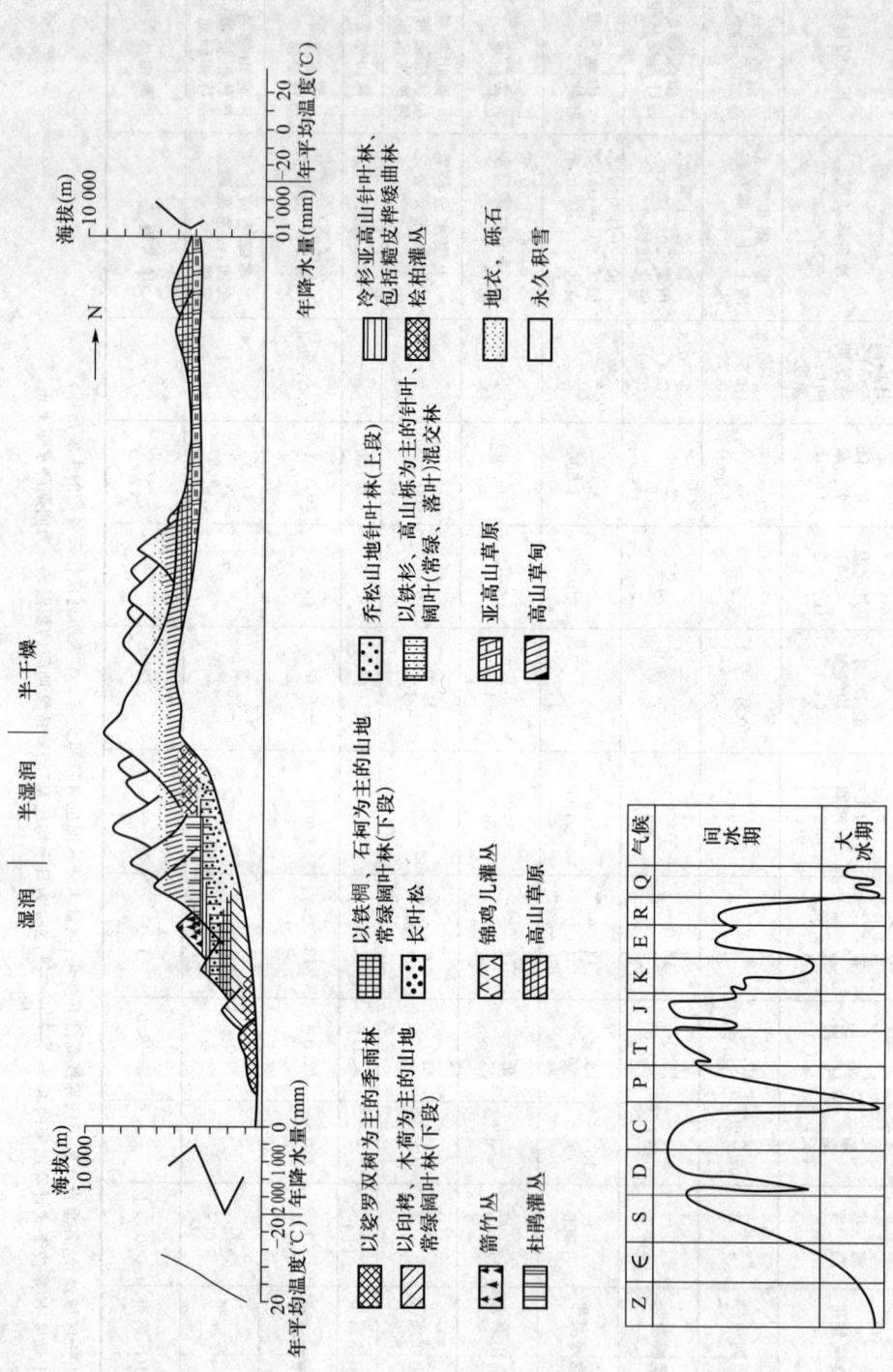

图 7·29 珠穆朗玛峰地区气候和植被垂直分布图式

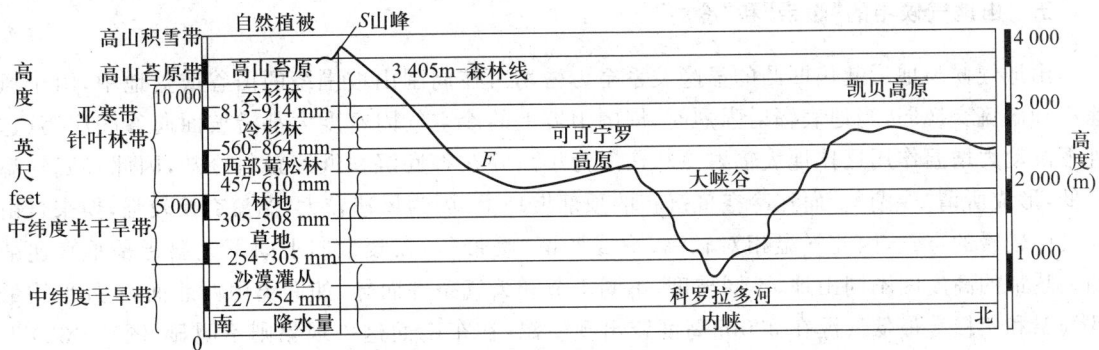

图 7·30 美国西南部大峡谷—圣弗兰西斯科峰垂直气候带和自然带

四、温带季风区山地气候举例

温带季风气候区山地可以长白山为例。长白山的主峰高达 2 700m，自下而上可分五个垂直气候带，如表 7·8 和图 7·31 所示。

表 7·8 长白山垂直气候带主要特征

海拔高度 (m)	垂直气候带	太阳辐射总量 (W/m²)	≥10℃积温 (℃)	无霜期 (d)	降水量 (mm)	相对湿度 (%)	其它气候特征	自然植被及栽培作物
600—1 100	山地针阔混交林气候带	164.5—165.9	>1 500	100—120	700—800 6—9月：600	71—72	年平均风速<3.9m/s，雾日38—90d	针阔混交林，早熟玉米、大豆、马铃薯、向日葵及各种蔬菜
1 100—1 800	山地针叶林气候带	163.2—164.5	1 000—1 500	80—100	800—1 000	73 4月：64—65 8月：87	西北带林高树密有95%太阳辐射被林冠阻塞，林间气流静稳	山地针叶林，地面阴冷潮湿，生长地衣藓类，除小块田园外无栽培作物
1 800—2 100	山地岳桦林气候带	163.2—162.6	1 000—500	70—80	1 000—1 100	74	年平均风速6—8m/s，≥8级大风日数达200d以上	岳桦-杜鹃林岳桦-越桔林因风大枝干矮小
2 100—2 400	高山灌丛气候带	162.6—161.9	500—300	60—70	1 100—1 300 6—9月：800—900	74	各月均有40m/s大风，全年雾日200—250d	笃斯越桔-地衣群丛、杜鹃-地衣群丛
>2 400	高山荒漠气候带	161.9—160.6	<200	<60	1 407 冬雨占10%	74 4月：68 8月：85以上	天气多变，飘云就降雨，雨雾难分，平均积雪深2m	仙女木群落，高山罂粟、长白虎耳草等呈小撮分布

五、山地气候中的"暖带"和"冷湖"

山地气候与地形起伏凹凸的显隐关系至为密切。在周围山坡围绕的山谷或盆地中,由于风速小和湍流交换弱,当地表辐射强烈时,周围山坡上的冷空气因密度大都沿坡面向谷底注泻(这种下沉动力增温作用远比地表辐射冷却作用为小);并在谷底沉积继续辐射冷却,因此谷底气温最低,形成所谓"冷湖"。而在冷空气沉积的顶部坡地上,因为风速较大,湍流交换较强,换来自由大气中较暖的空气,因此气温相对较高,形成所谓"暖带"。在暖带向上向下气温皆是垂直递减的。暖带的高度因不同山地、不同坡度、不同季节和天气条件而异,如武夷山西北面,1月平均最低气温和年极端最低气温在300m高度皆出现逆温,在东南面这一现象则不明显(图7·32)①。在太行山南侧暖带比较明显,其高度在200—300m。奥地利的奥茨山谷其山坡暖带位置夏季约在谷底以上350m处,冬季则在谷底以上700m处。德国大法尔肯塞山暖带高度在无云天气下,高出谷底300m左右,在阴天和有大风的天气则会消失。

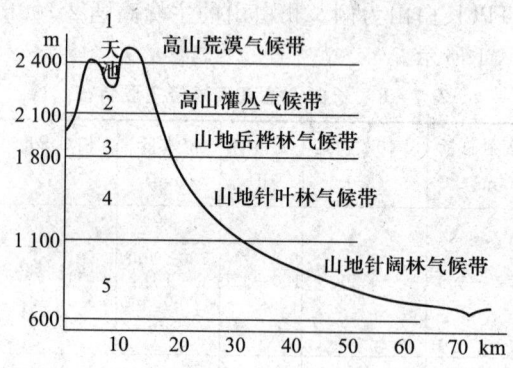

图7·31 长白山北坡垂直气候带示意图②

在暖带中霜害最轻,生长季长,作物发育最早。在暖带以下,特别是在冷湖中,初霜最早,终霜最晚,作物受冻害机会最多,霜冻灾害最为严重。像河南伏牛山南坡250—400m高度处为暖带所在,那里有常绿灌丛,柑桔生长良好,而在低凹地中相同品种的柑桔则受到的四、五级冻害达50%—85%。在山地垂直气候带的分布上,了解暖带和冷湖的存在,对于农林牧业的生产布局至关重要。

综上所述,高地气候的垂直气候带有以下几个特征:

(1) 山地垂直气候带的分异因所在地的纬度和山地本身的高差而异。在低纬山地,山麓为赤道或热带气候,随着海拔高度的增加,地表热量和水分条件逐渐变化,直到雪线以上,可划分的垂直气候带数目较多,如图7·28和珠峰南翼所示。如果山地高差较小,气候垂直带的分异也就相应减少,如珠峰北翼即是如此。在高纬度极地,山麓已经长年积雪,所以那里山地气候垂直分异就不显著了。

(2) 山地垂直气候带具有所在地大气候类型的"烙印"。例如,赤道山地从山麓到山顶都具

---

① 傅抱璞.山地气候.北京:科学出版社,1982;120.
② 杨美华.长白山的气候特征及北坡垂直气候带.长白山地理系统论文集(1956—1981).东北师范大学地理系.

有全年季节变化不明显的特征。珠峰和长白山都具有季风气候特色,各高度的降水量在一年中分配很不均匀,皆是冬干夏湿。

(3) 湿润气候区山地垂直气候的分异,主要以热量条件的垂直差异为决定因素。而干旱、半干旱气候区山地垂直气候的分异,与热量和湿润状况都有密切关系(图7·30和表7·7珠峰北翼)。这种地区的干燥度都是山麓大,随着海拔的增高,干燥度逐渐减小。

(4) 同一山地还因坡向、坡度及地形起伏、凹凸、显隐等局地条件不同,气候的垂直变化各不相同,山坡暖带,山谷冷湖即其一例。山地气候确有"十里不同天"之变。

(5) 山地的垂直气候带与随纬度而异的水平气候带在成因和特征上都有所不同,不能把两者等同起来。

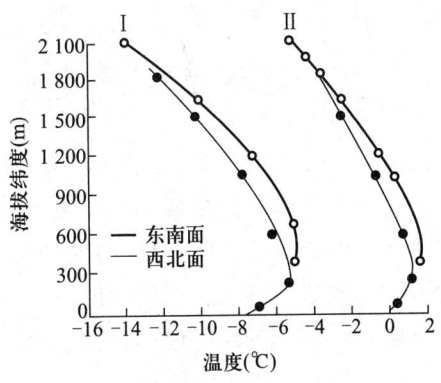

图 7·32 武夷山最低气温随高度的变化①
Ⅰ.极端最低气温.Ⅱ.1月份平均最低气温

---

① 傅抱璞.山地气候.北京:科学出版社,1983:120.

第八章 气候变化和人类活动对气候的影响

地球上各种自然现象都在不断地变化之中,气候也不例外。根据观测事实,地球上的气候一直不停地呈波浪式发展,冷暖干湿相互交替,变化的周期长短不一。前两章所论述的现代气候是地球气候变化长河中的一个发展阶段。研究地球气候变化的历史,弄清现代气候变化的趋势,这一方面具有重大的理论意义,另一方面更为我们按照气候演变规律,采取适当措施及早预防和抗御异常气候灾害,合理地利用气候资源,改造气候条件提供科学依据,其实用价值愈来愈明确。

本章着重论述:气候变化的历史事实,探讨导致气候变化的因素和人类活动对气候变化的影响。

第一节 气候变化的史实

地球形成为行星的时间尺度约为 50 ± 5 亿年。据地质沉积层的推断,约在20亿年前地球上就有大气圈和水圈。地球气候史的上限,可追溯到 20 ± 2 亿年。据地质考古资料、历史文献记载和气候观测记录分析,世界上的气候都经历着长度为几十年到几亿年为周期的气候变化。现在为科学界所公认的有:

大冰期与大间冰期气候:时间尺度约为几百万年到几万万年。

亚冰期气候与亚间冰期气候:时间尺度约为几十万年。

副冰期与副间冰期气候:时间尺度约为几万年。

寒冷期(或小冰期)与温暖期(或小间冰期)气候:时间尺度约为几百年到几千年。

世纪及世纪内的气候变动:时间尺度为几年到几十年。

从时间尺度和研究方法来看,地球气候变化史可分为三个阶段:地质时期的气候变化、历史时期的气候变化和近代气候变化。地质时期气候变化时间跨度最大,从距今22亿—1万年,其最大特点是冰期与间冰期交替出现。历史时期气候一般指1万年左右以来的气候。近代气候是指最近一、二百年有气象观测记录时期的气候。

一、地质时期的气候变化

地球古气候史的时间划分,采用地质年代表示(表8·1)。在漫长的古气候变迁过程中,反复经历过几次大冰期气候。在表8·1中列出三次大冰期,即震旦纪大冰期、石炭—二迭纪大冰期和第四纪大冰期(图8·1)。这三个大冰期都具有全球性的意义,发生的时间也比较确定。震旦纪以前,还有过大冰期的反复出现,其出现时间目前尚有不同意见。[①] 在大冰期之间是比较温暖的大间冰期。

表 8·1 地球古气候史地质年代表

地质年代			距今年龄(百万年)	地壳运动与地质概况		气候概况	
代	纪(系)	符号					
新生代	第四纪	Q	2或3	（斯新运阿动尔）卑	喜马拉雅造山运动主要时期	大间冰期气候	第四纪大冰期 氧气含量达现代水平 气温开始下降
	晚第三纪	R	25				东亚大陆趋于湿润
	早第三纪	E	65				世界气候均匀变暖 表现为热带气候 干燥气候继续发展
中生代	白垩纪	K	136	（斯旧运阿动尔）卑	燕山运动		干燥气候
	侏罗纪	J	192.5		燕山运动主要时期（造山运动强烈） 中国、欧洲、北美洲出现红色、紫色土层		湿热气候
	三迭纪	T	225		海洋继续增加容积		大气氧随波动速率增加 气候炎热，氧化作用强烈
古生代	二迭纪	P	280	海西运动	大火山作用 阳新统和乐平统造山运动	大冰期气候	世界性的湿润气候(除欧洲、北美外)
	石炭纪	C	345		陆相或海相沉积		干燥气候
	泥盆纪	D	395		海西运动开始 海相沉积		气候温暖无季节
	志留纪	S	435	加里东运动	大规模的造山运动 地层运动平静	大间冰期气候	气候带呈明显的分区 气候更趋暖化
	奥陶纪	O	500		海侵海退交替 地层运动平静		气候增暖且干湿气候带分异明显，形成欧亚大陆三个明显的气候带
	寒武纪	∈	570		多海相沉积		
元古代	震旦纪	Z	1000	吕梁运动	主要岩层为沉积岩		大冰期气候 氧占现代大气 O_2 水平的 3%—10%
	主要根据南非古老地层划分的地质年代和地质运动		1200		上贝克白云地层(加利福尼亚)		氧占现代大气 O_2 水平的 1%
太古代			1500	五台运动	燧石藻地层(安大略)		
			2000		无花果树地层		氧化大气的出现
			3000	劳伦运动	地壳岩石、海洋形成		元古代大冰期气候
			3300		地壳分化		太古代大冰期气候
地球初期发展阶段			4500 6000?		地球形成		

1. 震旦纪大冰期气候

震旦纪大冰期发生在距今约 6 亿年前。根据古地质研究,在亚、欧、非、北美和澳大利亚的大部分地区中,都发现了冰碛层,说明这些地方曾经发生过具有世界规模的大冰川气候。在我国长江中下游广大地区都有震旦纪冰碛层,表示这里曾经历过寒冷的大冰期气候。而在目前黄河以北地区震旦纪地层中分布有石膏层和龟裂纹现象,说明那里当时曾是温暖而干燥的气候。

2. 寒武纪—石炭纪大间冰期气候

寒武纪—石炭纪大间冰期发生在距今约 3—6 亿年前。这里包括寒武纪、奥陶纪、志留纪、泥盆纪和石炭纪五个地质时期,共经历 3.3 亿年,都属于大间冰期气候。当时整个世界气候都比较温暖,特别是石炭纪是古气候中典型的温和湿润气候。当时森林面积极广,最后形成大规模的煤

[①] 有人认为震旦纪以前大冰期出现时代不太明确(见潘守文等。近代气候学原理。北京:气象出版社,1994:724)有人认为仅近 10 亿年就出现过 6 次大冰期,出现在 9.7 亿、7.6 亿、6.7 亿、4.3 亿、2.7 亿和 180 万年前(见王绍武。气候系统引论。北京:气象出版社,1994:39)

层,树木缺少年轮,说明当时树木终年都能均匀生长,具有海洋性气候特征,没有明显季节区别。在我国石炭纪时期,全国都处于热带气候条件下,到了石炭纪后期出现三个气候带,自北而南分布着湿润气候带、干燥带和热带。

3. 石炭—二迭纪大冰期

石炭—二迭纪大冰期发生在距今2—3亿年。从所发现的冰川迹象表明,受到这次冰期气候影响的主要是南半球。在北半球除印度外,目前还未找到可靠的冰川遗迹。这时我国仍具有温暖湿润气候带、干燥带和炎热潮湿气候带。

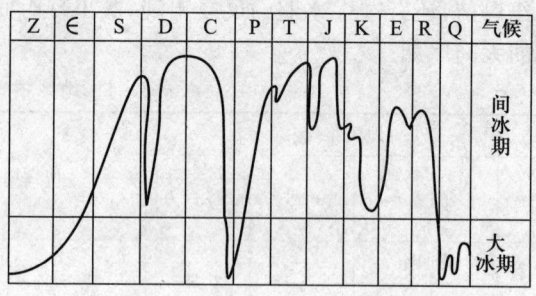

图 8·1 地质时代的气候变迁图

震旦纪 Z;寒武纪 ∈;
志留纪 S;泥盆纪 D;
石炭纪 C;二迭纪 P;
三迭纪 T;侏罗纪 J;
白垩纪 K;早第三纪 E;
晚第三纪 R;第四纪 Q;

4. 三迭纪—第三纪大间冰期气候

三迭纪—第三纪大间冰期发生在距今约2亿到200万年前,包括整个中生代的三迭纪、侏罗纪、白垩纪,都是温暖的气候。到新生代的第三纪时,世界气候更趋暖化,共计约为2.2亿年。在我国三迭纪的气候特征是西部和西北部普遍为干燥气候。到侏罗纪,我国地层普遍分布着煤、黏土和耐火黏土等,由此可以认为我国当时普遍在湿热气候控制下。侏罗纪后期到白垩纪是干燥气候发展的时期,当时我国曾出现一条明显的干燥气候带。西起新疆经天山、甘肃,向南伸至大渡河下游到江西南部都有干燥气候下的石膏层发育。到了新生代的早第三纪,世界气候更普遍变暖,格陵兰具有温带树种,我国当时的沉积物大多带有红色,说明我国当时的气候比较炎热。晚第三纪时,东亚大陆东部气候趋于湿润。晚第三纪末期世界气温普遍下降。喜热植物逐渐南退。

5. 第四纪大冰期气候

第四纪大冰期约从距今200万年前开始直到现在。当冰期最盛时在北半球有三个主要大陆冰川中心,即斯堪的那维亚冰川中心:冰川曾向低纬伸展到51°N左右;北美冰川中心:冰流曾向低纬伸展到38°N左右;西伯利亚冰川中心:冰层分布于北极圈附近60°—70°N之间,有时可能伸展到50°N的贝加尔湖附近。估计当时陆地有24%的面积为冰所覆盖,还有20%的面积为永冻土,这是冰川最盛时的情况。在这次大冰期中,气候变动很大,冰川有多次进退。根据对欧洲阿尔卑斯山区第四纪山岳冰川的研究,确定第四纪大冰期中有5个亚冰期[①]。在中国也发现不少第四纪冰川遗迹,定出4次亚冰期(表8·2)。在亚冰期内,平均气温约比现代低8°—12°C。在两个亚冰期之间的亚间冰期内,气温比现代高。北极约比现代高10°C以上,低纬地区约比现代高5.5°C左右。覆盖在中纬度的冰盖消失,甚至极地冰盖整个消失。在每个亚冰期之中,气候也有波动,例如在大理亚冰期中就至少有5次冷期(或称副冰期),而其间为相对温暖时期(或称副间冰期)。每个相对温暖时期一般维持1万年左右。目前正处于一个相对温暖的后期。

据研究,在距今1.8万年前为第四纪冰川最盛时期,一直到1.65万年前,冰川开始融化,大约在1万年前大理亚冰期(相当于欧洲武木亚冰期)消退,北半球各大陆的气候带分布和气候条

---

① 关于欧洲阿尔卑斯山岳冰川的研究尚有不同的意见,这里仅论述其中最常被气候学者广为采用的一种说法。

件基本上形成为现代气候的特点。

表 8·2 第四纪冰期中的亚冰期

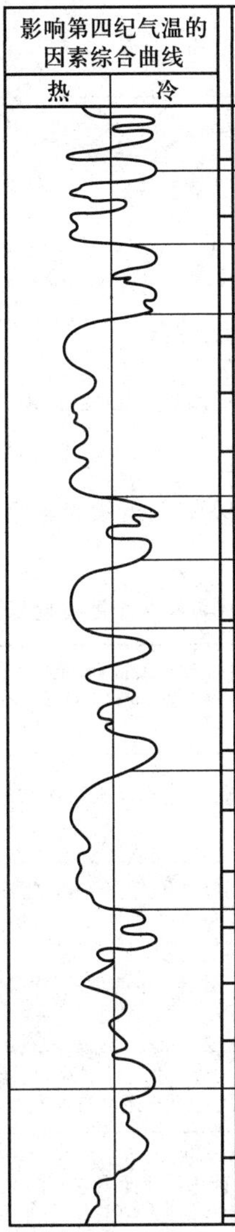

影响第四纪气温的因素综合曲线 热　冷	距今年数（千年）	欧洲的亚冰期	中国的亚冰期对比（暂定）
	100	武木亚冰期　武Ⅱ 晚期　武Ⅰ 早期	大理亚冰期
	200	里斯-武木间冰期	
	300	里斯间冰期	庐山亚冰期
	400 500 600	民德-里斯间冰期	
	700	民德亚冰期	大姑亚冰期
	800 900	群智-民德间冰期	
	1 000 1 100	群智亚冰期	鄱阳亚冰期
	1 200 1 300	多脑-群智间冰期	
	1 400 1 500 1 600	多脑亚冰期	
	1 700 1 800 1 900		

二、历史时期的气候变化

自第四纪更新世晚期，约距今1万年左右的时期开始，全球进入冰后期。挪威的冰川学家曾作出冰后期的近1万年来挪威的雪线升降图（图8·2）。从图上看来近1万年雪线升降幅度并不小，它表明这期间世界气候有两次大的波动：一次是公元前5 000年到公元前1 500年的最适气候期，当时气温比现在高3°—4℃（雪线升高表示温度上升[①]）；一次是15世纪以来的寒冷气候（雪线降低表示温度下降），其中1 550—1 850年为冰后期以来最寒冷的阶段，称小冰河期，当时气温比现在低1°—2℃。中国近5 000年来的气温变化（虚线）大体上与近5 000年来挪威雪线的

---

① 雪线升降还与降水量的多少及季节分布等因素有关，但它能表示气温的变化。

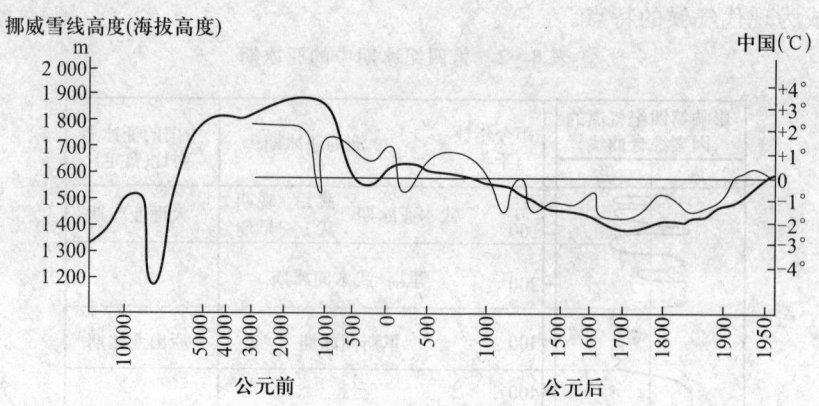

图 8·2 1万年来挪威雪线高度(实线)和近5000年来中国气温(虚线)变迁图(竺可桢 1973)

变化相似,图8·2中两条曲线变化趋势大体一致。

根据对历史文献记载和考古发掘等有关资料的分析,可以将5000年来我国的气候划分为4个温暖时期和4个寒冷时期,如表8·3所示。

表8·3 我国近5000年的寒暖变化:4个温暖时期和4个寒冷时期

第一次温暖时期 公元前3500—1000年左右(仰韶文化到河南安阳殷墟时代)	黄河流域有象、水牛和竹等。估计当时大部分时间年平均气温比现在高2℃,1月温度约比现在高3—5℃,年降水量比现在多200mm以上,是我国近5000年来最温暖的时代
第一次寒冷时期 公元前1000—公元前850年(西周时期)	《竹书纪年》中有公元前903年和公元前897年汉水两次结冰,紧接着又是大旱,气候寒冷干燥
第二次温暖时期 公元前770—公元初(秦汉时期)	气候温暖湿润,《春秋》中提到鲁国(今山东)冬天没有冰,《史记》写到当时竹、梅等亚热带植物分布界限偏北,表明当时气候比现在暖湿
第二次寒冷时期 公元初—6世纪(东汉、三国到六朝)	据史书记载公元225年淮河结冰,在公元366年前后从昌黎到营口的渤海海面连续三年全部结冰,物候比现在晚15—28天
第三次温暖时期 7—9世纪(隋唐时期)	公元650、669和678年的冬季,当时长安(今西安)无冰雪,梅和柑橘都能在关中地区生长。8世纪梅树生长于皇宫,9世纪初西安还种有梅花
第三次寒冷时期 10—12世纪(宋代)	华北已无野生梅树。公元1111年太湖全部冻结。公元1131—1260年杭州每10年降雪最迟日期是4月9日比12世纪以前推迟1个月左右。公元1153—1155年苏州附近的南运河经常结冰,福建的荔枝两次冻死(公元1110年和1178年)当时的气候比现在寒冷得多
第四次温暖时期 13世纪(元代)	短时间回暖。公元1200年、1213年、1216年杭州无任何冰雪。元代初期西安等地又重新设立"竹监司"的衙门管理竹类,显示气候转暖
第四次寒冷时期 15世纪—19世纪末(明清时期)	长达500年。当时极端初霜冻日期平均比现在提早25—30天,极端终霜日期平均比现在推迟约1个月。北京附近的运河封冻期比现在长50天左右。估计17世纪的冬温要比现在低2℃左右

综上所述可见在近5000年的最初2000年中,大部分时间的年平均温度比现在高2℃左右,是最适气候期。从公元前1000年的周朝初期以后,气候有一系列的冷暖变动。其分期的特征是:温暖期愈来愈短,温暖的程度愈来愈低。从生物分布可以看出这一趋势。例如,在第一个温暖时期,我国黄河流域发现有象;在第二个温暖时期象群栖息北限就移到淮河流域及其以南,公元前659—627年淮河流域有象栖息;第三个温暖时期就只在长江以南,例如,信安(浙江衢县)

和广东、云南才有象。而5 000年中的四个寒冷时期相反,长度愈来愈大,程度愈来愈强。从江河封冻可以看出这一趋势。在第二个寒冷时期只有淮河封冻的例子(公元225年),第三个寒冷时期出现了太湖封冻的情况(公元1111年),而在第四个寒冷时期在17世纪(如公元1670年)长江也出现封冻现象。

气候波动是全球性的,虽然世界各地最冷年份和最暖年份发生的年代不尽相同,但气候的冷暖起伏是先后呼应的,图8·3给出近600年来不同地区气温序列图,这些气温序列是由不同作

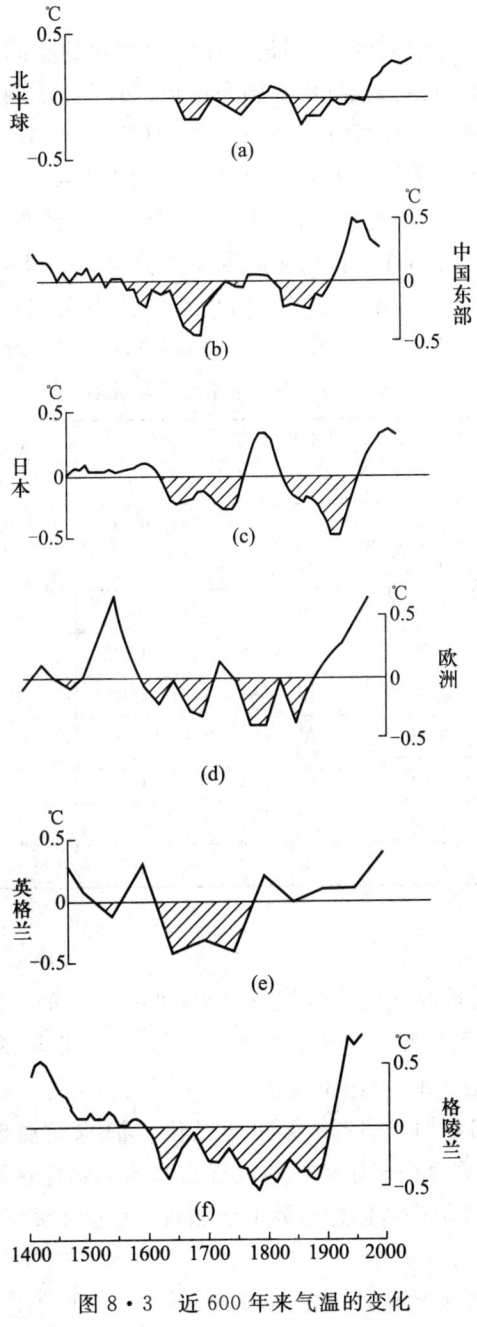

图8·3 近600年来气温的变化

者应用不同的方法建立的①,反映的地区也不相同,但却有相当大的一致性。图 8·3 中的 b、d、e 表明确实从公元 1550 年前后气温出现明显的负距平,开始进入寒冷时期,图 a 也有这样的趋势(可惜资料年数稍短),图 c 与图 f 则推迟到公元 1600 年才进入寒冷期,所以 17 世纪比较冷是一致的。18 世纪相对较暖,只有图 8·3 中 f 仍维持较冷,但至少在 18 世纪前半期冷的程度也有所减弱,19 世纪又出现一个寒冷期,只有在图 e 相对冷的程度弱一些,大约在公元 1800—1850 年之间气温达到最低,因此在历史时期将公元 1550—1850 年定为小冰期是有依据的。在小冰期中气温负距平约为 $-0.5℃$。

历史时期的气候,在干湿上也有变化,不过气候干湿变化的空间尺度和时间尺度都比较小。中国科学院地理所曾根据历史资料,推算出我国东南地区自公元元年至公元 1900 年的干湿变化如表 8·4 所示。其湿润指数 I 的计算方法为: $I=2F/(F+D)$,式中 F 为历史上有记载的雨涝频数,D 是同期内所记载的干旱频数,I 值变化于 0—2 之间,$I=1$ 表示干旱与雨涝频数相等,小于 1 表示干旱占优势。对中国东南地区而言,求得全区湿润指数平均为 1.24,将指数大于 1.24 定义为湿期,小于 1.24 定为旱期,在这段历史时期中共分出 10 个旱期和 10 个湿期。从表 8·4 中可以看出各干湿期的长度不等,最长的湿期出现在唐代中期(公元 811—1050 年),持续 240 年,接着是最长的旱期,出现在宋代,持续 220 年(公元 1051—1270 年)。

表 8·4　中国东南地区旱湿期

公元	年数	湿润指数	旱或湿期	公元	年数	湿润指数	旱或湿期
0—100	100	0.66	旱	1051—1270	220	1.08	旱
101—300	200	1.44	湿	1271—1330	60	1.46	湿
301—350	50	0.94	旱	1331—1370	40	1.00	旱
351—520	170	1.48	湿	1371—1430	60	1.50	湿
521—630	110	0.96	旱	1431—1550	120	1.08	旱
631—670	40	1.60	湿	1551—1580	30	1.48	湿
671—710	40	0.98	旱	1581—1720	140	1.02	旱
711—770	60	1.50	湿	1721—1760	40	1.40	湿
771—810	40	0.88	旱	1761—1820	60	1.02	旱
811—1050	240	1.44	湿	1821—1900	80	1.30	湿

三、近代气候变化特征

近百余年来由于有了大量的气温观测记录,区域的和全球的气温序列不必再用代用资料。由于各个学者所获得的观测资料和处理计算方法不尽相同,所得出的结论也不完全一致。但总的趋势是大同小异的,那就是从 19 世纪末到本世纪 40 年代,世界气温曾出现明显的波动上升现象。这种增暖在北极最突出,1919—1928 年间的巴伦支海水面温度比 1912—1918 年时高出 8℃。巴伦支海在 30 年代出现过许多以前根本没有来过的喜热性鱼类,1938 年有一艘破冰船深入新西伯利亚岛海域,直到 83°05′N,创造世界上船舶自由航行的最北纪录。这种增暖现象到 40

---

① 详见王绍武。气候系统引论。北京:气象出版社。1994;52—53.

年代达到顶点,此后,世界气候有变冷现象。以北极为中心的 60°N 以北,气温愈来愈冷,进入 60 年代以后高纬地区气候变冷的趋势更加显著。例如 1968 年冬,原来隔着大洋的冰岛和格陵兰,竟被冰块连接起来,发生了北极熊从格陵兰踏冰走到冰岛的罕见现象。进入 70 年代以后,世界气候又趋变暖,到 1980 年以后,世界气温增暖的形势更为突出。

威尔森(H. Wilson)和汉森(J. Hansen)等应用全球大量气象站观测资料,将 1880 年到 1993 年逐年气温对 1951 年至 1980 年这 30 年的平均气温求出距平值(图 8·4)。计算结果为全球年平均气温从 1880 到 1940 年这 60 年中增加 0.5℃,1940—1965 年降低了 0.2℃,然后从 1965—1993 年又增暖了 0.5℃。北半球的气温变化与全球形势大致相似,升降幅度略有不同。从 1880 年到 1940 年年平均气温增暖 0.7℃,此后 30 年降温 0.2℃,从 1970 年至 1993 年又增暖 0.6℃。南半球年平均气温变化呈波动较小的增长趋势,从 1880 年到 1993 年增暖 0.5℃,显示出自 1980 年以来全球年平均气温增暖的速度特别快。1990 年为近百余年来年温最高值年(正距平为 0.47℃),其余 7 个特暖年(正距平在 0.25℃—0.41℃)均出现在 1980—1993 年中。

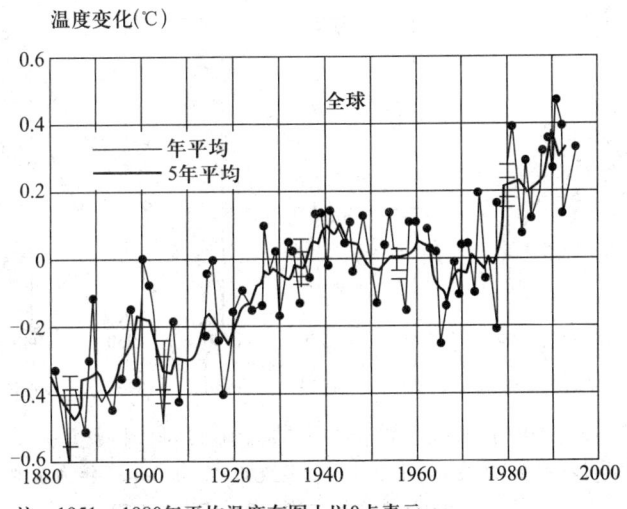

图 8·4　近百余年来全球年平均气温(℃)的变化(1880—1993 年)

琼斯(P. D. Jones)等对近 140 年(1854—1993 年)世界气温变化作了大量研究工作。他们亦指出从 19 世纪末至 1940 年世界气温有明显的增暖,从 40 年代至 70 年代气温呈相对稳定状态,在 80 年代和 90 年代早期气温增加非常迅速。自 19 世纪中期至今,全球年平均气温增暖 0.5℃。南半球各季皆有增暖现象,北半球的增暖仅出现在冬、春和秋三季,夏季气温并不比 1860—1870 年代暖。Briffa 和 Jones(1993)曾指出全球各地近百余年来增暖的范围和尺度并不相同,有少数地区自 19 世纪以来一直仍在变冷。但就全球平均而言,20 世纪的增暖是明显的。他们列出南、北半球和全球各两组的气温变化序列,一组是经过 ENSO 影响订正后的数值,一组是实测数值(图略),其气温变化曲线起伏与威尔森等所绘制的近百余年的气温距平图大同小异[①]。

---

① 他们以 1959—1979 年 30 年平均值为基础,然后将 1854 年到 1993 年气温资料逐年对此平均值求距平值。见 Trends'93, Published by CDIAC.

我国学者[①]根据我国从 1910—1984 年 137 个站的气温资料,将每个站逐月的平均气温划分为五个等级,即 1 级暖,2 级偏暖,3 级正常,4 级偏冷,5 级冷,并绘制了全国 1910 年以来逐月的气温等级分布图。根据图中冷暖区的面积计算出各月气温等级值,把每 5 年的平均气温等级值与北半球每 5 年的平均温度变化进行比较(图 8·5)。可见本世纪以来我国气温的变化与北半球气温变化趋势基本上亦是大同小异的,即前期增暖,40 年代中期以后变冷,70 年代中期以来又见回升,所不同的只是在增暖过程中,30 年代初曾有短期降温,但很快又继续增温,至 40 年代初达到峰点。另外,40 年代中期以后的降温则比北半球激烈,至 50 年代后期达到低点,60 年代初曾有短暂回升,但很快又再次下降,而且夏季比冬季明显,70 年代中期后又开始回升,但 80 年代的增暖远不如北半球强烈,在 80 年代南、北半球和全球都是本世纪年平均气温最高的 10 年,而我国 1980—1984 年的平均气温尚低于 60 年代的水平。从上世纪末到本世纪 40 年代,我国年平均气温约升高 0.5—1.0℃,40 年代以后由增暖到变冷,全国平均降温幅度在 0.4—0.8℃ 之间,70 年代中期以后逐渐转为增暖趋势。

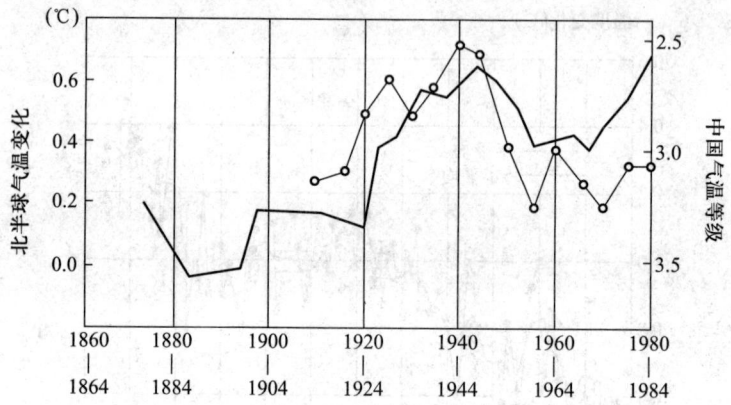

图 8·5　中国气温等级的 5 年平均值(细线)和北半球气温 5 年平均值(粗线)的变化(北半球气温变化以 1880—1884 年为基准)
(引自中国科学技术蓝皮书第 5 号。气候.北京:
科学技术文献出版社,1990:142)

因此从上世纪末以来,我国气温总的变化趋势是上升的,这在冰川进退、雪线升降中也有所反映。如 1910—1960 年 50 年间天山雪线上升了 40—50m,天山西部的冰舌末端后退了 500—1 000m,天山东部的冰舌后退了 200—400m,喜马拉雅山脉在我国境内的冰川,近年来也处于退缩阶段。

20 世纪我国降水的总趋势大致是从 18、19 世纪的较为湿润时期转向较为干燥的过渡时期。由于降水的区域性很强,各地降水周期的位相很不一致,表 8·5 列出北京、上海、广州三站每 10 年年平均降水量 R(mm)及其距平百分率 ΔR %[②]。由此表可见,在本世纪 30 年代是少雨时期,50 年代是多雨时期,60 年代和 70 年代降水量又明显偏少,结合 20 世纪气温资料分析,我国东部北纬 40°以南的气候状况可归纳为表 8·6 的配置。

[①] 见中国科学技术蓝皮书第 5 号.气候.北京:科学技术文献出版社,1990:141—146
[②] 降水百分率是当年降水量与多年平均降水量之差值(即距平)除以多年平均降水量而得的百分率。

表 8·5 北京、上海、广州三站每 10 年平均降水量 R (mm) 及距平百分率 ΔR (%)

地点	项目	1910—1919	1920—1929	1930—1939	1940—1949	1950—1959	1960—1969	1970—1979	多年平均
北京	R	642	604	583	567	820	618	605	609
	ΔR	9	1	−4	−7	35	2	−1	
上海	R	1 225	1 093	1 195	1 248	1 239	1 048	1 084	1 142
	ΔR	7	−4	−3	9	10	−8	−5	
广州	R	1 596	1 853	1 461	1 737	1 773	1 617	1 719	1 678
	ΔR	−5	10	−13	4	6	−4	2	

表 8·6 20 世纪以来每 10 年我国气候特征

年代	1910—1919	1920—1929	1930—1939	1940—1949	1950—1959	1960—1969	1970—1979	1980—1989
特征	湿冷	干暖	干(冷)	湿暖	湿冷	干(暖)	干冷	湿暖

综上所述,全球地质时期气候变化的时间尺度在 22 亿年到 1 万年以上,以冰期和间冰期的出现为特征,气温变化幅度在 10℃ 以上。冰期来临时,不仅整个气候系统发生变化,甚至导致地理环境的改变。历史时期的气候变化是近 1 万年来,主要是近 5 000 年来的气候变化,变化的幅度最大不超过 2—3℃,大都是在地理环境不变的情况发生。近代的气候变化主要是指近百年或 20 世纪以来的气候变化,气温振幅在 0.5—1.0℃ 之间。

第二节 气候变化的因素

气候的形成和变化受多种因子的影响和制约,图 8·6 表示各因子之间的主要关系。图中 C、D 是气候系统的两个主要组成部分,A、B 则是两个外界因子。由图上可以看出:太阳辐射和宇宙-地球物理因子都是通过大气和下垫面来影响气候变化的。人类活动既能影响大气和下垫面从而使气候发生变化,又能直接影响气候。在大气和下垫面间,人类活动和大气及下垫面间,又相互影响、相互制约,这样形成重叠的内部和外部的反馈关系,从而使同一来源的太阳辐射影响不断地来回传递、组合分化和发展。在这种长期的影响传递过程中,太阳又出现许多新变动,它们对大气的影响与原有的变动所产生的影响叠加起来,交错结合,以多种形式表现出来,使地球有史以来,气候的变化非常复杂。

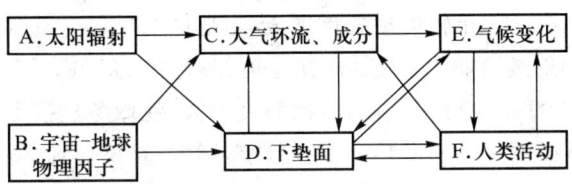

图 8·6 气候变化的因子

一、太阳辐射的变化

太阳辐射是气候形成的最主要因素。气候的变迁与到达地表的太阳辐射能的变化关系至为密切，引起太阳辐射能变化的条件是多方面的。

（一）地球轨道因素的改变

地球在自己的公转轨道上，接受太阳辐射能。而地球公转轨道的三个因素：偏心率、地轴倾角和春分点的位置都以一定的周期变动着，这就导致地球上所受到的天文辐射发生变动，引起气候变迁。

1. 地球轨道偏心率的变化

由第六章所述，到达地球表面单位面积上的天文辐射强度是与日地距离（b）的平方成反比的，地球绕太阳公转轨道是一个椭圆形，现在这个椭圆形的偏心率（e）约为 0.016。目前北半球冬季位于近日点附近，因此北半球冬半年比较短（从秋分至春分，比夏半年短 7.5 日），但偏心率是在 0.00—0.06 之间变动的，其周期约为 96 000 年。以目前情况而论，地球在近日点时所获得的天文辐射量（不考虑其它条件的影响）较现在远日点的辐射量约大 1/15，当偏心率 e 值为极大时，则此差异就成为 1/3。如果冬季在远日点，夏季在近日点，则冬季长而冷，夏季热而短，使一年之内冷热差异非常大。这种变化情况在南北半球是相反的。

2. 地轴倾斜度的变化

地轴倾斜（即赤道面与黄道面的夹角，又称黄赤交角）是产生四季的原因。由于地球轨道平面在空间有变动，所以地轴对于这个平面的倾斜度（ε）也在变动。现在地轴倾斜度是 23.44°，最大时可达 24.24°，最小时为 22.1°，变动周期约 40 000 年。这个变动使得夏季太阳直射达到的极限纬度（北回归线）和冬季极夜达到的极限纬度（北极圈）发生变动（图 8·7）。

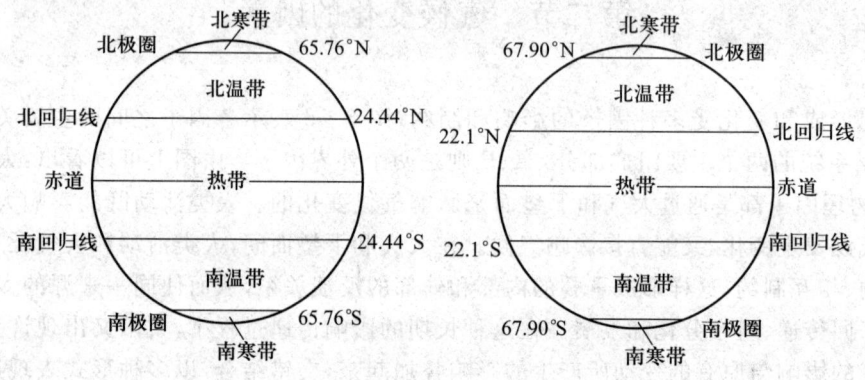

图 8·7 黄赤交角变动时回归线和极圈的变动

当倾斜度增加时，高纬度的年辐射量要增加，赤道地区的年辐射量会减少。例如当地轴倾斜度增大 1°时，在极地年辐射量增加 4.02%，而在赤道却减少 0.35%。可见地轴倾斜度的变化对气候的影响在高纬度比低纬度大得多。此外，倾斜度愈大，地球冬夏接受的太阳辐射量差值就愈大，特别是在高纬度地区必然是冬寒夏热，气温年较差增大；相反，当倾斜度小时，则冬暖夏凉，气温年较差减小。夏凉最有利于冰川的发展。

3. 春分点的移动

春分点沿黄道向西缓慢移动，大约每 21 000 年，春分点绕地球轨道一周。春分点位置变动的结果，引起四季开始时间的移动和近日点与远日点的变化。地球近日点所在季节的变化，每 70 年推迟 1 天。大约在 1 万年前，北半球在冬季是处于远日点的位置（现在是近日点），那时北半球冬季比现在要更冷,南半球则相反。

上面三个轨道要素的不同周期的变化,是同时对气候发生影响的。米兰柯维奇(M. M. Lankovitch)曾综合这三者的作用计算出65°N纬度上夏季太阳辐射量在60万年内的变化,并用相对纬度来表示。例如,23万年前在65°N上的太阳辐射量和现在77°N上的一样,而在13万年前又和现在59°N上的一样。他认为当夏季温度降低约4—5℃,冬季反而略有升高的年份,冬天降雪较多,而到夏天雪还未来得及融化时,冬天又接着到来,这样反复进行,就会形成冰期。他制成65°N纬度上夏季辐射量在60万年内的变化(用相对纬度表示)图①,并在图上标出第四纪冰期中历次亚冰期出现的时期(图略)。近人按米兰柯维奇的思路,利用大型电子计算机重新计算在距今一百万年以前至一百万年以后65°N的相对纬度(图8·8),图中相对纬度在68°N以上时涂黑,表示冰期,并标出过去定出的冰期。其计算结果大体上对过去第四纪中几个著名的冰期均有明显的反映。

图8·8中还给出今后100万年由于太阳辐射量的变化还将出现的多次亚冰期和亚间冰期。气候变化受多种因子的制约,这仅是因地球轨道因素改变而引起的太阳辐射量变化的一个值得参考的因子。

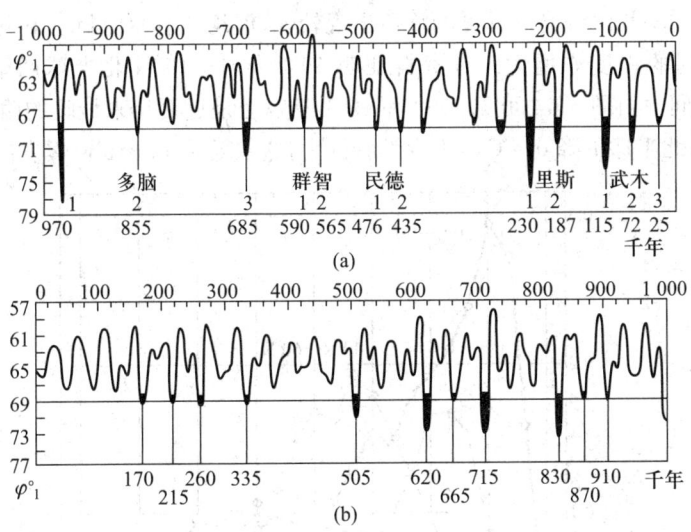

图8·8　过去100万年及未来100万年65°N的相对纬度(Монин,Шлшков,1979)

(二) 火山活动引起大气透明度的变化

到达地表的太阳辐射的强弱要受大气透明度的影响。火山活动对大气透明度的影响最大,强火山爆发喷出的火山尘和硫酸气溶胶能喷入平流层,由于不会受雨水冲刷跌落,它们能强烈地反射和散射太阳辐射,削弱到达地面的直接辐射。据分析火山尘在高空停留的时间一般只有几个月,而硫酸气溶胶则可形成火山云在平流层飘浮数年,能长时间对地面产生净冷却效应。据历史记载1815年4月初Tambora火山(8.25°S,118.0°E)爆发时,500km内有三天不见天日,各方面估计喷出的固体物质可达100—300km³。大量浓烟云长期环绕平流层漂浮,显著减弱太阳辐射,欧美各国在

---

① 此图在本书第二版p.329上曾引用

1816年普遍出现了"无夏之年"。据 Bryson(1977)估计,当年整个北半球中纬度气温平均比常年偏低 1℃左右。在英格兰夏季气温偏低 3℃,在加拿大 6 月即开始下雪。再从我国华东沿海各省近 500 年历史气候资料中可见,在 1817 年六月廿九日(阳历 8 月 11 日)赣北彭泽(29.9°N,116.0°E)见雪,木棉多冻伤。皖南东至县(30.1°N,117.0°E)在同年七月二日(阳历 8 月 14 日)降雨雪,平地寸许。在我国中部夏季有两处以上出现霜雪记载的这类严重冷夏在 1500—1865 年间竟有 35 年。这说明"六月雪"是确有其事的,它们绝大多数出现在大火山爆发后的两年间。

　　20 世纪以来,火山强烈喷发后,太阳直接辐射(Q)的减弱有实测记录可稽。例如:①Santa-Maria 火山(14.8°N,91.6°W 1902 年)1903 年 Q 比 1902 年下降 15%;②Katmal 火山(58.3°N,155.2°W,1912 年),1912 到 1913 年 Q 下降 11%;③St-Helen 火山(46.2°N,122.2°W,1980 年)1980 年我国 5 站 Q 下降 15%;④El-Chicho'n 火山(17.3°N,93.2°W,1982 年)在 1982—1983 年冬使我国日本和夏威夷的 Q 值分别下降 20% 左右。

　　1991 年 6 月菲律宾 Pinatubo 火山爆发是近 80 年来最强的一次。图 8·9 给出这次爆发后其气溶胶光学厚度对 1989—1990 年平均值的距平。从图上可以看出,在热带(20°S—30°N)在火山爆发后 3 个月后气溶胶厚度达到峰值,直到 1993 年 5 月(亦即约两年后)恢复到正常。南北半球中纬度(40°—80°N,40°—60°S)气溶胶光学厚度的峰值出现较晚,但均在春夏之际。显然,气溶胶光学厚度增大,太阳辐射削弱的程度亦增大。有资料证明 1992 年 4—10 月北半球两个大陆气温距平在 $-0.5 \sim -1.0$℃之间。由图 8·4 可见 1990 和 1991 年曾经是近百年来最暖的两年,但 1992 年全球平均下降了 0.2℃,北半球下降 0.4℃。不少学者认为,这主要是 Pinatubo 爆发的影响。

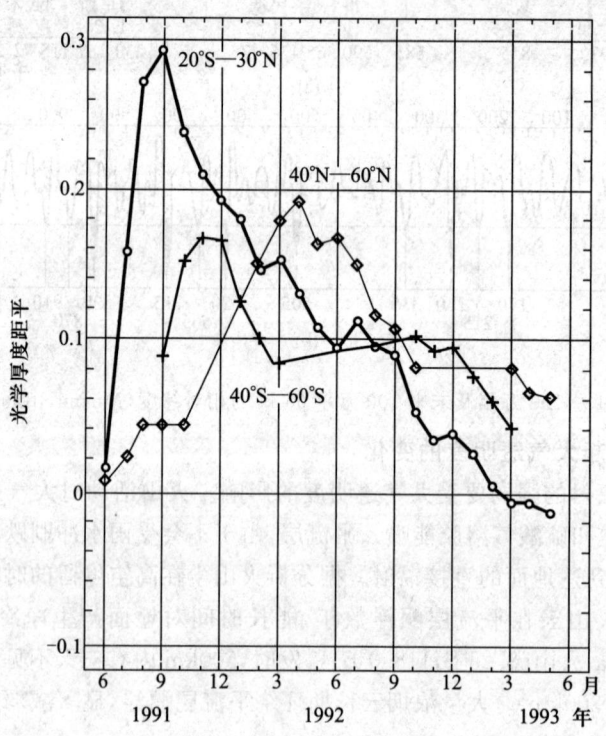

图 8·9　1991 年 6 月菲律宾 Pinatubo 火山爆发后气溶胶光学厚度的变化(CAC,1993)

火山爆发呈现着周期性的变化,历史上寒冷时期往往同火山爆发次数多、强度大的活跃时期有关。Baldwin 等(1976)指出,火山活动的加强可能是小冰期以至最近一次大冰期出现的重要原因。Bray(1977)则指出,过去 200 万年间几乎每次冰期的建立和急剧变冷都和大规模火山爆发有关。例如在 1912 年以前的 150 年,北半球火山爆发较频,所以气候相对地比较寒冷。1912年以后至 20 世纪 40 年代北半球火山活动很少,大气混浊度减小,可以吸收更多的太阳辐射,因此气温增高,形成一温暖时期。

总之,火山活动的这种"阳伞效应"是影响地球上各种空间尺度范围为时数年以上气候变化的重要因子。

(三) 太阳活动的变化

太阳黑子活动具有大约 11 年的周期。据 1978 年 11 月 16 日到 1981 年 7 月 13 日雨云 7 号卫星(装有空腔辐射仪)共 971 天的观测,证明太阳黑子峰值时太阳常数减少。最近富卡尔、马利安(Fonkal and Lean,1986)的研究指出,太阳黑子使太阳辐射下降只是一个短期行为,但太阳光斑可使太阳辐射增强。太阳活动增强,不仅太阳黑子增加,太阳光斑也增加。光斑增加所造成的太阳辐射增强,抵消掉因黑子增加而造成的削弱还有余。因此,在 11 年周期太阳活动增强时,太阳辐射也增强,即从长期变化来看太阳辐射与太阳活动为正相关(图略)。

据最新研究,太阳常数可能变化在 1%—2% 左右。模拟试验证明,太阳常数增加 2%,地面气温可能上升 3℃,但减少 2%,地面气温可能下降 4.3℃。我国近 500 年来的寒冷时期正好处于太阳活动的低水平阶段,其中三次冷期对应着太阳活动的不活跃期。如第一次冷期(1470—1520 年)对应着 1460—1550 年的斯波勒极小期[①];第二次冷期(1650—1700 年)对应着 1645—1715 年的蒙德尔极小期[②];第三次冷期(1840—1890 年)较弱,也对应着 19 世纪后半期的一次较弱的太阳活动期。而在中世纪太阳活动极大期间(1100—1250 年)正值我国元初的温暖时期,说明我国近千年来的气候变化与太阳活动的长期变化也有一定联系。

二、宇宙-地球物理因子

宇宙因子指的是月球和太阳的引潮力,地球物理因子指的是地球重力空间变化,地球转动瞬时极的运动和地球自转速度的变化等。这些宇宙-地球物理因子的时间或空间变化,引起地球上变形力的产生,从而导致地球上海洋和大气的变形,并进而影响气候发生变化。近年来这方面的研究工作正在大力开展,在我国已有专著发表[③]。

月球和太阳对地球都具有一定的引潮力,月球的质量虽比太阳小得多,但因离地球近,它的引潮力等于太阳引潮力的 2.17 倍。月球引潮力是重力的千分之 0.56 到千分之 1.12,其多年变化在海洋中产生多年月球潮汐大尺度的波动,这种波动在极地最显著,可使海平面高度改变 40—50mm,因而使海洋环流系统发生变化,进而影响海-气间的热交换,引起气候变化。

地球表面重力的分布是不均匀的。由于重力分布的不均匀引起海平面高度的不均匀,并且使大气发生变形可从图 8·10 中看出。在 40°—70°N 地区平均海平面高度距平计算值(ΔH)与气压平均距平观测值(ΔP)呈明显的反相关,其相关系数为 $\gamma_{P,H}=-0.82\pm 0.4$。北半球大气的

[①②] 这里指的是由斯波勒和蒙德尔分别发现和确定的太阳子黑子极少时期。
[③] 彭公炳,陆巍编著.气候的第四类自然因子.北京:科学出版社,1983。

四大活动中心的产生及其宽度、外形和深度,都带有变形的性质。有人认为海平面变形力距平,可以看作大气等压面变形的指数。

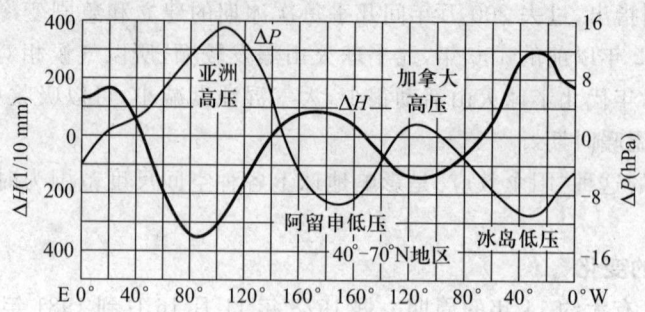

图 8·10 40°—70°N 地区平均海平面高度变形距平计算值(ΔH)与气压平均距平观测值的比较(据彭公炳,陆巍编著。气候的第四类自然因子。北京:科学出版社.1983).

天文观测证明,地轴是在不断地移动的,地球自转速度也在变动着,这些都会引起离心力的改变,相应地也会引起海洋和大气的变化,从而导致气候变化。据研究[①]厄尔尼诺事件的发生与地球自转速度变化有密切联系。从地球自转的年际变化来看,1956 年以来发生的 8 次厄尔尼诺事件,均发生在地球自转速度减慢时段,尤其是自转连续减慢两年之时。再从地球自转的月变化来看,1957、1963、1965、1969、1972 和 1976 年 6 次厄尔尼诺事件,无论是海温开始增暖和最暖的时间,都发生在地球自转开始减慢和最慢之后或处在同时,表明地球自转减慢有可能是形成厄尔尼诺的原因。其物理原因在于,上述 6 次厄尔尼诺增温都首先开始于赤道太平洋东部的冷水区,海水和大气都是附在地球表面跟随地球自转快速向东旋转,在赤道转速为最大,达每秒 465m。当地球自转突然减慢时,必然出现"刹车效应",使大气和海水获得一个向东的惯性力,从而使自东向西流动的赤道洋流和赤道信风减弱,导致赤道太平洋东部的冷水上翻减弱而发生海水增暖的厄尔尼诺现象。1982—1983 年和 1986—1987 年两次厄尔尼诺事件,海水增暖首先开始于赤道中太平洋,这两次地球自转开始减慢时间虽落后于海温增暖,但对其后的赤道东太平洋冷水区的增温以及厄尔尼诺增温抵达盛期,仍有重要贡献。

三、下垫面地理条件的变化

在整个地质时期中,下垫面的地理条件发生了多次变化,对气候变化产生了深刻的影响。其中以海陆分布和地形的变化对气候变化影响最大。

(一)海陆分布的变化

在各个地质时期地球上海陆分布的形势也是有变化的。以晚石炭纪为例,那时海陆分布和现在完全不同(图 8·11),在北半球有古北极洲、北大西洋洲(包括格陵兰和西欧)和安加拉洲三块大陆。前两块大陆是相连的,在三大洲之南为坦弟斯海。在此海之南为冈瓦纳大陆,这个大陆连接了现在的南美、亚洲和澳大利亚。在这样的海陆分布形势下,有利于赤道太平洋暖流向西流入坦弟斯海。这个洋流分出一支经伏尔加海向北流去,因此这一带有温暖的气候。从动物化石可以看到,石炭纪北极区和斯匹次卑尔根地区的温度与现代地中海的温度相似,即受此洋流影响

---

① 任振球,张素琴.天文因素与气候变化.国家科学技术委员会.气候蓝皮书,1990:271—272。

的缘故。冈瓦纳大陆由于地势高耸,有冰河遗迹,在其南部由于赤道暖流被东西向的大陆隔断,气候比较寒冷。此外,在古北极洲与北大西洋洲之间有一个向北的海湾,同样由于与暖流隔绝,其附近地区有显著的冰原遗迹。

又例如,大西洋中从格陵兰到欧洲经过冰岛与英国有一条水下高地,这条高地因地壳运动有时会上升到海面之上,而隔断了墨西哥湾流向北流入北冰洋。这时整个欧洲西北部受不到湾流热量的影响,因而形成大量冰川。有不少古气候学者认为,第四纪冰川的形成就与此有密切关系。当此高地下沉到海底时,就给湾流进入北冰洋让出了通道,西北欧气候即转暖。这条通道的阻塞程度与第四纪冰川的强度关系密切。

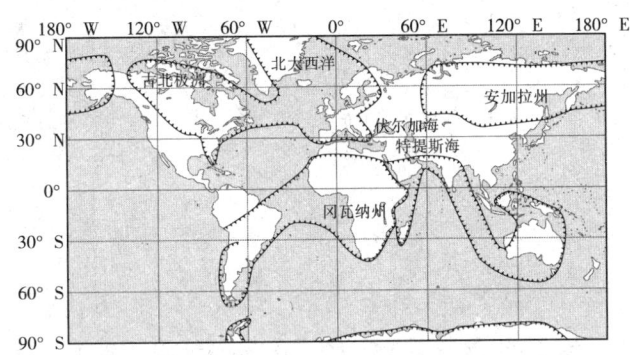

图 8·11 晚石炭纪世界海陆分布

(二) 地形变化

在地球史上地形的变化是十分显著的。高大的喜马拉雅山脉,在现代有"世界屋脊"之称,可是在地史上,这里却曾是一片汪洋,称为喜马拉雅海。直到距今约 7 千万至 4 千万年的新生代早第三纪,这里地壳才上升,变成一片温暖的浅海。在这片浅海里缓慢地沉积着以碳酸盐为主的沉积物,从这个沉积层中发现有不少海生的孔虫、珊瑚、海胆、介形虫、鹦鹉螺等多种生物的化石,足以证明当时那里确是一片海区。由于这片海区的存在,有海洋湿润气流吹向今日我国西北地区,所以那时新疆、内蒙古一带气候是很湿润的。其后由于造山运动,出现了喜马拉雅山等山脉,这些山脉成了阻止海洋季风进入亚洲中部的障碍,因此新疆和内蒙古的气候才变得干旱。

四、大气环流和大气化学组成的变化

大气环流形势和大气化学组成成分的变化是导致气候变化和产生气候异常的重要因素。例如近几十年来出现的旱涝异常就与大气环流形势的变化有密切关系。图 8·12 是 1951—1966 年与 1900—1930 年相比较的北半球平均气压分布的距平图,可以看出,在本世纪 50 年代和 60 年代,北半球大气环流的主要变化,就是北冰洋极地高压的扩大和加强。这种扩大加强对北极区域是不对称的,在极地中心区域平均气压的变化较小,平均气压的主要变化发生在大西洋北部区域,最突出的特点是大西洋 50°N 以北的极地高压的扩展,它导致北大西洋地面偏北风加强,促使极地海冰南移和气候带向低纬推进。

根据高纬度洋面海冰的观测记录,在北太平区域海冰南限与上一次气候寒冷期(1550—1850 年)结束后的海冰南限位置相差无几,而大西洋区域的海冰南限却南进甚多,这是极地高压在北大西洋区域扩大与加强的结果。

北极变冷导致极地高压加强,气候带向南推进,这一过程在大气活动中心的多年变化中也反映出来。从冬季环流形势来看,大西洋上冰岛低压的位置在一段时间内一直是向西南移动的;太平洋上的阿留申低压也同样向西南移动。与此同时,中纬度的纬向环流减弱,经向环流加强,气压带向低纬方向移动。

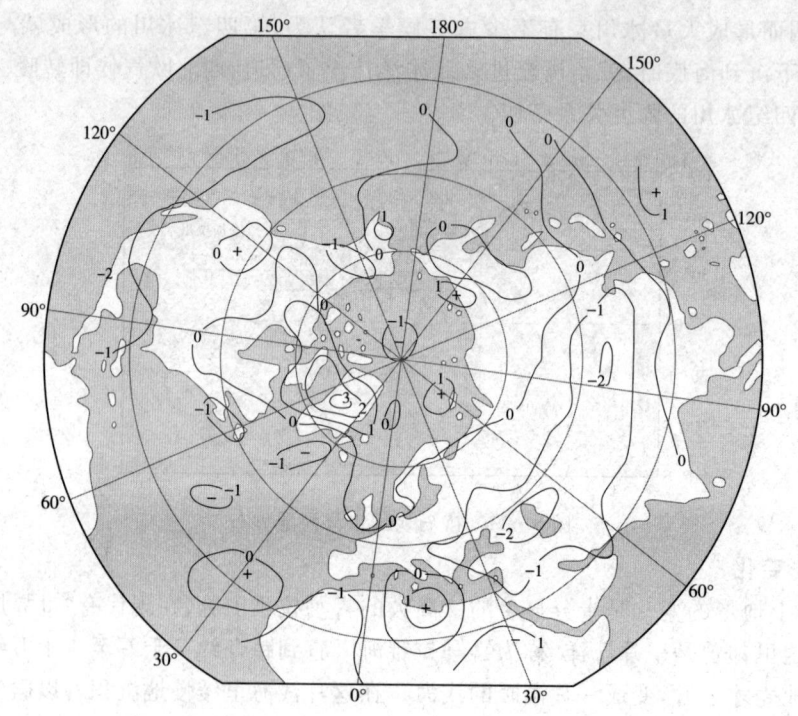

图 8·12 1951—1966 年与 1900—1939 年相比较的北半球平均气压分布的距平

从 1961—1970 年,这 10 年是经向环流发展最明显的时期,也是我国气温最低的 10 年。在转冷最剧的 1963 年,冰岛地区竟被冷高压所控制,原来的冰岛低压移到了大西洋中部,亚速尔高压也相应南移,这就使得北欧奇冷,撒哈拉沙漠向南扩展。在这一副热带高压中心控制下,盛行下沉气流,再加上前述的生物地球物理反馈机制(见第六章第四节),因而造成这一区域的持续干旱。而在地中海区域正当冷暖气团交绥的地带,静止锋在此滞留,致使这里暴雨成灾。

大气中有一些微量气体和痕量气体对太阳辐射是透明的,但对地气系统中的长波辐射(约相当于 285K 黑体辐射)却有相当强的吸收能力,对地面气候起到类似温室的作用,故称温室气体。图 8·13 给出地气系统的长波辐射及影响气候变化的主要温室气体的吸收带,图中所列出的 CO_2、CH_4、N_2O、O_3 等成分是大气中所固有的,CFC_{11} 和 CFC_{12} 是由近代人类活动所引起的。这些成分在大气中总的含量虽很小,但它们的温室效应,对地气系统的辐射能收支和能量平衡却起着极重要的作用。这些成分浓度的变化必然会对地球气候系统造成明显扰动,引起全球气候的变化。

据研究上述大气成分的浓度一直在变化着。引起这种变化的原因有自然的发展过程,也有人类活动的影响。这种变化有数千年甚至更长时间尺度的变化,也有几年到几十年就明显表现出来的变化。人类活动可能是造成几年到几十年时间尺度变化的主要原因。由于大气是超级流

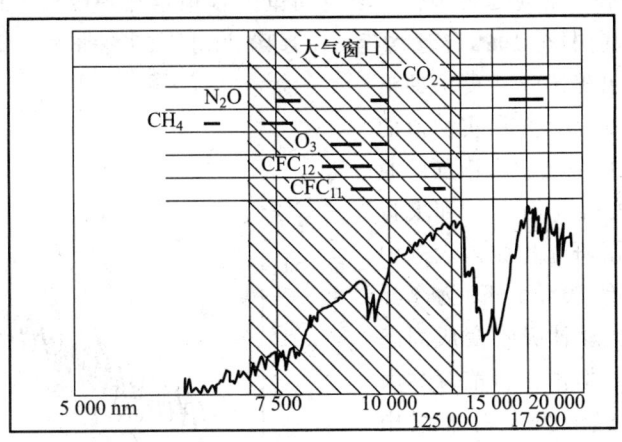

图 8·13 地球气候系统的长波辐射及温室气体的吸收带阴影部分
为大气窗口(UNEP Environment Library,1987)

体,工业排放的气体很容易在全球范围内输送,人类活动造成的局地或区域范围的地表生态系统的变化也会改变全球大气的组成,因为大气的许多化学组分大都来自地表生物源。

第三节 人类活动对气候的影响

人类活动对气候的影响有两种:一种是无意识的影响,即在人类活动中对气候产生的副作用;一种是为了某种目的,采取一定的措施,有意识地改变气候条件。在现阶段,以第一种影响占绝对优势,而这种影响以以下三方面表现得最为显著,即①在工农业生产中排放至大气中的温室气体和各种污染物质,改变大气的化学组成;②在农牧业发展和其它活动中改变下垫面的性质,如破坏森林和草原植被,海洋石油污染等等;③在城市中的城市气候效应。自世界工业革命后的 200 年间,随着人口的剧增,科学技术发展和生产规模的迅速扩大,人类活动对气候的这种不利影响越来越大。因此,必须加强研究力度,采取措施,有意识地规划和控制各种影响环境和气候的人类活动,使之向有利于改善气候条件的方向发展。

一、改变大气化学组成与气候效应

工农业生产排入大量废气、微尘等污染物质进入大气,主要有二氧化碳(CO_2)、甲烷(CH_4)、一氧化二氮(N_2O)和氟氯烃化合物(CFCs)等。据确凿的观测事实证明,近数十年来大气中这些气体的含量都在急剧增加,而平流层的臭氧 O_3 总量则明显下降。如前所述,这些气体都具有明显的温室效应,如图 8·13 所示。在波长 9 500 毫微米(μm)及 12 500—17 000 μm 有两个强的吸收带,这就是 O_3 及 CO_2 的吸收带。特别是 CO_2 的吸收带,吸收了大约 70%—90% 的红外长波辐射。地气系统向外长波辐射主要集中在 7 000—13 000 μm 波长范围内,这个波段被称为大气窗。上述 CH_4、N_2O、CFCs 等气体在此大气窗内均各有其吸收带,这些温室气体在大气中浓度的增加必然对气候变化起着重要作用。

大气中 CO_2 浓度在工业化之前很长一段时间里大致稳定在约 $(280\pm10)\times10^{-3}$ ml/L，但在近几十年来增长速度甚快，至 1990 年已增至 345×10^{-3} ml/L（见表 8·6），90 年代以后，增长速度更大。图 8·14 给出美国哈威夷马纳洛亚站（Mauna Loa）1959—1993 年实测值的逐年变化。大气中 CO_2 浓度急剧增加的原因，主要是由于大量燃烧化石燃料和大量砍伐森林所造成的。据研究排放入大气中的 CO_2 有一部分（约有 50% 上下）为海洋所吸收，另有一部分被森林吸收变成固态生物体，贮存于自然界，但由于目前森林大量被毁，致使森林不但减少了对大气中 CO_2 的吸收，而且由于被毁森林的燃烧和腐烂，更增加大量的 CO_2 排放至大气中。目前，对未来 CO_2 的增加有多种不同的估计，如按现在 CO_2 的排放水平计算，在

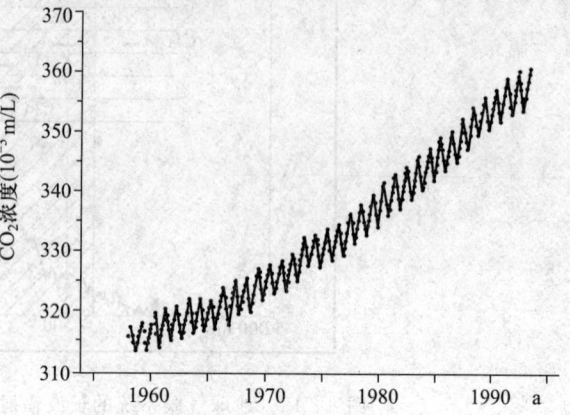

图 8·14　美国马纳洛亚站 CO_2 浓度（$\times10^{-3}$ ml/L）的逐年变化（1959—1993 年）CDIAC Trends'93

2025 年大气中 CO_2 浓度为 4.25×10^{-3} mL/L 为工业化前的 1.55 倍。

甲烷（CH_4 沼气）是另一种重要的温室气体。它主要由水稻田、反刍动物、沼泽地和生物体的燃烧而排放入大气。在距今 200 年以前直到 11 万年前，CH_4 含量均稳定于 0.75—0.80$\times10^{-3}$ mL/L。近年来增长很快。1950 年 CH_4 含量已增加到 1.25×10^{-3} mL/L，1990 年为 1.72×10^{-3} mL/L。Dlugokencky 等根据全球 23 个陆地定点测站和太平洋上 14 个不同纬度的船舶观测站观测记录，估算出近 10 年来全球逐年 CH_4 在大气中混合比（M）的变化值如图 8·15 所示。根据目前增长率外延，大气中 CH_4 含量将在公元 2000 年达 2.0×10^{-3} mL/L，2030 年和 2050 年分别达 2.34 至 2.50×10^{-3} mL/L。

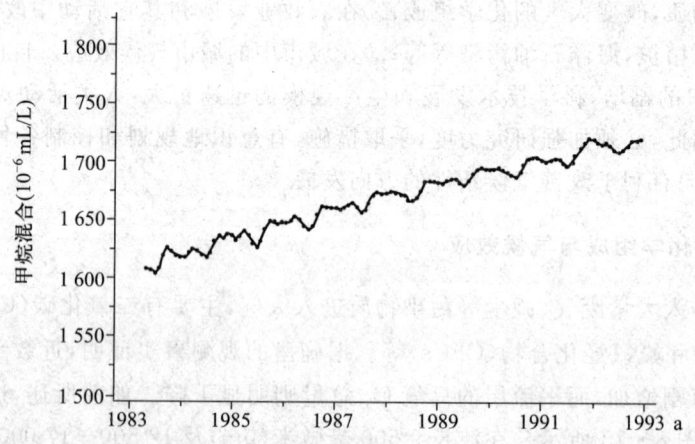

图 8·15　近 10 年来全球甲烷（CH_4）混合比的变化（CDIAC Trends'93）

一氧化二氮（N_2O）向大气排放量与农田面积增加和施放氮肥有关。平流层超音速飞行也可产生 N_2O。在工业化前大气中 N_2O 含量约为 2.85×10^{-3} mL/L。1985 年和 1990 年分别增加到 3.05×10^{-3} mL/L 和 3.10×10^{-3} mL/L。考虑今后排放，预计到 2030 年大气中 N_2O 含量可能增

加到 $3.50\times10^{-3}-4.50\times10^{-3}$ mL/L 之间，N_2O 除了引起全球增暖外，还可通过光化学作用在平流层引起臭平氧 O_3 离解，破坏臭氧层。

氟氯烃化合物(CFCs)是制冷工业(如冰箱)、喷雾剂和发泡剂中的主要原料。此族的某些化合物如氟里昂 11(CCl_3F，CFC_{11})和氟里昂 12(CCl_2F_2，CFC_{12})是具有强烈增温效应的温室气体。近年来还认为它是破坏平流层臭氧的主要因子，因而限制 CFC_{11} 和 CFC_{12} 生产已成为国际上突出的问题。

在制冷工业发展前，大气中本没有这种气体成分。CFC_{11} 在 1945 年、CFC_{12} 在 1935 年开始有工业排放。到 1980 年，对流层低层 CFC_{11} 含量约为 168×10^{-3} mL/L 而 CFC_{12} 为 285×10^{-3} mL/L，到 1990 年则分别增至 280×10^{-3} mL/L 和 484×10^{-3} mL/L，其增长是十分迅速的。图 8·16 给出 CFC_{12} 近数十年来的变化形势，其未来含量的变化取决于今后的限制情况。

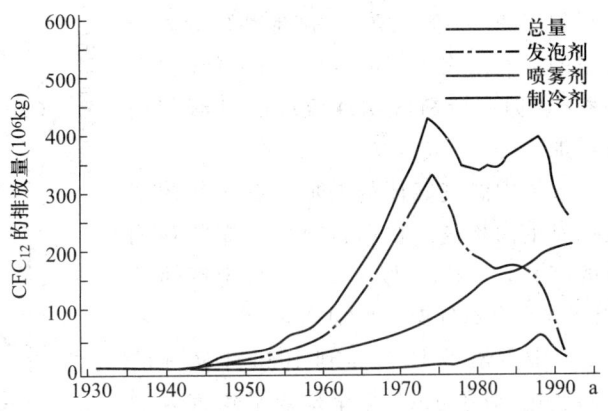

图 8·16 近数十年来大气中 CFC_{12} 逐年的排放量
(1938—1992 年)引自 CDIAC, Fall 1994 lssue No.20 p9

根据专门的观测和计算大气中主要温室气体的浓度年增量和在大气中衰变的时间如表 8·7 所示。可见除 CO_2 外，其它温室气体在大气中的含量皆极微，所以称为微量气体。但它们的增温效应极强[①]，而且年增量大，在大气中衰变时间长，其影响甚巨。

表 8·7 大气中的主要温室气体(IPCC，1990 年)

温室气体	工业化之前浓度 (1750—1800 年)	现在浓度 (1990 年)	年增量	在大气中衰变 时间(年)
CO_2	280×10^{-6} mL/L	354×10^{-6} mL/L	1.6×10^{-6} mL/L(0.5%)	50—200
CH_4	0.79×10^{-6} mL/L	1.72×10^{-6} mL/L	0.015×10^{-6} mL/L(0.9%)	10
N_2O	288×10^{-6} mL/L	310×10^{-6} mL/L	0.8×10^{-6} mL/L(0.25%)	150
CFC-11	0	280×10^{-6} mL/L	10×10^{-6} mL/L(4%)	65
CFC-12	0	484×10^{-6} mL/L	7×10^{-6} mL/L(4%)	130

臭氧(O_3)也是一种温室气体，它受自然因子(太阳辐射中紫外辐射对高层大气氧分子进行光化学作用而生成)影响而产生，但受人类活动排放的气体破坏，如氟氯烃化合物、卤化烷化合物、N_2O 和 CH_4、CO 均可破坏臭氧。其中以 CFC_{11}、CFC_{12} 起主要作用，其次是 N_2O。图 8·17 是各气候带纬向平均臭氧总量距平值的年际变化(1965—1985 年，由图可见，自 80 年代初期以后，臭氧量急剧减少，以南极为例，最低值达 -15%，北极为 -5% 以上，从全球而言，正常情况下振荡应在 $\pm2\%$ 之间，据 1987 年实测，这一年达 -4% 以上。从 60°N—60°S 间臭氧总量自 1978 年以来已由平均为 300 多普生单位减少到 1987 年 290 单位以下，亦即减少了 $3\%-4\%$。从垂直变化而言，以 15—20 km 高空减少最多，对流层低层略有增加。南极臭氧减少最为突出，在南极中心附近形成一个极小区，称为"南极臭氧洞"。自 1979 年到 1987 年，臭氧极小中心最低值由

[①] 从温室效应来看一个 CH_4 分子的作用为一个 CO_2 分子的 2.1 倍，N_2O 为 CO_2 的 206 倍，而 CFCs 一般相当于一个 CO_2 分子的一万倍以上。

270单位降到150单位,小于240单位的面积在不断扩大,表明南极臭氧洞在不断加强和扩大。在1988年其O_3总量虽曾有所回升,但到1989年南极臭氧洞又有所扩大。1994年10月4日世界气象组织发表的研究报告表明,南极洲3/4的陆地和附近海面上空的臭氧已比十年前减少了65%还要多一些[①]。但有资料表明对流层的臭氧却稍有增加。

大气中温室气体的增加会造成气候变暖和海平面抬高。根据目前最可靠的观测值的综合,自1885以来直到1985年间的100年中,全球气温已增加0.6—0.9℃。图8·18中点出了1860年到1985年实际的气温变化(对于1985年全球年平均气温的差值),表明全球增暖的趋势也是0.8℃左右。1985年以后全球地面气温仍在继续增加,多数学者认为是温室气体排放所造成

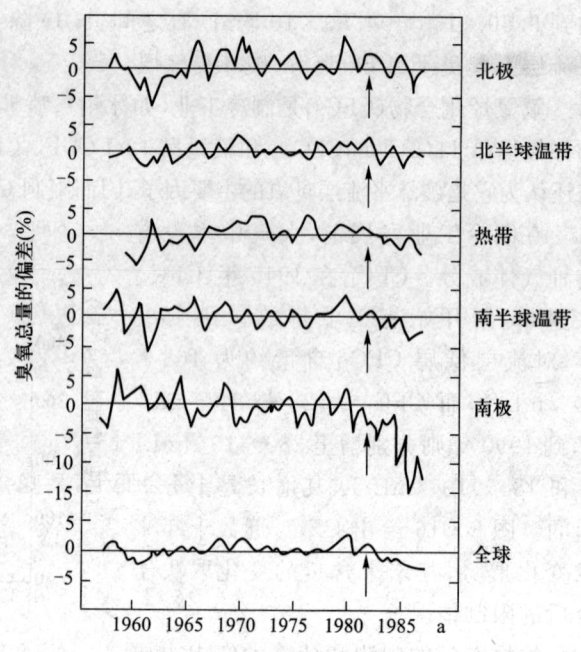

图8·17 各气候带纬向平均O_3总量距平值的年际变化(1965—1985年)

的。图中列出三种不同情况温室气体的排放所产生的增温效应,从气候模式计算结果还表明此种增暖是极地大于赤道,冬季大于夏季。

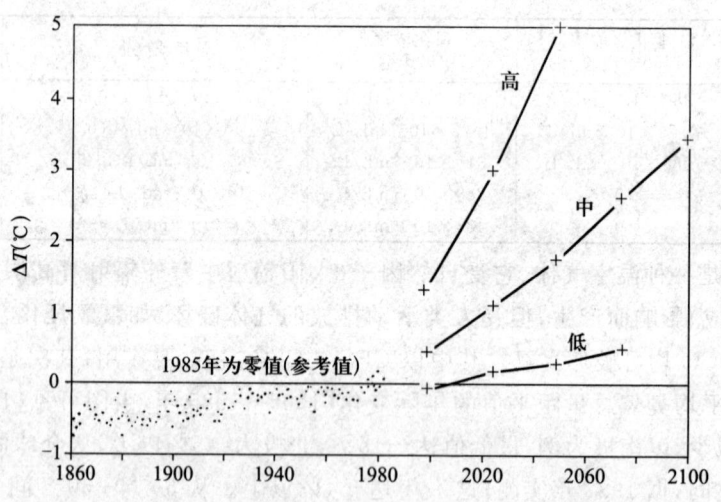

图8·18 1860—1985年全球实际气温的变化和今后百余年在温室气体各种排放情况下全球气温变化的预测值
图中坐线表示参考年(1985年)的零点,点线为1860年来的全球
温度相对于1985年的差值(见气候蓝皮书,p116.1990年)
高曲线:温室气体排放不受限制时的温度变化曲线 中曲线:排放控制在1985年水平
低曲线:从1985年起开始停止排放

---

① 见1994年10月5日解放日报

全球气温升高的同时,海水温度也随之增加,这将使海水膨胀,导致海平面升高。再加上由于极地增暖剧烈,当大气中 CO_2 浓度加倍后会造成极冰融化而冰界向极地萎缩,融化的水量会造成海平面抬升。实际观测资料证明,自1880年以来直到1980年,全球海平面在百年中已抬高了10—12cm。据计算,在温室气体排放量控制在1985年排放标准情况下,全球海平面将以5.5cm/10a速度而抬高,到2030年海平面会比1985年增加20cm,2050年增加34cm,若排放不加控制,到2030年,海平面就会比1985年抬升60cm,2050年抬升150cm。

温室气体增加对降水和全球生态系统都有一定影响。据气候模式计算,当大气中 CO_2 含量加倍后,就全球讲,降水量年总量将增加7%—11%,但各纬度变化不一。从总的看来,高纬度因变暖而降水增加,中纬度则因变暖后副热带干旱带北移而变干旱,副热带地区降水有所增加,低纬度因变暖而对流加强,因此降水增加。

就全球生态系统而言,因人类活动引起的增暖会导致在高纬度冰冻的苔原部分解冻,森林北界会更向极地方向发展。在中纬度将会变干,某些喜湿润温暖的森林和生物群落将逐渐被目前在副热带所见的生物群落所替代。根据预测,CO_2 加倍后,全球沙漠将扩大3%,林区减少11%,草地扩大11%,这是中纬度的陆地趋于干旱造成的。

温室气体中臭氧层的破坏对生态和人体健康影响甚大。臭氧减少,使到达地面的太阳辐射中的紫外辐射增加。大气中臭氧总量若减少1%,到达地面的紫外辐射会增加2%,此种紫外辐射会破坏核糖核酸(DNA)以改变遗传信息及破坏蛋白质,能杀死10m水深内的单细胞海洋浮游生物,减低渔产,以及破坏森林,减低农作物产量和质量,削弱人体免疫力、损害眼睛、增加皮肤癌等疾病。

此外,由于人类活动排放出来的气体中还有大量硫化物、氮化物和人为尘埃,它们能造成大气污染,在一定条件下会形成"酸雨",能使森林、鱼类、农作物及建筑物蒙受严重损失。大气中微尘的迅速增加会减弱日射,影响气温、云量(微尘中有吸湿性核)和降水。

二、改变下垫面性质与气候效应

人类活动改变下垫面的自然性质是多方面的,目前最突出的是破坏森林、坡地、干旱地的植被及造成海洋石油污染等。

森林是一种特殊的下垫面,它除了影响大气中 CO_2 的含量以外,还能形成独具特色的森林气候,而且能够影响附近相当大范围地区的气候条件。森林林冠能大量吸收太阳入射辐射,用以促进光合作用和蒸腾作用,使其本身气温增高不多,林下地表在白天因林冠的阻挡,透入太阳辐射不多,气温不会急剧升高,夜晚因有林冠的保护,有效辐射不强,所以气温不易降低。因此林内气温日(年)较差比林外裸露地区小,气温的大陆度明显减弱。

森林树冠可以截留降水,林下的疏松腐植质层及枯枝落叶层可以蓄水,减少降雨后的地表径流量,因此森林可称为"绿色蓄水库"。雨水缓缓渗透入土壤中使土壤湿度增大,可供蒸发的水分增多,再加上森林的蒸腾作用,导致森林中的绝对湿度和相对湿度都比林外裸地为大。

森林可以增加降水量,当气流流经林冠时,因受到森林的阻障和摩擦,有强迫气流的上升作用,并导致湍流加强,加上林区空气湿度大,凝结高度低,因此森林地区降水机会比空旷地多,雨量亦较大。据实测资料,森林区空气湿度可比无林区高15%—25%,年降水量可增加6%—10%。

森林有减低风速的作用,当风吹向森林时,在森林的迎风面,距森林100m左右的地方,风速就发生变化。在穿入森林内,风速很快降低,如果风中挟带泥沙的话,会使流沙下沉并逐渐固定。

穿过森林后在森林的背风面在一定距离内风速仍有减小的效应。在干旱地区森林可以减小干旱风的袭击,防风固沙。在沿海大风地区森林可以防御海风的侵袭,保护农田。森林根系的分泌物能促使微生物生长,可以改进土壤结构。森林覆盖区气候湿润,水土保持良好,生态平衡有良性循环,可称为"绿色海洋"。

根据考证,历史上世界森林曾占地球陆地面积的2/3,但随着人口增加,农、牧和工业的发展,城市和道路的兴建,再加上战争的破坏,森林面积逐渐减少,到19世纪全球森林面积下降到46%,20世纪初下降到37%,目前全球森林覆盖面积平均约为22%。我国上古时代也有浓密的森林覆盖,其后由于人口繁衍,农田扩展和明清两代战祸频繁,到1949年全国森林覆盖率已下降到8.6%。建国以来,党和政府组织大规模造林,人造林的面积达4.6亿亩,但由于底子薄,毁林情况相当严重,目前森林覆盖面积仅为12%,在世界160个国家中居116位[①]。

由于大面积森林遭到破坏,使气候变旱,风沙尘暴加剧,水土流失,气候恶化。相反,我国在解放后营造了各类防护林,如东北西部防护林、豫东防护林、西北防沙林、冀西防护林、山东沿海防护林等等,在改造自然,改造气候条件上已起了显著作用。

在干旱、半干旱地区,原来生长着具有很强耐旱能力的草类和灌木,它们能在干旱地区生存,并保护那里的土壤。但是,由于人口增多,在干旱、半干旱地区的移民增加,他们在那里扩大农牧业,挖掘和采集旱生植物作燃料(特别是坡地上的植物),使当地草原和灌木等自然植被受到很大破坏。坡地上的雨水汇流迅速,流速快,对泥土的冲刷力强,在失去自然植被的保护和阻挡后,就造成严重的水土流失。在平地上一旦干旱时期到来,农田庄稼不能生长,而开垦后疏松了的土地又没有植被保护,很容易受到风蚀,结果表层肥沃土壤被吹走,而沙粒存留下来,产生沙漠化现象。畜牧业也有类似情况,牧业超过草场的负荷能力,在干旱年份牧草稀疏、土地表层被牲畜践踏破坏,也同样发生严重风蚀,引起沙漠化现象的发生。在沙漠化的土地上,气候更加恶化,具体表现为:雨后径流加大,土壤冲刷加剧,水分减少,使当地土壤和大气变干,地表反射率加大,破坏原有的热量平衡,降水量减少,气候的大陆度加强,地表肥力下降,风沙灾害大量增加,气候更加干旱,反过来更不利于植物的生长。

据联合国环境规划署估计,当前每年世界因沙漠化而丧失的土地达6万km²,另外还有21万km²的土地地力衰退,在农、牧业上已无经济价值可言。沙漠化问题也同样威胁我国,在我国北方地区历史时期所形成的沙漠化土地有12万km²,近数十年来沙漠化面积逐年递增,因此必须有意识地采取积极措施保护当地自然植被,进行大规模的灌溉,进行人工造林,因地制宜种植防沙固土的耐旱植被等来改善气候条件,防止气候继续恶化。

海洋石油污染是当今人类活动改变下垫面性质的另一个重要方面,据估计每年大约有10亿t以上的石油通过海上运往消费地。由于运输不当或油轮失事等原因,每年约有100万t以上石油流入海洋,另外,还有工业过程中产生的废油排入海洋。有人估计,每年倾注到海洋的石油量达200—1 000万t。

倾注到海中的废油,有一部分形成油膜浮在海面,抑制海水的蒸发,使海上空气变得干燥。同时又减少了海面潜热的转移,导致海水温度的日变化、年变化加大,使海洋失去调节气温的作用,产生"海洋沙漠化效应"。在比较闭塞的海面,如地中海、波罗的海和日本海等海面的废油膜

---

① 见国家技术委员会.中国科学技术蓝皮书,第5号.气候,1990:124。

影响比广阔的太平洋和大西洋更为显著。

此外,人类为了生产和交通的需要,填湖造陆,开凿运河以及建造大型水库等,改变下垫面性质,对气候亦产生显著影响。例如我国新安江水库于1960年建成后,其附近淳安县夏季较以前凉爽,冬季比过去暖和,气温年较差变小,初霜推迟,终霜提前,无霜期平均延长20天左右。

三、人为热和人为水汽的排放

随着工业、交通运输和城市化的发展,世界能量的消耗迅速增长,仅1970年全世界消耗的能量就相当于燃烧了75亿t煤,放出25×10^{10}J的热量。其中在工业生产、机动车运输中有大量废热排出,居民炉灶和空调以及人、畜的新陈代谢等亦放出一定的热量,这些"人为热"像火炉一样直接增暖大气。目前如果将人为热平均到整个大陆;等于在每平方米的土地上放出0.05W的热量。从数值上讲,它和整个地球平均从太阳获得的净辐射热相比是微不足道的,但是由于人为热的释放集中于某些人口稠密、工商业发达的大城市,其局地增暖的效应就相当显著。如表8·8所示,在高纬度城市如费尔班克斯、莫斯科等,其年平均人为热(Q_F)的排放量大于太阳净辐射;中纬度城市如蒙特利尔、曼哈顿等,因人均用能量大,其年平均人为热Q_F的排放量亦大于R_g。特别是蒙特利尔冬季因空调取暖耗能量特大,其人为热竟相当于太阳净辐射的11倍以上。但是像热带的中国香港,赤道带的新加坡,其人为热的排放量与太阳净辐射相比就微乎其微了。

在燃烧大量化石燃料(天然气、汽油、燃料油和煤等)时除有废热排放外,还向空气中释放一定量的"人为水汽",根据美国大城市气象试验(METROMEX)对圣路易斯城由燃烧产生的人为水汽量为10.8×10^8g/h,而当地夏季地面的自然蒸散量为6.7×10^{11}g/h。显然人为水汽量要比自然蒸散的水汽量小得多,但它对局地低云量的增加有一定作用。

表8·8 若干不同城市人为热的排放量*

城市名称	纬度 °N	人口密度 人/km²	人均用能量 MJ×10³	时期	人为热 Q_F W/m²	净辐射 R_g W/m²	Q_F/R_g
费尔班克斯(Fairbanks)	64	810	740	年平均	19	18	1.05
莫斯科(Moscow)	56	7 300	530	年平均	127	42	3.02
谢菲尔德(Sheffield)	53	10 420	58	年平均	19	56	0.34
温哥华(Vancouver)	49	5 360	112	年平均	19	57	0.33
				夏季	15	107	0.14
				冬季	23	6	3.83
布达佩斯(Budapest)	47	11 500	118	年平均	43	46	0.93
蒙特利尔(Montreal)	45	14 102	221	年平均	99	52	1.90
				夏季	57	92	0.62
				冬季	153	13	11.77
曼哈顿(Manhattan)	40	28 810	128	年平均	117	93	1.26
中国香港	22	3 730	34	年平均	4	110	0.04
新加坡	1	3 700	25	年平均	3	110	0.03

*见周淑贞,束炯.城市气候学.北京:气象出版社.1994:197。

据估计目前全世界能量的消耗每年约增长 5.5%。如按这个速度增加下去,到公元 2000 年,全世界能量消耗将比 1970 年增加 5 倍,即年耗能为 375 亿 t 煤。其排放出的人为热和人为水汽又主要集中在城市中,对城市气候的影响将愈来愈显示其重要性。

此外,喷气飞机在高空飞行喷出的废气中除混有 CO_2 外,还有大量水汽,据研究平流层 (50hPa 高空)的水汽近年来有显著的增加,例如 1964 年其水汽含量为 2×10^{-3} mL/L,1970 年就上升到 3×10^{-3} mL/L,这就和大量喷气飞机经常在此高度飞行有关。水汽的热效应与 CO_2 相似,对地表有温室效应。有人计算,如果平流层水汽量增加 5 倍,地表气温可升高 2℃,而平流层气温将下降 10℃。在高空水汽的增加还会导致高空卷云量的加多,据估计在大部分喷气机飞行的北美—大西洋—欧洲航线上,卷云量增加了 5%—10%。云对太阳辐射及地气系统的红外辐射都有很大影响,它在气候形成和变化中起着重要的作用。[①]

四、城市气候

城市是人类活动的中心,在城市里人口密集,下垫面变化最大。工商业和交通运输频繁,耗能最多,有大量温室气体、"人为热"、"人为水汽"、微尘和污染物排放至大气中。因此人类活动对气候的影响在城市中表现最为突出。城市气候是在区域气候背景上,经过城市化后,在人类活动影响下而形成的一种特殊局地气候。在 80 年代初期美国学者兰兹葆曾将城市与郊区各气候要素的对比总结如表 8·9 所示。

从大量观测事实看来,城市气候的特征可归纳为城市"五岛"效应(混浊岛、热岛、干岛、湿岛、雨岛)和风速减小、多变。

表 8·9 城市与郊区气候特征比较*

要素	市区与郊区比较
大气污染物	凝结核比郊区多 10 倍,微粒多 10 倍,气体混合物多 5—25 倍
辐射与日照	太阳总辐射少 0%—20%,紫外辐射:冬季 30%,夏季少 5%,日照时数少 5%—15%
云和雾	总云量多 5%—10%,雾:冬多 1 倍,夏多 30%
降水	降水总量多 5%—15%,<5mm 雨日数多 10%,雷暴多 10%—15%
降雪量	城区少 5%—10%,城区下风方多 10%
气温	年平均高 0.5—3.0℃,冬季平均最低高 1—2℃,夏季平均最高高 1—3℃
相对湿度	年平均小 6%,冬季小 2%,夏季小 8%
风速	年平均小 20%—30%,大阵风少 10%—20%,静风日数多 5%—20%

* 见 H. E. Landsberg. The Urban Climate. Academic Press. 1981.

(一)城市混浊岛效应

城市混浊岛效应主要有四个方面的表现。首先城市大气中的污染物质比郊区多,仅就凝结核一项而论,在海洋上大气平均凝结核含量为 940 粒/cm³,绝对最大值为 39 800 粒/cm³;而在大城市的空气中平均为 147 000 粒/cm³,为海洋上的 156 倍,绝对最大值竟达 4 000 000 粒/cm³,也超出海洋上绝对最大值 100 倍以上。再以上海为例,根据近 5 年(1986—1990 年)监测结果,大

---

① 详见林本达,黄建平.动力气候学引论.北京:气象出版社,1994:55—100。

气中 SO_2 和 NO_x 两种气体污染物城区平均浓度分别比郊县高 8.7 倍和 2.4 倍。

其次,城市大气中因凝结核多,低空的热力湍流和机械湍流又比较强,因此其低云量和以低云量为标准的阴天日数(低云量≥8 的日数)远比郊区多。据上海近十年(1980—1989 年)统计,城区平均低云量为 4.0,郊区为 2.9。城区一年中阴天(低云量≥8)日数为 60 天而郊区平均只有 31 天,晴天(低云量≤2)则相反,城区为 132 天而郊区平均却有 178 天。欧美大城市如慕尼黑、布达佩斯和纽约等亦观测到类似的现象。

第三,城市大气中因污染物和低云量多,使日照时数减少,太阳直接辐射(S)大大削弱,而因散射粒子多,其太阳散射辐射(D)却比干洁空气中为强。在以 D/S 表示的大气混浊度(又称混浊度因子 turbidity foctor)的地区分布上,城区明显大于郊区。根据上海近 27 年(1959—1985 年)观测资料统计计算,上海城区混浊度因子比同时期郊区平均高 15.8%。在上海混浊度因子分布图上,城区呈现出一个明显的混浊岛(图 8·19)。在国外许多城市亦有类似现象。

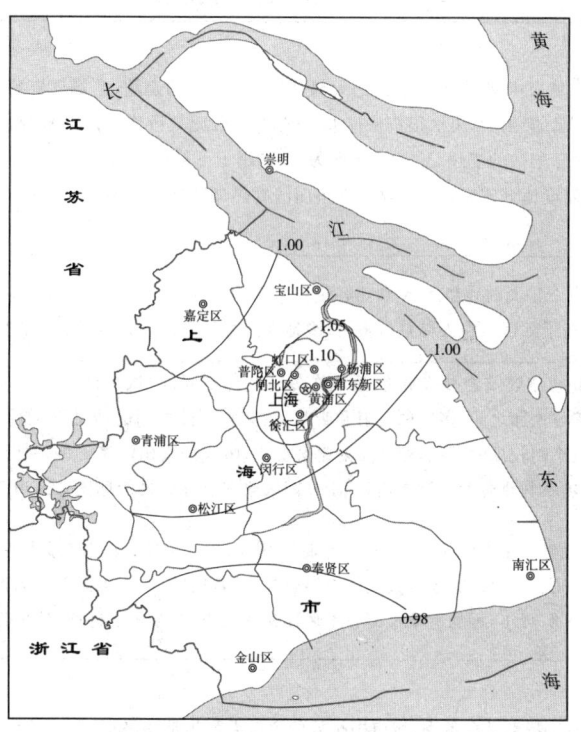

图 8·19 上海地区混浊度因子(D/S)的分布(1959—1985 年)

第四,城市混浊岛效应还表现在城区的能见度小于郊区。这是因为城市大气中颗粒状污染物多,它们对光线有散射和吸收作用,有减小能见度的效应。当城区空气中二氧化氮 NO_2 浓度极大时,会使天空呈棕褐色,在这样的天色背景下,使分辨目标物的距离发生困难,造成视程障碍。此外城市中由于汽车排出废气中的一次污染物——氮氧化合物和碳氢化物,在强烈阳光照射下,经光化学反应,会形成一种浅蓝色烟雾,称为光化学烟雾,能导致城市能见度恶化。美国洛杉矶、日本东京和我国兰州等城市均有此现象。

(二) 城市热岛效应

根据大量观测事实证明,城市气温经常比其四周郊区为高。特别是当天气晴朗无风时,城区气温 T_u 与郊区气温 T_r 的差值 ΔT_{u-r}(又称热岛强度)更大。例如上海在1984年10月22日20时天晴,风速 1.8m/s,广大郊区气温在13℃上下,一进入城区气温陡然升高(图8·20),等温线密集,气温梯度陡峻,老城区气温在17℃以上,好像一个"热岛"矗立在农村较凉的"海洋"之上。城市中人口密集区和工厂区气温最高,成为热岛中的"高峰"(又称热岛中心),城中心62中学气温高达 18.6℃ 比近郊川沙、嘉定高出 5.6℃,比远郊松江高出 6.5℃,类似此种强热岛在上海一年四季均可出现,尤以秋冬季节晴稳无风天气下出现频率最大。

世界上大大小小的城市,无论其纬度位置、海陆位置、地形起伏有何不同,都能观测到热岛效应。而其热岛强度又与城市规模、人口密度、能源消耗量和建筑物密度等密切有关。

城市热岛的形成有多种因素(详见表8·10),其中下垫面因素、人为热和温室气体的排放是

表 8·10 城市热岛形成的因素

(一)下垫面因素:

1. 下垫面不透水面积大:城市中除少量绿地外,绝大部分为人工铺砌的道路、广场建筑物和构筑物,其下垫面不透水面积远比郊区绿野为大。降雨后,雨水很快从排水管道流失,因此其可供蒸发的水分比郊区少。在能量平衡中其所获得的净辐射 Q_n 用于蒸散的潜热 Q_E 远比郊区为少,而用于下垫面增温和向空气输送的显热 Q_H 则比郊区多。这就使得城区下垫面温度比郊区高,形成"城市下垫面温度热岛",并从而通过湍流交换和长波辐射使城区气温高于郊区。

2. 下垫面的热性质:城市下垫面的导热率 K 和热容量 C 以及由此而计算出的热导 $\mu = \sqrt{KC}$ 都比郊区大,致使城市下垫面的储热量显著高于郊区。白天储热量多,夜晚地面降温比郊区慢,通过地-气热交换,城区气温乃比郊区高。

3. 下垫面的几何形状:城市中建筑物参差错落,形成许多高宽比不同的"城市街谷"。在白天太阳照射下,由于街谷中墙壁与墙壁间,墙壁与地面之间,多次的反射和吸收,在其它条件相同的情况下,能够比郊区获得较多的太阳辐射能,如果墙壁和屋顶涂刷较深的颜色,则其反射率会更小,吸收的太阳能将更多,并因为墙壁、屋顶和地面的建筑材料又具有较大的导热率和热容量,"城市街谷"于日间吸收和储存的热能远比郊区为多。

其次,"城市街谷"中,天穹可见度(smy view fector,简作SVF,以 ψ 表示)比空旷郊区小(图8·21)在街谷底部长波辐射能的交换中,其长波逆辐射值除来自大气的逆辐射外,还有墙壁、屋檐等向下方的长波辐射。因此其长波净辐射的热能损失就比郊区旷野小,再加上城市街谷中风速又比较小,热量不易外散,这些都导致其气温高于郊区。

(二)人为热和温室气体

1. 人为热:在中高纬度城市特别是在冬季,城市中排放的大量人为热是热岛形成的一个重要因素。许多城市冬季热岛强度大于暖季,周一至周五热岛强度大于周末,即受此影响。

2. 温室气体:城市中因能源消耗量大,排放至大气中的 CO_2 等温室气体远比郊区为多,其增湿效应很明显。

(三)天气形势与气象条件

1. 在稳定的气压梯度小的天气形势下,才有利于城市热岛的形成。在强冷锋过境时,即无热岛现象。

2. 在风速大,空气层结不稳定时,城郊之间空气的水平和垂直方向的混合作用强,城区与郊区间的温差不明显。一般情况是夜晚风速小,空气稳定度增大,热岛乃增强。

3. 在晴天无云时,城郊之间的反射率差异和长波辐射差异明显,有利于热岛的形成。

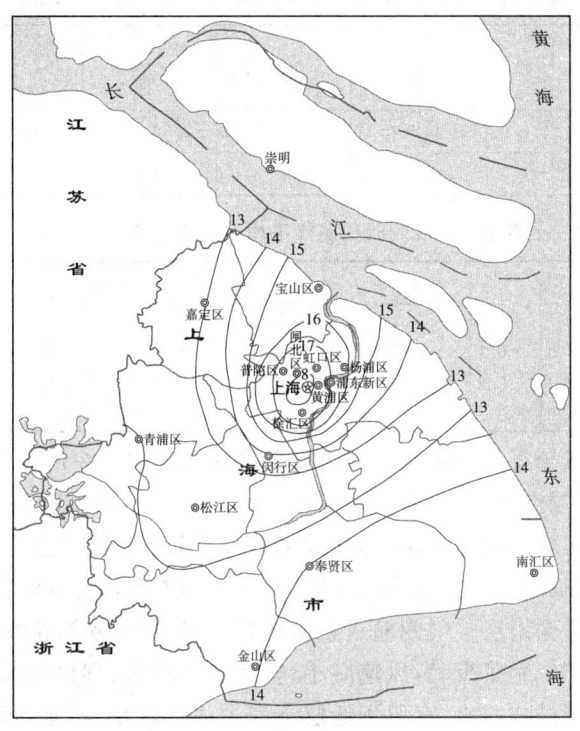

图 8·20　上海城市热岛图 1984 年 10 月 22 日 20 时

人类活动影响的两个方面。但在同一城市,在不同天气形势和气象条件下,热岛效应有时非常明显(晴稳、无风),热岛强度可达 6℃—10℃上下,有时则甚微弱或不明显(大风、极端不稳定)。由于热岛效应经常存在,大城市的月平均和年平均气温经常高于附近郊区。

(三)城市干岛和湿岛效应

在表 8·8 中指出城市相对湿度比郊区小,有明显的干岛效应,这是城市气候中普遍的特征。城市对大气中水汽压的影响则比较复杂,以上海为例,据近 7 年

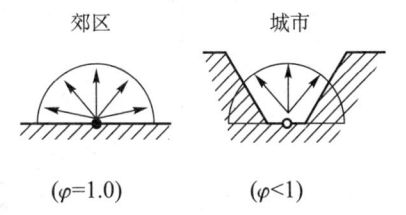

图 8·21　城市和郊区的天穹可见度(ψ)(SVF)示天穹可见度

(1984—1990 年)城区 11 个站水汽压 e_u 和相对湿度 RH_u 的平均值与同时期周围 4 个近郊站平均水汽压 e_r 和相对湿度 RH_r 相比较(见表 8·11),皆是城区低于郊区,Δe_{ur} 和 $\Delta \overline{RH}_{ur}$ 均为负值。城郊水汽压和相对湿度都有明显的日变化。据实测 ΔRH_{ur} 的绝对值虽有变化,但皆为负值。全天皆呈现出"城市干岛效应"。Δe_{ur} 的日变化则不同,如果按一天中 4 个观测时刻(02、08、14、20 时),分别计算其平均值,则发现在一年中多数月份夜间 02 时城区平均水汽压 $\overline{e}_u$ 却高于郊区的 $\overline{e}_r$(表 8·12),出现"城市湿岛"。在暖季 4 月至 11 月有明显的干岛与湿岛昼夜交替的现象,其中尤以 8 月份为最突出。图 8·22、图 8·23 给出 1984 年 8 月 13 日 14 时(城市干岛)和同日 02 时(城市湿岛)干岛与湿岛昼夜交替的一次实例,此类现象在欧美许多城市大都经常出现于暖季。

表 8·11　上海各月平均水汽压(hPa)和相对湿度(%)的城郊对比(1984—1990年)

项目＼月	1	2	3	4	5	6	7	8	9	10	11	12	年
$\Delta \overline{e}_{ur}$ (hPa)	−0.02	−0.03	−0.11	−0.17	−0.33	−0.19	−0.56	−0.55	−0.50	−0.35	−0.06	−0.03	−0.24
$\Delta \overline{RH}_{ur}$ (%)	−5.00	−4.75	−5.00	−6.00	−5.45	−4.00	−5.00	−5.50	−6.50	−6.70	−4.75	−4.25	−5.24

表 8·12　上海逐月各观测时刻城郊平均水汽压差值 $\Delta \overline{e}_{ur}$ (hPa)(1984年)

月份		1	2	3	4	5	6	7	8	9	10	11	12	年
时刻	02	0.0	−0.1	−0.1	0.1	0.2	0.2	0.2	0.6	0.3	0.3	0.4	0.2	0.19
	08	0.1	0.0	−0.1	−0.4	−0.4	−0.4	−1.2	−0.3	−0.8	−0.6	0.0	0.2	−0.31
	14	0.0	0.0	−0.2	−0.5	−0.9	−0.7	−1.7	−1.6	−1.1	−0.7	0.0	0.0	−0.63
	20	−0.1	−0.2	−0.2	0.0	−0.4	−0.2	−0.9	−0.2	−0.4	−0.1	0.1	0.1	−0.19

上述现象的形成,既与下垫面因素又与天气条件密切相关。在白天太阳照射下,对于下垫面通过蒸散过程而进入低层空气中的水汽量,城区(绿地面积小,可供蒸发的水汽量少)小于郊区。特别是在盛夏季节,郊区农作物生长茂密,城郊之间自然蒸散量的差值更大。城区由于下垫面粗糙度大(建筑群密集、高低不齐),又有热岛效应,其机械湍流和热力湍流都比郊区强,通过湍流的垂直交换,城区低层水汽向上层空气的输送量又比郊区多,这两者都导致城区近地面的水汽压小于郊区,形成"城市干岛"。到了夜晚,风速减小,空气层结稳定,郊区气温下降快,饱和水汽压减低,有大量水汽在地表凝结成露水,存留于低层空气中的水汽量少,水汽压迅速降低。城区因有

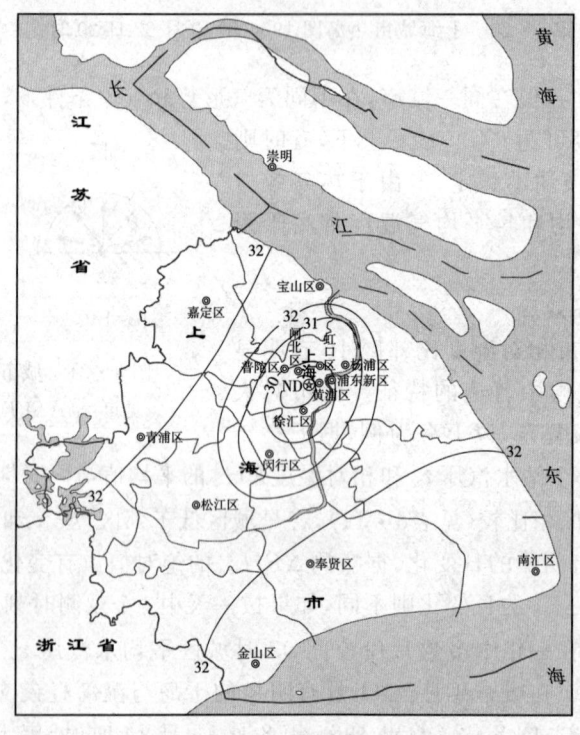

图 8·22　上海城市干岛实例
(上海1984年8月13日14时水汽压的分布)图中 D 示干岛中心, N 示热岛中心

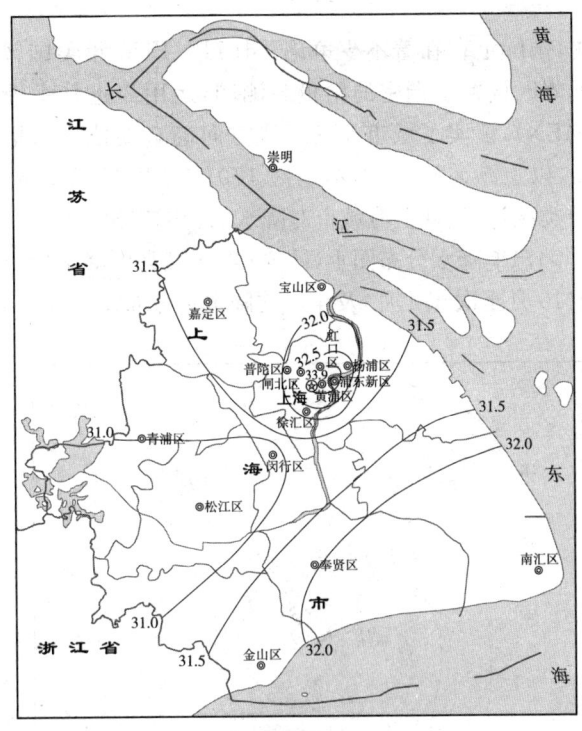

图 8·23 上海城市湿岛实例

(上海 1984 年 8 月 13 日 02 时水汽压的分布)图中 W 示湿岛中心，N 示热岛中心

热岛效应，其凝露量远比郊区少，夜晚湍流弱，与上层空气间的水汽交换量小，城区近地面的水汽压乃高于郊区，出现"城市湿岛"。这种由于城郊凝露量不同而形成的城市湿岛，称为"凝露湿岛"，且大都在日落后若干小时内形成，在夜间维持。图 8·22 即是凝露湿岛的一个实例，在日出后因郊区气温升高，露水蒸发，很快郊区水汽压又高于城区，即转变为城市干岛。在城市干岛和城市湿岛出现时，必伴有城市热岛，这是因为城市干岛是城市热岛形成的原因之一（城市消耗于蒸散的热量少），而城市湿岛的形成又必须先具备城市热岛的存在。

城区平均水汽压比郊区低，再加上有热岛效应，其相对湿度比郊区显得更小。以上海为例，上海近 7 年(1984—1990 年)年平均相对湿度，城中心区不足 74%，而郊区则在 80% 以上，呈现出明显的城市干岛(图略)。经普查，即使在水汽压分布呈现城市湿岛时，在相对湿度的分布上仍是城区小于四周郊区。

在国外，城市干岛与湿岛的研究以英国的莱斯特、加拿大的埃德蒙顿、美国的芝加哥和圣路易斯等城市为著称。其关于城市湿岛的形成多数归因于城郊凝露量的差异，少数论及因城区融雪比郊区快，在郊区尚有积雪时，城区因雪水融化蒸发，空气中水汽压增高，因而形成城市湿岛。根据笔者对上海 1984 年全年逐日逐个观测时刻大气中水汽压的城郊对比分析，还发现上海城市湿岛的形成，除上述凝露湿岛外，还有结霜湿岛、雾天湿岛、雨天湿岛和雪天湿岛等，它们都必须在风小而伴有城市热岛时，才能出现。[①]

---

① 见周淑贞.上海大气湿度的城、郊对比分析.海洋湖沼通报.1994 年第二期,13—25。

（四）城市雨岛效应

城市对降水影响问题，国际上存在着不少争论。1971—1975 年美国曾在其中部平原密苏里州的圣路易斯城及其附近郊区设置了稠密的雨量观测网，运用先进技术进行持续 5 年的大城市气象观测实验（METROMEX），证实了城市及其下风方向确有促使降水增多的"雨岛"效应。这方面的观测研究资料甚多，以上海为例，根据本地区 170 多个雨量观测站点的资料，结合天气形势，进行众多个例分析和分类统计，发现上海城市对降水的影响以汛期（5—9 月）暴雨比较明显。在上海近 30 年（1960—1989 年）汛期降水分布图上（图 8·24），城区的降水量明显高于郊区，呈现出清晰的城市雨岛。在非汛期（10 月至次年 4 月）及年平均降水量分布图（图略）上则无此现象。

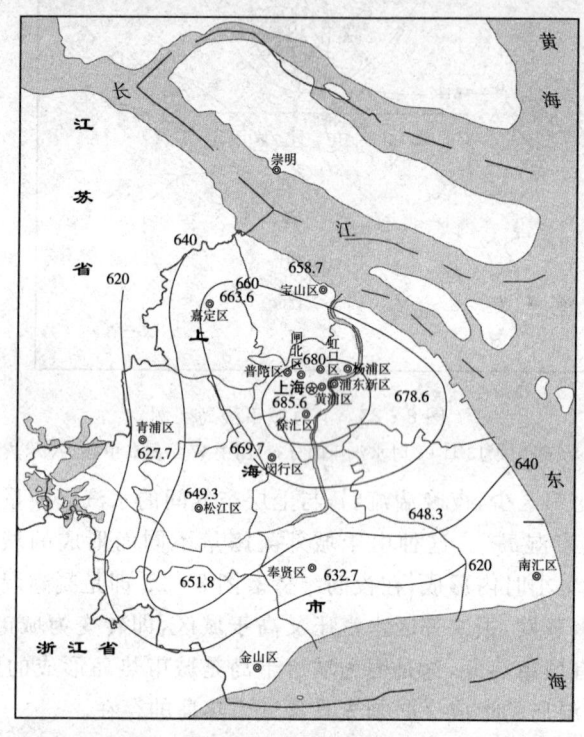

图 8·24　上海汛期（5—9 月）降水分布图（1960—1989 年平均值）

城市雨岛形成的条件是①在大气环流较弱，有利于在城区产生降水的大尺度天气形势下，由于城市热岛环流所产生的局地气流的辐合上升，有利于对流雨的发展；②城市下垫面粗糙度大，对移动滞缓的降雨系统有阻障效应，使其移速更为缓慢，延长城区降雨时间；③城区空气中凝结核多，其化学组分不同，粒径大小不一，当有较多大核（如硝酸盐类）存在时，有促进暖云降水作用。上述种种因素的影响，会"诱导"暴雨最大强度的落点位于市区及其下风方向形成雨岛。

城市不仅影响降水量的分布，并且因为大气中的 SO_2 和 NO_2 甚多，在一系列复杂的化学反应之下，形成硫酸和硝酸，通过成雨过程（rian out）和冲刷过程（wash out）成为"酸雨"降落，为害甚大。

（五）城市平均风速小、局地差异大、有热岛环流

城市下垫面粗糙度大，有减低平均风速的效应。这可以通过以下两方面的对比来证明：①同

一地点在其城市发展的历史过程中风速的前后对比；②同一时期城市和郊区风速的对比。国内外大城市这方面的实测资料甚多，仍以上海为例，上海气象台自1884年即开始有风速观测记录，迄今已有一百余年。在百余年来，上海城市发展速度甚快，市区人口增加34倍强，房屋建筑密度增加亦快，年平均风速逐年明显地变小（表8·13）。

表8·13　上海气象台历年年平均风速(m/s)(1984—1990年)

年代　　　　风仪高度(m)	1884—1893	1894—1900	1901—1910	1911—1920	1921—1930	1931—1940	1941—1950	1951—1955	1956—1960	1961—1965	1966—1970	1971—1975	1976—1980	1981—1985	1986—1990
12		3.8							3.2	3.2	3.1	3.1	3.0	2.9	2.5
35				4.7	4.7	4.2	4.2	3.6							
40—41	5.6		5.4												

由表8·12可见，无论风速仪安装在何高度，其在同一高度所测得的风速，都是随着上海城市的发展，风速逐时段递减。以距地面12m的风速而论，最近5年(1986—1990年)的平均风速比90多年前(1894—1900年)的平均风速要减小34.2%。再从图8·25看，近10年上海城中心区平均风速(2.5m/s)要比远郊南汇(3.7m/s)小32.4%。

在大范围内，气压梯度极小的天气形势下，特别是晴夜，由于城市热岛的存在，在城区形成一个弱低压中心，并出现上升气流。郊区近地面的空气乃从四面八方流入城市，风向热岛中心辐合。由热岛中心上升的空气在一定高度上又流向郊区，在郊区下沉，形成一个缓慢的热岛环流，

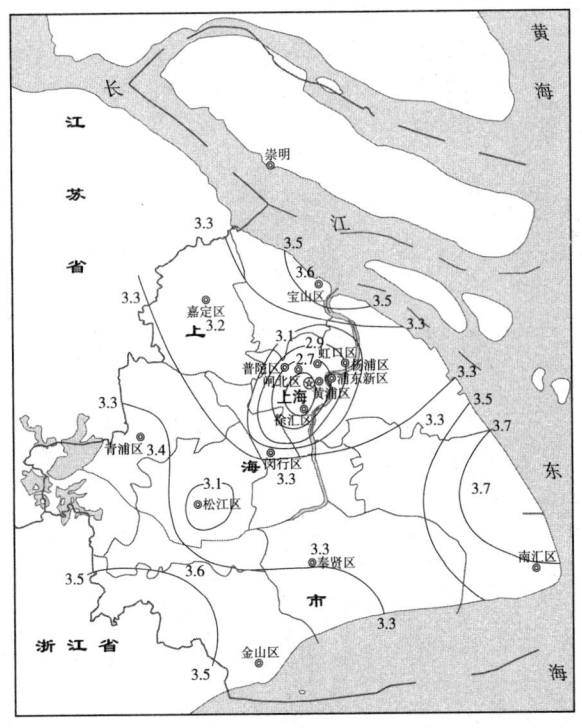

图8·25　上海地区年平均风速(m/s)(1981—1990年)

又称城市风系(图8·26),这种风系有利于污染物在城区集聚形成尘盖,有利于城区低云和局部对流雨的形成。我国上海、北京等城市都曾观测到此类城市热岛环流的存在。

此外,城市内部因街道走向、宽度、两侧建筑物的高度、型式和朝向不同,各地所获得的太阳辐射能就有明显的差异,在盛行风微弱时或无风时会产生局地热力环流。又当盛行风吹过鳞次栉比、参差不齐的建筑物时,因阻障效应产生不同的升降气流、涡动和绕流等,使风的局地变化更为复杂。

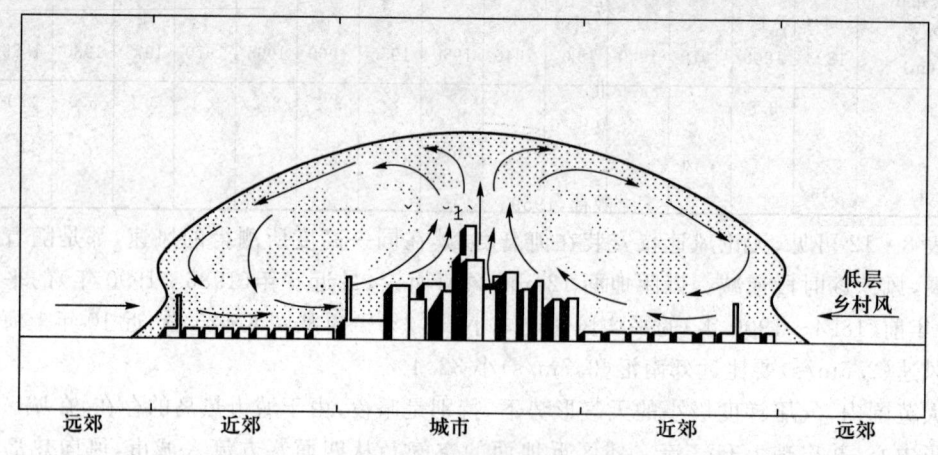

图8·26 城市热岛环流模式和尘盖

主要参考文献

1. R G 巴里,R J 乔利著,施尚文等译.大气、天气和气候.北京:高等教育出版社,1982
2. 吴伯雄等编著.气象学.南京:江苏科学技术出版社,1979
3. E 帕尔门,C W 牛顿著,程纯枢等译.大气环流系统.北京:科学出版社,1978
4. X Π 帕哥乡著,陶诗言等译.大气环流.北京:财政经济出版社,1952
5. 朱乾根等.天气学原理和方法.北京:气象出版社,1979
6. C S 雷梅支著,冯秀藻等译.季风气候学.北京:科学出版社,1976
7. 么枕生编著.气候学原理.北京:科学出版社,1959
8. 高由禧等.东亚季风的若干问题.北京:科学出版社,1962
9. 周淑贞.海洋性气候和大陆性气候.新知识出版社,1955
10. 傅抱璞.山地气候.北京:科学出版社,1983
11. 张家诚等编著.气候变迁及其原因.北京:科学出版社,1976
12. 叶笃正,高由禧等.青藏高原气象学.北京:科学出版社,1979
13. 竺可桢.竺可桢文集.北京:科学出版社,1979
14. 竺可桢,宛敏渭等.物候学.北京:科学出版社,1984
15. 王文瀚.森林和气候.新知识出版社,1955
16. 曹鸿兴等译校.全球大气研究计划出版丛书:气候的物理基础及其模拟.北京:科学出版社,1982
17. CA 萨鲍日尼科娃著,周思济等译.小气候与地方气候.北京:科学出版社,1955
18. 中国科学院西藏考查队.珠穆朗玛峰地区科学考察报告(1966—1968):自然地理.北京:科学出版社,1975
19. М. И. Будыко主编,沈钟译.地球热量平衡.北京:气象出版社,1980
20. 龙高法等.历史时期气候变化研究方法.北京:科学出版社,1983
21. 气候变迁和超长期预报文集.北京:科学出版社,1977
22. 彭公炳,陆巍编著.气候的第四类自然因子.北京:科学出版社,1983
23. 周淑贞,张超编著.城市气候学导论.上海:华东师范大学出版社,1985
24. 竺可桢.中国近五千年来气候变迁的初步研究.考古学报,1972(1)
25. 张家诚.气候变化的基本概念及其预报问题的讨论.全国气候变化学术讨论会文集,1987.北京:科学出版社,1981
26. 符淙斌.北半球冬季冰雪面积变化与我国东北地区夏季低温的关系.气象学报.Vol.38,No.2,1980
27. 杨美华.长白山的气候特征及北坡垂直气候带.长白山地理系统论文集(1956—1981).东北师范大学地理系
28. 郑剑非.桑斯威特修订的水分区划方法介绍.气象科技,1982(2)
29. 周淑贞,张超.上海城市热岛效应.地理学报,Vol.37,No.4,1982
30. 周淑贞.上海城市发展对风速和湿度的影响.地理科学,1985(4)
31. 周淑贞,张超.上海城市对湿度和降水分布的影响.华东师范大学学报(自然科学版),1983(1)
32. 朱乾根,林锦瑞,寿绍文编著.天气学原理和方法.北京:气象出版社,1981
33. 周淑贞等.上海地区的酸雨.华东师范大学学报(自然科学版),1984(3)
34. J G Lockwood. Causes of Climate. Edward Arnold ltd,1979
35. G T Trewartha. An Introduction To Climate. McGraw—Hill Book Company,1980

36. R G Barry, R. J. Chorley. Atmosphere, Weather & Climate, 3rd. Edition. Methuen & Co Ltd. 1976
37. R A Anthes, et al. The Atmosphere and Edition. Charles E. Merrill Publishing Company, 1978
38. H H Lamb. Climate: Present, Past And Future. Methuen & Co. Ltd. 1972
39. A N Strahler & A. H strahler. Elements of Physical Geography, 2nd Edition. John Wiley & sons, 1979
40. A N Strahler & A. H. Strahler. Modern Physical Geography. John Wiley & sons, 1978
41. W D Sellers. Physical Climatology. University of Chicago Press. Chicago, Illinois, 1965
42. J Gribbin. Climatic Change. Cambridge University Press, 1978
43. T R Oke. Boundary Layer Climate. Methuen & Co. Ltd. 1978
44. H E Landsberg. The Urban Climate. Academic Press, 1981
45. R G Barry and A. H. Perry. Synoptic Climatology. Methuen & Co. Ltd. 1973
46. L J Battan. Fundamentals of Meteorology. Prentice-Hall, Inc 1979
47. J R Mather. Climatology: Fundamentals and Applications. McGraw-Hall Book Company, 1974
48. J G Lockwood. World Climatology. St. Martin's Press, 1974
49. V C Finch, et. al. Physical Elements of Geography, 4th. Edition. McGraw-Hall Book Company, Inc. 1957
50. E C Barrett. Climatology from satellites. Methuen & Co. Ltd. 1974
51. W W Kellogg & R. Schware. Climate Change and Society. Westview Press, 1981
52. G Mcboyle. Climate in Review. Houghton Mifflin Company 1973
53. W N Hess. Weather and Climate Modification. John Wiley & sons, 1974
54. H J Critchfield. General Climatology. Prentice-Hall, Inc. 1974
55. W L Gates. Open Lecture, The influences of The Oceans on Climate. Scientific lectures at the 28th session of the EC WMO Bulletin, July, 1977
56. G J Kukla. Changes in snow and Ice in《Climate Change》, 1978
57. W Dansgaard, et al. One thousand Centuries of Climate record from camp century on the Greenland Ice sheet. science, Oct. 17, 1969
58. A Henderson-sellers and P. J. Robinson. Contemporary Climatology. Longman Scientific & Technical UK. 1986
59. T R Oke. Boundary Layer Climates. London Methuen & Co. LTD, 1987
60. R W Kates etal. Climate Impact Assessment. John Wiley & Sons, 1985
61. 叶笃正等. 当代气候研究. 北京: 气象出版社, 1991
62. 潘守文等. 现代气候原理. 北京: 气象出版社, 1994
63. 王绍武. 气候系统引论. 北京: 气象出版社, 1994
64. 周淑贞, 束炯. 城市气候学. 北京: 气象出版社, 1994
65. 周淑贞等. 城市气候与区域气候. 上海: 华东师大出版社, 1989
66. 谭冠日. 气候变化与社会经济. 北京: 气象出版社, 1992
67. 林本达等. 动力气候学引论. 北京: 气象出版社, 1994
68. 傅抱璞等. 小气候学. 北京: 气象出版社, 1994
69. 周淑贞. 上海城市气候中的"五岛"效应. 中国科学, 1988(11)
70. 周淑贞. 世界气候分类刍议. 华东师范大学学报(自然科学版), 1980(3)

郑重声明

高等教育出版社依法对本书享有专有出版权。任何未经许可的复制、销售行为均违反《中华人民共和国著作权法》，其行为人将承担相应的民事责任和行政责任；构成犯罪的，将被依法追究刑事责任。为了维护市场秩序，保护读者的合法权益，避免读者误用盗版书造成不良后果，我社将配合行政执法部门和司法机关对违法犯罪的单位和个人进行严厉打击。社会各界人士如发现上述侵权行为，希望及时举报，本社将奖励举报有功人员。

反盗版举报电话　　(010)58581897　58582371　58581879
反盗版举报传真　　(010)82086060
反盗版举报邮箱　　dd@hep.com.cn
通信地址　　北京市西城区德外大街4号　高等教育出版社法务部
邮政编码　　100120

责任编辑　靳剑辉
封面设计　刘晓翔
责任绘图　汪　婷
版式设计　焦东立
责任校对　王　巍
责任印制　韩　刚